石油和化工行业“十四五”规划教材（普通高等教育）

河南省“十四五”普通高等教育规划教材

计算机在化学化工中的应用

第4版

李谦 杨浩 于欣 主编

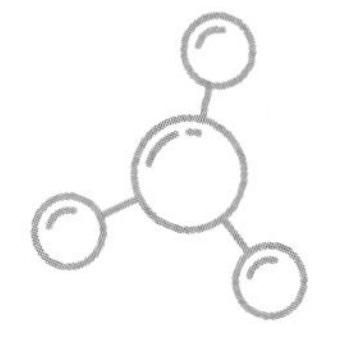

JISUANJI
ZAI HUAXUEHUAGONG
ZHONG DE YINGYONG

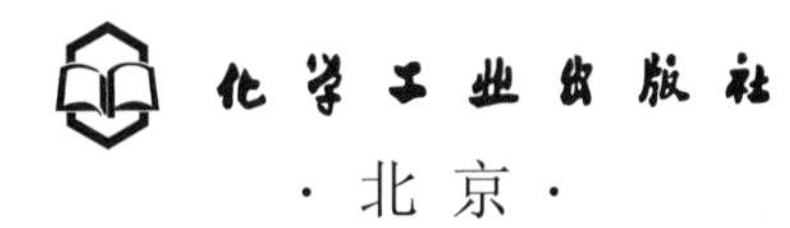

·北京·

内容简介

《计算机在化学化工中的应用》（第4版）主要介绍应用计算机解决化学、化工领域一些常见问题的基本理论、方法、软件和应用。全书分为文献检索与管理、试验设计与数据处理、化学化工图形与图像处理、化学化工计算、论文撰写与演示五个相对独立的部分。具体内容包括：计算机文献检索、计算机文献管理、正交试验设计、化学结构编辑排版、实验数据图形与分析、使用Visio绘制化学化工图形、Matlab与化学化工计算、Excel与化工最优化问题、化工过程模拟和计算机在科技论文撰写及演讲中的应用，附录部分介绍了Matlab应用基础及学术论文撰写规范示例。

本书中大部分例题配有操作视频，读者可以通过书中所附的二维码查看。本书可作为高等院校化学、化学工程与工艺及相关专业教材，也可供计算机技术爱好者参考。

图书在版编目（CIP）数据

计算机在化学化工中的应用 / 李谦，杨浩，于欣主编. —4版. —北京：化学工业出版社，2023.12
ISBN 978-7-122-44773-9

Ⅰ.①计… Ⅱ.①李… ②杨… ③于… Ⅲ.①计算机应用-化学-高等学校-教材②计算机应用-化学工业-高等学校-教材 Ⅳ.①O6-39②TQ015.9

中国国家版本馆CIP数据核字（2023）第254362号

责任编辑：窦　臻　王海燕　　　　装帧设计：史利平
责任校对：刘　一

出版发行：化学工业出版社
（北京市东城区青年湖南街13号　邮政编码100011）
印　　装：高教社（天津）印务有限公司
787mm×1092mm　1/16　印张19¼　字数465千字
2024年6月北京第4版第1次印刷

购书咨询：010-64518888　　　　售后服务：010-64518899
网　　址：http://www.cip.com.cn
凡购买本书，如有缺损质量问题，本社销售中心负责调换。

定　　价：49.00元

前言

FOREWORD

随着科技的迅速进步，计算机在化学化工领域的应用变得不可或缺。这一趋势不仅贯穿于日常的学习和科研过程，还深入影响了化工行业的各个方面，从基础理论研究到大规模工业生产，再到复杂的过程控制，都离不开计算机化学化工软件的辅助。

近年来，信息技术的发展推动了化学化工软件向综合化、网络化、智能化方向发展。这些软件更加关注使用者工作任务的完成，其界面更加友好，功能更加丰富，使用更加便捷。同时，党的二十大提出要加快实现高水平科技自立自强，极大地促进了国产专业软件的发展和进步，涌现出越来越多优秀的国产软件，在很多功能上已经可以媲美进口软件。

在此背景下，编者团队在前一版教材的基础上，修订出版了《计算机在化学化工中的应用》（第 4 版）。本书主要介绍应用计算机解决化学、化工领域一些常见问题的基本理论、方法、软件和应用。主要内容包括文献检索与管理、试验设计与数据处理、化学化工图形与图像处理、化学化工计算、论文撰写与演示等，旨在为化学化工专业的学生提供一本较为全面的教材，也为该领域的科研人员和工程师提供一本实用的参考书。

本次修订旨在紧跟这些发展趋势，为读者提供更加全面、系统和深入的学习资料，主要修改包括：

（1）对部分原有章节进行了优化和调整，使其更加符合当前化学化工领域的发展趋势。

（2）根据近年来的教学实践和读者反馈调整和补充了部分案例，以帮助读者快速完成最常见的工作任务。

（3）根据相关网站和软件的最新升级更新了教材内容、电子教案和操作视频。

（4）增加了对优秀国产软件的介绍。

本版修订由李谦负责第 1、2、3 章，吕昊玉负责第 4、10 章，杨浩负责第 5、6 章，于欣负责第 7、8 章，周帅帅负责第 9 章。

全书由李谦进行统稿。李智航制作了本书的部分图形，祝松威、王斌参与了本书的编校工作。感谢本书两位编辑认真、严谨、细致的工作，使本书得以顺利出版。

受编者水平所限，不当之处在所难免，真诚地希望读者提出意见和建议。

编　者

2023 年 12 月

第一版前言

FOREWORD

随着计算机科学与技术的高速发展及其与传统化学、化工学科的不断交叉、渗透与整合，现代计算机技术正在化学、化工专业的科研、生产、教学中起到日益重要的作用。计算机在化学、化工专业的应用已不仅局限于传统的办公、图形处理等范围。在化学品开发、反应机理研究、设备设计、过程控制、工艺优化、辅助教学等领域，计算化学和计算化学工程的重要作用日益凸显。对于化学、化工专业的学生和科研人员，熟练应用计算机解决学习、科研、工作中面临的各种问题已成为必备的基本技能。

本书主要介绍应用计算机解决化学、化工领域一些常见问题的基本理论、方法、软件和应用。在全书的编排组织上，根据化学化工专业科研问题的一般研究思路和常用方法，全书分为文献检索与管理、实验设计与数据处理、化学化工图形与图像处理、化学化工计算、论文撰写与演示五个相对独立的部分。第1、2章主要介绍化学化工相关文献、专利、文摘等的检索及文献的管理与应用；第3章介绍正交试验设计方法、实验结果的分析处理方法及计算机实现；第4～6章介绍化学、化工常用图形的编辑制作，包括化学分子式、实验设备图形的绘制，实验数据的图形化以及工艺流程图和设备图的绘制；第7～9章主要介绍化学化工常见计算问题，包括Matlab在插值、方程求根、方程组求解等方面的应用，最优化问题的模型、算法及计算机求解，以及过程模拟技术。第10章主要介绍学术论文的撰写思路、结构、格式要求，相关排版技术及演示文稿的制作。

本书由李谦、毛立群、房晓敏任主编，郭泉辉、李润明、徐元清任副主编。全书由李谦统稿。唐少峰、李静茹、孙伟娜、王虹、朱琳等参加了本书部分章节的编校工作。

由于编者水平所限，不妥之处在所难免，敬请广大读者和专家批评指正。

编　者

2010年1月

第二版前言

FOREWORD

《计算机在化学化工中的应用》第一版自出版以来已过四载，承蒙广大读者的厚爱和化学工业出版社的努力，第一版的发行量大大超出编者预期，也使我们倍感责任重大。计算机辅助化学工程是一个快速发展的领域，相关的方法、软件、网站都在不断更新。把这一领域的最新成果及时介绍给读者，是促使我们对其进行修订的主要原因。

本次修订在保持本书整体结构的基础上，做了较大的改动。与本书第一版相比，部分网站和软件的界面、功能、操作都发生了较大的变化，为此编者改写、重写了部分章节（如第 1 章、第 2 章、第 6 章、第 9 章的部分或全部章节），规范了名词术语。根据编者近年来的教学实践，增加了部分例题和习题。为了便于读者的学习，制作了本书的电子教案以及大部分例题的教学视频。

第二版修订工作主要由李谦完成，闫梦甜参与了部分章节的修订工作；李闪闪、李秋为本书制作了电子教案和操作视频。

限于编者能力和水平，书中难免有疏漏和不妥之处，真诚地希望读者提出意见和建议。

编　者

2014 年 3 月

第三版前言

FOREWORD

感谢读者们的关注和厚爱，本书第二版经历了多次重印。为了与相关方法、软件、网站的更新保持同步，把这一领域的最新成果及时介绍给读者，在保留原书基本结构的同时，我们对第二版进行了较大的修改，主要体现在以下几个方面。

一是根据相关网站界面、软件版本的变化改写、重写了全书部分章节，重点如第 1、2、3、6、9、10 章。

二是根据近年来编者的教学实践，调整了部分章节的顺序和结构；补充了部分例题和作业题；编写了部分习题的解题思路与参考答案。

三是为了方便教师教学和学生自学，更新了本书的电子教案；并为本书中大部分例题制作了操作视频，读者可通过书中所附的二维码查看相关视频。

四是根据教材使用中读者的反馈，规范了部分术语、专用词的使用。

第三版修订内容由李谦完成，缑利胜也参与了部分修订内容的编写；褚俊杰、欧阳俊毅、周卓奇、邹毅臻、刘丹妮为本书制作了电子教案和操作视频；感谢化学工业出版社编辑对本书的热情鼓励与大力支持，她们认真、严谨、细致的工作为本书增色颇多。

限于编者能力和水平，书中难免有疏漏不当之处，真诚地希望读者提出意见和建议。

编　者

2018 年 5 月 8 日

目录
CONTENTS

1 计算机文献检索 /1

2 计算机文献管理 / 31

3 正交试验设计 / 55

4 化学结构编辑排版 / 74

5 实验数据图形化与分析 / 89

10 计算机在科技论文撰写及演讲中的应用 / 227

配套二维码数字资源目录

续表

编号	名称	页码
码 5-9	Origin 绘制 XYY 型三维图形	108
码 5-10	Origin 绘制 XYZ 型三维图形	108
码 5-11	Origin 绘制三维矩阵图	108
码 5-12	Origin 的线性拟合	111
码 5-13	Origin 的多项式拟合	112
码 5-14	Origin 的指数函数拟合	113
码 5-15	Origin 的自定义函数拟合	115
码 6-1	用 Visio 绘制旋塞	130
码 6-2	用 Visio 绘制 U 形管压差计	131
码 6-3	用 Visio 绘制带设备的方案流程图	140
码 6-4	用 Visio 绘制带设备的物料流程图	141
码 6-5	用 Visio 绘制带控制点的工艺流程图	145
码 7-1	用 Matlab 查找包含“diff”关键词的函数	159
码 7-2	用 Matlab 判断方程组的解	160
码 7-3	Matlab 线性方程组的求解 1	161
码 7-4	Matlab 线性方程组的求解 2	162
码 7-5	Matlab 的一维插值	166
码 7-6	Matlab 的外推插值	167
码 7-7	Matlab 的多维插值	167
码 7-8	Matlab 非线性方程的求解	170
码 7-9	Matlab 非线性方程组的求解	171
码 7-10	Matlab 常微分方程组的求解	177
码 8-1	Excel 规划求解工具的加载	185
码 8-2	用 Excel 解决生产计划问题	187
码 8-3	用 Excel 解决过程优化问题	195
码 9-1	Aspen Plus 的闪蒸单元模拟计算	203
码 9-2	用 DSTWU 获取精馏分离装置初步设计参数	211
码 9-3	用 RadFrac 模型进行严格模拟	216

1 计算机文献检索

随着科学和技术的发展，电子文献已成为主流文献载体，网络已成为科研人员获取文献资源的主要渠道。本章主要介绍化学化工相关文献类型的网络检索方式，以帮助读者提高工作和学习效率。

1.1 Internet 上的化学化工信息资源

网络信息资源是一种新型数字化资源，具有数量巨大、内容丰富、动态性高、分布式等特点，网络上的化学化工信息主要有如下类型。

① 化学化工新闻。

② 化学化工电子期刊与杂志。

③ 化学化工图书。

④ 化学化工会议信息。

⑤ 化学化工标准。

⑥ 化学化工专利信息。

⑦ 化学化工数据库。

⑧ 化学化工相关的学会、组织、机构、实验室及小组信息。

⑨ 化学产品目录、电子商务及相关公司。

⑩ 化学化工教学资源、软件。

⑪ 化学化工科技报告。

⑫ 化学化工文献选读。

⑬ 化学化工相关在线服务、在线讨论、论坛等。

也可按学科把网络化学化工信息分为无机化学、有机化学、物理化学、分析化学、生物化学、高分子化学、化学工程、化学教育及其他类型（如环境化学、材料化学、应用化学、立体化学、医药化学等）。与印刷版文献相比，网络化学信息容量大、检索速度快、便于管理使用。此外，网络还可提供期刊与杂志电子版、电子会议、化学化工软件、在线服务、在线讨论等多种功能。

1.2 通过 Internet 搜索引擎查找化学化工信息

1.2.1 谷歌

谷歌（Google）是全世界最大的搜索引擎，网址为 http://www. google.com。

1.2.1.1 常规搜索

可直接在搜索框内输入关键词，如“纳米材料”，然后单击“Google 搜索”按钮（或直接回车）进行搜索。当要求搜索两个或两个以上的关键词时，可以使用逻辑搜索式进行搜索。谷歌使用空格表示逻辑“与”操作，如“纳米材料 制备”表示搜索结果须同时含有“纳米材料”和“制备”这两个关键词；减号“-”表示逻辑“非”操作，如“纳米材料-制备”，表示搜索含有“纳米材料”且不含“制备”关键词的结果；大写的“OR”表示逻辑“或”操作，如输入“纳米材料 OR 制备”，则返回所有含有关键词“纳米材料”或“制备”的搜索结果。Google 还支持通配符“？”“*”的使用，“？”代表单个字符（或空字符），“*”代表一连串的多个字符。例如，输入“乙酸？酯”可返回含乙酸酯、乙酸甲酯、乙酸乙酯、乙酸丙酯等关键词的结果；而输入“乙酸*酯”除上述结果外还会返回含乙酸甲乙酯、乙酸异戊酯等关键词的结果。上述逻辑算符可混合使用，搜索引擎将按照从左向右的顺序进行读取。

1.2.1.2 文档和学术搜索

谷歌支持对特定格式二进制文件的检索，例如微软的 Office 文档（如 .doc、.docx、.ppt、.pptx、.xls、.xlsx 等），Adobe 的.pdf 文档，Adobe Flash 文档（.swf），HTML（.htm、.html）等。限定所搜索文档的格式需使用“filetype”命令，语法为：关键词 filetype:文件扩展名。例如在搜索框中输入“表面活性剂 filetype:pdf”，将获得所有包含关键词“表面活性剂”的 pdf 格式的文档，如图 1-1 所示。

图 1-1 Google 文档搜索结果

为了方便广大科技工作者，Google 还提供了专用的学术搜索工具 Google Scholar，其首页如图 1-2 所示。用户可以同时检索众多学术资料来源，如来自学术著作出版商、专业性社团、预印本、各大学及其他学术组织发表的论文、图书和摘要等。可使用网址 http://scholar.google.com 登录 Google 学术搜索进行检索。例如，使用 Google 学术搜索检索关键词“羰基化”获得的检索结果如图 1-3 所示。

图 1-2 Google 学术搜索首页

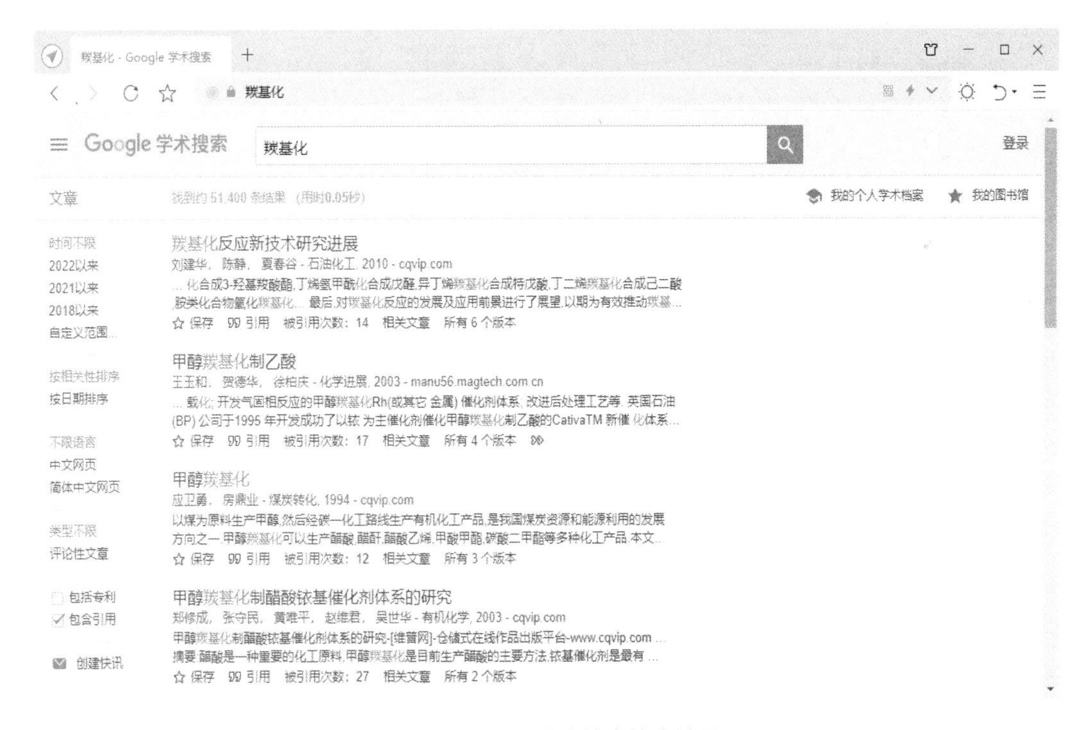

图 1-3 Google 学术搜索检索结果

1.2.2 百度

百度（http://www.baidu.com）是全球最大的中文搜索引擎，其首页如图 1-4 所示。

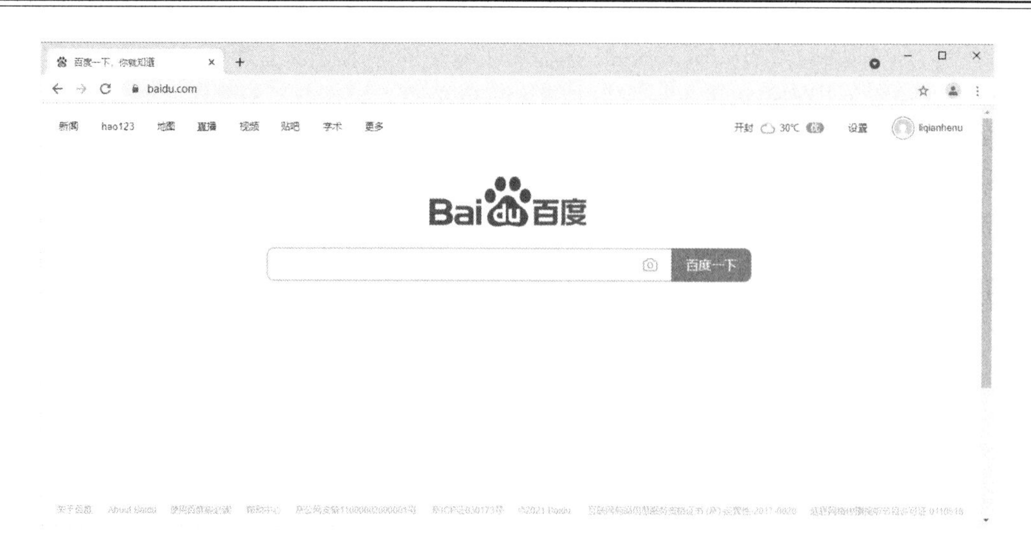

图 1-4 百度首页

百度支持中文书名号的查询。加上书名号的查询词有两个特殊功能，一是书名号会出现在搜索结果中；二是被书名号括起来的内容，不会被拆分。例如，搜索《高等有机化学》教材，可在检索时直接输入“《高等有机化学》”，获得的搜索结果如图 1-5 所示。

图 1-5 百度搜索结果

与谷歌类似，百度也支持通配符“？”“*”的使用，用法与 Google 相同。百度支持“filetype”命令，可对 Office 文档、Adobe 的 pdf 文档、RTF 文档进行全文搜索。“filetype:”后可以跟以下文件格式：.doc、.xls、.ppt、.pdf、.rtf。例如查找有关环氧化物羰基化方面的文献时，可以在百度搜索栏中输入“环氧化物 羰基化 filetype:doc”，获得同时包含关键词“环氧化物”和“羰基化”的全部 doc 文档，如图 1-6 所示。

图 1-6　百度指定文档类型搜索结果

百度文库平台于 2009 年 11 月 12 日推出，是百度发布的在线分享文档的平台。百度文库的文档由百度用户上传，包括教学资料、考试题库、专业资料、公文写作、法律文件等多个领域的资料。截至 2021 年 5 月已收录有效专业文档约 2.1 亿份，覆盖 31 个主流行业，共 235 个细分资料库，以及 15 个具有文库特色的在线专题库。百度文库搜索界面如图 1-7 所示。

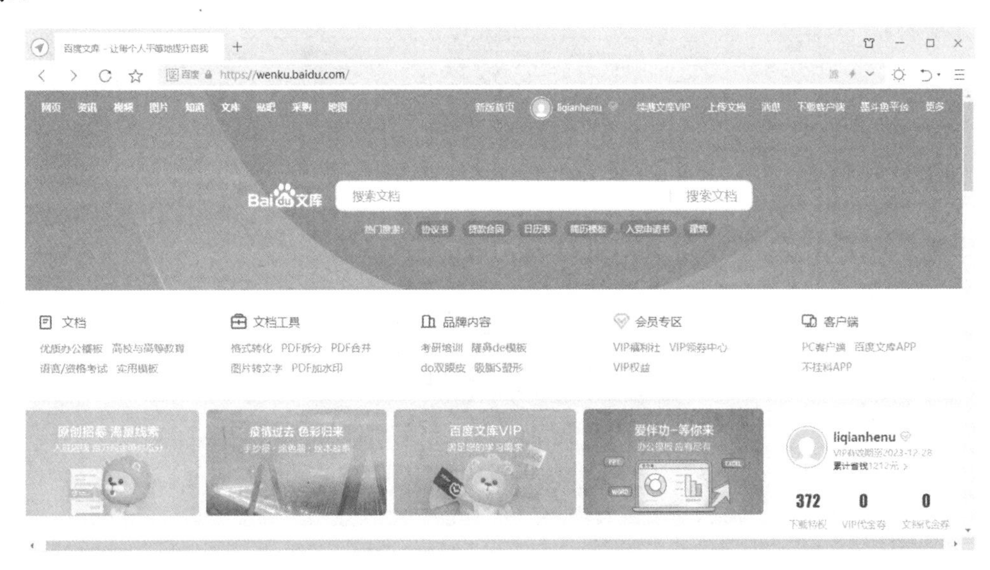

图 1-7　百度文库搜索界面

1.3 化学化工期刊数据库的检索

期刊是指“在规定日期或经一定间隔后出版的杂志或者其他出版物”。根据报道内容可分为刊登原始文章的一次文献期刊和刊登文摘、索引的二次文献期刊（如 CA、SCI、EI）等。期刊是科研工作者最主要的信息来源，其出版周期短、传递信息及时、参考价值较大。

1.3.1 中国期刊全文数据库（中国知网）

中国知网 CNKI（http://www.cnki.net/），全称为国家知识基础设施（China National Knowledge Infrastructure，CNKI），由清华大学、清华同方知网公司 1999 年发起，目前已建成世界上全文信息量最大的“CNKI 数字图书馆”。常用的 CNKI 子数据库有：期刊全文数据库、学位论文数据库、会议论文数据库、中国引文数据库等。本书主要介绍中国知网全文数据库的检索，相关操作参看码 1-1。

码 1-1 中国知网检索演示

登录 CNKI 主页，首页如图 1-8 所示。网页上部为检索方式的选择。左侧可选择文献检索、知识元检索和引文检索 3 种类型；在正中间为检索框，可在下拉选择框中选择欲检索的字段如主题、作者、篇名等，在检索框中输入待检索的关键词，并单击按钮“🔍”进行检索；检索框下部为可提供的文献类型，包括学术期刊、学位论文、会议、报纸、专利等，可通过选中其前面的选择框“□”同时对多种文献类型进行检索。单击检索框右侧的“高级检索”“出版物检索”可进入对应的检索界面。

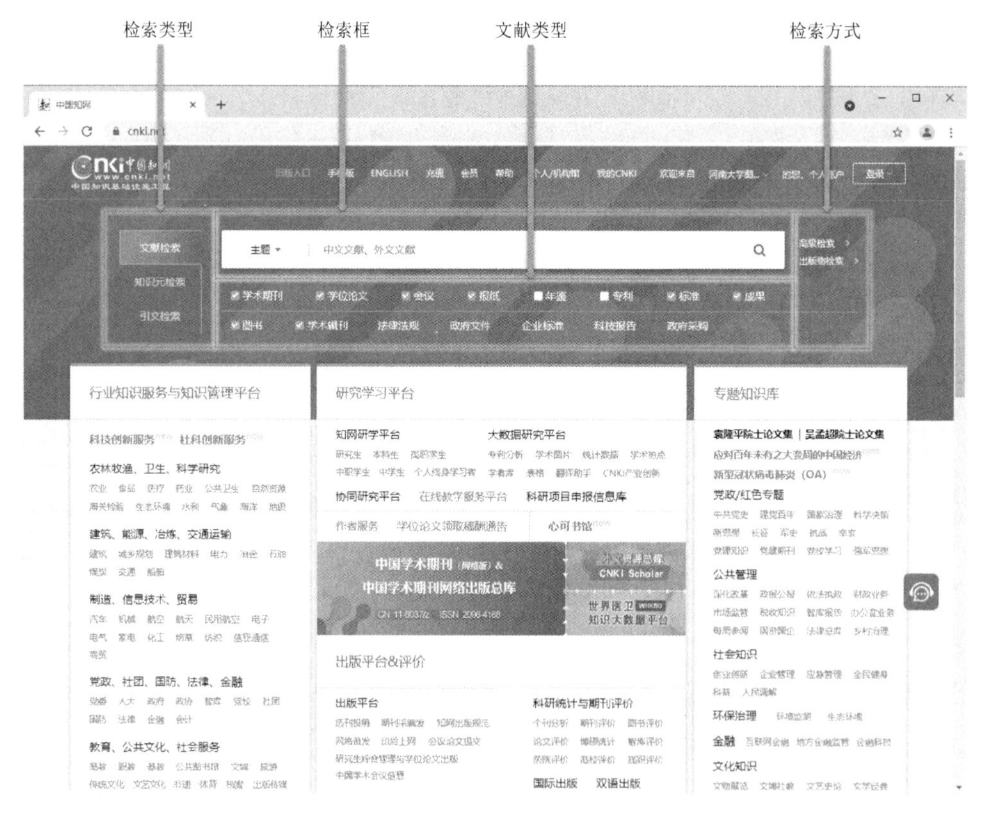

图 1-8 CNKI 首页

网页下部左侧的“行业知识服务与知识管理平台”是基于 Web 的行业知识推送平台，可提供行业相关的知识与情报。例如单击“化工”可打开化工科技创新知识服务平台，如图 1-9 所示。

图 1-9　CNKI 化工科技创新知识服务平台

点选“高级检索”即可进入数据库的高级检索页面，共提供高级检索、专业检索、作者发文检索和句子检索 4 种检索方式。CNKI 高级检索界面如图 1-10 所示，提供的检索项包括：主题、篇名、关键词、摘要、作者、通讯作者、作者单位、文献来源、基金等。高级检索支持多字段逻辑组合，并可通过选择精确或模糊的匹配方式、检索控制等方法完成较复杂的检索，得到符合需求的检索结果。CNKI 还支持多条件检索、二次检索和跨库检索等高级功能。

图 1-10　CNKI 高级检索页面

1.3.1.1 高级检索

高级检索支持使用运算符“*”“+”“–”“()”进行同一检索项内多个检索词的组合运算，检索框内输入的内容不得超过 120 个字符。

“*”表示逻辑和，催化剂 * 转化率表示检索全文同时包含“催化剂”和“转化率”；

“+”表示逻辑或，催化剂 + 转化率表示检索全文包含“催化剂”或“转化率”；

“–”表示逻辑否，催化剂 – 转化率表示检索全文包含“催化剂”但不含“转化率”；

“()”用于设定逻辑运算的优先级，例如（环氧乙烷 * 羰基化）– 离子液体，表示检索结果同时包含“环氧乙烷”和“羰基化”，但不含“离子液体”。

注意输入运算符*(与)、+(或)、–(非)时，前后要空一个空格。

1.3.1.2 主题、篇名、关键词、摘要和全文检索

主题检索是最为常用的检索方式，通过这种方式检索得到的结果较为全面且精确。选择“主题”检索项，可同时在“篇名、关键词、摘要”三个字段中检索用户输入的关键词。与单独使用“篇名”“摘要”或“关键词”进行检索相比，选择“主题”项可获得更多的相关文献。为了避免出现漏检，也可使用“全文检索”选项获得更多的检索结果，但这样会导致检索的精确度变差。图 1-11 所示为在“主题”项中检索“羰基化”关键词得到的检索结果。

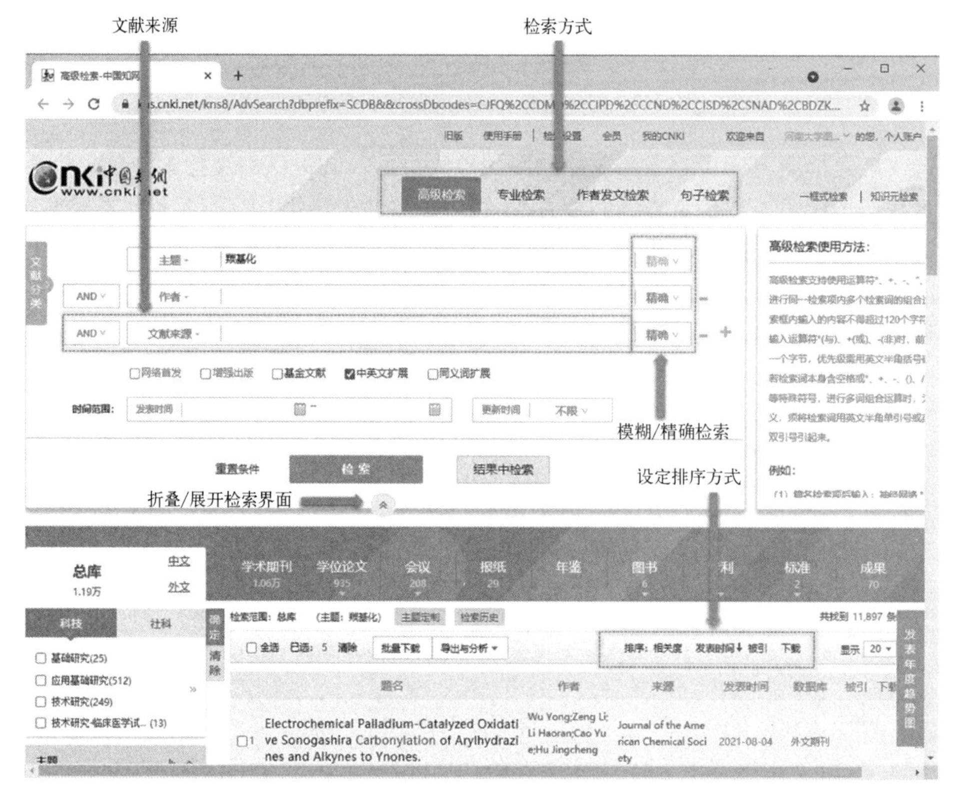

图 1-11　CNKI 检索结果

除通过主题进行检索外，还可以对发表时间、文献来源、匹配度（模糊、精确）等条件进行限定，也可指定检索结果的排序方式（相关度、发表时间、被引频次、下载次数）和每页显示的条目数量。

1.3.1.3 作者、第一作者检索

选择检索条件中的“作者”项，可以检索自己感兴趣的作者发表的文献，“第一作者”检索只检索该作者以第一作者署名发表的文献。当匹配选项设定为“模糊”时［图 1-12（a）］，若输入作者名“张三”，系统将返回包含“张三”两个字的所有作者发表的论文，如作者“张三友”“张三法”等；如只需检索张三发表的论文，可将匹配选项设定为“精确”［图 1-12（b）］。在图 1-12 中，采用“模糊”选项检索作者为“张三”可得到 4936 条文献，而使用“精确”选项仅有 157 条文献，大大提高了检索的精确度。也可通过增加其他检索条件如作者的学科专业或所在的机构来缩小检索范围。

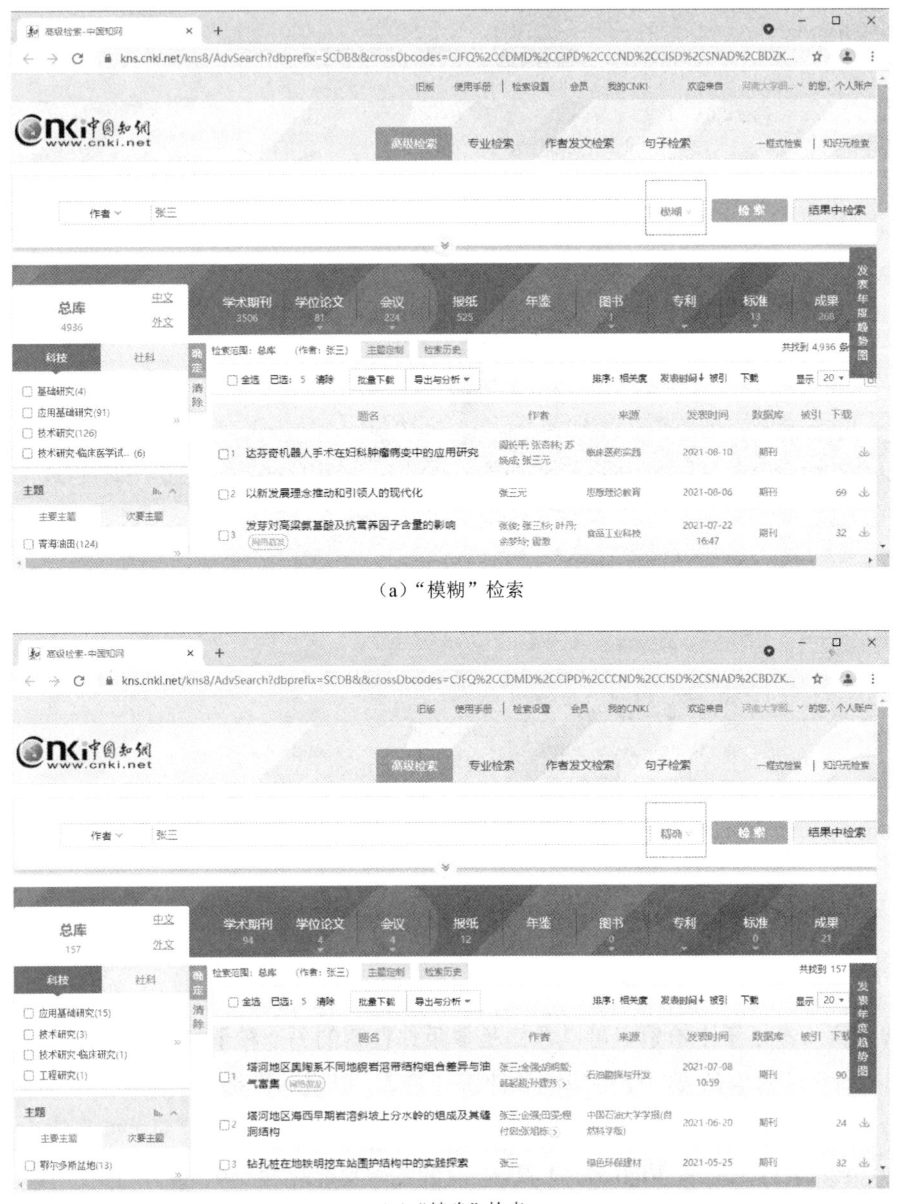

（a）“模糊”检索

（b）“精确”检索

图 1-12 模糊检索与精确检索的结果

1.3.1.4 多条件检索

多条件检索使用两个或多个检索条件同时进行查询，也可进行多次缩检，以更好地提高检索的准确性。单击检索条件右侧的“+”号可增加检索条件，单击“–”号可删除检索条件。CNKI 最多同时支持 10 个检索条件。例如，在高级检索界面选中“篇名”检索项，输入关键词“羰基化”；单击“+”增加检索条件，选中“摘要”检索项，输入关键词“催化剂”，限定发表时间为 2019 年 1 月 1 日至 2020 年 12 月 31 日，单击“检索”按钮，结果如图 1-13 所示。

图 1-13 多条件检索

1.3.1.5 二次检索

二次检索（在结果中检索）可以看作是多条件检索的另一种形式，在第一次检索完成之后，可以在所得的检索结果中使用其他条件进行检索，以进一步提高检索的针对性和准确性。例如，对 1.3.1.4 节的检索要求，可首先在“篇名”检索项中检索关键词“羰基化”获得发表时间为 2019 年 1 月 1 日至 2020 年 12 月 31 日的初步检索结果（91 条），再在“摘要”检索项内检索关键词“催化剂”，并单击“结果中检索”，可得到 67 条文献，如图 1-14 所示。所得结果与 1.3.1.4 节相同。

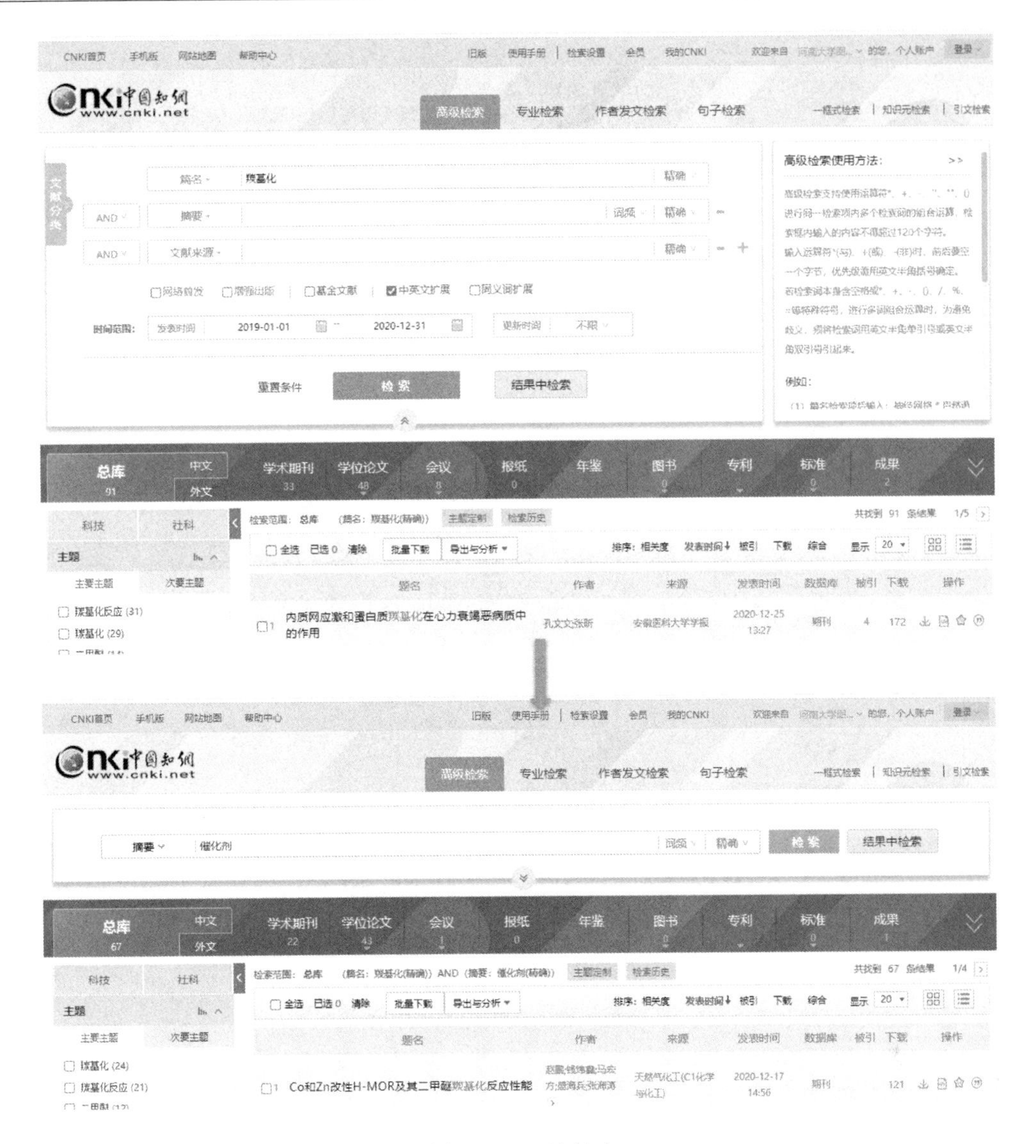

图 1-14 二次检索

1.3.1.6 检索结果的阅读和保存

图 1-14 下方为检索结果的列表。第一行最左侧是选择框，可单击“全选”前的选择框“□”选中全部文献，也可单击某篇文献前的选择框“□”对其进行选择；中间是“批量下载”“导出与分析”工具，可用于对已选中文献进行相关操作；单击第一行右侧“排序：”后的相应标签可分别根据相关度、发表时间、被引次数、下载次数对检索结果进行排序。

单击检索结果中任一文献的篇名可进入检索结果阅读页面（图 1-15）。可查阅该文献的基本信息如作者、作者单位、关键词、摘要等。此外，检索结果页面还提供参考文献、相似文献、相关研究机构、相关文献作者和文献分类导航等信息。若需下载论文全文，可单击窗口下方的“HTML 阅读”“CAJ 下载”或“PDF 下载”链接。CAJ 格式文件可使用中国知网提供的 CAJViewer、知网研学等软件进行阅读和处理，PDF 文档则可使用 Adobe 公司的 Acrobat Reader 软件进行阅读和处理。

图 1-15　检索结果的阅读页面

1.3.2　科学引文索引（SCI）

科学引文索引（*Science Citation Index*, SCI）是由美国科学信息研究所（Institute for Scientific Information，ISI）1961 年创办出版的引文数据库，也是世界著名的四大科技文献检索系统之首。SCI 收录了自然科学、生物、医学、农业、技术和行为科学等领域 94 个类、40 多个国家、50 多种文字的 12000 余种重要期刊，涉及 177 个学科，收录的内容最早可回溯至 1900 年。所选用的刊物来源国家主要有美国、英国、荷兰、德国、俄罗斯、法国、日本、加拿大等，也收录一定数量的中国刊物。SCI 已成为国际公认的反映基础学科研究水准的代表性数据库，世界上大部分国家和地区的学术界将其收录的科技论文数量的多寡，看作是体现一个国家的基础科学研究水平及其科技实力的指标之一。统计结果显示，我国发表的 SCI 收录科技论文已连续 12 年居世界第二位。

1997 年，Thomson 公司将 SCI，SSCI（Social Science Citation Index）和 AHCI（Arts & Humanities Citaion Index）整合，开发了基于 Web 的多学科文献数据库——Web of Science。2016 年，Onex Corporate 与 Baring Private Equity Asia 完成对 Thomson Scientific 的收购，将其更名为科睿唯安（Clarivate Analytics）。Web of Science 提供的数据库产品还包括生命科学与生物医学研究索引 BIOSIS Previews、中国科学引文数据库、美国国家医学图书馆生命科学数

据库 Medline 等。其网址为 https://www.webofscience.com/wos/alldb/basic-search。用户需要购买使用权限后，登录到网站进行检索，其首页如图 1-16 所示，相关操作参看码 1-2。

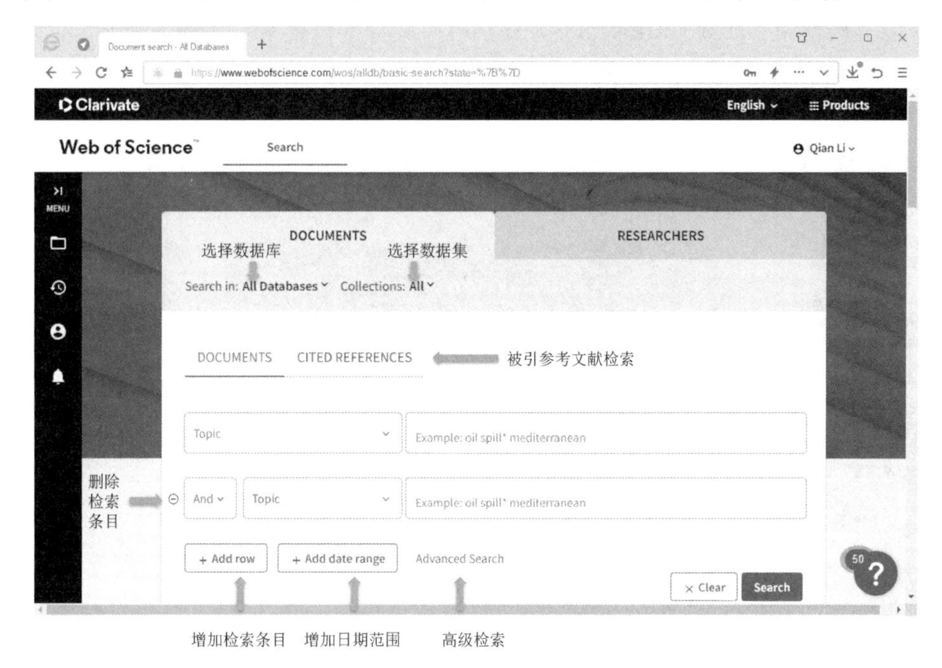

图 1-16　ISI Web of Science 首页

码 1-2　Web of Science 检索演示

（1）选择 SCI 数据源。Web of Science 默认页面如图 1-16 所示，欲对 SCI 数据库进行检索，需要首先选择 SCI 数据源。单击“Search in:”后的“All Database∨”，在下拉列表中选中 Web of Science Core Collection；再单击“Editions：”后的“All∨”，在下拉列表中将 Science Citation Index Expanded（SCI-EXPANDED）--1900-Present 前的选择框选中，并清除其他选项前的选择框，选中后如图 1-17 所示。

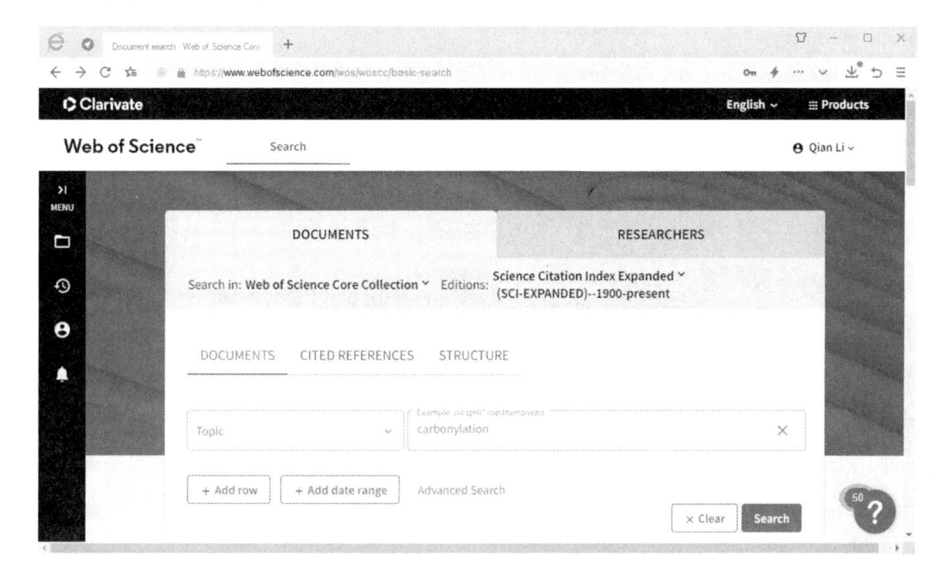

图 1-17　选择 SCI 数据源

（2）开始检索。Web of Science 默认打开文档检索模式（DOCUMENTS），可单击“CITED REFERENCES”进入被引参考文献检索，或单击“Advance Search”进入高级检索界面。本节主要介绍文档检索（DOCUMENTS）方式。用户可直接在搜索栏中输入检索词，然后单击“Search”按钮即可获得检索结果。可单击检索栏下方的“+ Add row”“+ Add date range”添加检索条目或设定文档的时间范围，也可单击新添加检索栏前面的“⊖”图标删除检索栏。例如，在 Topic 中检索“carbonylation”关键字返回的结果见图 1-18 所示。为了快速找到所需文献，可对检索结果做进一步处理。

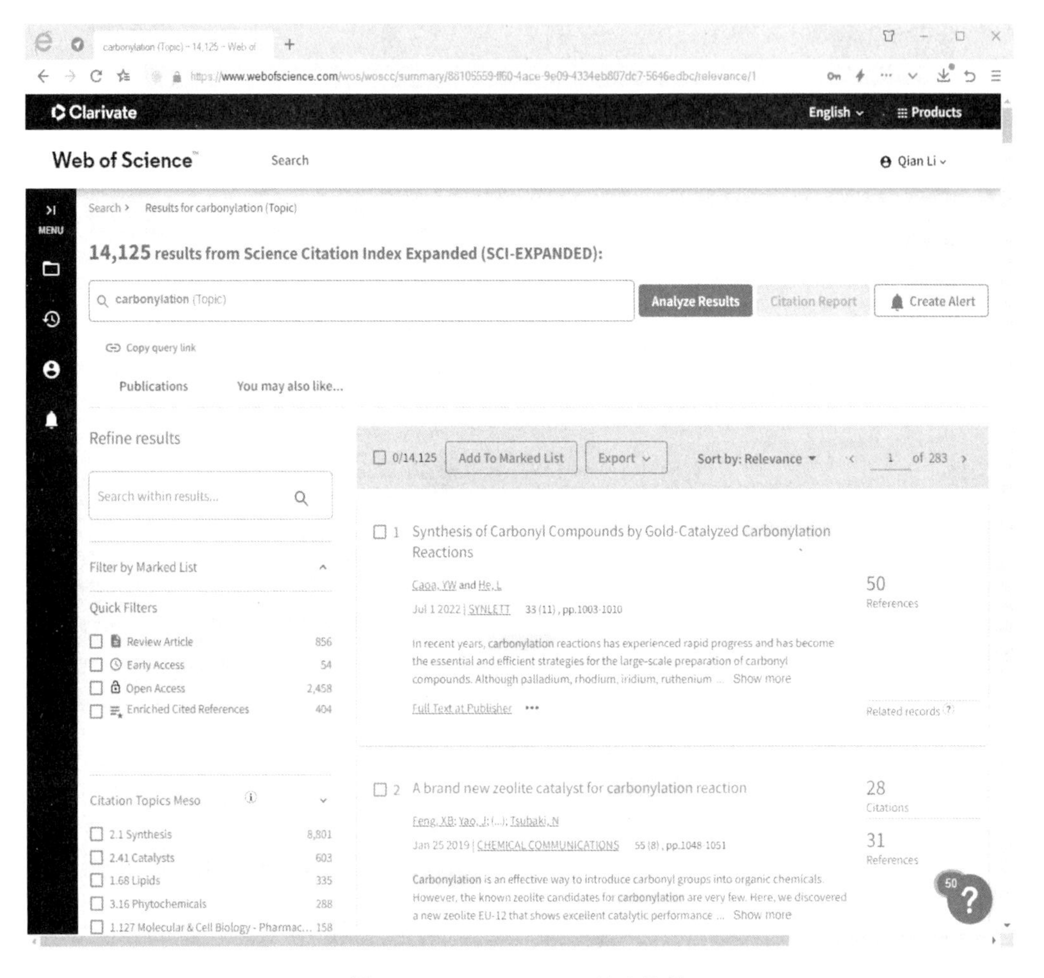

图 1-18 Web of Science 检索结果

（3）检索结果排序。检索结果列表上方右侧的“Sort by: Relevance∨”表明当前检索结果是按照相关度由高到低进行排序，单击“Relevance”将弹出如图 1-19 所示的排序方式下拉列表，以选择检索结果的排序方式。可供选择的排序方式有：相关性、最近添加、引用类别、出版日期（升、降序）、被引频次（升、降序）、使用次数（升、降序）、最近 180 天、会议标题（升、降序）、第一作者（升、降序）、来源出版物名称（升、降序）等。检索结果列表上方左侧的“Add to Marked List”按钮可将所选文献加入标记列表，“Export”按钮用于导出文献题录信息。

（4）结果限定。在左侧的“精练检索结果（Refine results）”栏中，可以对检索结果进行进一步的限定，常用选项有：二次检索、数据库、研究领域、研究方向、文献类型、作者、团体/机构作者、编者、基金资助机构、来源出版物名称、会议名称、出版年、语种、国家/地区、ESI 高水平论文等。也可滚动到列表下方，单击“Analyze Results”链接对检索结果进行更加详细的分析。例如，通过对文献来源的分析可以得到发表该领域论文最多的期刊排行，为投稿指明方向。图 1-20 为根据研究领域（Research Areas）的分析结果。

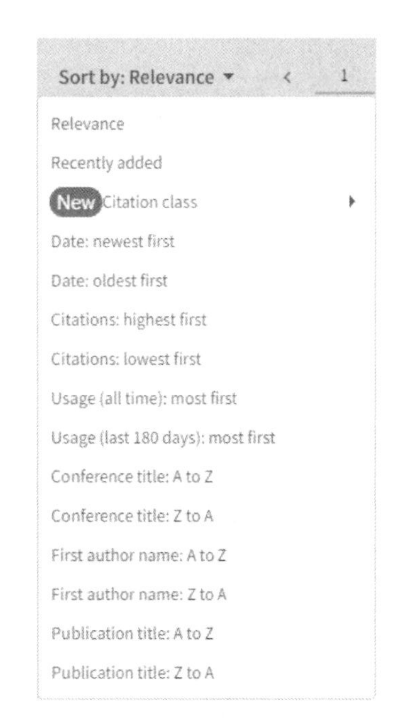

图 1-19　检索结果排序方式下拉列表

（5）在检索结果列表（图 1-18）中可看到的信息包括：文章题目、作者、来源（含期刊名、卷、期、页码、出版时间）和被引次数（Citations）等。单击搜索结果列表中任一文献的题名，可以查看其详细信息，如图 1-21 所示。SCI 的一大优势就是可以检索到文献之间的相互引证信息。检索者可以单击页面中被引次数前的数字 28 来查看该文献被别人引用的情况，也可单击引用的参考文献（Reference）前的数字 31 来查看该文所引用的参考文献情况。

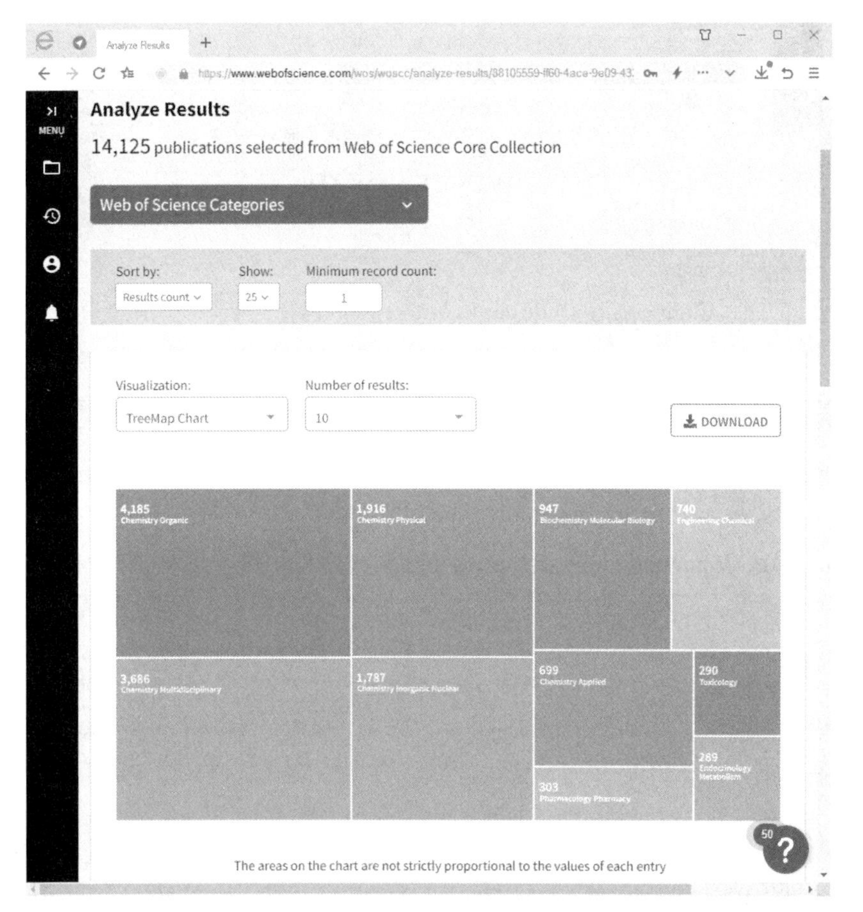

图 1-20　检索结果分析界面

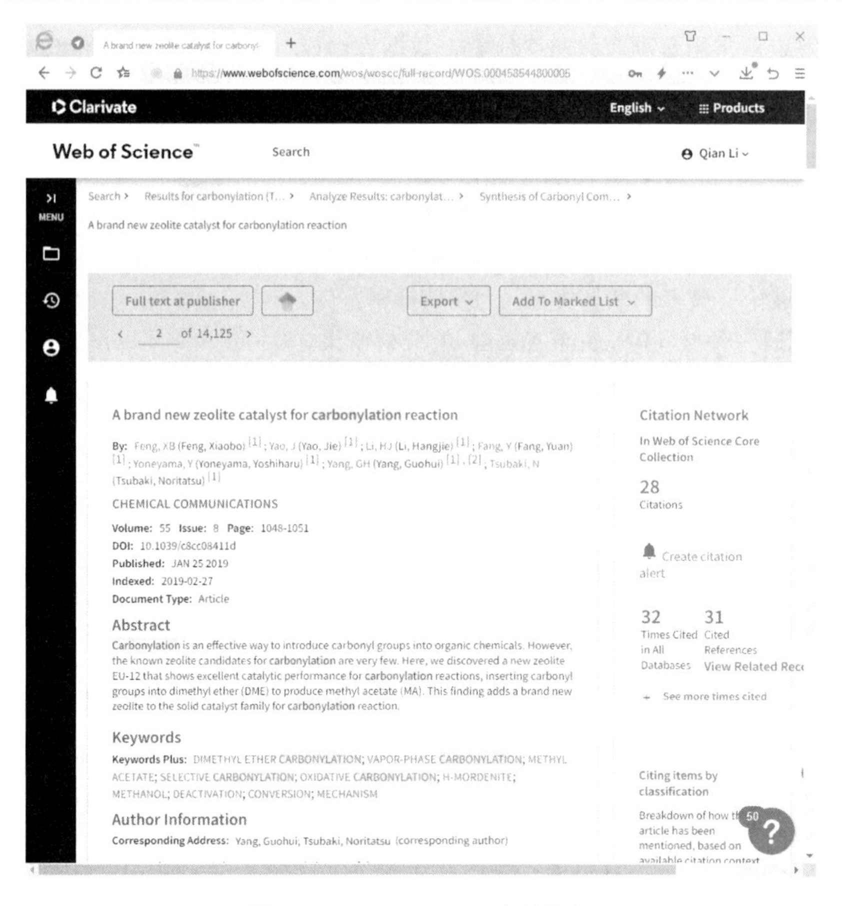

图 1-21　Web of Science 文献信息

1.3.3　工程索引（EI）

工程索引（The Engineering Index，EI），1884 年由美国工程信息公司（Engineering Information Inc.）创办，是一个主要收录工程技术期刊文献和会议文献的大型国际权威检索系统，与 SCI（科学引文索引）、ISTP（科技会议录索引）、Scopus 共称为世界四大科技文献检索系统，是国际公认的进行科学统计与评价的权威检索工具。1995 年 EI 公司开发了称为“Village”的系列产品，Engineering Village 是其中最主要的产品之一。该平台除了能检索 Compendex（EI 网络版）外，还能检索 Inspec & Inspec Archive 和 NTIS 等数据库。

Compendex 是 Computerized Engineering Index 的缩写，即计算机化工程索引，为全记录式，是目前全球最大的工程领域二次文献数据库。主要提供应用科学和工程领域的文摘索引信息，涉及核技术、生物工程、交通运输、化学工程与工艺、照明和光学技术、农业工程和食品技术、计算机和数据处理、应用物理、电子和通信、控制工程、土木工程、机械工程、材料工程、石油、宇航、汽车工程等数十个领域及其子学科。其数据来源于 5100 种工程类期刊、会议论文集和技术报告，含 1100 多万条记录，每年新增约 50 万条记录。EI 主站网址为 https://www.engineeringvillage.com/。

EI 检索页面如图 1-22 所示。可单击页面右上角的图标，在下拉菜单中选择检索方式，相关操作参看码 1-3。EI 提供的检索方式有：快速检索（Quick）、专家检索（Expert Search）、词表检索（Thesaurus Search）、作

码 1-3　EI 检索演示

者检索（Author）、单位检索（Affiliation）、工程研究背景（Engineering Research Profile）。网站默认检索方式为快速检索。在快速检索模式下（图 1-22），用户可在搜索栏中输入搜索词，选择搜索领域，通过布尔逻辑算符（AND、OR 及 NOT）组合检索条件；单击检索栏右下方的“+Add search field”可增加检索选项。可通过检索栏下方“Databases∨”“Date∨”“Language∨”“Document type∨”等设定检索数据库、文献发表时间、发表语言、文档类型等检索参数；“Sort by”栏用于指定搜索结果的排序方式；选项“Autostemming∨”用于切换关键词的派生，网站默认值为“Autostemming on”。若 Autostemming 为 on，搜索引擎将搜索关键词及其派生词，若 Autostemming 设为 off，则仅搜索关键词本身。例如，当输入关键词“controllers”时，若 Autostemming 设为 on，搜索引擎还会搜索 control，controllers，controlling，controlled，controls 等派生词。

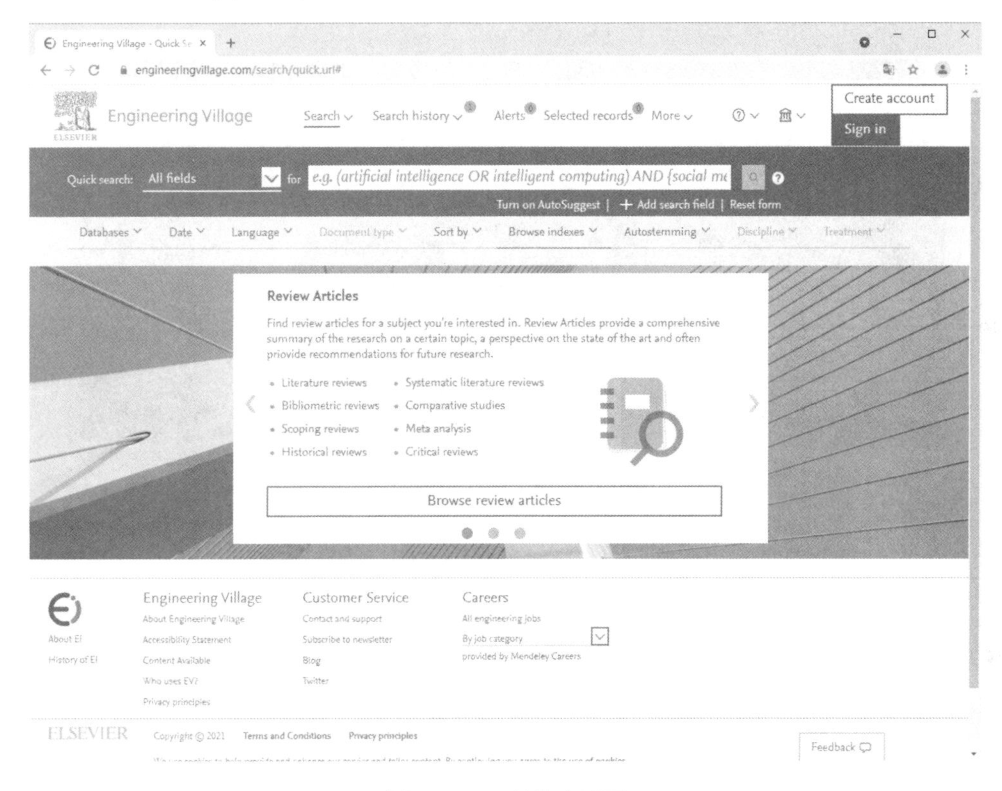

图 1-22　EI 的检索页面

1.3.4 Elsevier 数据库

爱思维尔（Elsevier）是全球最大的科学文献出版发行商，Elsevier 提供的 Science Direct 数据库是全球最大的科学文献全文数据库，涵盖了物理科学与工程（Physical Sciences and Engineering）、生命科学（Life Sciences）、健康科学（Health Sciences）、社会科学与人文（Social Sciences and Humanities）等领域。截至 2021 年 8 月，Science Direct 数据库共收录 4452 种期刊和 31597 本电子图书，文献超过 1400 万篇。通过 Science Direct 还可以链接到四大检索工具之一的 Scopus。Scopus 是 Elsevier 公司 2004 年 11 月推出的数据库产品，具有独特的多学科导航功能，是目前全球规模最大的文摘和引文数据库。Elsevier 检索演示参看码 1-4。

码 1-4　Elsevier 检索演示

Science Direct 的网址为 http://www.sciencedirect.com，其首页如图 1-23 所示。页面中央为快速检索的搜索框，其使用十分简单，用户可以直接在搜索框中输入检索条件。在“Keywords”输入框中输入检索主题词；在“Author name”输入框中输入所要查找的作者名；在“Journal/book title”输入框中输入期刊或书籍的题名；还可分别在“Volume”“Issue”“Page”输入框中指定文献所在的卷、期和页码。输入结束后，单击检索按钮即可开始检索。Science Direct 的主题词搜索支持布尔逻辑算符（AND、OR、NOT）。也可单击“Advanced search”链接打开高级搜索界面。

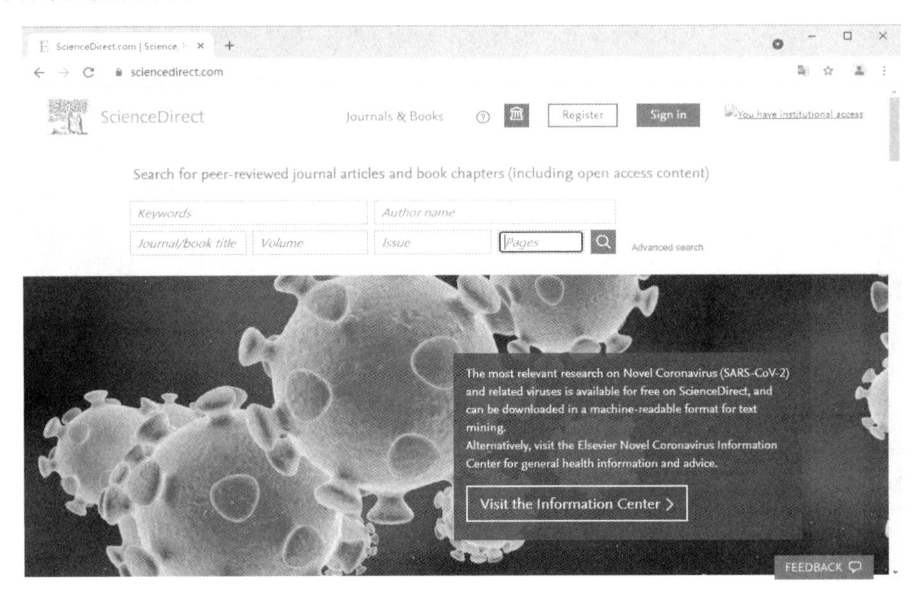

图 1-23　Science Direct 首页

例如，在快速检索模式下查找有关“环氧化物羰基化”方面的文献，可在“Keywords”输入框中输入“carbonylation AND epoxide”，单击按钮，即可得到如图 1-24 所示的检索结果。

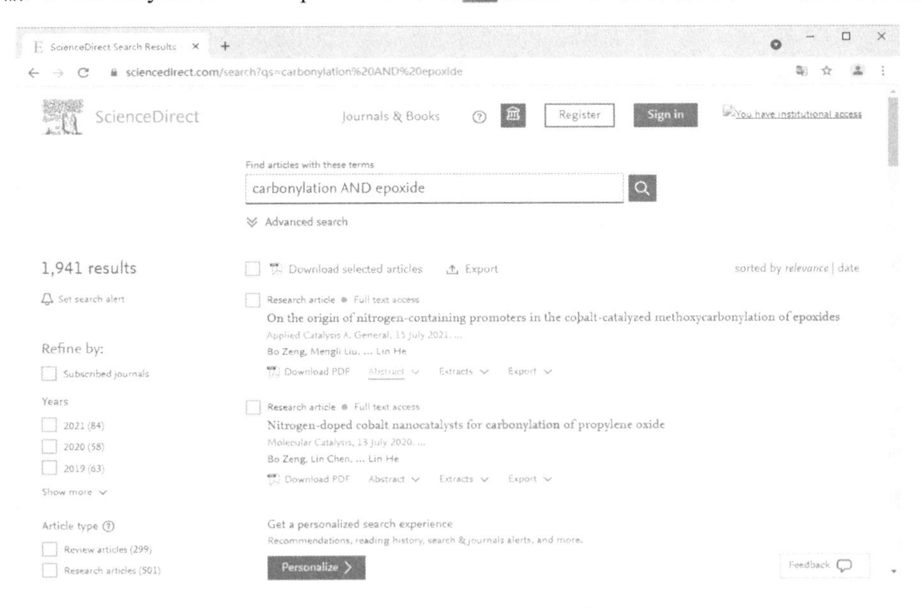

图 1-24　Science Direct 检索结果

检索结果页面以列表的形式列出了搜索到的文献基本信息，例如文献题名、发表期刊、发表时间、卷、期、页码等。左侧为精练检索结果区域，可通过发表时间、论文类型、发表期刊、领域等对检索结果进行进一步筛选。右侧为检索结果列表，单击列表上方左侧的“Download selected articles”可下载所有已选中文献的 PDF 文档全文；单击“Export”可将文献信息输出到文献管理软件（如 EndNote，参见本书第二章）；单击列表上方右侧“sorted by”后面的“relvance”或“date”可选择根据相关度还是文献发表日期排序检索结果。在每篇文献下方有 4 个链接，单击“Download PDF”可打开和下载 PDF 格式的论文全文；单击“Abstract”可以查看该篇文献的摘要，可以文字（Abstract）和图形化摘要（Graphical Abstract）的形式查看；单击“Extracts”可查看本篇文献的要点；单击“Export”可导出文献相关信息。

1.3.5 Wiley InterScience 数据库

John Wiley & Sons 公司成立于 1807 年，是世界范围内科学、技术和医学（STM）类的领先出版商。Wiley-Blackwell 是 2007 年 2 月由 Blackwell 出版社与 Wiley 的科学、技术及医学业务合并而成的，Wiley-Blackwell 是当今世界最重要的教科和专业出版商之一。Wiley Online Library 是 Wiley-Blackwell 的动态在线服务平台，网址为 https://onlinelibrary. wiley.com/，其首页如图 1-25 所示，相关操作参看码 1-5。

码 1-5 Wiley 检索演示

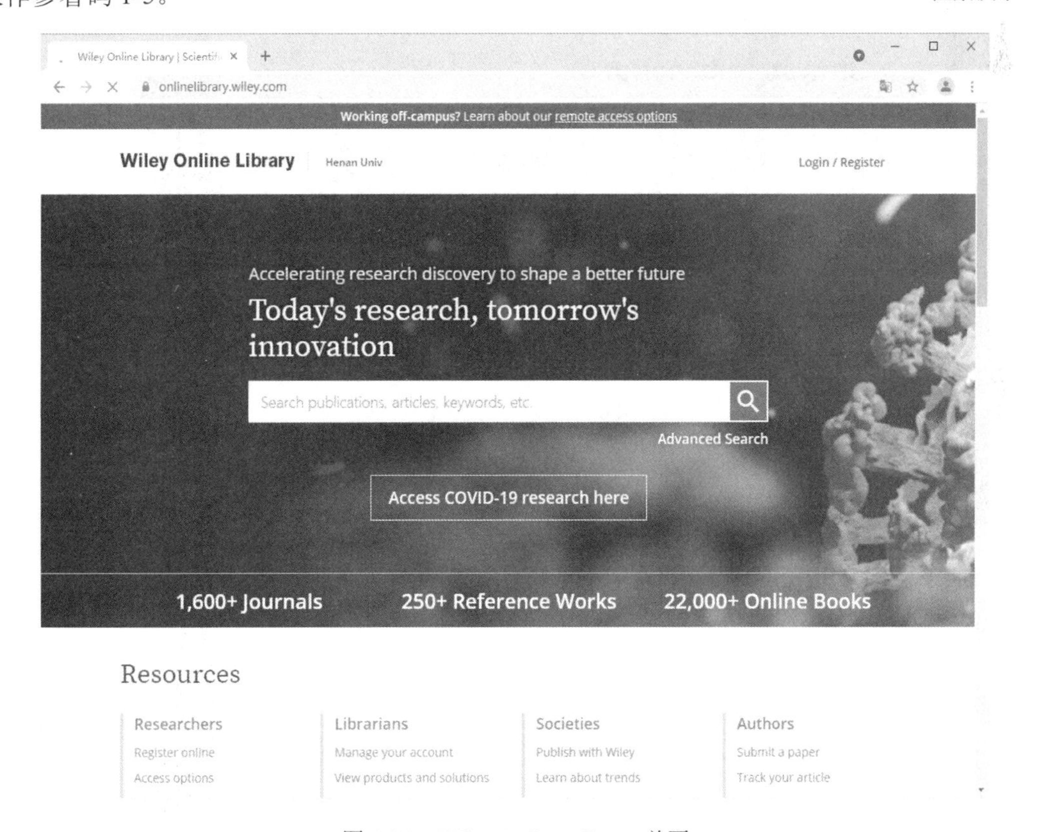

图 1-25 Wiley Online Library 首页

1.3.6 美国化学会（ACS）期刊数据库

美国化学会（American Chemical Society，ACS）成立于 1876 年，是世界上最大的化学

学会，在国际化学界享有盛誉。美国化学会拥有许多期刊，其中《美国化学会志》（Journal of the American Chemical Society，JACS）历史最为悠久，影响也最大。ACS出版的期刊在化学类期刊中具有崇高的地位，目前已出版的期刊有40余种。ACS期刊的网址为 http://pubs.acs.org/，其首页如图1-26所示，相关检索操作参看码1-6。

码1-6　ACS检索演示

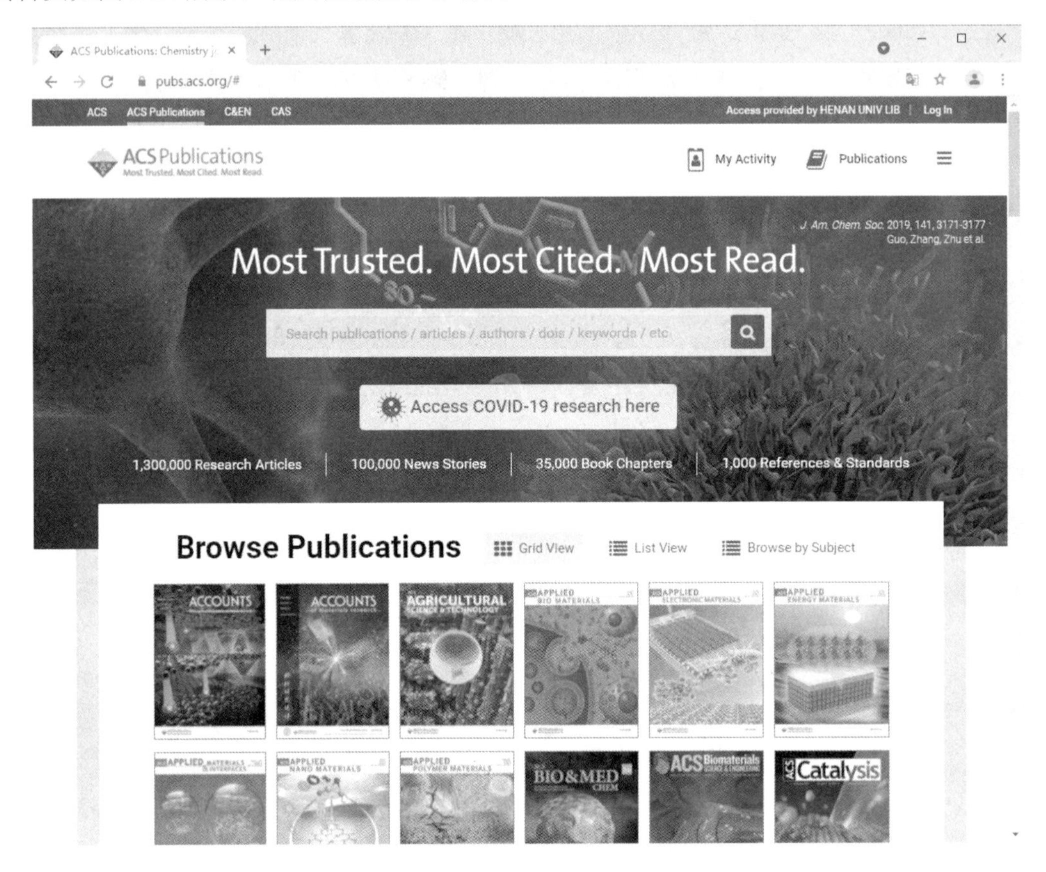

图1-26　ACS期刊数据库首页

1.3.7　其他常用文献数据库

1.3.7.1　美国化学文摘（CA）

美国化学文摘（Chemical Abstracts，简称CA），创刊于1907年，由美国化学文摘服务社（Chemical Abstract Service，CAS）编辑出版。CA是涉及学科领域最广、收集文献类型最全、提供检索途径最多、部卷也最为庞大的著名化学类检索平台，每年报道的文献量约50万篇，占世界化学化工文献总量的98%左右。化学文摘可通过CAS开发的SciFinder Scholar在线数据库进行检索，其整合了Medline医学数据库、欧洲和美国等近50家专利机构的全文专利资料，以及化学文摘1907年至今的全部内容。用户需购买相关权限并注册方可检索。数据库访问地址为 http://scifinder.cas.org/。此外，还可以通过CAS的网站主页进行查询，网址为：http://www.cas.org。

1.3.7.2　英国皇家化学会（RSC）期刊数据库

英国皇家化学会（Royal Society of Chemistry，RSC）是一个权威的国际学术机构，成立于 1841 年，是化学信息的主要传播机构和出版商。RSC 出版的期刊及数据库一向是化学领域的核心期刊和权威性的数据库，大部分被 SCI 收录，也是被引用次数较多的化学期刊。RSC 期刊的网址为 http://www.rsc.org/。

1.3.7.3 德国施普林格（Springer-Verlag）期刊

德国施普林格（Springer-Verlag）是世界上著名的科技出版集团之一。自 2002 年 7 月开始，Springer 公司在中国开通了 Springer Link 服务，提供其学术期刊及电子图书的在线检索。Springer Link 的所有资源划分为 24 个学科：包括建筑学与设计、天文学、生物医学科学、商业和经济、化学、计算机科学、地球科学与地理、工程学、统计学等。其网址为 https://link.springer.com/。

1.3.7.4 万方数据库

万方数据库收集了自 1998 年至今我国出版的 8000 余种期刊发表的论文，涵盖自然科学、工程技术、医药卫生、农业科学、哲学政法、社会科学、科教文艺等多个领域，可提供 PDF 格式的全文下载，支持作者索引、关键词索引等多种检索手段。万方数据库还可提供 1980 年至今的中文学位论文、1982 年至今的中文会议论文以及专利、科技报告、标准等的检索。其网址为 http://www.wanfangdata.com.cn/。

1.3.7.5 国家科技图书文献中心

国家科技图书文献中心主要提供文献服务，具体内容包括：文献检索、全文提供、网络版全文、目次浏览、目录查询等。非注册用户可以免费获得除全文提供以外的各项服务，注册用户可获得包括全文提供在内的全部服务。文献类型涉及期刊、会议录、学位论文、科技报告、专利标准和图书等，文种涉及中、西、日、俄等。提供普通检索、高级检索、期刊检索、分类检索、自然语言检索等多种检索方式。中心拥有各类外文印本文献 25000 余种，其中外文科技期刊 17000 余种，外文回忆录等文献 9000 余种。学科范围覆盖自然科学、工程技术、农业科技和医药卫生等四大领域的 100 多个学科和专业。以国家许可、集团购买和支持成员单位订购等方式，购买开通网络版外文现刊近 12000 种，回溯数据库外文期刊 1500 余种，中文电子图书 23 万余册。国家科技文献图书中心的网址为：http://www.nstl.gov.cn/。

1.3.7.6 维普中文科技期刊数据库

重庆维普中文科技期刊数据库（全文库）源于重庆维普资讯有限公司 1989 年创建的中文科技期刊篇名数据库，其全文和题录文摘版一一对应，现已成为国内高校文献保障系统的重要组成部分。包含了 1989 年至今的近 15000 种期刊刊载的近 7100 万篇文献。内容涵盖社会科学、自然科学、工程技术、农业、医药卫生、经济、教育和图书情报等。维普中文科技期刊数据库的网址为 http://www.cqvip.com/。

1.3.7.7 Medline 数据库

Medline 数据库是美国国立医学图书馆提供的著名医学文献摘要库，主要包括化学品和药物方面的文献。Medline 收录 1966 年以来世界 70 多个国家和地区出版的 3400 余种生物医学期刊的文献，近 960 万条记录。目前每年递增 30～35 万条记录，以题录和文摘形式进行报道，其中 75%是英文文献，70%～80%文献有英文文摘。可使用关键词、作者名等方式进行检索。检索结果以题录的形式出现，单击题录中的文献题名可查看其摘要。PubMed 是免费的网上 Medline 数据库，汉化版网址为 https://www.corepubmed.com/。

1.4 专利检索

1.4.1 专利、专利文献与专利说明书

专利（Patent）是发明人或设计人所做出的发明、实用新型和外观设计，经申请批准后，在法律规定的有效期内，授予受保护的专利权，即专利权人享有独占利益。专利可分为发明专利、实用新型专利和外观设计专利 3 种类型。

专利文献的内容包括：一切与工业产权（包括专利权和显著标记权）有关的文献，尤其指专利局出版的专利公报、专利说明书、专利文献、专利题录、与专利有关的法律文件、专利检索工具等。据统计有 90%～95%的创新发明最先表现在专利文献中，因此专利文献是及时跟踪科学技术领域最新进展的重要媒介。专利文献的主体是专利说明书，专利说明书包含如下内容：发明的名称、所属技术领域、现有技术、发明的目的、发明的内容、发明的效果、附图及附图简单说明、实施例等。

世界上大多数国家的专利说明书都可以免费检索并下载。常用的专利检索网站有：国家知识产权局（https://www.cnipa.gov.cn/）、中国知识产权网（http://www.cnipr.com）、中国专利信息中心（http://www.cnpat.com.cn）、中国专利信息网（http://www.patent.com.cn）和中国专利保护协会（http://www.ppac.org.cn）等。

1.4.2 中国专利检索

国家知识产权局中国专利公布公告检索系统是检索中国专利的权威网站，可查阅专利说明书全文，提供常规检索、高级检索、导航检索、药物检索、热门工具、命令行检索和专利分析等功能。其高级检索页面如图 1-27 所示，相关操作参看码 1-7。可根据申请号、申请人姓名、专利名称等进行检索。例如，在发明名称字段输入关键词“羰基化 AND

码 1-7 国家知识产权局专利检索演示

图 1-27 中国专利信息检索系统

催化剂”，将屏幕下拉找到“检索”按钮并单击，或者直接在输入框中按回车键，即可开始检索。向下滚动屏幕，即可看到如图 1-28 所示的检索结果列表，可单击每条检索结果下方的链接阅读专利全文或专利事务数据。也可单击屏幕左侧的检索结果统计链接对检索结果进行统计分析。图 1-28 左侧为根据发明人进行统计的结果。

图 1-28 中国专利信息检索系统检索结果

中国专利信息网能够检索自 1985 年中国专利法实施以来至今的专利题录信息。免费用户可浏览专利说明书全文的首页，普通和高级用户则可以查看全文。

1.4.3 德温特世界专利创新索引

德温特世界专利创新索引（Derwent Innovation Index，DII）是目前世界上规模较大、影响较广的专利文献信息检索工具。它将世界专利索引（World Patent Index）和专利引文索引（Patent Citation Index）有机地整合在一起，通过互联网为用户提供专利信息资源。它收录了来自全球 47 个专利机构（涵盖 100 多个国家）的专利信息与专利情报，数据每周更新，可回溯至 1963 年。德温特世界专利创新索引采用 Web of Knowledge 平台，为研究人员提供世界范围的化学、电子电器、工程技术等领域的专利信息，登录网址为：https://derwentinnovation.clarivate.com.cn/login/。其快速检索页面如图 1-29 所示。

1.4.4 美国专利检索

美国专利商标局（United States Patent and Trademark Office，简写为 PTO 或 USPTO）是美国专利检索的权威网站，其专利公开检索网址为 https://ppubs.uspto.gov/pubwebapp/static/

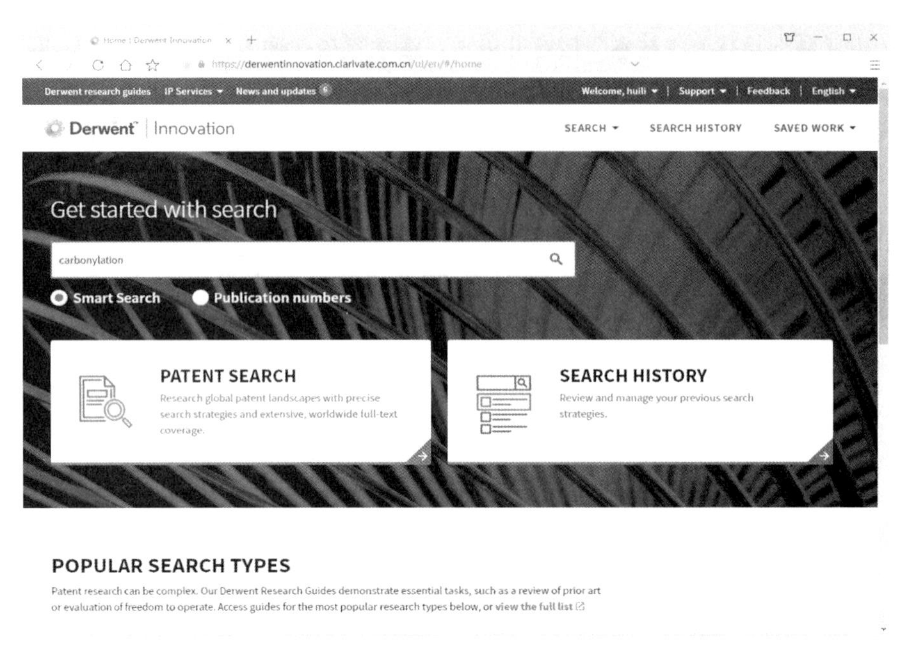

图 1-29　德温特世界专利创新索引快速检索页面

pages/landing.html，如图 1-30 所示，相关操作参看码 1-8。常用的检索方法是快速检索（Quick lookup）、基本检索（Basic Search）和高级检索（Advanced Search）。单击“Basic Search”打开如图 1-31 所示的基本检索页面。在 Quick lookup 区域的输入框中可输入专利号或公开号进行检索。或者在 Basic Search 区域“Search”下方的输入框中设定检索范围，在“For”下方的输入框中

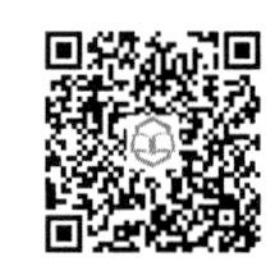

码 1-8　美国专利局专利检索演示

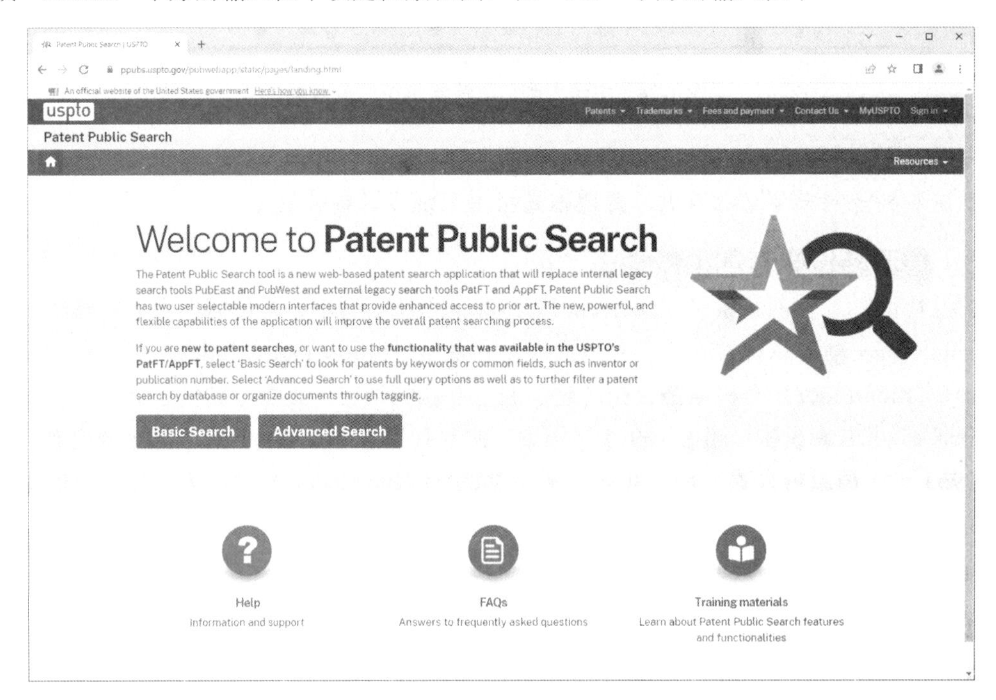

图 1-30　美国专利商标局专利数据库

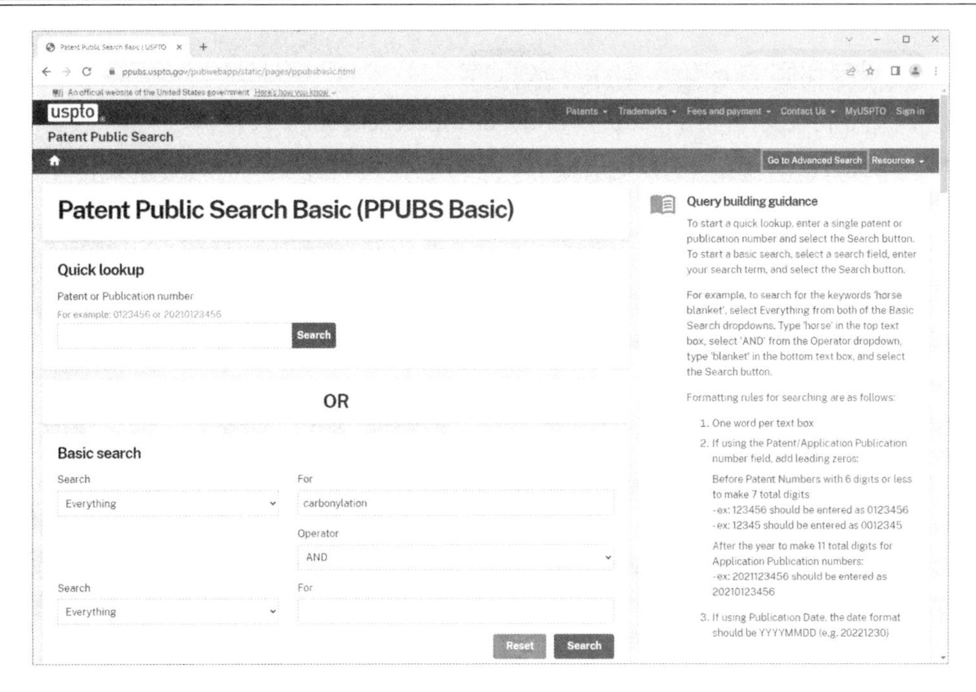

图 1-31 美国专利商标局专利 Basic Search 界面

输入检索关键词，单击“Search”按钮进行检索。Basic Search 支持两个检索条件，可以使用“Operator”下方的输入框设定两个检索条件之间的逻辑关系，可供选择的选项有“和”（AND）、“或”（OR）和“否”（NOT）。例如，在专利全文（Everything）中检索关键词 carbonylation 的结果如图 1-32 所示，单击“Preview”可查看专利的预览图，单击“PDF”可查看印刷格式的专利全文。可单击窗口右上方的“Go to Advanced Search”切换到高级检索界面。此外，下列两个网站也可提供美国专利的全文下载（PDF 格式），即 http://www.pat2pdf.org/和 http://www.lens.org/lens/。

Search results

Results for query "carbonylation"　　Showing 1 to 50 of 13188 records

Result #	Document/Patent number		Title	Inventor name	Publication date	Pages
1	US-20230391778-A1	Preview PDF	INDOLIN-2-ONE OR PYRROLO-PYRIDIN-2-ONE DERIVATIVES	HILPERT; Hans et al.	2023-12-07	83
2	US-20230390364-A1	Preview PDF	USE OF HUMAN SERUM ALBUMIN IN TREATMENT OF DISEASES	Luo; Yongzhang et al.	2023-12-07	22
3	US-11833129-B2	Preview PDF	Thiophene compound for treatment of exfoliating glaucoma	Huber; Samuel Richard	2023-12-05	27
4	US-11834559-B2	Preview PDF	Composite materials with desired characteristics	Lundorf; Mikkel Dybro et al.	2023-12-05	265
5	US-11833190-B2	Preview PDF	Serum albumin-binding fibronectin type III domains	Diem; Michael et al.	2023-12-05	50
6	US-20230381189-A1	Preview PDF	TRANSIENT PROTECTION OF NORMAL CELLS DURING CHEMOTHERAPY	Strum; Jay Copeland et al.	2023-11-30	164
7	US-20230382892-A1	Preview PDF	Chemical Compounds	Gopalsamy; Ariamala et al.	2023-11-30	109
8	US-20230382896-A1	Preview PDF	ENANTIOMERICALLY PURIFIED GPER AGONIST FOR USE IN TREATING DISEASE STATES AND CONDITIONS	NATALE; Christopher et al.	2023-11-30	69
9	US-20230382854-A1	Preview PDF	Substituted 6,7-Dihydro-5H-Benzo[7]Annulene Compounds and Their Derivatives, Processes for Their Preparation and Therapeutic Uses Thereof	Bernardelli; Patrick et al.	2023-11-30	277
10	US-20230381734-A1	Preview PDF	FLOW REACTOR WITH THERMAL CONTROL FLUID PASSAGE HAVING	Gremetz; Sylvain Maxime F et al.	2023-11-30	9

图 1-32 美国专利商标局专利数据库检索结果

1.4.5 欧洲专利局的 espacenet 数据库

欧洲网上专利数据库网站（http://worldwide.espacenet.com/）由欧洲专利局、欧洲专利组织（EPO）成员国及欧洲委员会发起并建立。该网站从 1998 年夏天开始向公众开放，并以免费形式向公众提供各种专利信息。由于该网站能够同时提供世界上 100 多个国家的专利信息和 60 多个国家的专利说明书全文，且检索方法比较便捷，因此受到科技人员的普遍重视。尤其是其中的“世界专利数据库”已成为多国专利文献检索、同族专利文献检索的首选工具，相关操作参看码 1-9。

码 1-9　欧洲专利局专利检索演示

欧洲专利局数据库可直接提供奥地利（AT）、比利时（BE）、加拿大（CA）、中国（CN）、丹麦（DK）、法国（FR）、芬兰（FI）、德国（DE）、英国（GB）、希腊（GR）、爱尔兰（IE）、意大利（IT）、日本（JP）、葡萄牙（PT）、西班牙（ES）、瑞典（SE）、瑞士（CH）、美国（US）等国家以及世界知识产权组织（WO）、欧洲专利组织（EP）等专利机构的专利摘要或全文信息。欧洲网上专利数据库的主页提供 3 种检索方式，分别为：智能检索（Smart Search）、高级检索（Advanced Search）和分类检索（Classification Search）。其界面如图 1-33 所示，首页默认为智能检索。

下面，我们以一个简单的例子来说明 Espacenet 专利的检索与保存方法。在首页的搜索栏输入“carbonylation”，单击搜索按钮，可获得羰基化相关的专利列表。单击列表上方的 Filters 开关可在页面左侧打开筛选界面，如图 1-34 所示，可通过国家、语言、出版时间等对检索结果进行筛选。单击感兴趣的专利文献，在页面右侧可查看这条文献的相关信息。默认显示摘要数据（Bibliographic data），包括显示专利的名称、日期、发明者及摘要等信息。如需查看其他信息，可单击“Bibliographic data∨”，在弹出菜单（图 1-35）中选择所需选项。例如，选择“Original document”可查看印刷格式的专利说明书；选择“Drawings”可显示专利中的图片等。

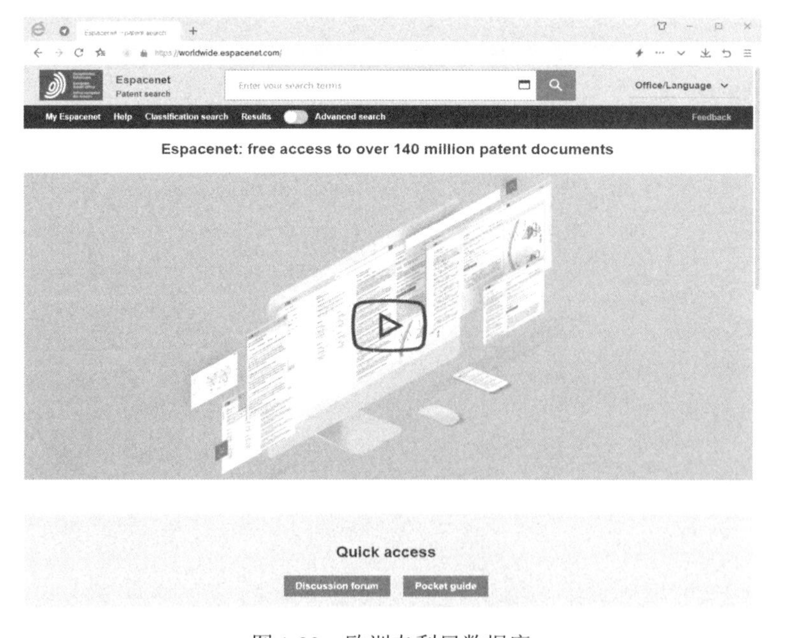

图 1-33　欧洲专利局数据库

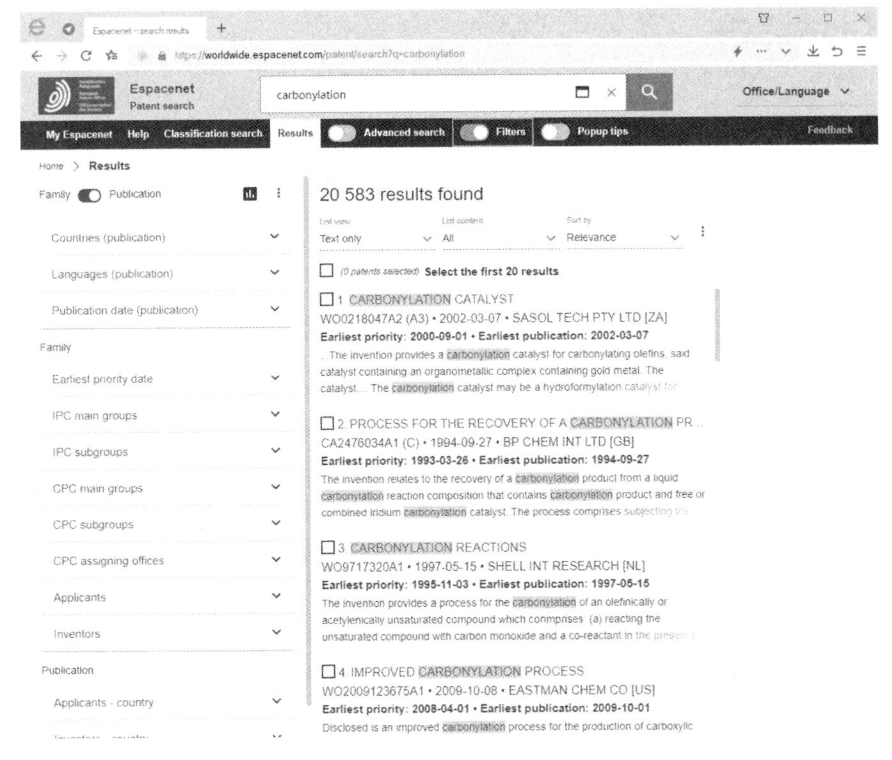

图 1-34 Espacenet 检索结果列表

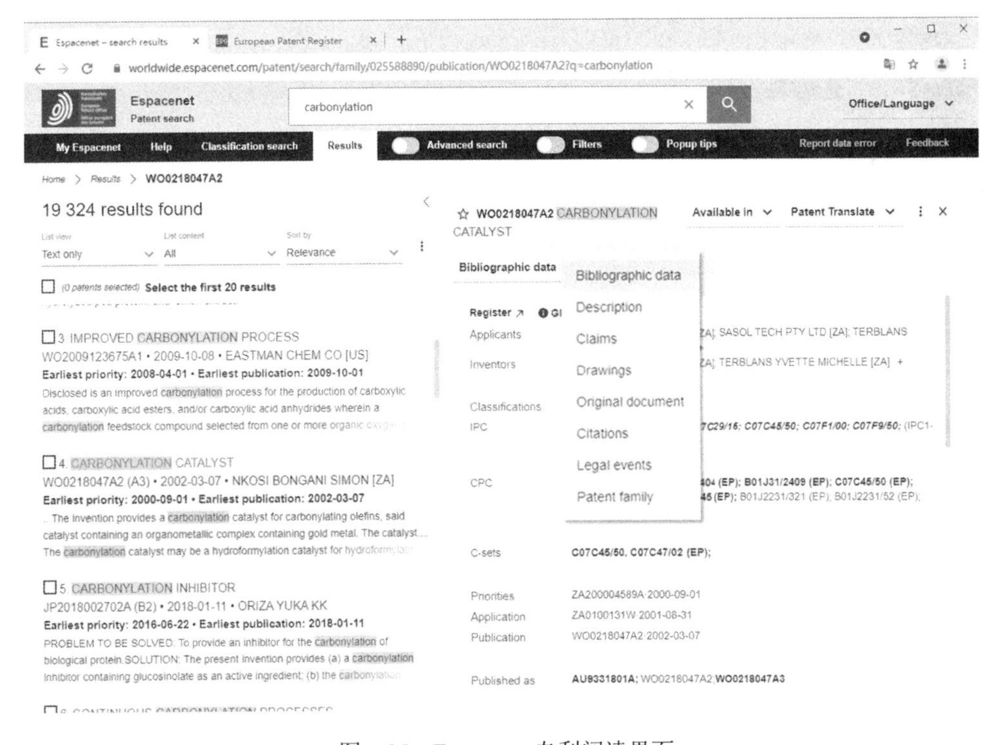

图 1-35 Espacenet 专利阅读界面

1.5 科技报告

科技报告是按照规定格式编写，用于描述科研活动的过程、进展和结果的科技文献，多为政府资助的科研项目。很多科技报告有保密的要求，只有达到一定条件后才会成为公开文献。

1.5.1 中国国家科技报告服务系统

中国国家科技报告服务系统由科技部开发建设，网址为 http://www.nstrs.cn/。该系统保存了科技部、国家自然科学基金委员会、交通运输部以及地方政府资助项目提交的科技报告近 30 万份，根据相应权限分别向社会公众、专业人员和管理人员公开。图 1-36 为国家科技报告服务系统提供的受国家自然科学基金委员会资助的部分项目的科技报告信息。

1.5.2 美国四大科技报告

欧美发达国家每年都发表很多科技报告，其中最为著名的是美国的四大报告，即 PB（美国商务出版局）、AD（美国国防部技术情报中心）、DOE（美国能源部）和 NASA（美国国家航空与宇宙航行局）报告。四大报告可通过美国国家技术信息服务系统（NTIS，National Technical Information Service）查询，其官网为 https://www.ntis.gov/。

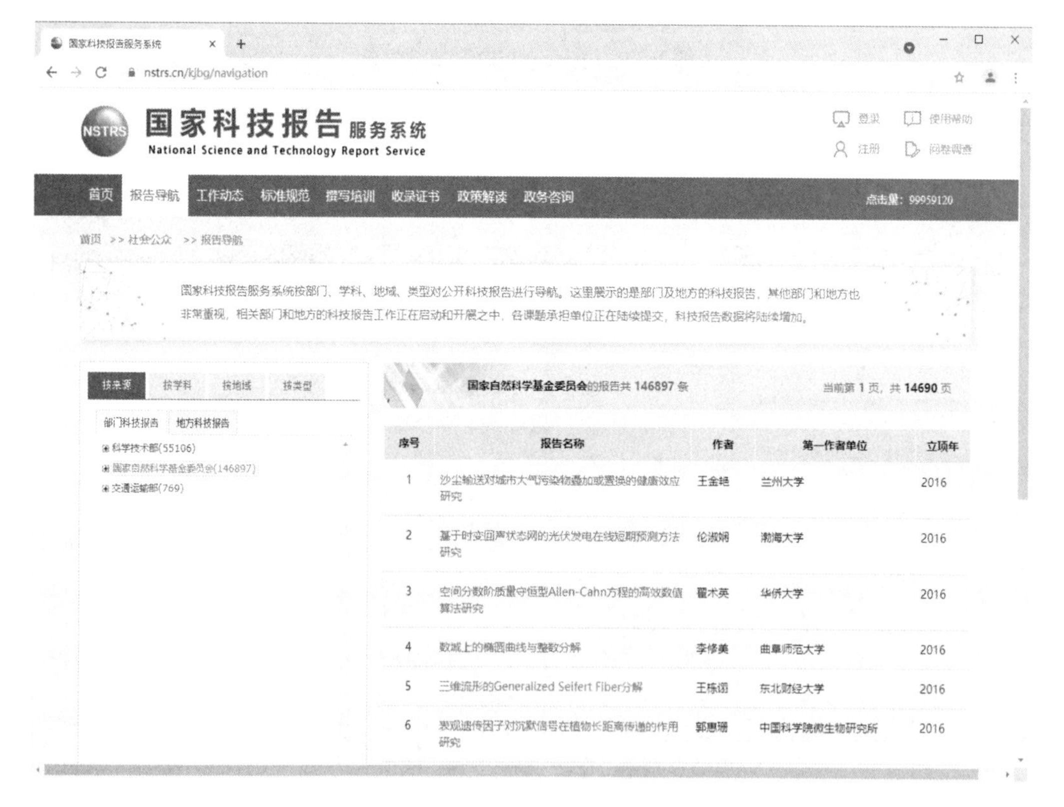

图 1-36 国家科技报告服务系统

1.6 Internet 上的物性数据库

1.6.1 美国国家标准与技术研究院（NIST）的物性数据库

可选择分子式、名称、CAS 登录号、结构式、分子量等多种检索方式获得化学物质的常用性质及 IR 图谱、MS 图谱、气态离解能等重要的数据。网址为 http://webbook.nist.gov/ chemistry/，相关操作参看码 1-10。

码 1-10 NIST 检索演示

1.6.2 Beilstein/Gmelin 数据库

Beilstein 和 Gmelin 是当今世界上最庞大和享有盛誉的化合物数值与事实数据库，编辑工作分别由德国 Beilstein Institute 和 Gmelin Institute 进行。前者收集有机化合物的资料，后者收集有机金属与无机化合物的资料。印刷本《贝尔斯坦有机化学手册》（Beilstein Handbuch der Organische Chemie）及《盖墨林无机与有机金属化学手册》（Gmelin Handbook of Inorganic and Organometallic Chemistry）已有一百多年的出版历史，是化学、化工领域最重要的参考工具之一。Crossfire Beilstein/Gmelin 数据库以电子方式提供化学结构、化学反应、化合物的化学和物理性质、药理学和生态学数据等信息资源。目前数据库内有超过 700 万种有机化合物、100 万种无机和有机金属化合物、14000 种玻璃和陶瓷、3200 种矿物和 55000 种合金。收录的资料有分子的结构、物理化学性质、制备方法、生物活性、化学反应和参考文献来源，最早的文献可回溯到 1771 年。其中收录的性质数值资料达 3000 万条，化学反应超过 500 万种。数据库提供多种检索方式，可用化合物的全结构或部分结构进行检索，也可用文字或数值检索，功能强大。网址为 http://www.beilstein.com。

1.6.3 化学专业数据库

化学专业数据库是中科院上海有机化学研究所承担建设的综合科技信息数据库的重要组成部分，是中科院知识创新工程信息化建设的重大专项。化学专业数据库是服务于化学化工研究和开发的综合性信息系统，可以提供化合物结构与鉴定、天然产物与药物化学、安全与环保、化学文献、化学反应与综合信息。网址为 http://www.organchem.csdb.cn/scdb/default.asp。

1.6.4 国际化学试剂供应商 Aldrich 的网站

Aldrich 是世界上最大的化学试剂供应商，在全球设有庞大的销售体系。通过其网站，用户可使用化合物英文名、CAS 登录号、产物登记号和分子式等查询其经销的数万种化学品的熔点、沸点、纯度等数据，Aldrich 还提供部分化合物的 FT-IR 和 FT-^{1}H NMR 谱。网址为 http://www.sigmaaldrich.com/chemistry.html。

1.7 Internet 上的化学化工标准

1.7.1 中国标准服务网

中国标准服务网提供我国国家标准和地方标准，同时也包括大量国外的标准资料。进入查阅网页后，可查阅中国标准数据库、国际标准化组织（ISO）标准数据库等 16 个数据库，可以查到标准号等信息，但全文需收费。网址为 http://www.cssn.net.cn/。

1.7.2 国际标准化组织

国际标准化组织（International Organization for Standardization，简称为 ISO）是标准化领域中的一个国际性非政府组织，成立于 1947 年。ISO 负责当今世界上绝大部分领域（包括军工、石油、船舶等垄断行业）的标准化活动。ISO 现有 165 个成员（包括国家和地区），中国于 1978 年加入 ISO，在 2008 年 10 月的第 31 届国际化标准组织大会上，中国正式成为 ISO 的常任理事国。国际标准化组织的官方网站为 https://www.iso.org/home.html。

习题

1. 谷歌和百度检索的逻辑运算符各有哪些？应如何使用？

2. 使用如下关键词（或自选关键词）在不同数据库中检索文献：手性催化（chiral catalysis）、生物能源（biofuel）、离子液体（ionic liquid）。

3. 应用 CNKI 进行高级检索时，以下情况应如何构建检索表达式？

（1）检索包含“环氧化物”及“羰基化”的文献；

（2）检索包含“锻造”或“自由锻”，且有关“裂纹”的文献；

（3）检索包含“羰基化”和“催化剂”，但不包含“离子液体”的文献。

4. 试检索硫酸生产用钒催化剂的相关专利文献。

5. 试以“羰基化”为关键词在国家科技报告服务系统中检索相关的科技报告。

6. 通过网络检索下列化合物的熔点、沸点、闪点、密度、溶解度等：

（1）丁烷；

（2）乙酸丁酯；

（3）乙二醇；

（4）二乙胺。

2 计算机文献管理

随着科学和技术的发展，电子文献已成为主流文献载体，科研人员可以方便地通过网络获取海量电子文献。随着电子文献数量和种类的增加，迫切需要一种能高效、方便地管理、分析和使用文献的工具，文献管理软件因此应运而生。使用文献管理软件可以方便地管理、检索、分析和使用文献，提高我们的工作和学习效率。常见文献管理软件有 EndNote、Reference Manager、Note Express、知网研学等。

2.1 EndNote 简介

EndNote 是 Thomson Reuters 公司开发的文献管理、分析和使用的计算机软件。利用 EndNote 可以将计算机上不同来源与类型的文献信息统一录入本地数据库，从而实现对文献信息的规范管理；EndNote 还提供了方便的文献管理、检索及分析功能；在撰写论文、报告或书籍时，EndNote 可以方便地输出符合要求的参考文献编排格式。关于 EndNote 软件的相关信息可查询 http://www.endnote.com/。本章介绍 EndNote X9 的使用。

EndNote X9 的主界面如图 2-1 所示，主要由菜单栏、工具栏和几个功能面板组成。左侧的群组面板（Groups Panel）用于对文献进行分组管理，对于比较大的文献数据库，将文献分组管理更为方便。同一篇文献可以属于多个组。可通过右键菜单进行组的创建、删除、改名等操作，还可通过拖动或右键菜单把文献加入/移出分组。

主界面的中间为文献列表面板（Reference Panel），以列表的方式显示当前选中群组中的文献。参考文献列表的最上面一行是标签栏，可单击任一个标签对该列进行排序；左右移动标签可调整标签的位置；也可通过右键菜单自定义需要显示的标签。列表中的每一行表示一篇文献，每一列表示文献的一个字段，如作者、发表年度、题目等。除了常规的标签外，EndNote X9 还提供了一些特殊标签便于我们更好地对文献进行管理。主要有：

① 已读/未读标记（Read/Unread Status）：位置在文献列表的第一列，用户可单击对应文献之前的圆点切换已读/未读状态；EndNote 将自动把新导入数据库的文献标为未读●，已读的文献则标示为○。EndNote 会将标为未读的文献加粗显示。

② 附件标记（Attachments）：链接有附件文件的文献之前用📎符号标记，用户可在文献的右键菜单中选择 File Attachments 命令的子菜单对附件进行添加、删除、打开等操作。

③ 评级标记（Rating）：用户可指定文献的评级，通过鼠标单击设定 0～5 个★。

文献列表面板右半部分为预览面板，顶部有三个标签，单击参考文献（Reference）可对当前选定文献的各条目进行集中浏览和编辑；单击预览（Preview）可预览当前引文格式显示效果；单击 PDF 附件（Attached PDFs）可显示本条文献链接的 PDF 文件；单击📎按钮可为当前文献添加附件。

单击主界面右下角的布局按钮 Layout，可弹出如图 2-1 右下角所示的菜单，设定群组面板及文献列表面板的位置与显示方式。

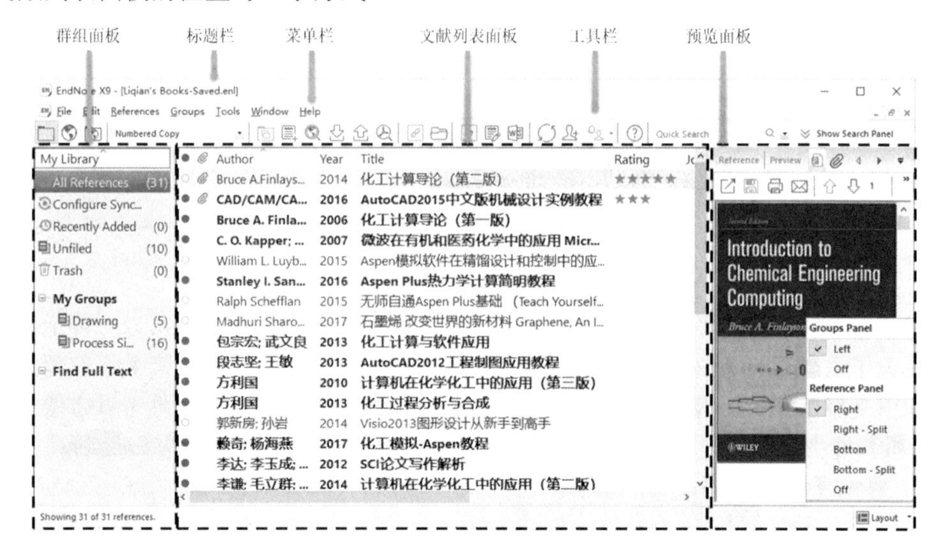

图 2-1　EndNote X9 主界面

2.2　建立 EndNote 数据库

2.2.1　新建 EndNote 数据库

EndNote 通过数据库管理本地计算机上不同来源的电子文献。以新建一个名为 Carbonylation 的 EndNote 文献数据库为例。使用菜单命令 File \ New 打开新建数据库文件对话框，选择欲保存文件的目录并输入数据库文件名 Carbonylation，单击“保存”按钮，EndNote 将建立并打开该数据库文件，如图 2-2 所示，相关操作参看码 2-1。

码 2-1　EndNote 数据库建立演示

图 2-2　新建的 Carbonylation 数据库

EndNote 数据库由一个名为*.enl（这里*代表库文件名）的库文件和一个同名的*.Data 的库文件夹组成。例如本节建立的名为 Carbonylation 的 EndNote 数据库即是由 Carbonylation.enl 文件和 Carbonylation.Data 文件夹组成。在复制或移动数据库时要一并操作，以免数据丢失。此外，也可使用菜单命令 File\Compressed Library 把数据库全部内容打包为一个扩展名为*.enlx 的压缩包文件，再对该压缩文件进行复制或移动操作。

建立数据库后，即可向库中录入文献。EndNote 提供了丰富的文献录入方式，如图 2-3 所示，常用的有手工录入、联机检索、网络数据库下载导入以及从 PDF 文件导入等。本章将以建立和使用羰基化反应的文献数据库为例，详细介绍 EndNote 的使用。

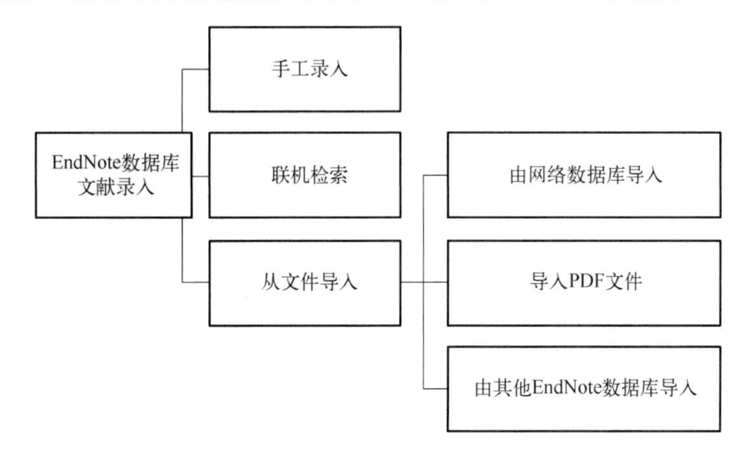

图 2-3 EndNote 的文献录入方式

2.2.2 手工录入文献

单击 EndNote 工具栏上的“New Reference”按钮，或选择菜单命令 References \ New Reference，新建并打开一条空白文献题录，如图 2-4 所示。可在该窗口中录入文献的各种相关信息。每条文献题录由多个字段组成，如 Author、Year、Title 等。首先在文献输入区域首行的“Reference Type”下拉菜单中设定文献的类型，EndNote 会根据文献类型显示相对应的字段，只需逐条填入相应的字段信息即可。

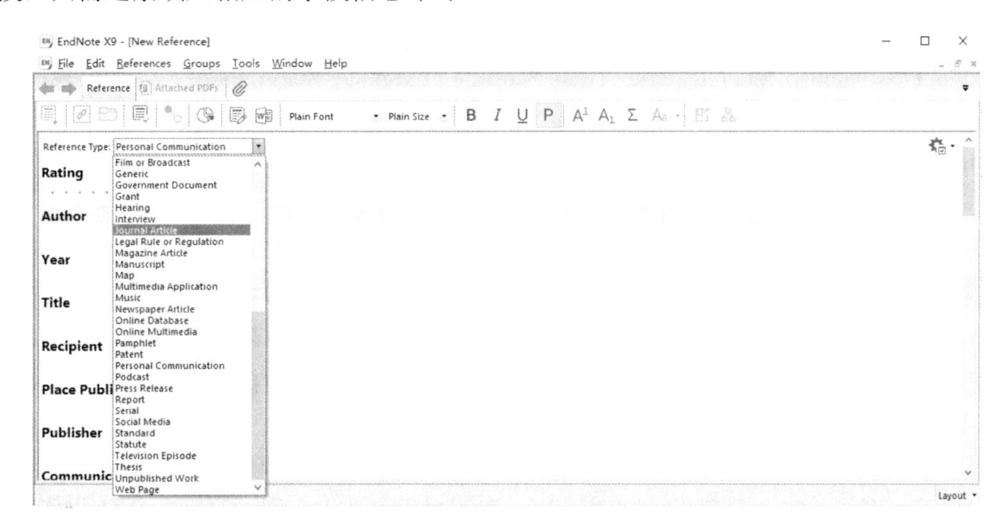

图 2-4 新建文献题录界面

2.2.2.1 EndNote 提供的文献类型

EndNote 提供了 50 余种文献类型，如图 2-4 中下拉列表所示。既有期刊论文（Journal Article）、专利（Patent）、报告（Report）、书籍（Book）等常用文献类型，也有社交媒体（Social Media）、播客（Podcast）等新媒体类型。如需对某种文献类型所包含的字段进行编辑，可使用 Edit 菜单的 Preferences…命令打开 EndNote Preferences 对话框，在左侧列表中选中“Reference Types”选项，在右侧顶部 Reference Type 下拉框选中所需编辑的文献类型，再单击“Modify Reference Types…”按钮，即可在打开的“Modify Reference Types”对话框中对文献字段进行编辑，如图 2-5 所示。EndNote 还提供了名为 Unused 1，Unused 2 和 Unused 3 的 3 个用户自定义文献类型。

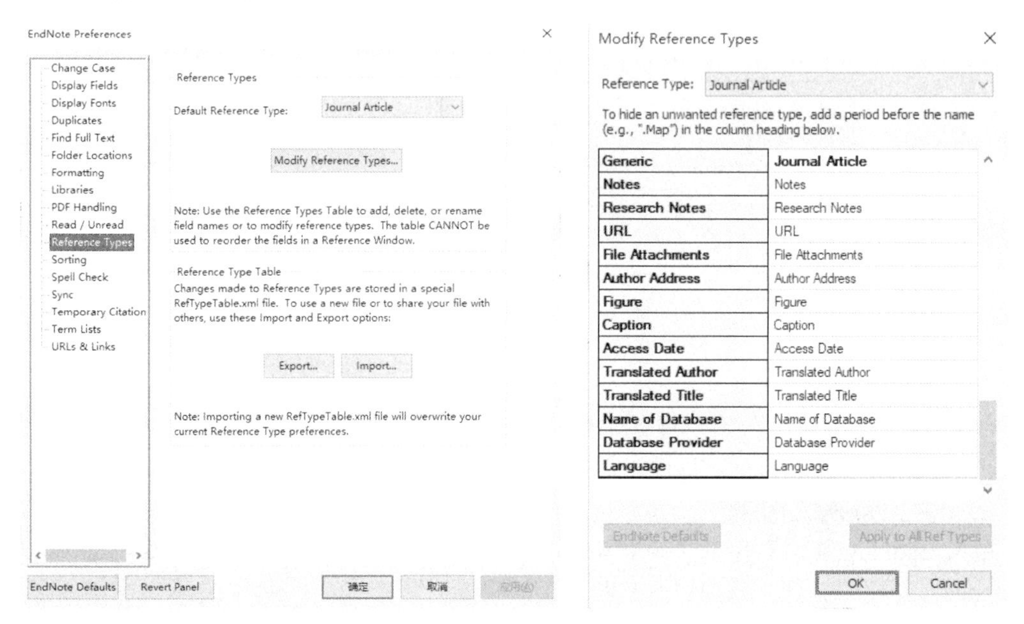

图 2-5 文献类型的编辑界面

2.2.2.2 手工录入文献

【例 2-1】在 EndNote 数据库中录入下述文献：“Shang Weixiang, Gao Mingyang, Chai Yuchao, Wu Guangjun, Guan Naijia, Li Landong, Stabilizing Isolated Rhodium Cations by MFI Zeolite for Heterogeneous Methanol Carbonylation, ACS Catalysis, 2021, 11(12): 7249-7256”。相关操作参看码 2-2。

码 2-2 EndNote 文献手动录入演示

打开 2.2.1 节所建立的 Carbonylation.enl 数据库，并新建一条空白题录，EndNote 将打开空白题录录入界面（图 2-4）。首先应设定文献类型，注意 Reference Type 选项默认值为 Journal Article，即期刊论文，本例不需改动。若所录入文献为专利、书籍等其他类型，可从 Reference Type 右侧下拉列表中选取。本例中，EndNote 已预设了期刊论文的相应记录字段如 Author、Year、Title 等，只需逐项录入信息即可。

在录入作者字段时，每行限填一人。如果录入的姓名以空格分隔，系统会自动将最后一个字当成姓氏，例如“Donald Trump”“谦 李”；如果以逗号分隔，则以“姓，名字或缩写”的顺序录入，“Bush, George W”或“李,谦”。首次录入数据库的作者名、期刊名等信息将显示为红色，否则显示为黑色。当下次录入字段的前几个字时，EndNote会在数据库中自动匹配已有的录入项并作为备选录入。在 File Attachments 条目上单击右键，选择命令 File Attachments\Attach File 可把指定的附录文件加入数据库并链接到本条文献。完成后例 2-1 的录入界面如图 2-6 所示。记录录入完毕后，可单击题录窗口右上角的关闭按钮“ × ”完成本条记录的录入。

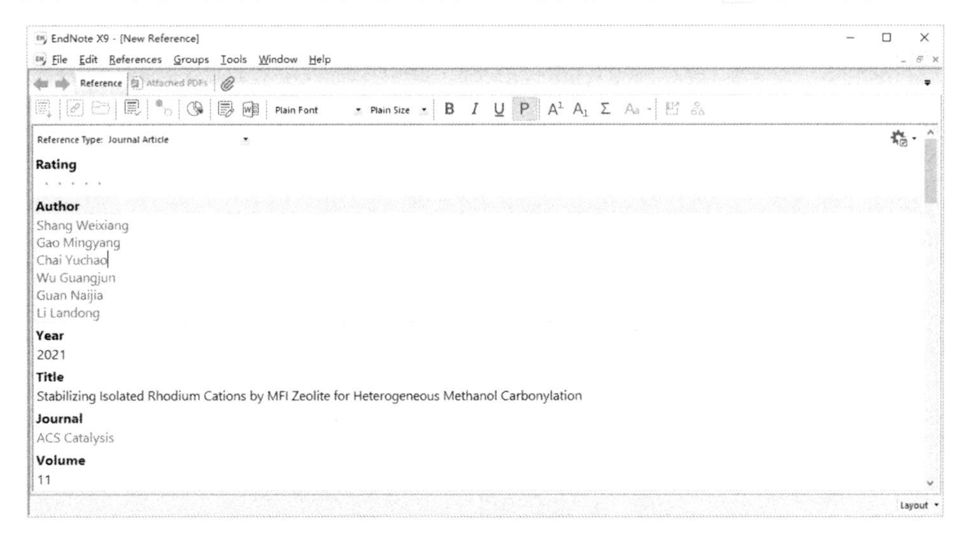

图 2-6 手工录入文献

2.2.3 在线检索

EndNote 可直接对数千个文献数据库进行在线检索，包括知名大学图书馆、网上数据库如 PubMed、ISI 等（部分数据库需要用户拥有相应的授权），并可将检索结果直接存入 EndNote 数据库。为方便用户使用，EndNote 将在线数据库的连接信息存放在连接（Connection）文件中，可通过菜单命令 Edit \ Conncetion Files 编辑连接设置，如图 2-7 所示。EndNote X9 共提供近 6000 个数据库的连接文件。读者也可在 EndNote 官网下载所需的连接文件，网址为 https://endnote.com/downloads/connection-files/。

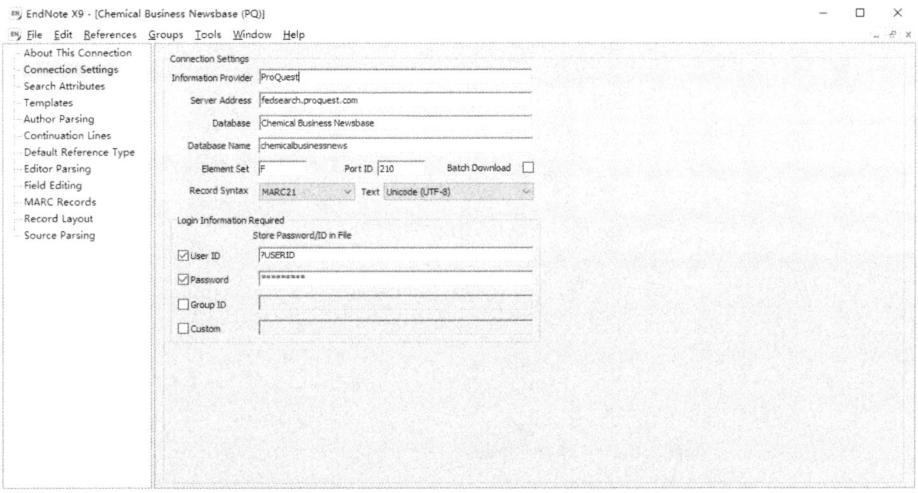

图 2-7 EndNote 的 Connection 文件编辑界面

【例 2-2】 在美国国会图书馆（The Library of Congress）数据库中检索标题包含 Carbonylation 的文献并把结果导入 EndNote 数据库。相关操作参看码 2-3。

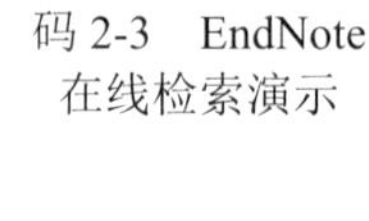

码 2-3　EndNote 在线检索演示

（1）选择菜单命令 Tools \ Online Search \ New Search…，弹出 Choose A Connection 对话框，如图 2-8 所示。在 Quick Search 框中输入“Library of Congress”并回车。

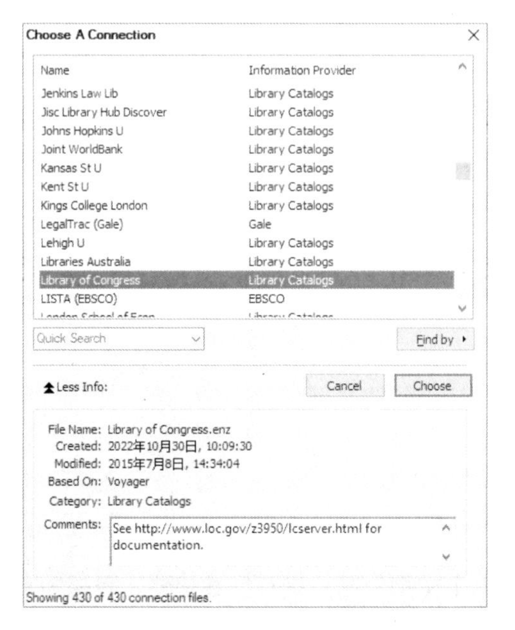

图 2-8　Choose A Connection 对话框

（2）在列表框中选择 Library of Congress 连接文件，单击 Choose 按钮，EndNote 将自动连接美国国会图书馆搜索引擎，在连接成功后显示如图 2-9 所示的 Online Search 界面。

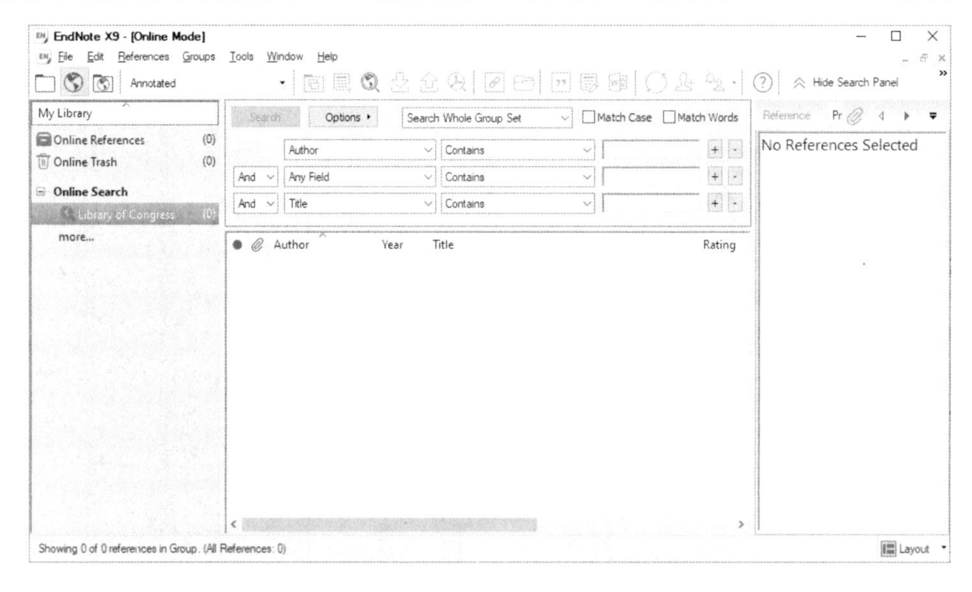

图 2-9　Online Search 界面

（3）在 Title 对应的检索框中输入关键字 carbonylation，单击检索条件上方的 Search 按钮开始检索，可得到如图 2-10 的检索结果，提示一共得到 16 条满足检索条件的记录。

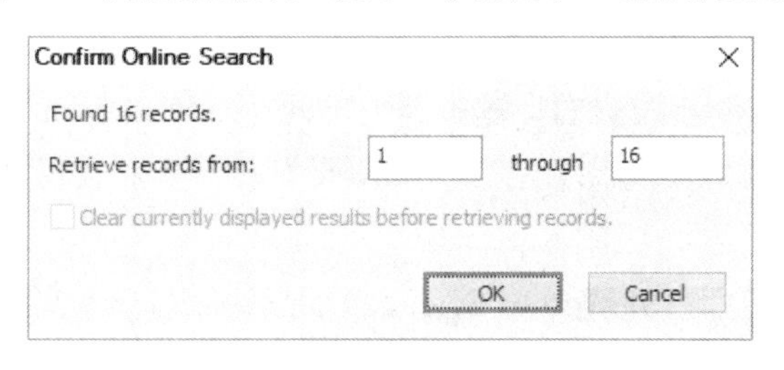

图 2-10　在线检索结果

（4）可以在“Retrieve Reference From：”后的输入栏指定需要下载文献的范围，如需要第 3～8 篇文献，可在两个输入框中分别输入数字 3 和 8，并单击“OK”按钮。本例需要下载全部查询结果，故不需改变默认值 1 和 16，单击“OK”按钮，EndNote 将下载并显示全部检索到的记录，如图 2-11 所示。

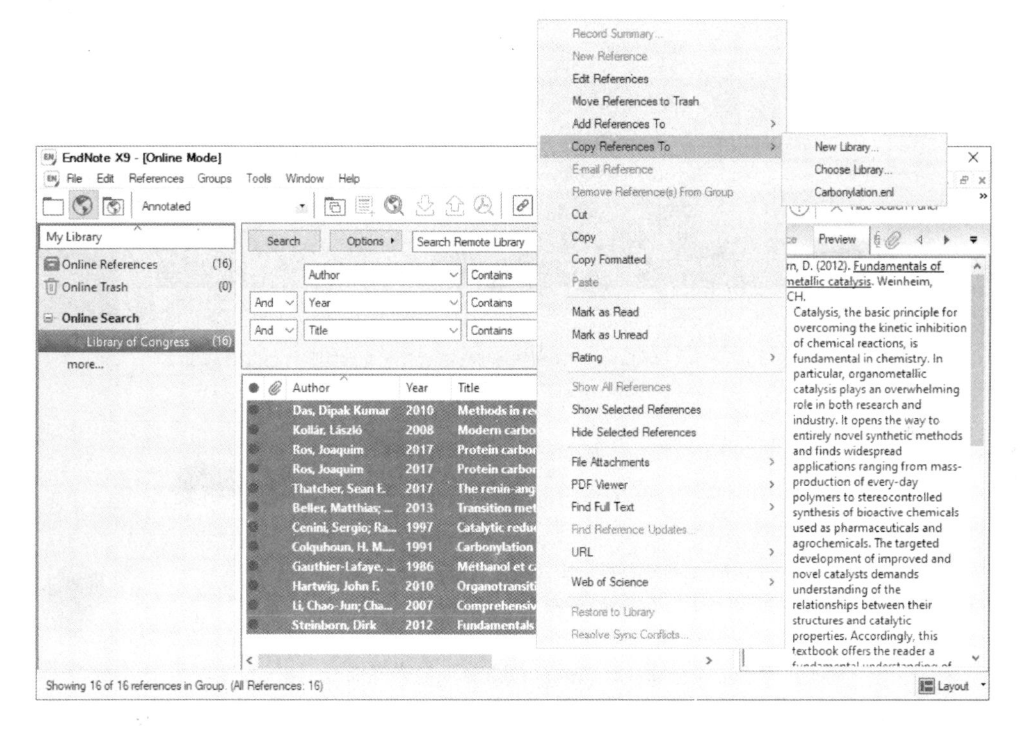

图 2-11　在线检索结果列表

（5）图 2-11 中显示的文献记录只是暂存，如果关闭当前窗口，这些信息将会丢失。需要读者主动把所需的文献记录保存到数据库中。方法为：在列表中选中需要保存的文献，在右键菜单中选择“Copy References To”，在弹出菜单中选择“Choose Library”将文件复制到所选数据库；或者选择“New Library…”将文献复制到新建数据库。

2.2.4　从网络数据库下载导入

目前，主流的网络文献数据库都可将检索结果输出为 EndNote 可识别的格式文件或文本文件，如ACS Publications、ISI Web of Knowledge、Science Direct、Wiley Interscience 和 Springer Link 等。可方便地将上述数据库的检索结果导入EndNote数据库。

2.2.4.1 从 Web of Science 导入

【例 2-3】 检索 2015 年发表的标题中含关键词“carbonylation”的 SCI 收录论文并将前 50 条文献题录保存到 EndNote 数据库。相关操作参看码 2-4。

码 2-4 在 Web of Science 数据库检索论文并保存到 EndNote

（1）通过浏览器连接到 ISI Web of Science 网站，将第一个搜索框的搜索项目 Topic 改为 Title，在其后输入 carbonylation；单击下方的“Add date range”按钮，在新增的搜索条件行设定发表时间限制，自 2015 年 1 月 1 日至 2015 年 12 月 31 日，如图 2-12 所示，单击“Search”按钮开始检索，得到的检索列表如图 2-13 所示。

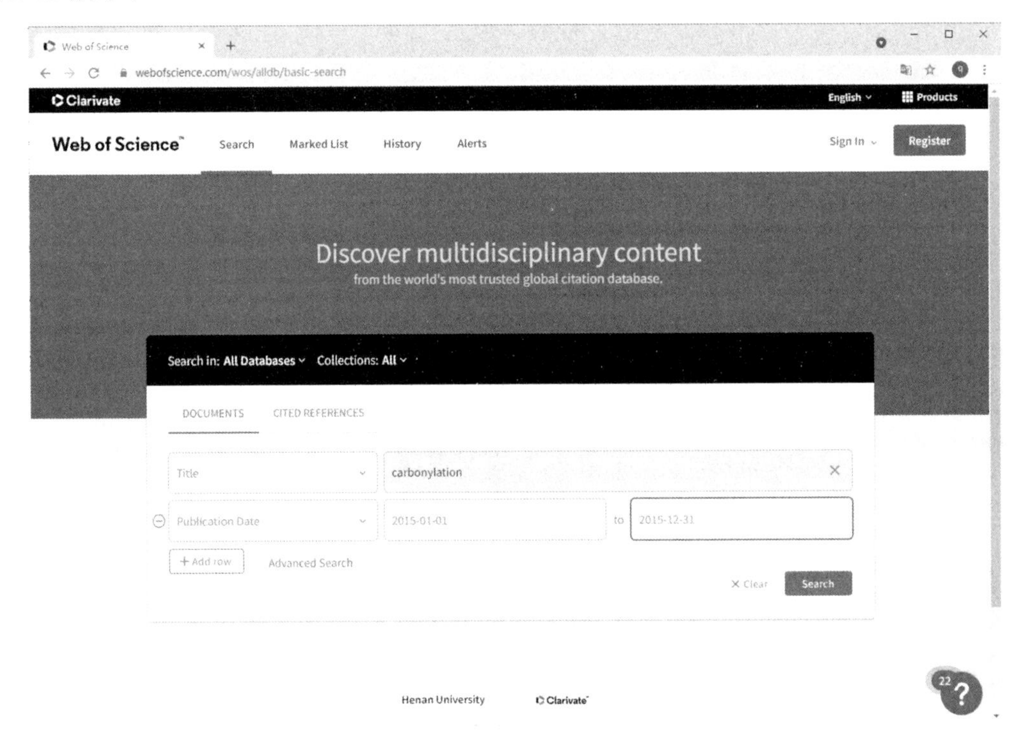

图 2-12 Web of Science 检索界面

（2）单击图 2-13 中检索列表上方的 Export，选择导出格式为“EndNote desktop”，弹出“Export Records to EndNote Desktop”对话框；设定“Records from:”为 1 to 50，在“Record Content:”下方的下拉列表中选中 Author，Title，Source，Abstract，如图 2-13 所示，单击“Export”按钮，即可将扩展名为*.ciw 的文献信息保存到本地硬盘。

（3）打开 EndNote，使用菜单命令 File\Import 打开如图 2-14 所示的导入文件对话框，在“Import File:”后指定欲导入的文件名，本例为 savedrecs(1).ciw；在“Import Option:”后选择 ISI-CE，单击“Import”按钮即可把文件中的文献题录导入到当前打开的数据库中，如图 2-15 所示。也可双击下载的*.ciw 文件直接将文献题录导入当前数据库。

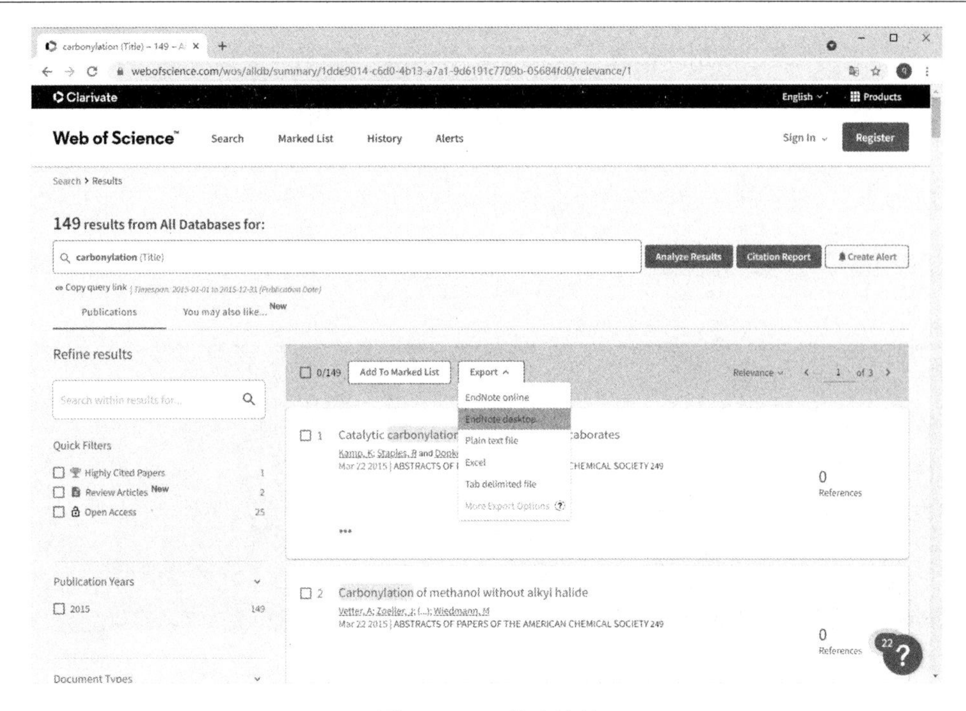

图 2-13 ISI 检索结果

Export Records to EndNote Desktop
Record Options
All records on page
Records from: 1 to 50
No more than 1000 records at a time
Record Content:
Author, Title, Source, Abstract
Export
Cancel

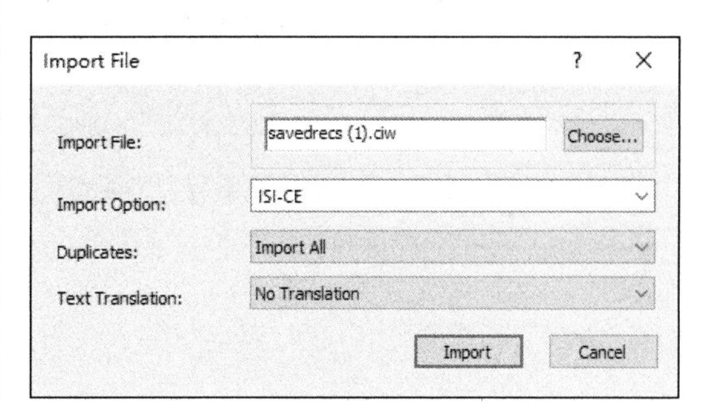

图 2-14 Export Records to EndNote Desktop 对话框

图 2-15 导入 ciw 文件对话框

2.2.4.2 从 RIS 文件导入

RIS 文件格式由 Thomson Reuters Corporation 开发，主要用于保存相关出版物的引用信息，如出版日期、关键字、出版发行方、书名、发行数量和起止页等。RIS 文件格式在国外应用很广，很多数据库或在线图书馆都可将文献题录导出为 RIS 文件格式。例如化学化工领域常用的数据库 ACS Publications，Scopus，ACM Portal，ScienceDirect，SpringerLink 等。

【例 2-4】 在美国化学会出版物数据库中检索 Cheng Weiguo 发表的含关键词 carbonylation 的论文并保存到 EndNote 数据库，相关操作参看码 2-5。

码 2-5 在 ACS 数据库检索论文并保存到 EndNote

（1）登录美国化学会的出版物网站 ACS Publications（http://pubs. acs.org/），在快速搜索框中输入“cheng, weiguo and carbonylation”，如图 2-16，单击 开始搜索。可得到 2 篇文献，如图 2-17 所示。

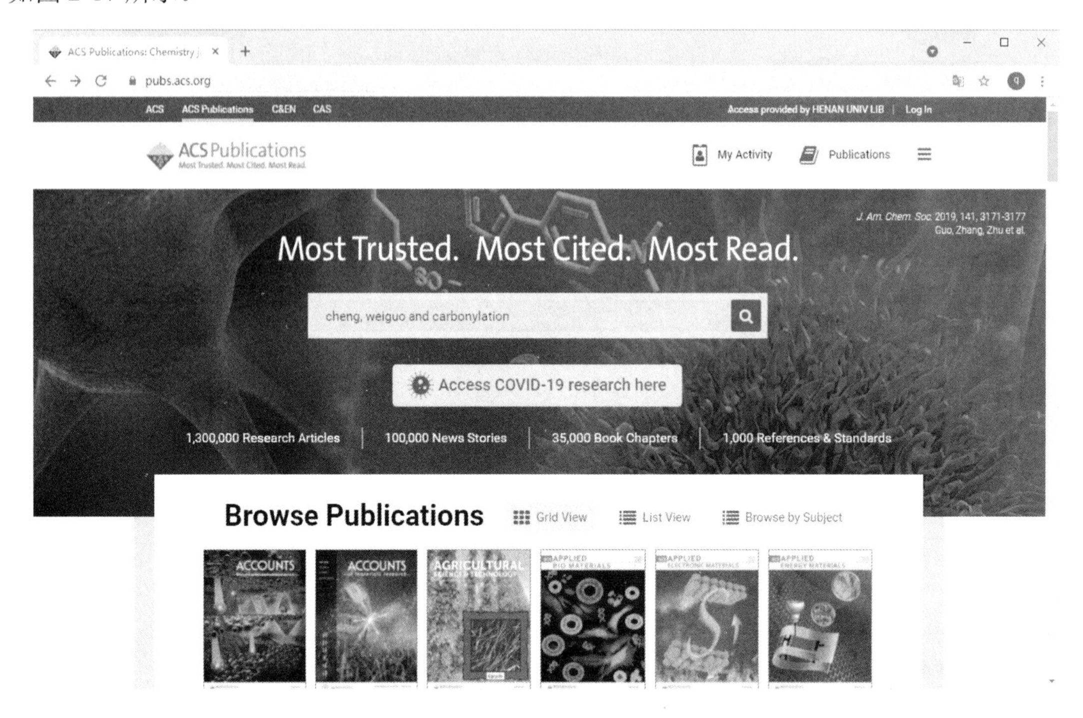

图 2-16　ACS Publications 快速检索界面

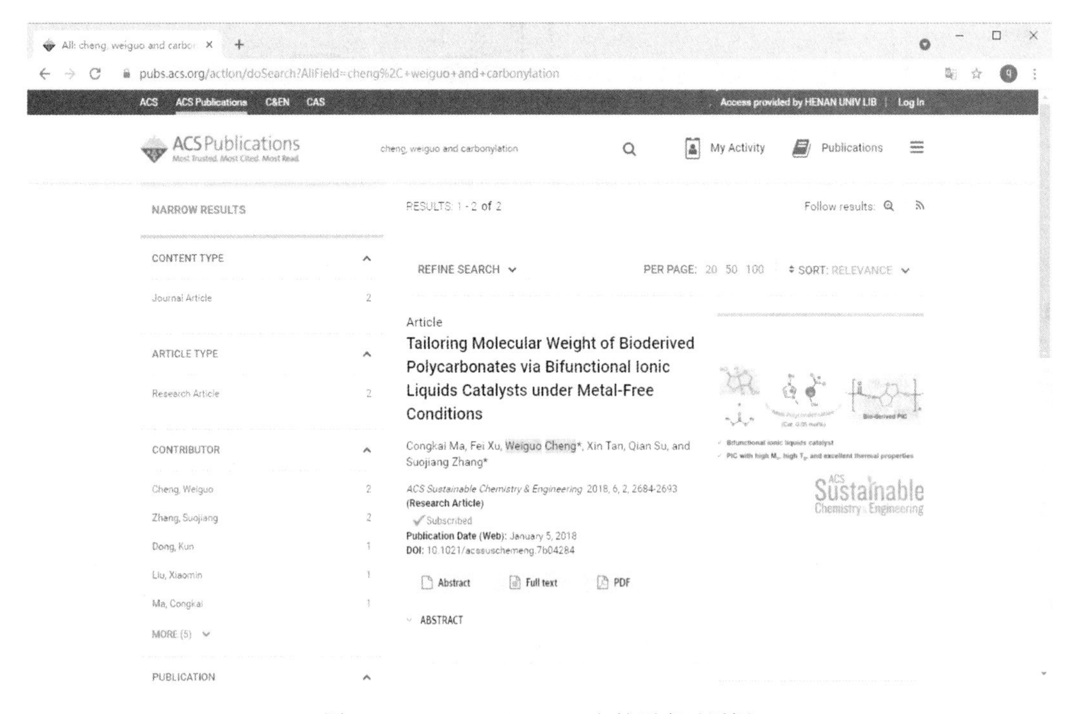

图 2-17　ACS Publications 文献列表对话框

（2）由于新版的 ACS 不支持批量导出参考文献，我们需要逐一导入。单击列表中的第 1 篇文献，可打开如图 2-18 所示的详情窗口。单击RIS图标，在弹出菜单中选择“Citaion and abstract”，即可将该篇文献题录导出到一个扩展名为*.ris 的文件；如选择“Citation and references”，可将该文献及其全部参考文献导出到本地计算机；如选择“+More Options”，则可打开如图 2-19 所示的 Download Citation 对话框，选定输出的文件格式与输出内容。

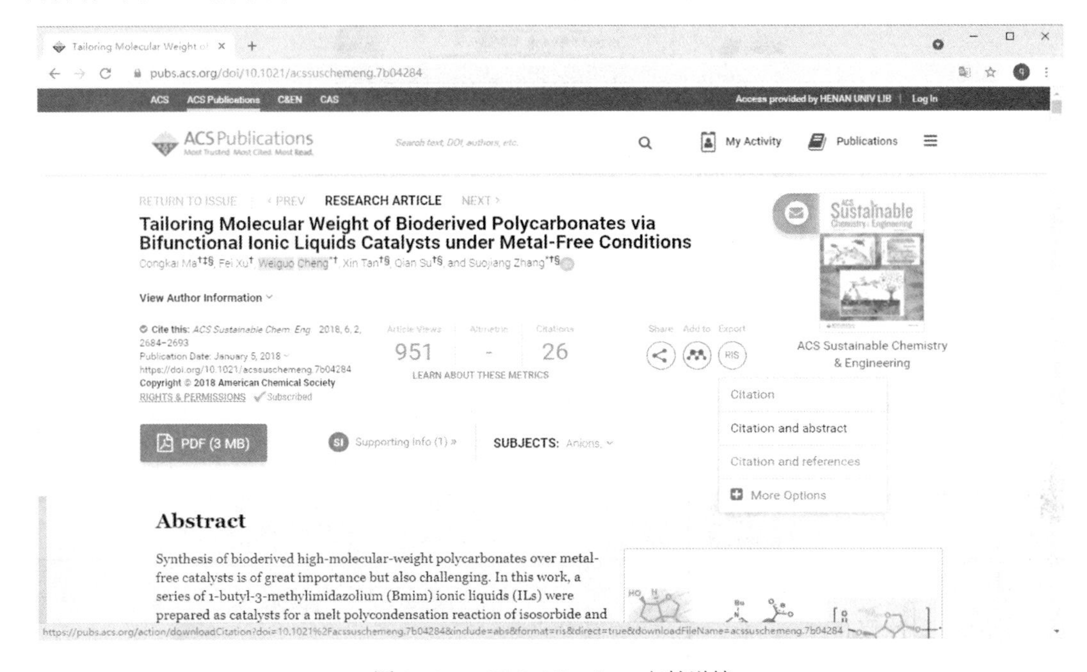

图 2-18 ACS Publications 文献详情

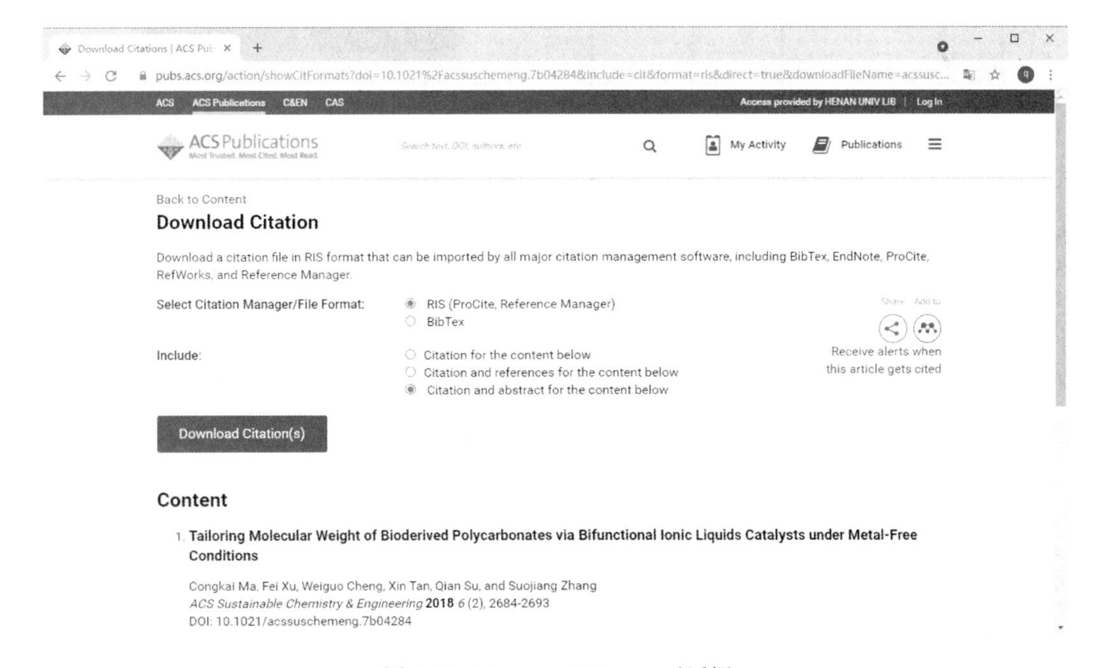

图 2-19 Download Citation 对话框

（3）打开 EndNote，使用菜单命令 File \ Import 打开如图 2-20 所示的导入文件对话框，在“Import File:”后指定欲导入的文件名（*.ris）；在“Import Option:”后选择 Reference Manager（RIS），单击“Import”按钮即可把文件中的文献题录导入到当前打开的数据库中。也可双击下载的*.ris 文件直接将文献题录导入当前数据库。

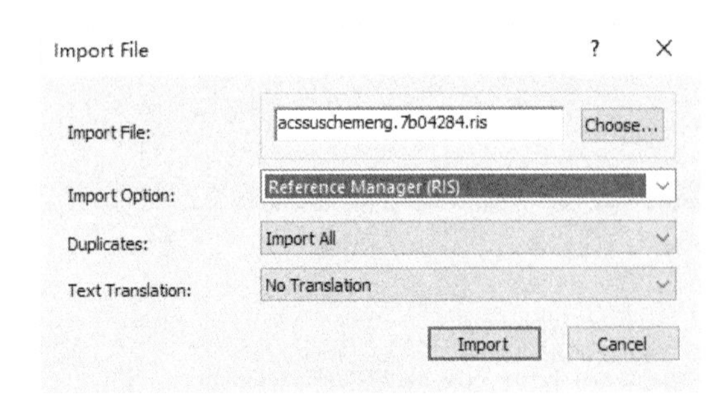

图 2-20 “Import”对话框

（4）采用同样的方法将另一篇文献导入 EndNote 数据库。

表 2-1 给出了部分常用化学化工文献数据库文献题录的导出方式，供读者参考使用。

表 2-1 常用化学化工文献数据库文献题录导出方式

数据库名称	网址	导出文件格式	是否支持批量导出	导出界面
英国皇家化学会	https://pubs.rsc.org/	*.ris	否	Citation *Green Chem.*, 2021, **23**, 723-739 RIS Go Permissions Request permissions Social activity Altmetric 12 Tweet Share
Elsevier出版社数据库	http://www.sciencedirect.com/	*.ris	是	Download 25 articles Export Export 25 citations selected Save to RefWorks Export citation to RIS Export citation to BibTeX Export citation to text
Springer出版社数据库	http://link.springer.com/	*.ris	否	Cite this article Nefedov, B.K., Sergeeva, N.S. & Eidus, Y.T. Carbonylation reaction Communication 11. Carbonylation of amino alcohols and some cyclic amines with carbon monoxide in the presence of mercuric acetate. *Russ Chem Bull* **22**, 1486–1488 (1973). https://doi.org/10.1007/BF00930044 Download citation Received 13 November 1972 Issue Date July 1973

续表

数据库名称	网址	导出文件格式	是否支持批量导出	导出界面
美国化学文摘	https://scifinder.cas.org/	*.ris	是	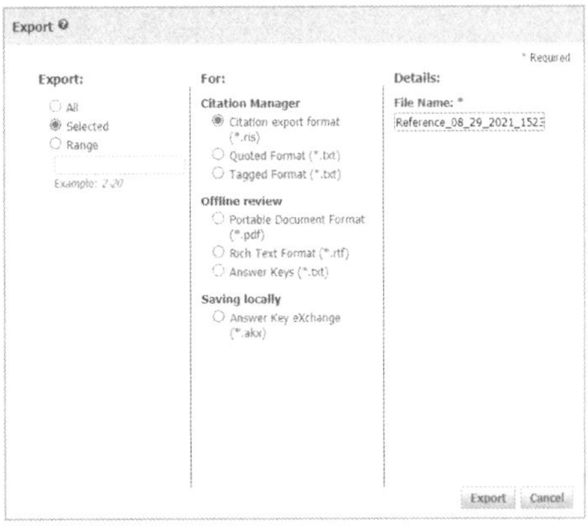 Export * Required Export: All Selected Range Example: 2-20 For: Citation Manager Citation export format (*.ris) Quoted Format (*.txt) Tagged Format (*.txt) Offline review Portable Document Format (*.pdf) Rich Text Format (*.rtf) Answer Keys (*.txt) Saving locally Answer Key eXchange (*.akx) Details: File Name: * Reference_08_29_2021_1523 Export Cancel
Wiley 期刊全文数据库	https://onlinelibrary.wiley.com/	*.ris	是	 Export Citations You have chosen to export 8 citations. Format Plain Text RIS (ProCite, Reference Manager) EndNote BibTex Medlars RefWorks Type of import Citation file or direct import Indirect import or copy/paste < Go back Citation Help Export
EI	https://www.engineeringvillage.com/search/quick.url	*.ris	是	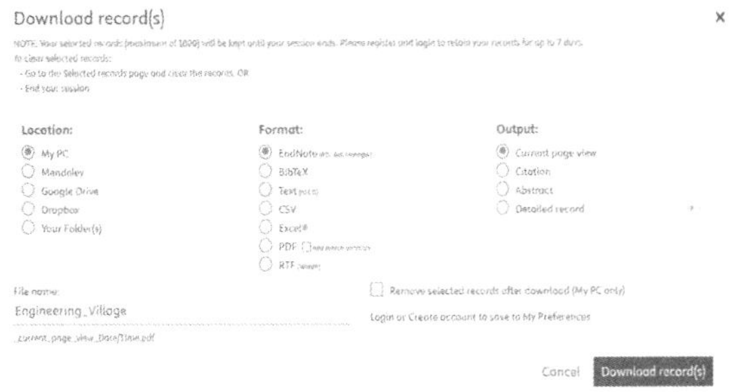 Download record(s) NOTE: Your selected records (maximum of 1000) will be kept until your session ends. Please register and login to retain your records for up to 7 days. To clear selected records: - Go to the Selected records page and clear the records, OR - End your session Location: My PC Mendeley Google Drive Dropbox Your Folder(s) Format: EndNote BibTeX Text CSV Excel® PDF RTF Output: Current page view Citation Abstract Detailed record File name: Engineering_Village _current_page_view_Date/Time.pdf Remove selected records after download (My PC only) Login or Create account to save to My Preferences Cancel Download record(s)
维普中文科技期刊数据库	http://qikan.cqvip.com/	*.txt	是	 导出题录 文献导出格式：参考文献 文本 查新格式 XML NoteExpress Refworks EndNote 复制 导出 %0 Journal Article %A 赵晶璨 %+ 贵州民族大学化学工程学院,贵阳550025 %@ 1005-023X %T 钯催化末端炔烃羰基化研究进展 %J 材料导报 %D 2020 %N S02 %V 34 %K 钯 末端炔烃 羰基化 均相反应 多相催化剂 %X 炔烃羰基化生成α,β-不饱和羰基化合物是许多基础有机合成的重要中间体,在药物合成、农用化学品、香料等方面有巨大 济性又具高选择性。最早得到α,β-不饱和羰基化合物的钯催化体系多为强酸、金属盐等作为助剂的均相钯盐体系,随后几十年 的需也,还开发了新型配体体系,大幅度提高了该反应的转化率和选择性。均相体系不易分离、纯化繁琐等缺点限制了其应用。 孔固体表面,不仅可以提高催化剂的比表面积,使其拥有更多的活性位点,还可解决产物与催化剂难分离等问题。本文综述了钯 配体对炔烃催化羰基化产物的影响,同时也介绍了非均相钯催化炔烃羰基化反应的研究进展,展望了钯催化末端炔烃羰基化反 %U http://qikan.cqvip.com/Qikan/Article/Detail?id=7103641955

续表

数据库名称	网址	导出文件格式	是否支持批量导出	导出界面
万方数据知识服务平台	http://g.wanfangdata.com.cn/	*.txt	是	

2.2.4.3　从 TXT 文件导入

【例 2-5】 在中国期刊全文数据库中检索“篇名”含有关键词“羰基化”，“摘要”含有关键词“环氧化物”，发表时间为 2019 年 1 月 1 日至 2020 年 12 月 31 日的论文并保存到 EndNote 数据库，相关操作参看码 2-6。

码 2-6　在中国期刊全文数据库检索论文并保存到 EndNote

（1）按照 1.3.1 节的方法连接到中国期刊全文数据库，使用高级检索，检索得到结果如图 2-21 所示。

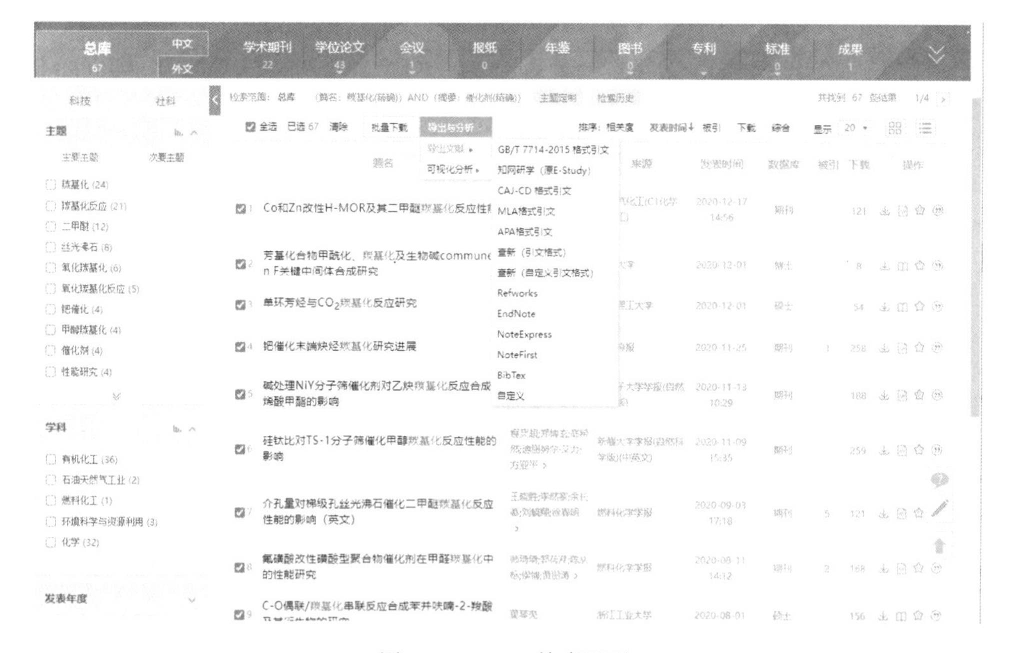

图 2-21　CNKI 检索界面

（2）选中所需导出的文献题录，单击文献列表上方“导出与分析”，在弹出菜单中单击“导出文献”，在弹出的列表中选择“EndNote”，打开如图 2-22 所示的文献导出页面。单击“导出”按钮即可将文献题录保存为名为 CNKI*.txt 的本地文件。

图 2-22 CNKI 导出文献页面

（3）打开或新建 EndNote 数据库，使用菜单命令 File \Import\File…打开如图 2-23 所示的导入对话框。在“Import File:”选项指定欲导入的文件名；在“Import Option:”选项输入 EndNote Import；在“Text Translation:”选项输入 No Translation；单击“Import”按钮即可把全部记录导入 EndNote。

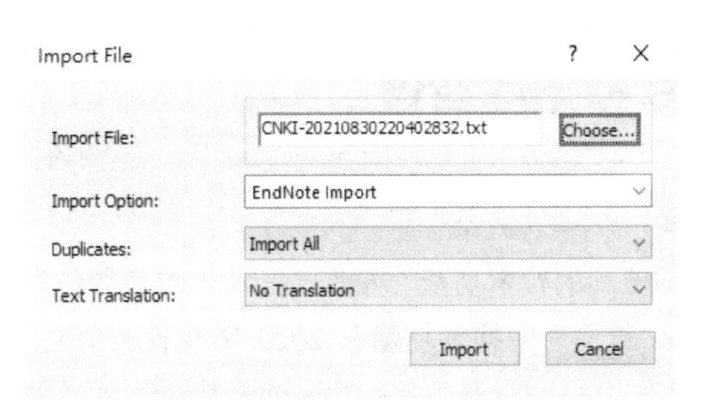

图 2-23 “Import”对话框

2.2.4.4 从 PDF 文件导入文献题录

新版的 EndNote 支持 PDF 文件的直接导入。用户只需指定需要导入的 PDF 文件，软件会自动识别论文的题目、作者等信息并录入数据库。点击 File 菜单上的 Import 命令，在弹出菜单中选择“File…”命令，打开 Import File 对话框（图 2-24），单击“Choose…”按钮选择需要导入的文件，在“Import Option:”选择框中选择 PDF，单击“Import”按钮，EndNote 将自动识别 PDF 文件中的论文题目、作者、卷、期、页码等信息，并将其保存在新建的记录中。同时，EndNote还会将导入的PDF文件自动保存为本条记录的附件，如图2-25所示。可以双击该记录对软件识别不准确的地方进行编辑或补充部分信息。如果需要批量导入多个PDF文件，可将其保存在同一个文件夹下，使用File菜单上的Import命令，在弹出菜单中选择“Folder…”命令导入指定文件夹下的全部PDF文件，相关操作参看码2-7。

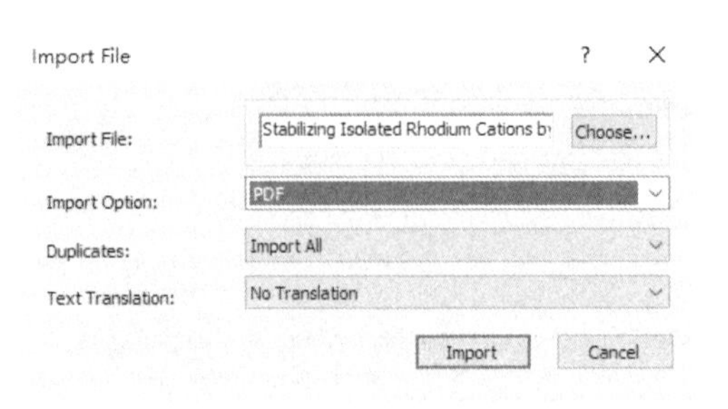

图2-24 导入PDF文件

码2-7 将PDF文件导入EndNote

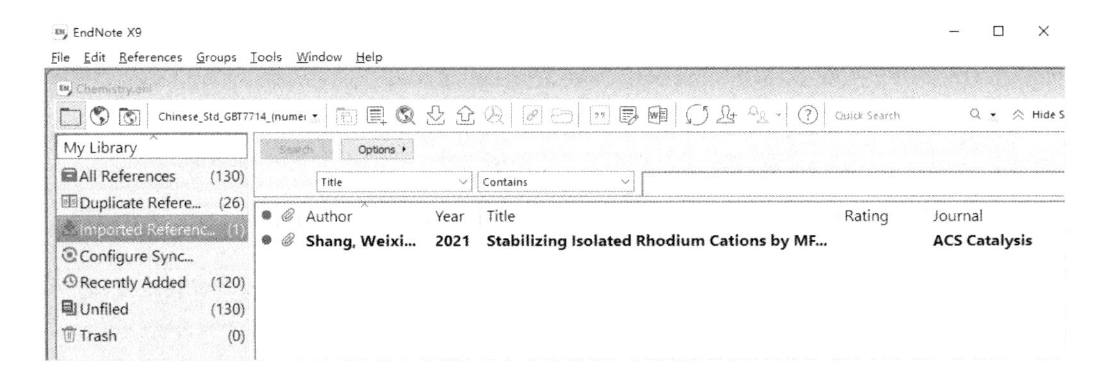

图2-25 PDF文件导入结果

2.3 EndNote数据库管理

2.3.1 数据库的检索

EndNote提供了非常便利的检索功能，可通过已录入的各种信息对数据进行检索。例如，如需在已建立的EndNote数据库中搜索赵鹏在2020年发表的论文，首先单击工具栏右侧的 Show Search Panel 按钮或使用菜单命令Tools \ Search Libaray…打开数据库搜索面板，输入相应的搜索条件，单击“Search”按钮即可，如图2-26所示。搜索条件后的“+、−”按钮可用于添加和删除搜索项目。

2.3.2 数据库的查重

当数据库中文献条目较多，特别是文献来源于不同的数据库时，可能有部分文献是重复的。利用Reference\Find Duplicates命令即可对数据库进行查重，如图2-27所示。可对比两篇重复文献的信息，确定需要保存的文献后，单击其上方的 Keep This Record 按钮即可。当两篇文献的作者、发表年和题目均相同时，EndNote即认为其是重复的。如需更改重复文献的认定标准，可单击菜单命令 Edit \ Preferences…打开 EndNote Preferences 对话框，单击左侧列表中的 Duplicates 进行设定。

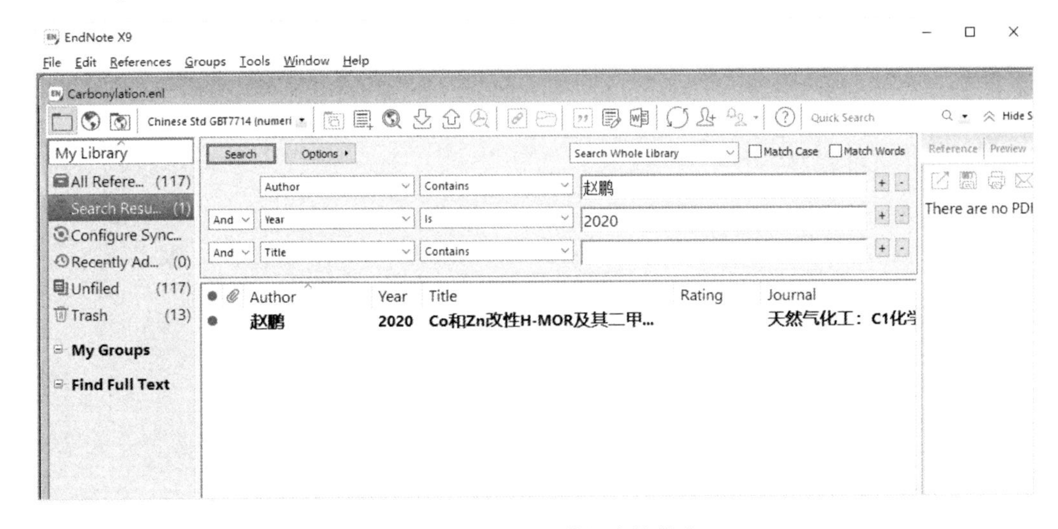

图 2-26 EndNote 数据库的搜索

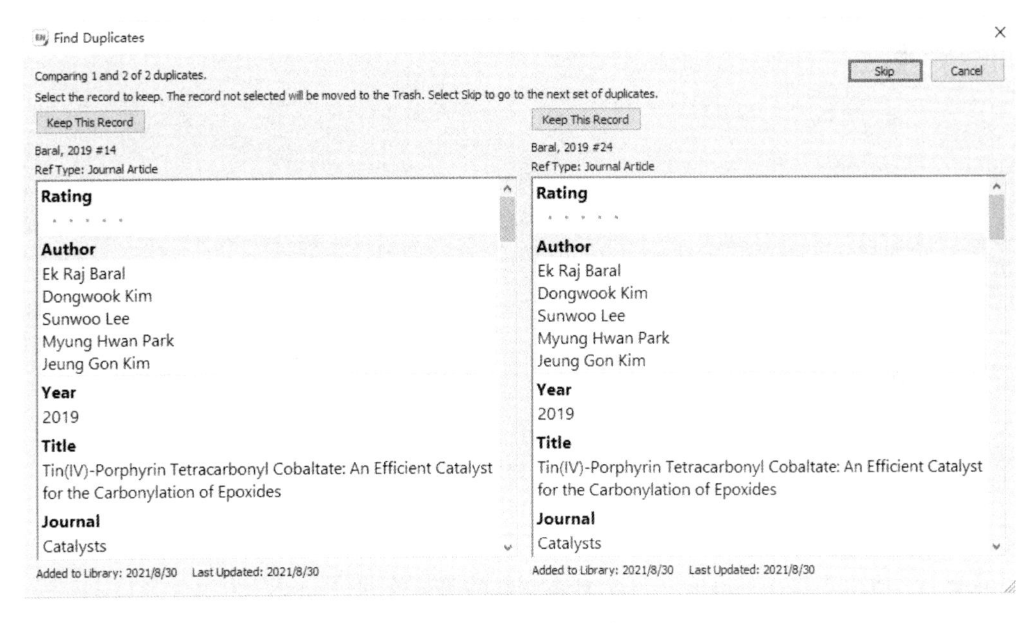

图 2-27 查找重复的书目

2.3.3 文献分析

EndNote 提供了文献分析功能，可对数据库中的文献进行简单的统计分析。单击 Tools \ Subject Bibliography…命令，在弹出的 Subject Fields 对话框中选择需要统计分析的项目[图 2-28（a）]，单击“OK”按钮即可开始分析。例如图 2-28（b）为根据文献发表年进行统计的结果。用户还可根据论文作者、发表期刊等对数据库中的文献进行统计分析，从中获得有价值的参考信息。

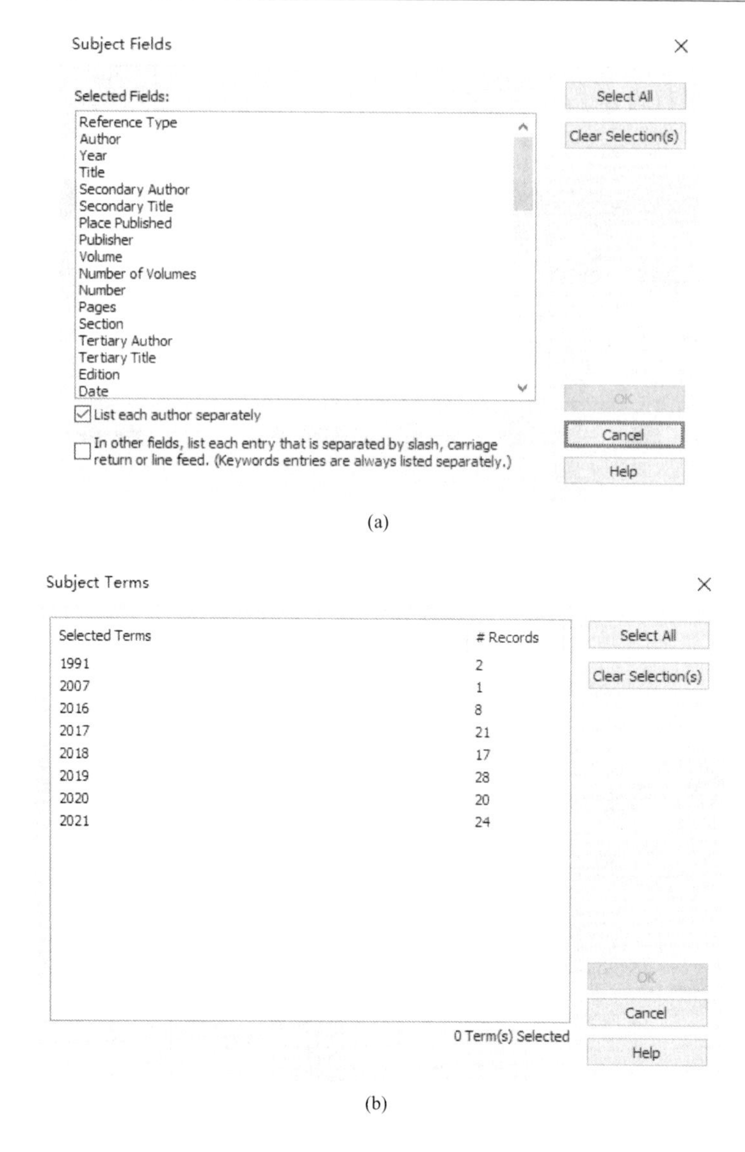

图 2-28　数据库统计分析

2.3.4 EndNote 样式

EndNote 使用样式（Style）来设定参考文献的著录格式。EndNote 提供了数千种样式供作者选用。可直接在工具栏的样式下拉选择框中进行选择，该下拉框列出了最近使用过的样式，如图 2-29 所示。如所需的样式不在下拉框中，可选择首行的“Select Another Style...”命令打开如图 2-30 所示的 Choose A Style 对话框，选择所需的样式后，单击“Choose”按钮即可。随着近年来中国学术期刊影响力的提升，EndNote 也提供了越来越多的中国期刊著录格式。例如中国化学会主办的 Chinese Chemical Letters 等。

如果需要创建符合自己特殊要求的样式，可使用菜单命令 Edit \ Output Styles \ Open Style Manager...在样式管理对话框中选中一个相近的样式作为模板，单击 Edit 按钮即可打开如图 2-31 所示的样式编辑界面进行样式设定，编辑完成后可将之另存为自己所需的样式文件。

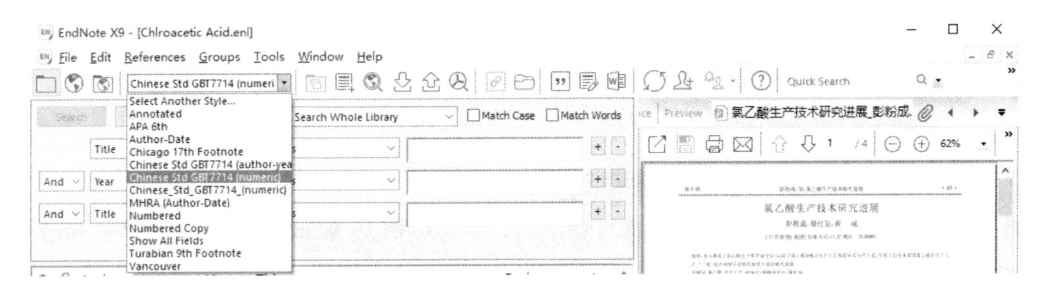

图 2-29　选择样式

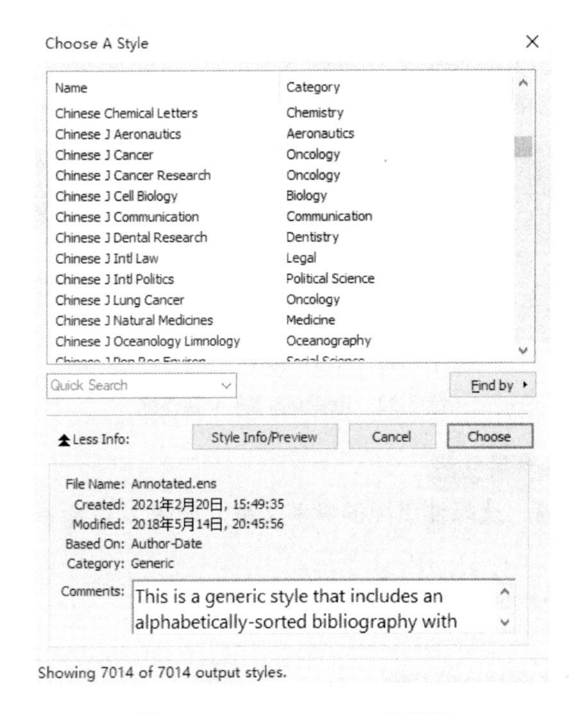

图 2-30　Choose A Style 对话框

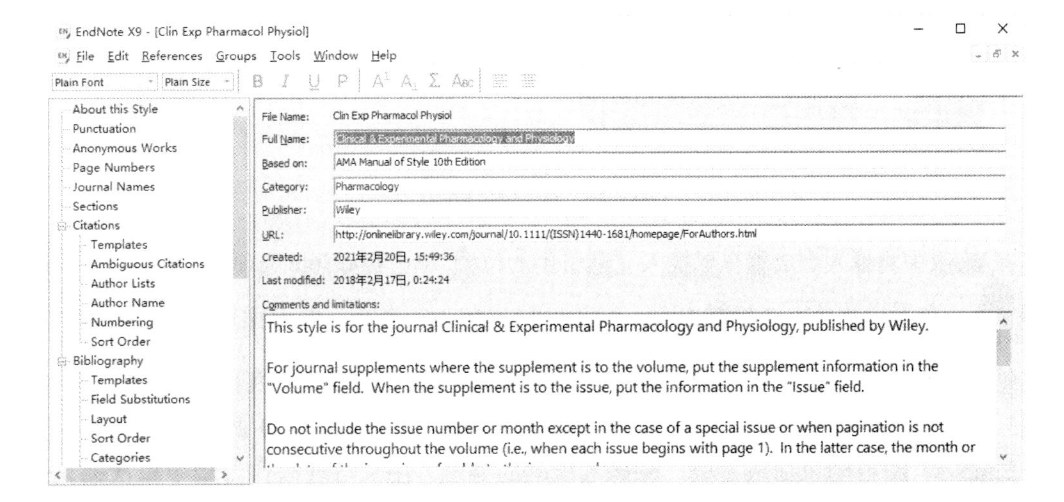

图 2-31　样式编辑界面

2.4 EndNote 的使用

2.4.1 在 Word 中插入并编排参考文献

建立 EndNote 文献数据库后，在撰写论文时，可以随时从 Word 中检索、插入、编辑库中的文献，并可根据某一期刊的要求自动设置参考文献的著录格式。在转投其他期刊时，也可很快地根据该期刊要求的格式重新排版参考文献，相关操作参看码 2-8。EndNote 在安装时会自动在 Word 中添加一个如图 2-32 所示的 EndNote 工具面板（图中的 Word 版本为 2019，如在其他 Word 版本中显示会略有差异）。

码 2-8 利用 EndNote 在 Word 中插入参考文献

图 2-32 EndNote X9 工具面板

2.4.1.1 在 Word 中插入参考文献

打开 EndNote 文献库，选择要引用的参考文献，如图 2-33 所示。

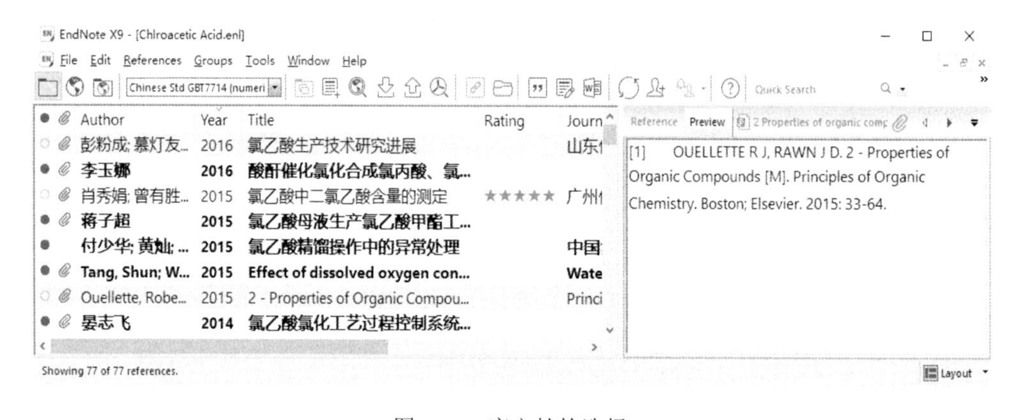

图 2-33 库文献的选择

在 Word 中将插入点放置在要插入文献引用的位置，单击 EndNote 选项卡上的 Insert Citation 按钮 Insert Citation，在下拉菜单中选择 Insert Selected Citation(s)命令，即可插入在 EndNote 中选定的文献。EndNote 将自动在正文插入点处插入文献编号（具体格式因当前选择的文献格式而定），同时将文献题录插入到论文尾部的参考文献部分，如图 2-34 所示。重复引用文献时，EndNote 将自动识别该文献，并插入正确的编号。用户可在写作过程中依次插入全部参考文献。

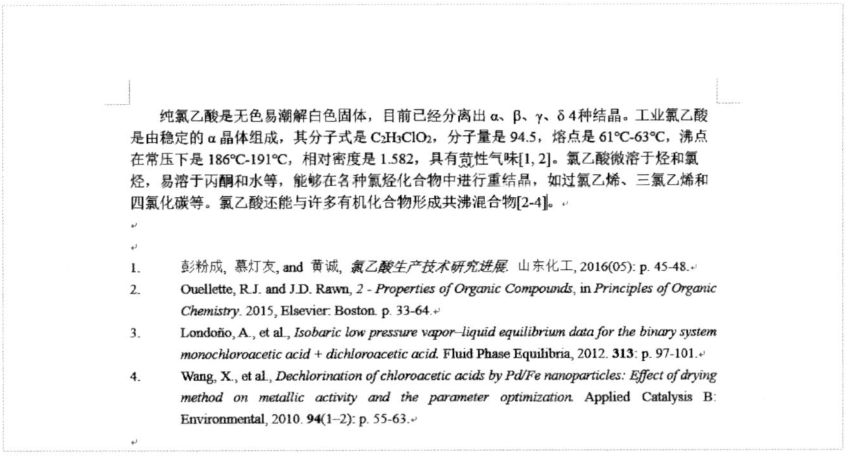

纯氯乙酸是无色易潮解白色固体，目前已经分离出 α、β、γ、δ 4种结晶。工业氯乙酸是由稳定的 α 晶体组成，其分子式是 $C_2H_3ClO_2$，分子量是 94.5，熔点是 61℃-63℃，沸点在常压下是 186℃-191℃，相对密度是 1.582，具有苦性气味[1, 2]。氯乙酸微溶于烃和氯烃，易溶于丙酮和水等，能够在各种氯烃化合物中进行重结晶，如过氯乙烯、三氯乙烯和四氯化碳等。氯乙酸还能与许多有机化合物形成共沸混合物[2-4]。

1. 彭粉成, 慕灯友, and 黄诚, *氯乙酸生产技术研究进展*. 山东化工, 2016(05): p. 45-48.
2. Ouellette, R.J. and J.D. Rawn, *2 - Properties of Organic Compounds*, in *Principles of Organic Chemistry*. 2015, Elsevier: Boston. p. 33-64.
3. Londoño, A., et al., *Isobaric low pressure vapor–liquid equilibrium data for the binary system monochloroacetic acid + dichloroacetic acid*. Fluid Phase Equilibria, 2012. **313**: p. 97-101.
4. Wang, X., et al., *Dechlorination of chloroacetic acids by Pd/Fe nanoparticles: Effect of drying method on metallic activity and the parameter optimization*. Applied Catalysis B: Environmental, 2010. **94**(1–2): p. 55-63.

图 2-34 使用 EndNote 在 Word 中插入引用文献

2.4.1.2 选择参考文献的样式

待全部参考文献插入完成后，单击 EndNote 选项卡上 Bibliography 工具组 “Style:” 右侧的下拉箭头，弹出如图 2-35 所示的下拉菜单，可设定参考文献的著录格式。如果所需的格式不在当前列表中，可选择首行的 “Select Another Style…” 命令，打开如图 2-36 所示的对话框，选择所需的格式，单击 “OK” 按钮，EndNote 即会按照选中的格式对文中的全部参考文献进行重新排版。EndNote 提供了数千种期刊的参考文献样式库，可大大减轻论文撰写时的工作量。

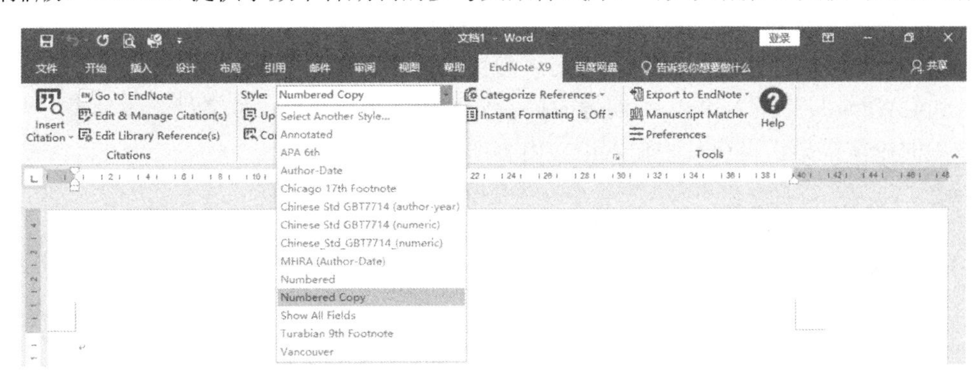

图 2-35 EndNote X9 选项卡上的 Style 下拉菜单

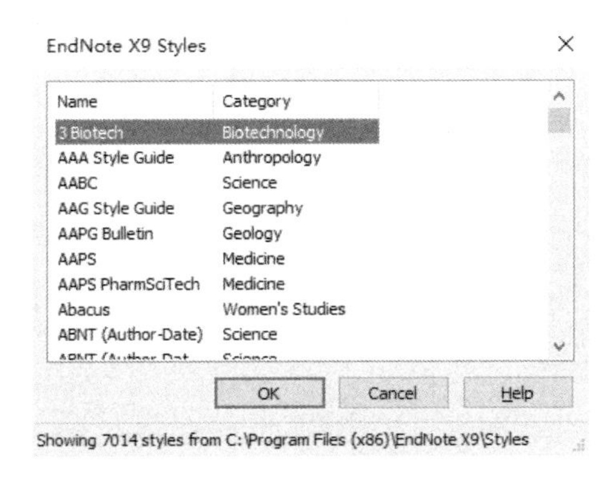

图 2-36 样式选择对话框

我国发布了参考文献著录格式国家标准GB/T 7714—2015，于2015年12月1日开始实施。大部分学位论文和国内期刊对参考文献著录格式的要求均参照此标准执行。EndNote X9提供了符合国家标准GB/T 7714—2015的格式文件Chinese Std GBT7714（author-year）和Chinese Std GBT7714（numeric），可根据需要直接选用。前者在正文中采用“作者-年”引用格式，后者采用数字编号引用格式。

2.4.1.3 转换为文本

论文完全写好后，可以单击EndNote插件工具栏上的Convert Citations and Bibliography按钮 Convert Citations and Bibliography，在下拉菜单中选择 Convert to Plain Text 命令将EndNote插入的域代码转换为可编辑的文本。完成转换后作者即可自由编辑参考文献的内容和格式。例如，当文献作者多于3个人时，对于英文文献，通常只列出前3个作者并在后面加“et al.”，对于中文文献则应在第3个作者后加“等.”。由于EndNote并不能自动识别中文文献，在中文作者名后也会加上“et al.”。对此种情况，可在完成其他编辑工作后将EndNote域代码转换为文本，再将中文参考文献中的“et al.”替换为“等.”。

2.4.2 利用论文模板撰写论文

EndNote还提供数百种期刊的全文模板。如果作者准备向这些期刊投稿，可使用相应模板快速撰写符合期刊格式规范的论文。

【例2-6】 利用期刊Nature的全文模板，撰写一篇论文。

打开EndNote，选择菜单命令Tools \ Manuscript Template...，弹出如图2-37所示的Manuscript Templates对话框，选择Nature.dot并单击“打开”按钮，Word将在工具栏下方显示如图2-38所示的宏安全提示栏，单击“启用内容”按钮可打开论文写作向导（EndNote Manuscript Wizard）（图2-39）。按向导的提示分步输入论文题目、作者姓名等信息，即可得到完成后的论文框架，再在其中输入论文内容即可。

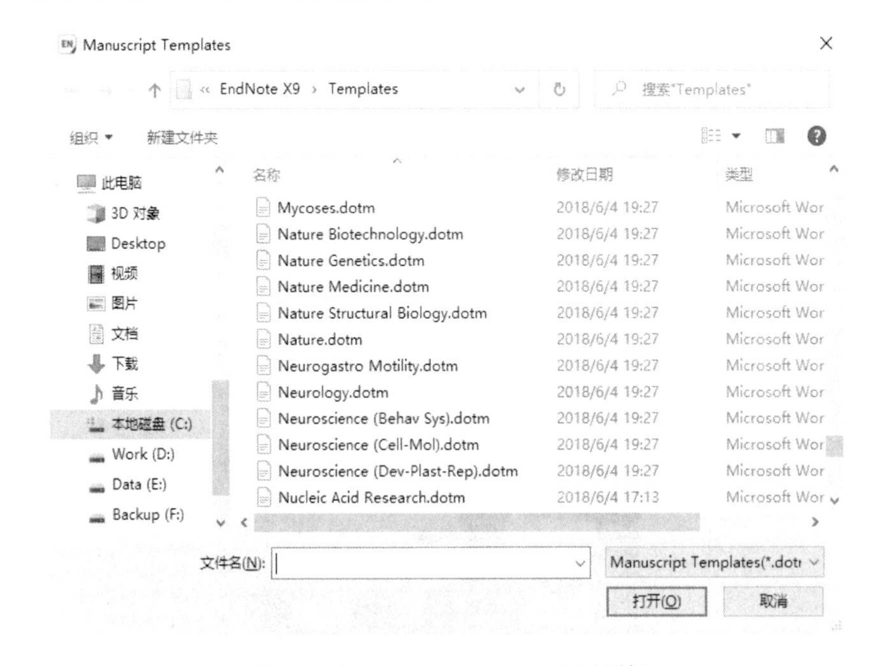

图2-37 “Manuscript Templates”对话框

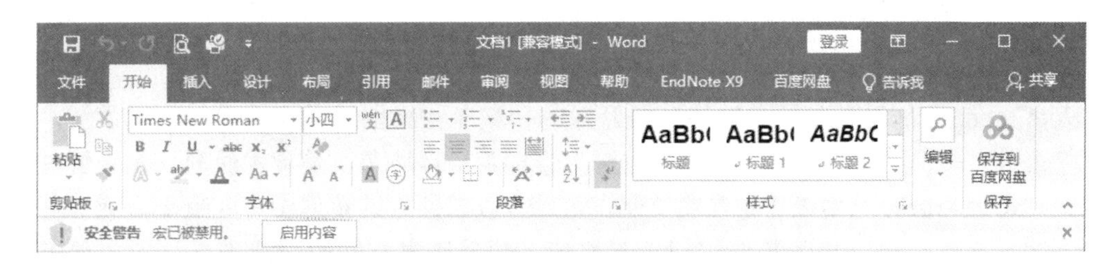

图 2-38 宏安全提示栏

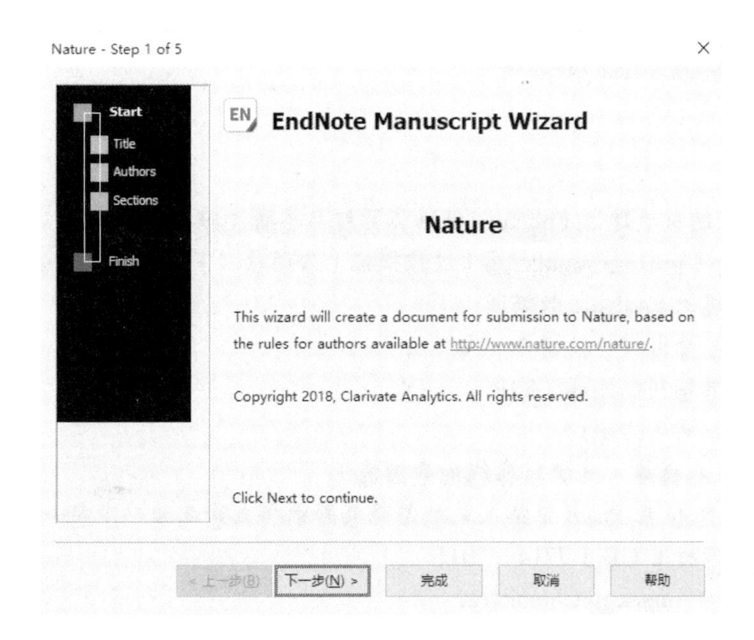

图 2-39 EndNote 文档写作向导

2.5 国产文献管理软件

2.5.1 知网研学

知网研学平台在提供传统文献服务的基础上，以云服务的模式，提供集中外文献检索、阅读、笔记摘录、笔记整理（笔记导图、文献矩阵）、论文写作、个人知识管理等功能为一体的个人探究式学习平台，由中国知网开发。平台提供网页端、桌面端（知网研学）、移动端（iOS 和安卓），多端数据云同步，可满足学习者在不同场景下的学习需求。网址为：https://estudy.cnki.net/。

知网研学支持 CAJ、KDH、NH、PDF、TEB 及图片格式文件和 TXT 文件的管理和阅读，支持学习过程中的划词检索和标注，可将文献内的有用信息记录为笔记，并可随手记录读者的想法、问题和评论等。同时，支持 CNKI 学术总库、CNKI Scholar、CrossRef、IEEE、Pubmed、ScienceDirect、Springer 等中外文数据库检索，可将检索到的文献信息直接导入到专题中。提供基于 Word、WPS 的辅助写作功能，包括插入引文、编辑引文、编辑著录格式及布局格式等；提供了数千种期刊模板和参考文献样式编辑。

2.5.2 NoteExpress

NoteExpress 是北京爱琴海软件公司开发的一款专业级别的文献检索与管理系统，其核心功能涵盖“知识采集，管理，应用，挖掘”等知识管理环节，是学术研究，知识管理的有力工具。NoteExpress 可用来管理参考文献的题录，以附件方式管理参考文献全文或者任何格式的文件、文档。也可使用数据挖掘功能快速了解某研究方向的最新进展、各方观点等。NoteExpress 还提供了笔记记录功能，将用户笔记与参考文献题录联系起来。在 Word 中，NoteExpress 可以按照各种期刊杂志的要求自动完成参考文献引用的格式化。其官网网址为：http://www.inoteexpress.com/aegean/。

习题

1. 参考文中的例子建立 EndNote 数据库并练习各种文献录入的方法。

2. 使用关键词 process simulation（过程模拟）分别在以下数据库进行文献检索，并将检索结果导入到自建的 EndNote 数据库：

（1）美国化学会出版物数据库（ACS）；

（2）中国科技期刊数据库（VIP）；

（3）中国期刊网（CNKI）；

（4）PubMed 数据库（可使用在线检索功能）。

3. 使用 EndNote 在 Word 中插入文献并将其著录格式修改为以下期刊的样式：

（1）中国国家标准 GB/T 7714—2015；

（2）Journal of American Chemistry；

（3）Angewandte Chemie。

4. 练习使用模板撰写论文。

3 正交试验设计

在生产、科研和经营管理中，经常要进行各种试验，不可避免地要遇到试验设计问题。试验设计是数理统计学的一个重要分支，主要用于决定收集试验数据的方法，研究如何合理地安排试验以及如何分析试验所得的数据等。经验表明，如果试验设计科学，对试验结果分析得法，就能以较少的试验次数、较短的试验周期、较低的试验成本获得正确的试验结果和结论。例如，做一个3因素3水平的试验，按全面试验要求，需进行3^3=27种组合的试验，且尚未考虑每一组合的重复数。若按正交试验表$L_9(3^3)$安排，只需作9次试验即可。实践表明，采用正交试验设计法可大大减少试验工作量和试验时间，并且可以获得有价值的试验信息，因此在很多研究领域中得到广泛应用。

3.1 正交试验的基本概念

3.1.1 正交表简介

正交试验设计是多因素多水平试验的一种设计方法，它根据正交性从全面试验中挑选出部分有代表性的点进行试验。由于这些选出的点具备“均匀分散、齐整可比”的特点，因而可高效、快速、经济地获得有价值的试验信息。日本著名统计学家田口玄一将正交试验选择的水平组合列成表格，提出了“正交表”的概念，极大地方便了正交试验设计，已被广泛采用。与正交试验相关的主要概念包括：

正交表：安排正交试验时所使用的表格称为正交表。

因素：也称试验因子，指那些可能对试验指标产生影响，必须在试验中直接考察和测定的工艺参数或者操作条件。例如反应温度、压力、原料组成、流量、催化剂粒度、搅拌强度等。

水平：指试验因素在试验中所取的具体状态，一个状态代表一个水平。例如反应温度、压力、原料组成的取值。

表3-1为某试验的因素水平表，每列为1个因素，每行为因素对应的水平取值。表中共有两个因素1和2，每个因素有2个水平。因素1的水平取值为a_{11}和a_{12}，因素2的水平取值为a_{21}和a_{22}。

表3-1 某试验的因素水平表

水平 \ 因素	1	2
1	a_{11}	a_{21}
2	a_{12}	a_{22}

3.1.2 正交表的分类

3.1.2.1 各列水平数相同的正交表

各列水平数相同的正交表，可标记为 $L_n(m^k)$，其含义见图 3-1 所示。水平数相同的正交表又可分为标准型和非标准型正交表。

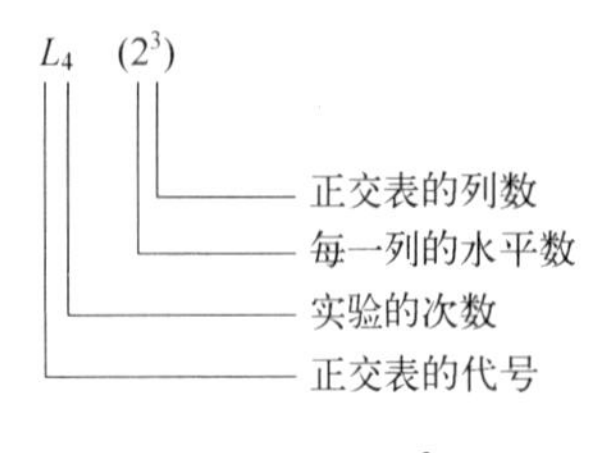

图 3-1 正交表 $L_4(2^3)$的含义

标准型正交表即形式为 $L_{m^N}(m^k)$形式的特殊正交表，其水平数 m 只能取素数或素数幂，总试验次数为 m^N，N 称为基本列数，总列数 $k=(m^N-1)/(m-1)$。除标准型正交表以外的正交表称为非标准型正交表。在试验研究中，有些因素会联合起来共同影响某一性能指标，起到相互促进/削弱的作用，称为交互作用。标准型正交表可以用于考查交互作用，而非标准型正交表不能用于考察交互作用。

常用的标准型正交表有。

各列水平数为 2 的标准型正交表有：$L_4(2^3)$，$L_8(2^7)$，$L_{16}(2^{15})$，$L_{32}(2^{31})$。

各列水平数为 3 的标准型正交表有：$L_9(3^4)$，$L_{27}(3^{13})$，$L_{81}(3^{40})$。

各列水平数为 4 的标准型正交表有：$L_{16}(4^5)$，$L_{64}(4^{21})$。

各列水平数为 5 的标准型正交表有：$L_{25}(5^6)$，$L_{125}(5^{31})$。

表 3-2 为正交表 $L_4(2^3)$，是最简单的标准型正交表，对其观察可发现。

（1）每个因素的各个水平在表中出现的次数相等，即每个因素在其各个水平上都具有相同的重复试验次数。例如，表 3-2 每列中水平“1”与水平“2”均出现 2 次。

（2）每两个因素之间，不同水平的搭配次数相同，即任意两个因素之间的水平搭配是均衡的。如表 3-2 中任意两列的水平搭配均为（1，1）、（1，2）、（2，2）和（2，1）。

以上两点体现了正交表的一般特点，即“均匀分散，整齐可比”。

表 3-2 正交表 L_4（2^3）

列号 / 试验号	1	2	3
1	1	1	1
2	2	1	2
3	1	2	2
4	2	2	1

正交表 $L_4(2^3)$的每一行对应一次试验，所以共需做 4 次试验；每一列对应一个因素，最多可安排 3 个因素；每一列中的数字对应该因素的水平号。如果试验仅需考查两个因素，可以从正交表 $L_4(2^3)$中任意选择两列作为试验列。例如对于表 3-1 中的二因素二水平问题，可选择表 3-2 的 1，3 两列，构成一个如表 3-3 编码形式的试验表。该表每一行代表从因素水平表中选取的一次试验的编码。例如 1 号试验（1，1），表示因素 1 和因素 2 都取水平 1，译成因素水平表中相应的试验值（水平值）为（a_{11}，a_{21}）；4 号试验（2，1）表示因素 1 取水平 2，因素 2 取水平 1，即（a_{12}，a_{21}）。同理，表 3-3 给出的试验表对应的试验方案可翻译为表 3-4。

3.1.2.2 交互作用表

每一张标准型正交表后都附有相应的交互作用表，专门用来安排交互作用试验。例如表 3-5 为标准型正交表 $L_8(2^7)$对应的交互作用表。

表 3-3 根据 $L_4(2^3)$设计的二因素试验表

试验号＼因素	1	2
1	1	1
2	2	2
3	1	2
4	2	1

表 3-4 译成的试验方案

试验号＼因素	1	2
1	a_{11}	a_{21}
2	a_{12}	a_{22}
3	a_{11}	a_{22}
4	a_{12}	a_{21}

表 3-5 正交表 $L_8(2^7)$的交互作用表

第一个因素列号＼第二个因素列号	1	2	3	4	5	6	7
1	(1)	3	2	5	4	7	6
2		(2)	1	6	7	4	5
3			(3)	7	6	5	4
4				(4)	1	2	3
5					(5)	3	2
6						(6)	1

使用交互作用表安排具有交互作用的试验因素时，需要将两个因素的交互作用当作一个新的因素，占用一列，称为交互作用列。从表 3-5 中可查出 $L_8(2^7)$正交表中任意两列的交互作用列。例如将 A 因素作为待考查的第一个因素排为第（1）列，B 因素作为待考查的第二个因素排为第（2）列，表 3-5 中第一个因素（第 1 行）与第二个因素（第 2 列）相交的单元格数值为 3，因此将 A×B 交互作用列排在第 3 列。

3.1.2.3 各列水平数不相同的正交表

各列水平数不相同的正交表称为混合型正交表，标记为 $L_n(m_1 \times m_2 \times \cdots \times m_k)$，$L$ 为正交表的代号；n 表示可安排的试验次数；$m_1 \times m_2 \times \cdots \times m_k$ 表示正交表中有 k 列，最多可安排 k 个因素，并且第 j 列的因素有 m_j 个水平。例如，试验设计中经常使用由两组不相同的水平数组成的混合型正交表，可记为 $L_n(m_1^a \times m_2^b)$，如 $L_8(4\times2^4)$、$L_8(3\times2^4)$、$L_{16}(4^2\times2^4)$、$L_{16}(4^2\times2^8)$、$L_{18}(2\times3^7)$、$L_{18}(6\times3^6)$、$L_{32}(8\times4^8)$等，其含义参见图 3-1。其中 $L_8(4\times2^4)$是最简单的混合型正交表（表 3-6）。混合型正交表为设计各因素水平数不同的试验提供了一条重要的途径。

表 3-6 混合型正交表 $L_8(4\times2^4)$

试验号＼因素	1	2	3	4	5
1	1	1	1	1	1
2	1	2	2	2	2
3	2	1	1	2	2
4	2	2	2	1	1
5	3	1	2	1	2
6	3	2	1	2	1
7	4	1	2	2	1
8	4	2	1	1	2

3.2 正交试验设计

下面通过一个实例来介绍使用正交表安排试验的基本步骤。

【例3-1】 为提高某化工产品的转化率，选择了3个影响因素进行试验：反应温度（A）、反应时间（B）、催化剂用量（C），并确定了它们的试验范围为反应温度（A）：50～70℃，反应时间（B）：40～60min，催化剂用量（C）：5%～7%。试设计正交试验方案。

（1）明确试验目的，确定考察指标。设计任何一个试验首先要明确试验目的，即试验要解决什么问题，然后再根据试验目的，结合专业知识确定待考察指标和因素。例3-1的试验目的是搞清楚反应温度（A）、反应时间（B）、催化剂用量（C）3个因素对转化率有什么影响，哪些因素是主要的，哪些因素是次要的，从而确定出最优生产条件，即温度、时间及催化剂用量各为多少时才能使转化率最高。因此，本例中的考察指标就是化学反应的转化率。

（2）确定因素和水平数，列出试验条件表。即以表格的形式列出影响考察指标的主要因素以及对应的水平。为确定影响试验指标的因素和水平数，可使用单因素试验法初步获得各因素对考察指标的影响规律，或根据试验者的专业知识和实践经验确定出对性能指标有影响的可能因素。再根据单因素试验确定的因素变动范围，选择若干个水平。对很多试验，取3个水平即可看出变化规律。

通过上述分析初步确定出影响性能指标的因素和因素变动范围，对每个因素选定的3个水平分别为：

A: A_1 = 50℃, A_2 = 60℃, A_3 = 70℃；

B: B_1 = 40min, B_2 = 50min, B_3 = 60min；

C: C_1 = 5 %, C_2 = 6 %, C_3 = 7 %。

因素和水平选定后，可排出如表3-7所列的水平/因素表。表中各列的水平可随机排列。

表3-7 例3-1因素水平表

水平＼因素	A 反应温度/℃	B 反应时间/min	C 用酸量/%
1	50（A_1）	40（B_1）	5（C_1）
2	60（A_2）	50（B_2）	6（C_2）
3	70（A_3）	60（B_3）	7（C_3）

（3）选用正交表。因素、水平确定后，应根据试验的精度要求、试验工作量和试验数据处理要求这3方面因素选定正交表。如果对试验精度要求较高，应选用试验次数较多的正交表；如果试验工作量较大，可选择试验次数较少的正交表；如果需要对试验结果进行数据处理，例如误差项计算、交互作用分析和正交试验的方差分析等，可选用大表或者带有交互作用的正交表，这样可设两个以上的空白列作为计算误差项用。正交表一般的选表原则为：

正交表的自由度 ≥ Σ各因素自由度 + Σ因素交互作用自由度

其中，正交表的自由度 = 试验次数−1

因素自由度 = 因素水平数−1

交互作用自由度 =A 因素自由度 ×B 因素自由度

例 3-1 中，如果 A、B、C 各因素间不存在交互作用，则因素交互作用自由度为 0，各因素自由度=3–1=2，正交表的自由度应大于等于 2+2+2=6，可选用试验次数为 9 的 4 因素 3 水平正交表 $L_9(3^4)$，A、B、C 三个因素分别占据一列，空置一列用于误差项分析。如果因素 B 和 C 间有交互作用，则正交表的自由度应大于等于 2+2+2+2×2=10，需要选择更大的正交表，例如 $L_{27}(3^{13})$。

（4）表头设计。所谓表头设计，就是确定试验所考察的因素和交互作用在正交表中该放在哪一列的问题。表头设计是正交试验设计的关键，其目的是将影响试验性能指标的各个因素正确地安排到正交表的相应列中。试验安排因素的次序是：首先排有交互作用的单因素列，再排两者的交互作用列，最后排独立因素列。交互作用列的位置可根据两个作用因素本身所在的列数，由所选正交表对应的交互作用表查得。

对于例 3-1，如果不需考察各因素间的交互作用，可直接选用正交表 $L_9(3^4)$，并依次将因素 A、B、C 分别排在第 1、2、3 列。

再如某项目考察 4 个因素 A、B、C、D 及 A×B 交互作用，各因素均为 2 水平，选取 $L_8(2^7)$ 标准型正交表。由于需考察 A、B 两因素的交互作用，故首先将 A、B 两因素安排在第 1、2 列；根据 $L_8(2^7)$的交互作用表（表 3-5）查得 A×B 应排在第 3 列；最后安排独立因素列，把因素 C 排在第 4 列；虽然本项目不考查 A×C 与 B×C，考虑到 A×C 交互在第 5 列，B×C 交互作用在第 6 列，为避免混杂之嫌，把因素 D 排在第 7 列，见表 3-8。

表 3-8 根据 $L_8(2^7)$所做的表头设计

列号	1	2	3	4	5	6	7
因素和交互作用	A	B	A×B	C			D

（5）制定试验安排表。制定试验安排表就是根据正交表将各因素的相应水平填入表中，形成一个具体的试验方案。其中交互作用列和空白列不列入试验安排表，仅在数据处理和结果分析时使用。根据选定正交表中各因素占有列的水平数列，构成实施方案表，按试验号依次进行试验，每次试验按表中横行的各水平组合进行。

例如，使用正交表 $L_9(3^4)$对例 3-1 的试验进行设计，其试验安排如表 3-9 所列。

按正交表做试验时，所有的 1 水平会出现在同一次试验中，这种极端的情况有时是不希望出现的，也没有实际意义。因此在排列因素水平表时，最好不要简单地按各水平数值由小到大或由大到小的顺序排列。从理论上讲，应使用随机化的方法，即采用抽签或查随机数值表的办法来决定各水平的排列顺序。

表 3-9 例 3-1 的试验安排表

试验号 \ 因素	A 反应温度/℃	B 反应时间/min	C 催化剂用量/%	试验结果 y_i
1	50	40	5	
2	50	50	6	
3	50	60	7	
4	60	40	6	
5	60	50	7	
6	60	60	5	
7	70	40	7	
8	70	50	5	
9	70	60	6	

3.3 正交试验的数据处理

正交试验设计法不仅提供了一种高效率、快速、经济的试验设计方法，而且可以对试验结果进行各种数学分析，获得许多有价值的结论。采用正交试验法进行试验，如果不对试验结果进行认真的分析并得出应该得出的结论，那就失去了用正交试验法的意义和价值。常用的正交试验数据分析方法有直观分析法和方差分析法。

3.3.1 正交试验数据的直观分析

正交试验数据的直观分析使用直观的计算和图形对试验指标进行分析比较，以获得各因素、水平对试验指标的影响大小。直观分析也称为极差分析。极差指的是各列中各水平对应的试验指标平均值的最大值与最小值之差。在直观分析中忽略试验误差的影响，即将测定值视为真值来进行分析。

采用直观法分析正交试验结果可得出以下几个结论。

（1）在试验范围内，各因素对试验指标的影响大小。

（2）获得试验指标随各因素的变化趋势。为了更直观地研究变化趋势，常将计算结果绘制成图。

（3）获得使试验指标最好（最大或最小）的适宜的操作条件（因素水平搭配）。

（4）找出进一步的研究方向。

正交试验的直观分析主要包括 K_i、k_i 和极差 R 的计算。其中，K_i 是各列（因素）i 水平所对应的试验指标值之和：

$$K_i = \sum_j y_k \tag{3-1}$$

k_i 是 K_i 的平均值，即

$$k_i = K_i/A \tag{3-2}$$

A 为 i 水平在因素所在列中重复出现的次数。

R 为各列 k_i 的极差，计算公式为：

$$R=\max(k_i)-\min(k_i) \tag{3-3}$$

表示第 i 列因素处于不同水平引起的试验指标的差异。R 数值较大表明该列因素水平变化对试验指标影响大，是主要因素；反之，R 数值较小则表明该列因素水平变化对试验指标影响不大，是次要因素。总之，通过同一因素各水平平均值 k_i 的纵向比较，可以确定因素的各个水平对试验指标的贡献大小；对不同因素极差 R 的横向比较，可以得知哪些因素对试验指标的贡献大，哪些因素对试验指标的贡献小。下面通过一实例介绍正交试验数据的直观分析方法。

【例 3-2】 有 4 个因素影响某化学反应的转化率，根据它们的可行域，每一因素取 2 个水平，具体条件见表 3-10。通过试验要求解决的问题如下。

（1）哪个因素对转化率的影响大？因素间是否存在交互作用？

（2）根据试验结果，在所考察的因素和水平中，选取最优生产条件。

在因素和水平已明确的条件下，按照正交试验设计的步骤，下一步应是选正交表和进行表头设计。由于因素 A、B、C 和 D 均为 2 水平，其自由度为：

$$f_A = f_B = f_C = f_D = \text{水平数}-1 = 2-1 = 1$$

表 3-10 例 3-2 因素水平表

水平 \ 因素	A 反应温度/℃	B 反应时间/h	C 物料配比	D 反应压力/Pa
1	60（A_1）	2.5（B_1）	1.1∶1（C_1）	500（D_1）
2	80（A_2）	3.5（B_2）	1.2∶1（C_2）	600（D_2）

假设 A×B、B×C 和 A×C 之间存在着交互作用，则有：

$$f_{A\times B}=f_{B\times C}=f_{A\times C}=1$$

因素和交互作用的自由度总和为：

$$f=f_A+f_B+f_C+f_D+f_{A\times B}+f_{B\times C}+f_{A\times C}=7$$

所选正交表的自由度应大于等于 7。从已有的标准型正交表中查找，$L_8(2^7)$可以满足要求。在表头设计时，首先安排有交互作用的单因素列，将因素 A、B 分别安排在第 1、2 列；查表 3-5，列 1 和列 2 的交互作用列为 3，故将交互作用 A×B 放在第 3 列；把有交互作用的单因素 C 安排在第 4 列；查表 3-5 将交互作用 A×C、B×C 分别放在第 5、6 列；最后，将独立因素 D 放在第 7 列。完成后的表头设计如表 3-11 所示。

表 3-11 例 3-2 表头设计

试验号 \ 因素	A	B	A×B	C	A×C	B×C	D
1	1	1	1	1	1	1	1
2	1	1	1	2	2	2	2
…	…	…	…	…	…	…	…

忽略交互作用列，将表 3-11 中各单因素列中的数字“1”和“2”换成表 3-10 中相对应的水平取值，即可得到试验计划表（表 3-12）。待试验完成后，将试验结果填入试验数据分析表的最后一列，即可根据式（3-1）、式（3-2）、式（3-3）计算 K_i、k_i 和 R 的值，如表 3-13 所示。

首先对各因素的不同水平进行分析。由表 3-13 可知，对于因素 A，温度的 1 水平（60℃）比 2 水平（80℃）的转化率高；对于因素 B，反应时间的 1 水平（2.5h）比 2 水平（3.5h）的转化率高；对于因素 C，物料配比的 2 水平（1.2∶1）比 1 水平（1.1∶1）的转化率高；对于因素 D，压力的 2 水平（600Pa）比 1 水平（500Pa）的转化率高。由此在试验范围内，最优的试验条件应当为 A_1、B_1、C_2 和 D_2（反应温度 60℃、反应时间 2.5h、物料配比 1.2∶1、操作压力 600Pa）。

表 3-12 例 3-2 试验计划表

试验号 \ 因素	A 反应温度/℃	B 反应时间/h	C 物料配比	D 操作压力/Pa	试验结果 y_i
1	60	2.5	1.1∶1	500	
2	60	2.5	1.2∶1	600	
3	60	3.5	1.1∶1	600	
4	60	3.5	1.2∶1	500	
5	80	2.5	1.1∶1	600	
6	80	2.5	1.2∶1	500	
7	80	3.5	1.1∶1	500	
8	80	3.5	1.2∶1	600	

表 3-13 例 3-2 试验数据直观分析结果

试验号＼因素	A	B	A×B	C	A×C	B×C	D	试验结果 y_i
1	1	1	1	1	1	1	1	86
2	1	1	1	2	2	2	2	95
3	1	2	2	1	1	2	2	91
4	1	2	2	2	2	1	1	94
5	2	1	2	1	2	1	2	91
6	2	1	2	2	1	2	1	96
7	2	2	1	1	2	2	1	83
8	2	2	1	2	1	1	2	88
K_1	366	368	352	351	361	359	359	—
K_2	358	356	372	373	363	365	365	—
$k_1=K_1/4$	91.5	92	88	87.75	90.25	89.75	89.75	—
$k_2=K_2/4$	89.5	89.0	93	93.25	90.75	91.25	91.25	—
$R=\|k_1-k_2\|$	2.0	3.0	5.0	5.5	0.5	1.5	1.5	—

极差 R 值反映了该列因素水平变化对试验结果的影响程度。通过比较各列 R 值大小可知，各因素对转化率影响的主次关系依次为：C>B>A>D。由于因素 C 所在列的数值绝对值最大，可知各因素中物料配比是主要因素，对试验结果影响最为显著。如果想提高转化率，首先考虑调整物料的配比。因素 B、A 对试验结果的影响相对较小，而因素 D 对试验结果的影响最不显著。

此外，极差 R 的计算结果还表明：A 和 C 以及 B 和 C 之间的交互作用对试验结果影响较小，可以忽略；而 A 和 B 的交互作用列的极差 R 为 5.0，甚至高于因素 A 和 B 列单独的 R 值（R_A=2.0，R_B=3.0），表明因素 A 和 B 的交互作用对试验结果的影响大于因素 A 和 B 各自对试验结果的影响，需要进一步加以分析。

考虑到因素 A 和 B 之间有交互作用，且在试验过程中 A 和 B 的交互作用对试验结果的影响非常显著，还应对因素 A 和 B 作进一步的分析和研究，进而确定试验的最优操作条件。对于有交互作用的因素，可采用二元交联表进行水平分析，即根据具有交互作用的两因素之间的各种搭配的平均值进行列表分析。例 3-2 中，A、B 两种因素的水平搭配共有 4 种，即 A_1B_1、A_1B_2、A_2B_1、A_2B_2，计算上述各水平搭配的试验指标平均值，可得表 3-14 所列的二元交联表。

表 3-14 例 3-2 二元交联表

项目	A_1	A_2
B_1	（86+95）/2=90.5	（91+96）/2=93.5
B_2	（91+94）/2=92.5	（83+88）/2=85.5

从表 3-14 可见，采用水平组合 A_2B_1（反应温度 80℃和反应时间 2.5h）条件下进行试验，平均转化率最高（93.5%）。当不考虑因素 A 和 B 之间的交互作用时，优选的生产条件为 A_1、B_1、C_2 和 D_2（反应温度 60℃、反应时间 2.5h、物料配比 1.2∶1、操作压力 600Pa）；当考虑因素 A 和 B 的交互作用时，在试验范围内最佳的操作条件应为 A_2、B_1、C_2 和 D_2（反应温度 80℃、反应时间 2.5h、物料配比 1.2∶1、操作压力 600Pa）。最优操作条件的改变是由于反应温度和反应时间这两个因素之间具有交互作用。同理，如果试验过程中任意两个因素之间有

交互作用，都可使用二元交联表进行进一步的分析以确定最优的因素水平组合。通过因素交互作用分析所确定出的最优操作条件虽然并未出现在表 3-12 中，但是通过数据分析并未将其遗漏。

3.3.2 正交试验数据的方差分析

3.3.2.1 方差分析方法

通过正交试验数据的直观分析虽然可以得出影响试验指标的各因素主次关系和最优操作条件，但是由于在计算过程中并未考虑试验过程中可能出现的误差，因此无法反映出试验精度，在某些情况下可能会得出错误的结论。而通过对正交试验数据的方差分析，不仅可以考察试验误差的影响，而且可以判断出某因素不同水平对应的试验指标的差异是由于水平的改变引起的还是由于试验误差造成的。

正交试验的方差分析是在直观分析的基础上进行的。方差分析构筑的检验统计量为 F 因子。用于模型检验时，其计算式为：

$$F=\frac{\text{因素或交互作用离差平方和/因素或交互作用自由度}}{\text{误差离差平方和/误差自由度}} \tag{3-4}$$

方差分析的方法为：首先建立一个能够表征试验指标和因素之间相关密切程度的数量指标。假设试验指标和因素不相关的概率为 α，通常称 α 为置信度或者显著性水平。根据假设的 α 从专门的统计检验表中查出统计量的临界值，并将查出的临界值与由试验数据算出的 F 值进行比较，便可判断出各因素影响试验指标的显著性。

3.3.2.2 方差分析的计算过程

下面结合例 3-2 介绍正交试验数据的方差分析过程。

（1）根据例 3-2 直观分析的结果，因素 A×C、B×C 和 D 已排除，在方差分析时不再考虑上述因素，原先占用的列作为误差分析列，见表 3-15。

表 3-15 例 3-2 试验数据方差分析结果

试验号 \ 因素	A	B	A×B	C				试验结果 y_i
1	1	1	1	1	1	1	1	86
2	1	1	1	2	2	2	2	95
3	1	2	2	1	1	2	2	91
4	1	2	2	2	2	1	1	94
5	2	1	2	1	2	1	2	91
6	2	1	2	2	1	2	1	96
7	2	2	1	1	2	2	1	83
8	2	2	1	2	1	1	2	88
K_1	366	368	352	351	361	359	359	
K_2	358	356	372	373	363	365	365	
k_1	91.5	92	88	87.75	90.25	89.75	89.75	
k_2	89.5	89	93	93.25	90.75	91.25	91.25	
$R=\lvert k_1-k_2\rvert$	2	3	5	5.5	0.5	1.5	1.5	
SS_j	8.0	18.0	50.0	60.5	0.5	4.5	4.5	
f_j	1	1	1	1	1	1	1	

（2）计算出试验结果的总离差平方和。总离差平方和（SS_t）反映了试验结果的总差异，其数值越大，表明各试验结果之间的差异越大。

$$SS_t = \sum_{i=1}^{n}(y_i - \overline{y})^2 = \sum_{i=1}^{n} y_i^{\ 2} - \frac{1}{n}\left(\sum_{i=1}^{n} y_i\right)^2 \tag{3-5}$$

式中　SS_t——试验结果的总离差平方和；

y_i——第 i 组试验的指标值；

n——试验次数。

本例中：$n = 8$，

$$\sum_{i=1}^{8} y_i^{\ 2} = \sum(86^2 + 95^2 + 91^2 + \cdots + 88^2) = 65668$$

$$\frac{(\sum_{i=1}^{8} y_i)^2}{8} = \frac{(\sum 86 + 95 + 91 + \cdots + 88)^2}{8} = \frac{(724)^2}{8} = 65522$$

所以

$$SS_t = \sum_{i=1}^{8} y_i^{\ 2} - \frac{\left(\sum_{i=1}^{8} y_i\right)^2}{8} = 146.0$$

（3）计算各因素列的离差平方和。方差分析的总离差平方和反映了试验结果的差异，造成这一差异的原因可能是由于因素的水平变化，也可能是由于试验误差。为此，在分析过程中，还需要计算出各因素水平变化引起的试验结果差异，即计算出各因素的离差平方和。

$$SS_j = \frac{1}{r_j}\sum_{i=1}^{m} K_i^{\ 2} - \frac{1}{n}\left(\sum_{i=1}^{n} y_i\right)^2 \tag{3-6}$$

式中，r_j 为第 j 列水平重复次数。

例如，表 3-16 中第 1 列的离差平方和为：

$$SS_1 = \frac{1}{4}\sum\left(K_1^{\ 2} + K_2^{\ 2}\right) - \frac{1}{8}(\sum 86 + 95 + 91 + \cdots + 88)^2 = 8.0$$

正交表中的第 3 列为因素 A 和 B 之间的交互作用，可计算出 $SS_3 = 50.0$。

同样可算出其他各因素列离差平方和，见表 3-15 倒数第二行。

（4）计算各因素或交互作用的自由度：

各因素自由度为 $f_A = f_B = f_C = 2 - 1 = 1$

各交互作用列的自由度为交互因素自由度的乘积 $f_{A\times B} = f_{A\times C} = f_{B\times C} = 1\times 1 = 1$

（5）计算误差的离差平方和。根据 F 检验法，在进行方差分析时，还需计算出误差的离差平方和。正交表中的空白列是专为计算误差的离差平方和而设的，如本例中的第 5～7 列。由于在空白列中没有安排因素，所以它的离差平方和不包含因素的水平差异，而仅仅是试验误差大小的体现。其计算值为各空列 SS_j 之和，即误差平方和：

$$SS_e = \sum SS_{\text{空列}} = 0.5 + 4.5 + 4.5 = 9.5 \tag{3-7}$$

（6）计算误差的自由度：

$$f_e = f_4 + f_5 + f_6 = 1 + 1 + 1 = 3$$

（7）进行显著性检验。在完成了各因素离差平方和、交互作用的离差平方和、误差离差平方和自由度计算后，就可以进行各因素/因素组合显著性检验了。以因素 A 为例，根据式（3-4）：

$$F_A = \frac{\frac{SS_A}{f_A}}{\frac{SS_e}{f_e}} = \frac{\frac{8.0}{1}}{\frac{9.5}{3}} = 2.53$$

同理可计算出其余各列的 F 值，如表 3-16 所示。

（8）F 值的查询。查 F 表可得 $F_{0.05}(1,3)=10.1$，其中 1，3 分别为各因素的自由度和误差列的自由度。从表 3-16 中可以看出，在 $\alpha=0.05$ 水准上，只有因素 C 与 A×B 交互作用的 F 值>10.1，有统计学意义，其余各因素均无统计学意义。因素 C 对试验结果的影响最为显著，由直观分析可知，因素 C 取 2 水平较优。在固定 C_2 的情况下，考虑交互作用 A×B 的优化。由表 3-14 可知 A_2B_1 和 A_1B_2 两种组合状况下的转化率最高。考虑到因素 B 的影响较 A 因素大些，而 B 中选 B_1 为好，故选 A_2B_1。因此确定最佳条件为 $A_2B_1C_2$，即反应温度 80℃，反应时间 2.5 h，原料配比 1.2∶1。

表 3-16　3 种因素对某化学反应转化率影响的正交试验方差分析表

变异来源	离差平方和	自由度	均方	F 值
A	8.0	1	8.0	2.53
B	18.0	1	18.0	5.68
A×B	50.0	1	50.0	15.79
C	60.5	1	60.5	19.1
误差	9.5	3	3.16	

3.4 Excel 在正交试验数据处理中的应用

Excel 是微软公司开发的电子表格软件，是办公自动化与科学计算的常用工具。Excel 不仅拥有强大的计算能力和丰富的图表、图形功能，还可处理数学公式和文本、支持 VBA 宏命令和函数。在正交试验设计和数据处理过程中使用 Excel，可方便地记录和分析数据，提高工作效率。此外，商业统计软件 SAS、SPSS 等都包含了正交试验设计与分析的功能。

3.4.1 Excel 的基本操作

Excel 的用户界面如图 3-2 所示，由程序窗口和工作簿窗口组成，程序窗口包括标题栏、工具栏、编辑栏和状态栏等；工作簿窗口包括行标和列标、工作表格区和工作表标签等。公式编辑栏用于显示活动单元格中的数据或者公式。公式编辑栏的左边为名称框，用于定义单元格或区域的名称，或根据名称寻找单元格或区域。名称框还用于显示参照状态，如当前单元格位置、绘图区、图表、图例和函数等。如果没有特别定义，则在名称框中显示当前活动单元格的地址。单击名称框右侧的下拉箭头▼，可在下拉列表中列出所有已经定义的名称。“*fx*”右边为公式编辑框，用于编辑当前活动单元格的内容。

在 Excel 的工作表格区，每个行列的交叉点称为单元格（Cell）。单元格是工作表的基本组成单元，也是 Excel 处理数据的最小单位。每个单元格用其所在的列标和行号进行标识，称为单元格地址。例如图 3-2 中工作表左上角的单元格，即第 A 列（第一列）和第一行交叉处的单元格用 A1 表示，而 D2 表示 D 列（第四列）与第二行交叉处的单元格。Excel 电子表格中的单元格可以存放文本、数值、日期和公式等不同的内容。需要编辑某一单元格的内容时，只需双击单元格，即可在单元格中或窗口顶部的公式编辑框进行编辑。

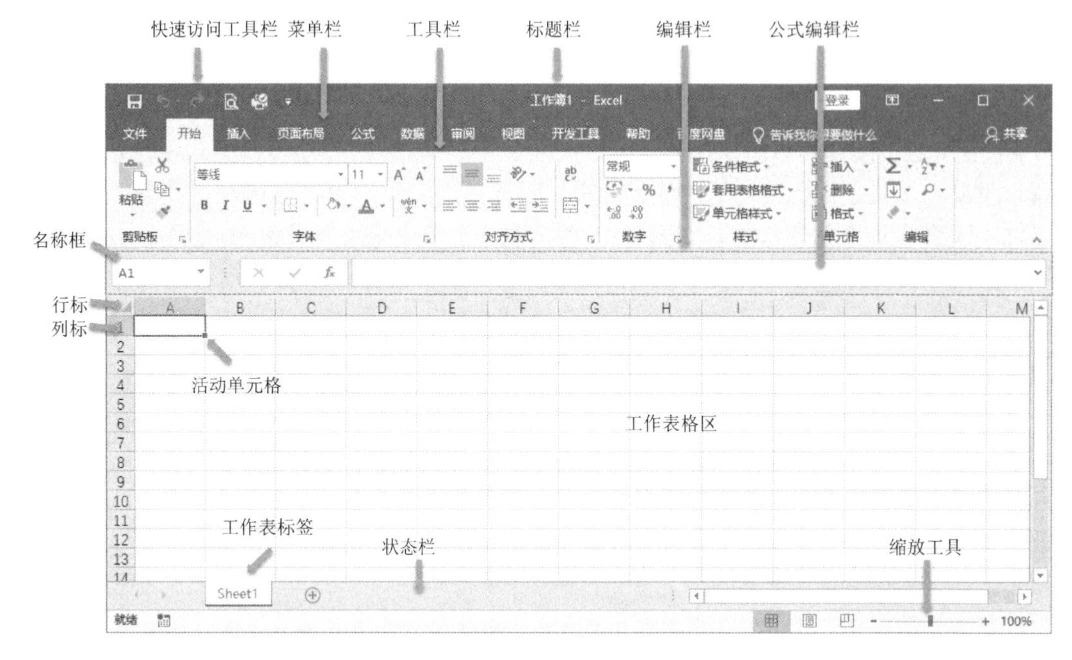

图 3-2 Excel 2019 的用户界面

有时需要同时对多个单元格进行操作。例如求若干个单元格中数据的和，设置多个单元格的数据格式，或是在多个单元格中查找指定的数据等。这时可以使用单元格区域来定义或者标识出指定的多个单元格。所谓单元格区域是指由若干个连续的单元格构成的矩形区域，使用其对角的两个单元格地址来标识。例如以 A1 单元格为左上角，C4 单元格为右下角的 12 个单元格组成的区域，可以标记为“A1:C4”。

3.4.2 Excel 在正交试验数据处理中的应用

Excel 可用于正交试验数据的输入、管理和数据处理。例如，对例 3-2 所示的正交试验，可首先建立如图 3-3 所示的正交表，并将相关信息和试验结果输入该表格，相关操作参看码 3-1。

码 3-1 使用 Excel 处理正交实验数据

（1）在 A1 单元格输入所采用的正交设计表编号，本例为 $L_8(2^7)$。双击 A1 单元格即可进入单元格数据输入状态，可首先使用键盘输入文本“L8(27)”再编辑其格式。输入文本后在当前单元格中选中数字“8”，使用鼠标右键单击选中数字，在快捷菜单中选择“设置单元格格式”命令，在弹出的“设置单元格格式”对话框中选中“下标”前的选择框，将数字 8 设为下标格式。使用同样的方法将数字 7 设为上标，字母 L 设为斜体，如图 3-3 所示。

（2）使用同样的方法，逐单元格输入所需的试验号、正交表列号、试验结果等全部数据。也可通过复制、粘贴的方法从其他文档中将所需数据复制到 Excel 文档。完成原始数据输入后的数据表如图 3-3 所示。接下来，我们将在数据表的下方进行正交试验数据的直观分析和方差分析，计算直观分析中的 K_i、k_i、R，以及方差分析中的总离差平方和、各列离差平方和、各列因素的自由度和 F 值。

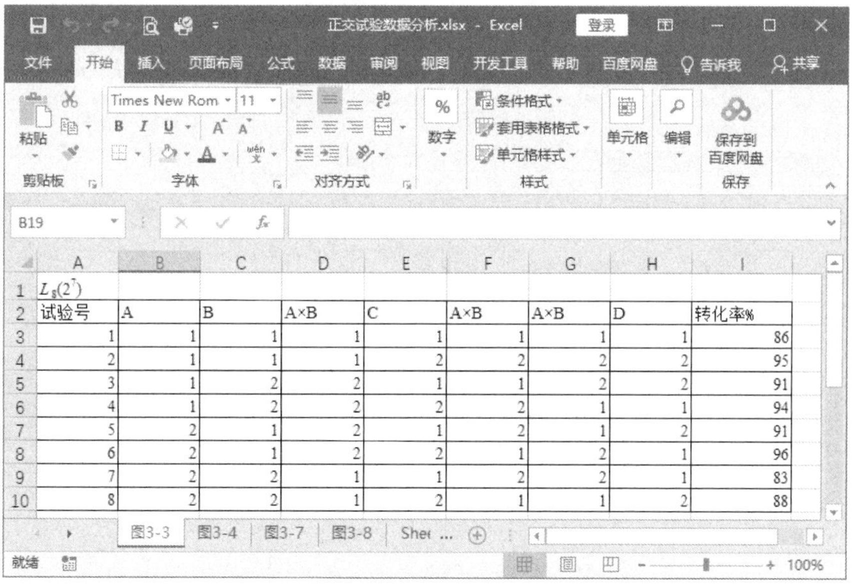

$L_8(2^7)$

试验号	A	B	A×B	C	A×B	A×B	D	转化率%
1	1	1	1	1	1	1	1	86
2	1	1	1	2	2	2	2	95
3	1	2	2	1	1	2	2	91
4	1	2	2	2	2	1	1	94
5	2	1	2	1	2	1	2	91
6	2	1	2	2	1	2	1	96
7	2	2	1	1	2	2	1	83
8	2	2	1	2	1	1	2	88

图 3-3 在 Excel 中输入正交试验数据

（3）直观分析。

① 首先计算 K_1 和 K_2，根据式（3-1），K_1 和 K_2 分别对应本列水平取 1 和 2 的试验结果的加和。双击 B12 单元格开始进行编辑，输入公式“=SUMIF (B3:B10,"=1",$I$3:$I$10)”，对 B 列所有水平数为 1 的试验结果进行求和。SUMIF 是 Excel 提供的条件求和函数，上述语句逐一判断单元格区域 B3:B10 中的每个单元格是否符合求和条件，本例为“=1”，若符合条件则对单元格区域$I$3:$I$10 中的对应单元格进行求和计算并返回结果，公式中部分单元格地址中$符号的作用是在下一步自动公式填充时保持该地址不变。双击 B13 单元格，输入公式“=SUMIF(B3:B10,"=2",$I$3:$I$10)”，对所有水平数为 2 的试验结果进行求和。类似的，需要在单元格区域 C12:H13 的每一个单元格输入相应的公式。Excel 提供了一种称为自动填充的快捷公式输入方法，首先选中单元格 B12 和 B13，将鼠标移动到选定区域的右下角，鼠标指针会变为一个“+”号，此时按下鼠标左键不放并拖动将选择区域扩展至 C12:H13，Excel 即可自动在上述区域的每一个单元格生成公式。例如，完成自动填充后单击单元格 H13，在编辑区域可看到 Excel 在该单元格自动输入的公式为“=SUMIF(H3:H10,"=2",$I$3:$I$10)”, Excel 自动将求和条件区域改为第 H 列以满足需要。注意左边有“$”符号的行号/列号在自动填充过程中不发生变化。

② 在单元格 B14 中输入公式“=B12/COUNTIF(B3:B10,"=1")”计算 $k_i=K_i/n$。本例中 COUNTIF 函数用于统计单元格区域 B3:B10 中水平数等于 1 的单元格数。在单元格 B15 中输入“=B13/COUNTIF(B3:B10,"=2")”。使用自动填充在单元格区域 C14:H15 中填入公式。

③ 在单元格 B16 中输入“=ABS(B14-B15)”，使用自动填充在单元格区域 C16:H16 中填入公式。完成后的工作表如图 3-4 所示，图 3-4 中右侧的小图给出了单元格 B12:B16 中输入的公式。ABS 函数的作用是取绝对值。

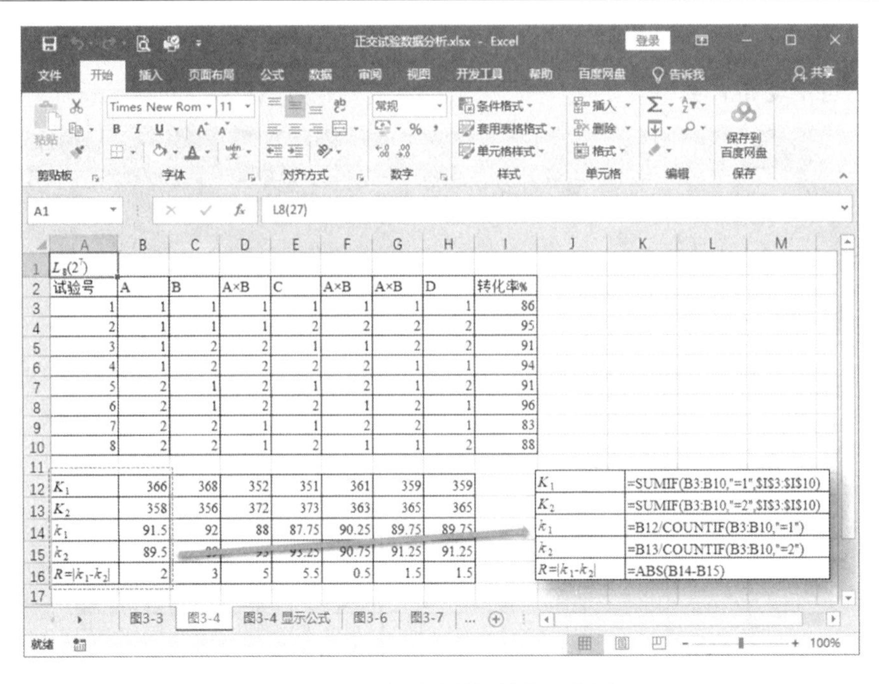

	A	B	C	D	E	F	G	H	I
1	$L_8(2^7)$								
2	试验号	A	B	A×B	C	A×B	A×B	D	转化率%
3	1	1	1	1	1	1	1	1	86
4	2	1	1	1	2	2	2	2	95
5	3	1	2	2	1	1	2	2	91
6	4	1	2	2	2	2	1	1	94
7	5	2	1	2	1	2	1	2	91
8	6	2	1	2	2	1	2	1	96
9	7	2	2	1	1	2	2	1	83
10	8	2	2	1	2	1	1	2	88
12	K_1	366	368	352	351	361	359	359	
13	K_2	358	356	372	373	363	365	365	
14	k_1	91.5	92	88	87.75	90.25	89.75	89.75	
15	k_2	89.5	89	93	93.25	90.75	91.25	91.25	
16	$R=\|k_1-k_2\|$	2	3	5	5.5	0.5	1.5	1.5	

K_1	=SUMIF(B3:B10,"=1",$I$3:$I$10)
K_2	=SUMIF(B3:B10,"=2",$I$3:$I$10)
k_1	=B12/COUNTIF(B3:B10,"=1")
k_2	=B13/COUNTIF(B3:B10,"=2")
$R=\|k_1-k_2\|$	=ABS(B14-B15)

图 3-4　正交试验数据的直观分析

（4）二元交联表的计算。二元交联表用于分析两个因素不同水平组合所对应的试验指标均值，可使用 Excel 的数据透视表进行计算，以因素 A、B 的二元交联表为例，其步骤为：

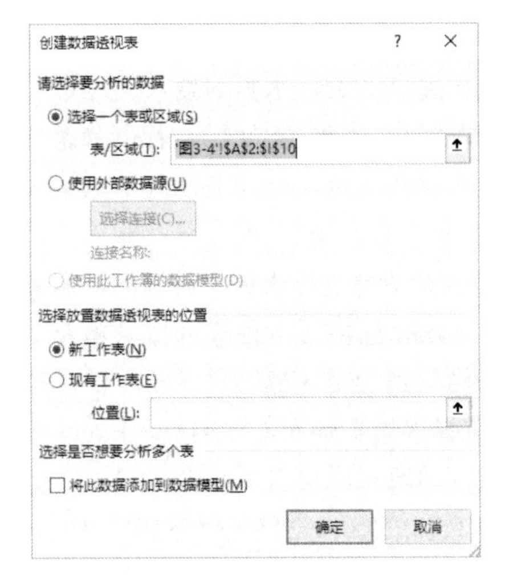

图 3-5 “创建数据透视表”对话框

① 选中图 3-3 中的数据部分 A2:I10（不含第一行标题），单击插入工具面板上的“数据透视表”按钮，弹出“创建数据透视表”对话框，如图 3-5 所示。确认“表/区域(T)：”中的数据来源为“'图 3-4'!$A$2:$I$10”，在“选择放置数据透视表的位置”区域选中“新工作表”，单击“确定”按钮。Excel 将建立一个新的工作表，用于放置新的数据透视表。

② 新工作表左侧用于显示数据透视表的计算结果，右侧的“数据透视表字段”面板用于设置计算选项。将列表中的“A”字段拖动添加到“列”区域，将列表中的“B”字段拖动添加到“行”区域，将“转化率%”字段拖动添加到“值”区域，如图 3-6 所示。注意“值”区域显示为“求和项：转化率%”，我们需要将其改变为求平均值。单击“求和项：转化率%”，在弹出菜单中选择“值字段设置”命令，弹出如图 3-7 所示的“值字段设置”对话框，在“值字段汇总方式(S)”中选择“平均值”，单击“确定”按钮，即可获得如图 3-8 所示的二元交联表，对 A、B 两种因素的水平组合进行统计计算。

（5）方差分析。

① 根据式（3-5）计算试验结果的总离差平方和，在相应单元格（本例为 B18）输入如下公式：“=SUMPRODUCT(I3:I10,I3:I10)-SUM(I3:I10)^2/8”；

图 3-6 新插入的数据透视表

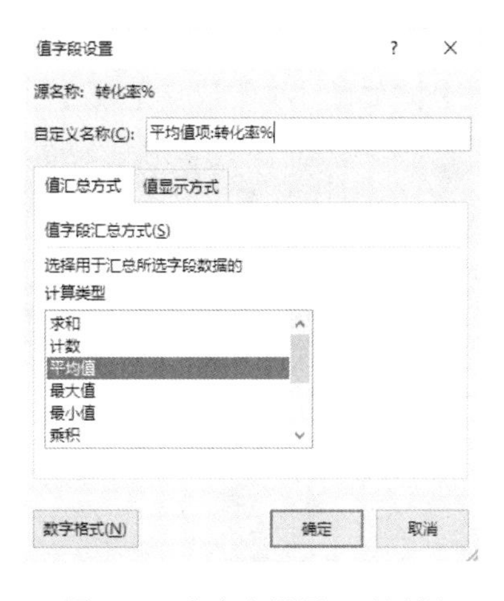

图 3-7 “值字段设置”对话框

② 根据式（3-6）计算各列的 SS_j，在单元格 B19 中输入“=(B12^2+B13^2)/4-SUM($I$3:$I$10)^2/8”，并自动填充单元格区域 C18:H18；

③ 在单元格 B20:H20 区域输入各列的自由度，本例均为 1；

④ 计算 SS_j/f_j，在单元格 B21 中输入公式“=B19/B20”，并自动填充单元格区域 C21:E21；

⑤ 计算 SS_e/f_e，在单元格 B22 中输入“=SUM(F19:H19)/SUM(F20:H20)”；

⑥ 计算 F_e，在单元格 H24 中输入“=SUM(F19:H19)/SUM(F20:H20)”；

图 3-8　完成的数据二元交联表

⑦ 最后计算各因素列的 F 因子，在单元格 B23 中输入“=B21/$B$22”，并自动填充单元格区域 C23:E23。方差分析相关公式如图 3-9 所示。完成后的 Excel 表如图 3-10 所示。

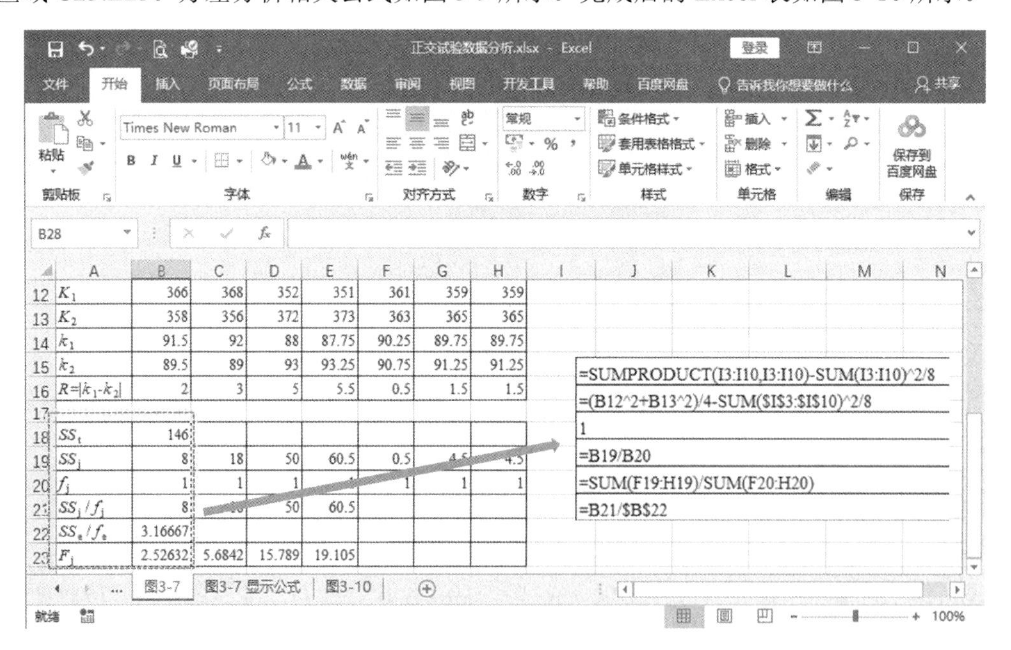

图 3-9　正交试验数据的方差分析

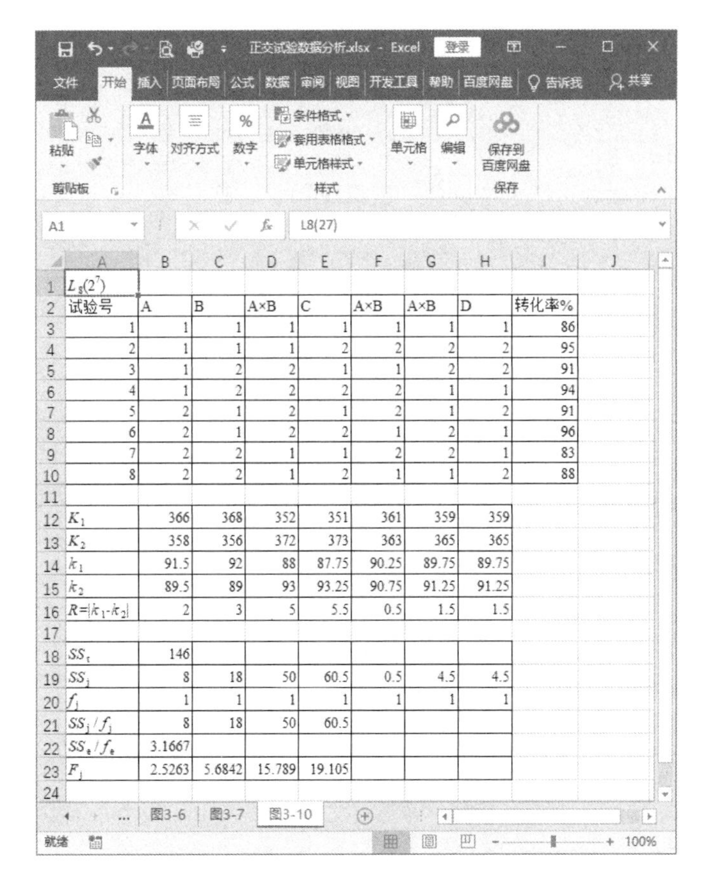

A	B	C	D	E	F	G	H	I
$L_8(2^7)$								
试验号	A	B	A×B	C	A×B	A×B	D	转化率%
1	1	1	1	1	1	1	1	86
2	1	1	1	2	2	2	2	95
3	1	2	2	1	1	2	2	91
4	1	2	2	2	2	1	1	94
5	2	1	2	1	2	1	2	91
6	2	1	2	2	1	2	1	96
7	2	2	1	1	2	2	1	83
8	2	2	1	2	1	1	2	88
K_1	366	368	352	351	361	359	359	
K_2	358	356	372	373	363	365	365	
k_1	91.5	92	88	87.75	90.25	89.75	89.75	
k_2	89.5	89	93	93.25	90.75	91.25	91.25	
$R=\|k_1-k_2\|$	2	3	5	5.5	0.5	1.5	1.5	
SS_t	146							
SS_j	8	18	50	60.5	0.5	4.5	4.5	
f_j	1	1	1	1	1	1	1	
SS_j/f_j	8	18	50	60.5				
SS_e/f_e	3.1667							
F_j	2.5263	5.6842	15.789	19.105				

图 3-10 完成后的 Excel 计算表

（6）F 表的查询。对于给定置信度、自由度的 F 值可使用 Excel 提供的 FINV 函数查询，其语法为：

FINV(probability,degrees_freedom1,degrees_freedom2)

其中：

Probability 置信度

Degrees_freedom1 因素自由度

Degrees_freedom2 误差自由度

在本例中，置信度为 0.05，因素自由度、误差自由度分别为 1、3。可在任意空白单元格中输入：=FINV(0.05,1,3)，可得 F 值的查表结果为 10.1。

3.5 WPS Office 在正交试验数据处理中的应用

WPS Office 是由北京金山办公软件股份有限公司自主研发的一款办公软件套装，可以实现办公软件最常用的文字、表格、演示、PDF 阅读等多种功能。具有内存占用低、运行速度快、云功能多、强大插件平台支持、免费提供在线存储空间及文档模板的优点。WPS Office 全面兼容微软 Office 格式与操作界面，本节介绍的 Excel 操作也可用于 WPS 表格，如图 3-11 所示。

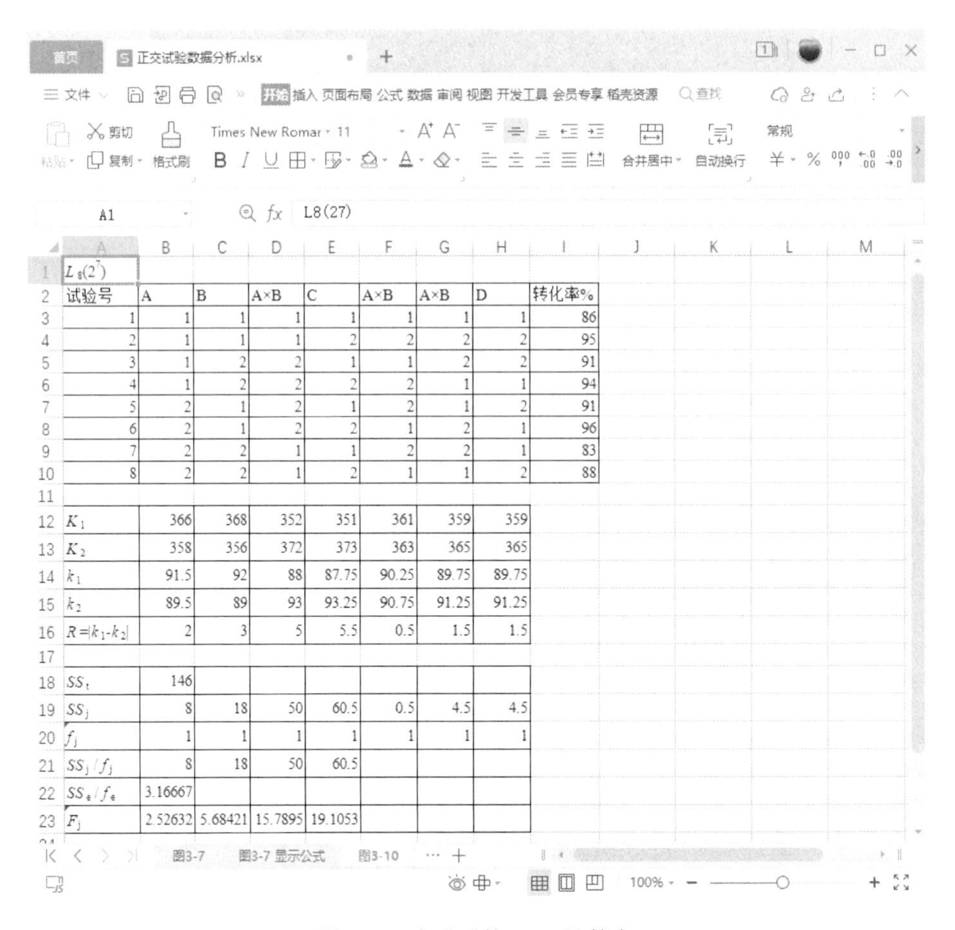

$L_8(2^7)$								
试验号	A	B	A×B	C	A×B	A×B	D	转化率%
1	1	1	1	1	1	1	1	86
2	1	1	1	2	2	2	2	95
3	1	2	2	1	1	2	2	91
4	1	2	2	2	2	1	1	94
5	2	1	2	1	2	1	2	91
6	2	1	2	2	1	2	1	96
7	2	2	1	1	2	2	1	83
8	2	2	1	2	1	1	2	88
K_1	366	368	352	351	361	359	359	
K_2	358	356	372	373	363	365	365	
k_1	91.5	92	88	87.75	90.25	89.75	89.75	
k_2	89.5	89	93	93.25	90.75	91.25	91.25	
$R=\|k_1-k_2\|$	2	3	5	5.5	0.5	1.5	1.5	
SS_t	146							
SS_j	8	18	50	60.5	0.5	4.5	4.5	
f_j	1	1	1	1	1	1	1	
SS_j/f_j	8	18	50	60.5				
SS_e/f_e	3.16667							
F_j	2.52632	5.68421	15.7895	19.1053				

图 3-11 完成后的 WPS 计算表

习题

1. 简述采用正交试验法设计试验的一般步骤？

2. 选择正交表的基本原则是什么？

3. 在啤酒制造过程中，拟考察 3 个因素对粉状粒百分数的影响，考查指标数值越高越好。每个因素取 3 个水平。因素水平表如下：

因素	水平		
	1	2	3
A 底水	140	138	136
B 反应时间/min	180	215	250
C 氨水浓度	0.25	0.26	0.27

选取 $L_9(3^4)$安排试验，因素 A、B 放在第一和第二列，因素 C 放在第四列。试验结果依正交表行号顺序为：45.5, 31, 38, 36, 5, 15.7, 24, 38, 30。试用 Excel 或 WPS 对试验结果进行直观分析和方差分析。

正交表 $L_9(3^4)$

试验号 \ 列号	1	2	3	4
1	1	1	1	1
2	1	2	2	2
3	1	3	3	3
4	2	1	2	3
5	2	2	3	1
6	2	3	1	2
7	3	1	3	2
8	3	2	1	3
9	3	3	2	1

4. 比较和熟悉 WPS 的表格操作。

4 化学结构编辑排版

化学是一门微观科学，对化学概念、过程和规律的展示经常需要借助图形工具。如分子结构、分子三维模型、实验装置图等，需要使用特殊的、约定俗成的图形和符号来精确表达。上述绘图均需使用专用的化学编辑排版软件来实现，如 ChemSketch、ChemOffice、InDraw、KingDraw 等。使用这些软件不仅能够方便快捷地绘制各种类型（平面或立体）的分子结构、反应式和装置图，还可以与文本编辑、数据库、电子报表和 CAD 软件紧密结合，极大地方便了化学论文的写作。本章介绍化学结构绘制软件 ACD/ChemSketch 的使用。

4.1 ChemSketch 简介

4.1.1 ChemSketch 的主要功能

ChemSketch 是高级化学发展有限公司（Advanced Chemistry Development Inc.，ACD）设计的化学画图用软件包，既可单独使用，也可与其他软件联合使用，用于绘制各种化学结构、反应式和图形，或设计与化学相关的各种报告和演讲材料。

ChemSketch 的主要功能包括。

① 绘制各种化学结构。

② 文本和图形处理。

③ 估算分子性质，包括分子量、分子组成、摩尔折射率、摩尔体积、等张比容、折射率、表面张力、密度、介电常数、极性、单一同位素质量、标称分子质量和平均分子质量等。

自 1999 年 4 月起，ACD 公司在其网站（http：//www.acdlabs.com）提供免费版 ChemSketch（Freeware Version）下载。与商业版（Commercial Version）相比，免费版 ChemSketch 对部分高级功能有所限制，但对于常用的化学绘图已经足够了。ChemSketch 的最新版本为 2021 版。

4.1.2 结构模式和绘图模式

ChemSketch 提供两种相对独立的操作模式：结构模式（Structure）和绘图模式（Draw）。结构模式用于绘制各种化学结构、反应式；绘图模式用于增加文本和绘制其他图形。在绘图模式中，分子结构只能作为图片进行移动、缩放等操作，不能对其结构进行编辑。两种模式可以通过菜单栏左上角的“Structure”或“Draw”按钮（图 4-1）相互切换。

4.1.2.1 结构模式

启动 ChemSketch 后，软件默认打开结构模式。在结构模式下，工具栏中的“Structure”

按钮显示为灰底蓝字的选中状态。结构模式界面主要由标题栏、菜单栏、通用工具栏、结构工具栏、原子工具栏、化学基团工具栏、调色板、状态栏及中间的工作区域等组成，如图 4-1 所示。在结构模式下可单击通用工具栏中的“Draw”按钮切换到绘图模式。

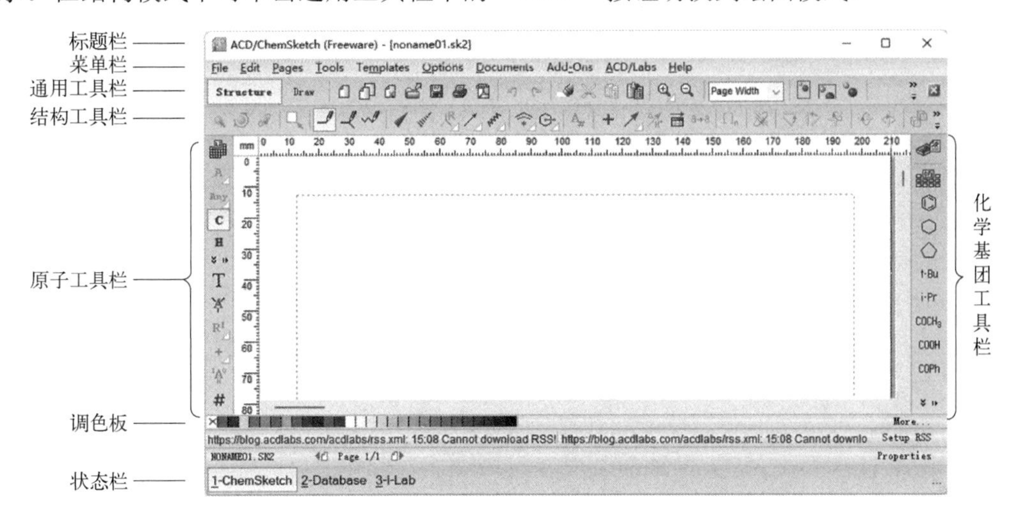

图 4-1 ChemSketch 结构模式

4.1.2.2 绘图模式

在绘图模式下，“Draw”按钮显示为灰底蓝字的选中状态。绘图模式的用户界面与结构模式基本相同，主要差别是编辑工具栏和绘图工具栏分别取代了结构工具栏和原子工具栏，取消了化学基团工具栏。如图 4-2 所示。在绘图模式下单击通用工具栏中的“Structure”按钮可切换到结构模式。

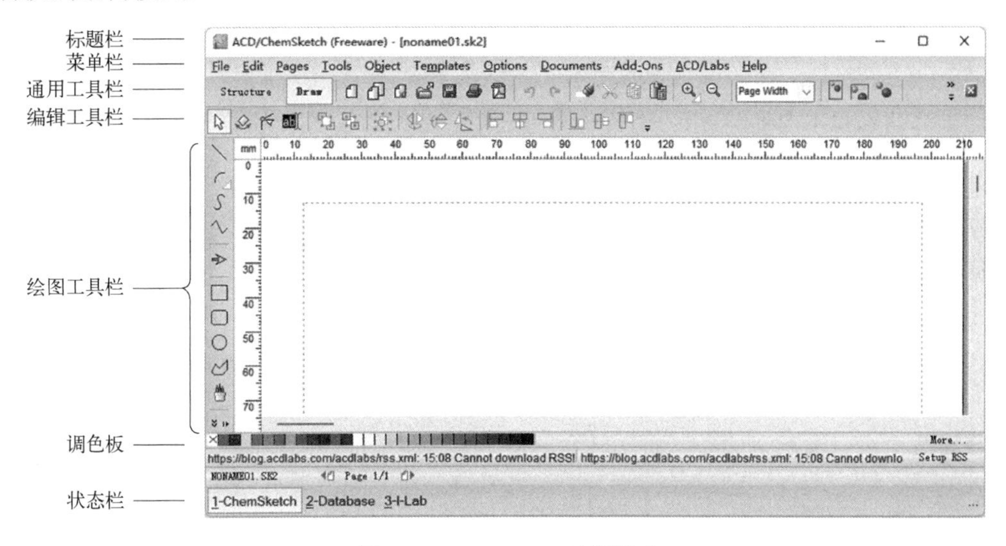

图 4-2 ChemSketch 绘图模式

4.2 分子结构绘制

分子结构绘制是 ChemSketch 的基本功能。利用 ChemSketch，可以很方便地画出各种简单到复杂的化学结构。ChemSketch 的分子结构绘制应在结构模式下进行。

4.2.1 简单分子结构的绘制

ChemSketch 在结构工具栏中提供了 3 种基本的分子结构绘制工具，用于一些简单分子结构的绘制：，依次为常用画图工具（Draw Normal）、连续画图工具（Draw Continuous）和画分子链工具（Draw Chains）。灵活使用这些工具，可以绘制出各种化学分子结构。

4.2.1.1 常用画图工具

启动 ChemSketch 时，“常用画图”（Draw Normal）按钮默认为选中状态，且默认原子为 C，当鼠标指针移动到画图区域时显示为。可很容易地画出各种直链和分支的有机结构，下面举例说明。

【例 4-1】 ChemSketch 常用画图工具示例，相关操作参看码 4-1。

码 4-1 ChemSketch 基本操作演示

（1）使用标准画图工具，鼠标指针显示为，在画图区域中央的空白处单击，ChemSketch 自动画出 CH_4。

（2）在 CH_4 上单击得到乙烷结构 $H_3C—CH_3$。

（3）单击 $H_3C—CH_3$ 右侧的 C 原子可得到 H_3C—CH_3。

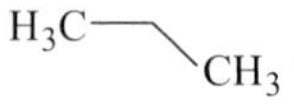

（4）单击丙烷的中间 C 原子可得到 H_3C—CH_3 CH_3，若单击 H_3C—CH_3 两端任一 C 原子则会继续延长碳链，得到丁烷 H_3C—CH_3。

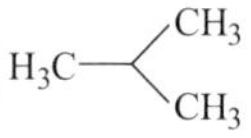

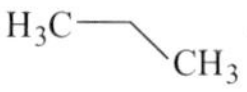

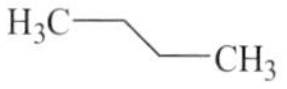

（5）双键和三键的绘制：选中标准画图工具，单击 $H_3C—CH_3$中央的单键，即可将其变为双键$H_2C=CH_2$；再次单击该键，可得到三键 $HC≡CH$；再次单击该键，因两个碳原子之间的键数已无法再增加，将得到单键 $H_3C—CH_3$。ChemSketch 会自动判断碳原子的最大可成键数，例如，对异丁烷分子 H_3C—CH_3 CH_3，单击右上键将只会在 H_3C—CH_3 CH_3 和 H_3C—CH_2 CH_3 间切换。

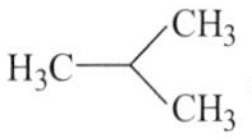

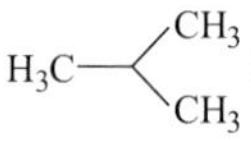

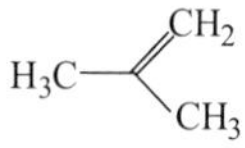

（6）原子的替换。首先确认标准画图工具处于选中状态，在原子工具栏上选中原子，如 F，再在工作区域单击欲替换的原子即可。例如，替换 H_3C—CH_3 CH_3 左侧的 C 原子后可得到 F—CH_2 CH_3。

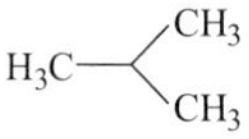

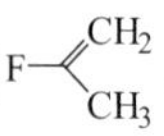

4.2.1.2 连续画图工具

单击“连续画图工具”（Draw Continuous）按钮可激活连续画图模式，当鼠标指针移动到画图区域时显示为。在工作区域单击鼠标右键可在常用画图工具和连续画图工具之间切换。连续画图工具和标准画图工具的主要区别为：

（1）选中连续画图工具后在工作区域的空白位置单击时，ChemSketch 将自动将新绘制的原子与上一次绘制的原子（或之前选中的原子）相连接。例如，连续画图模式下在工作区域不同位置单击，将得到连续的结构，如H_3C～～CH_3；而采用常用画图工具只能得到离散的分子，如 CH_4 CH_4 CH_4 CH_4 CH_4。

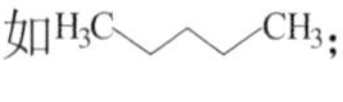

（2）选中连续画图工具时，无法通过单击替换原子，只可通过双击在现有原子上新增一个与之相连接的原子。例如，在原子工具栏中选中 F，选中连续画图工具后双击 CH_4 的 C 原子，将使 C 原子上的一个 H 为 F 所取代，得到 $H_3C—F$（选中常用画图工具时，单击将把 C 原子替换为 F 原子）；再次双击，得到 F—F；继续双击，直至所有 H 原子均被取代，得到 F—F F F。

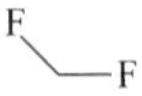

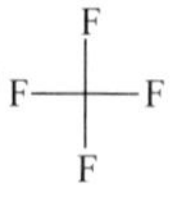

4.2.1.3 画分子链工具

使用画分子链工具（Draw Chains），当鼠标指针移动到画图区域时显示为。可以很容易地画出由同一原子组成的长链。在选中画分子链工具后，按下鼠标左键向某一方向拖动，随着鼠标的移动，会在指针旁出现表示链长的数字，如 CH_4 C 7 表示当前链长为7 个 C 原子。待达到所需链长后放开鼠标左键，即可得到所需的分子结构 H_3C CH_3。

4.2.1.4 两个原子间连接键的绘制

使用常用画图工具和连续画图工具都可以通过拖动的方法绘制连接两个原子的单键。例如在 H_3C CH_3 CH_3 1 CH_3 2 结构中，在 1 号 C 原子上按下鼠标左键并拖动到 2 号 C 原子，将得到如下结构的环状化合物：H_3C CH_3 1 2 。

4.2.1.5 使用其他原子画图或定制原子工具栏

在原子工具栏上列出了常用的原子如 C、H、N、O 等，可直接单击相应按钮，绘制含有该原子的结构。当所需的原子不在原子工具栏中时，可单击原子工具栏上端的“元素周期表”（Periodic Table of Elements）按钮打开元素周期表窗口（图 4-3）。在元素周期表窗口中单击所需的原子如 Fe，再单击“OK”按钮，即可将 Fe 原子添加到原子工具栏中。在原子工具栏上单击鼠标右键，在弹出菜单中可隐藏/显示原子工具栏中的相应原子。单击右键菜单中的 Reset Toolbar 命令可重置原子工具栏。

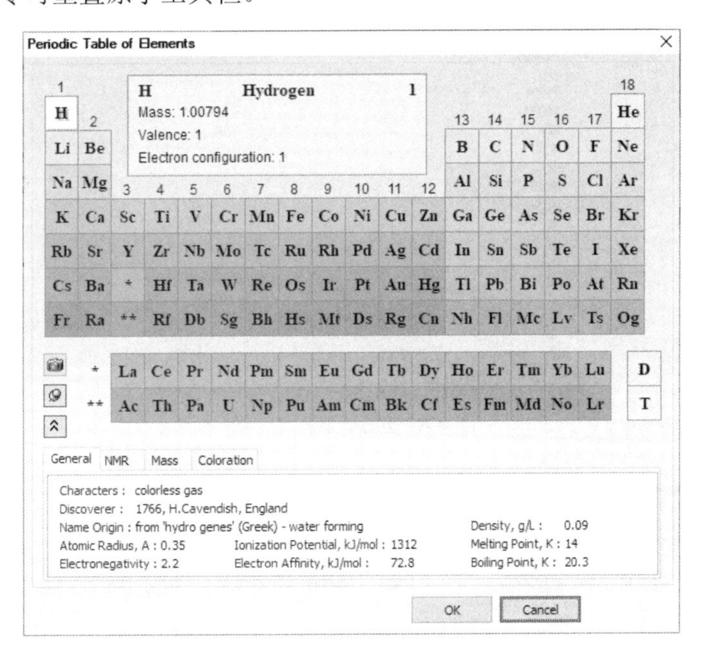

图 4-3 “元素周期表”窗口

4.2.1.6 绘制立体键、配位键和非定义化学键

除了常见的化学键外，ChemSketch 还在结构工具栏中提供各种化学键绘制工具。

（1）立体键工具用于绘制立体键，包括向上立体键（Up Stereo Bonds）和向下立体键（Down Stereo Bonds）。

（2）配位键（Coordinating Bonds）用于绘制各种配位键。使用鼠标单击按钮右下部的白色三角，可在弹出的工具栏中选择各种配位键的形式。

（3）未定义立体键（Undefined Stereo Bonds）用于绘制其他形式的立体键。与配位键相似，单击按钮右下部的白色三角，可在弹出的工具栏中选择多种立体键的形式，如。

上述功能键的使用方法相同，单击选中所需的功能键按钮，在已绘制好的化学结构的化学键上单击鼠标即可将原有键替换为所选形式的功能键。对于部分立体键或配位键，再次单击可切换其方向和形状。

4.2.1.7 编辑原子标签

使用“编辑原子标签”工具（Edit Atom Lable），可以输入基团的缩写形式。例如，首先绘制丙烷分子 H_3C CH_3，单击选按钮，再单击最右侧的C原子，在打开的“Edit Label”（图4-4）对话框中键入COOPh，单击“Insert”按钮，可得到 H_3C COOPh；如果在键入COOPh后，单击“Expand”按钮，ChemSketch将自动展开COOPh基团，得到 H_3C O O，相关操作参看码4-2。

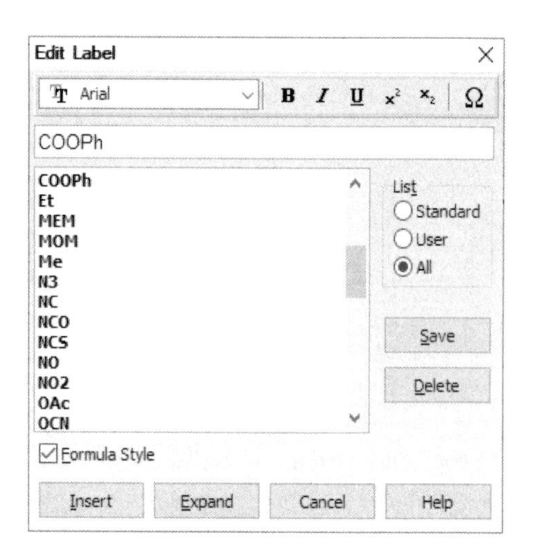

图4-4 Edit Label对话框

码4-2 ChemSketch中原子标签的编辑

4.2.1.8 删除原子与结构

可使用删除键工具（Delete）删除结构中多余的原子和化学键。也可首先选中欲删除的原子和化学键，使用或键盘上的“Del”键将其删除。如欲删除当前工作区域中的全部结构，可在“Edit”菜单中选择“全选”（Select All）命令选中当前工作区域中的全部结构，再选择“Edit\Delete”命令将其全部删除。

4.2.1.9 恢复与重做

可使用恢复键（Undo）恢复本次操作，同时激活重做键（Redo）。需要注意的是，ChemSketch最多支持50次恢复。因此，当绘制复杂的分子结构时，应养成及时保存文件的习惯。

4.2.1.10 整理（Clean）工具

整理工具（Clean）的作用是使所绘制结构的键长和角度平均化，令结构更美观，同时也使该结构更符合化学意义。例如，结构 CH_3 CH_3 H_3C ，在单击命令后，将变成 H_3C H_3C H_3C 。可单击 Options 菜单的 Preference 命令，在弹出对话框的 Clean 面板对 Clean 命令进行设置。

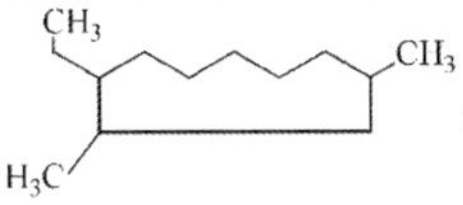

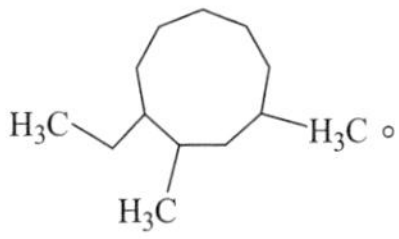

4.2.1.11 旋转和翻转工具

结构工具栏还提供了众多旋转和翻转工具，如表 4-1 所列。以翻转结构为例，操作方法为：首先使用选择工具选中欲翻转的结构 H_3C ，然后单击结构工具栏中的左右翻转工具，即可实现结构的左右翻转 CH_3 。

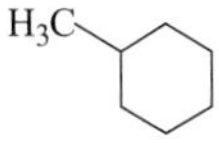

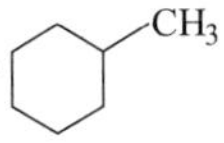

表 4-1 ChemSketch 的旋转和翻转工具

按钮	功能	示例
	改变位置（Change Position）	CH_4 → H_4C
	将键设为水平（Set Bond Horizontally）	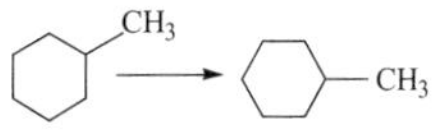 CH_3 → CH_3
	将键设为垂直（Set Bond Vertically）	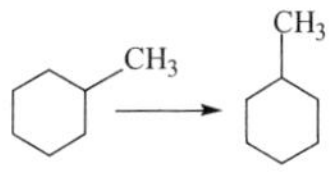 CH_3 → CH_3
	根据键翻转（Flip on Bond）	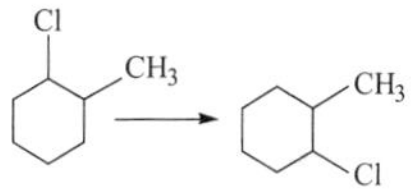 Cl CH_3 → CH_3 Cl
	上下翻转（Flip Top to Bottom）	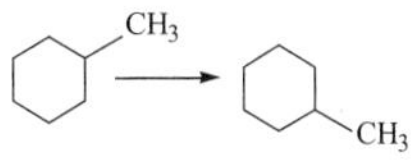 CH_3 → CH_3
	左右翻转（Flip Left to Right）	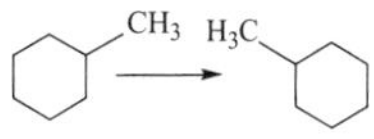 CH_3 → H_3C

需要注意的是，对于具有对映异构现象的化合物来说，在使用翻转功能时可能会改变分子的立体结构。例如 CH_3 HOOC H Cl 在左右翻转后将得到其对映异构体 CH_3 H Cl COOH 。为了防止翻转时分子构型的改变，应使用菜单命令“Options\Preferences”打开 ChemSketch 的设置对话框，在“Structure”选项卡选中“Keep Stereo Configuration on:”后的 Flips 选项（图 4-5）。此时翻转后的分子将保持构型不变。如。

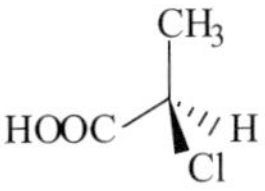

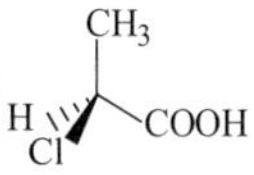

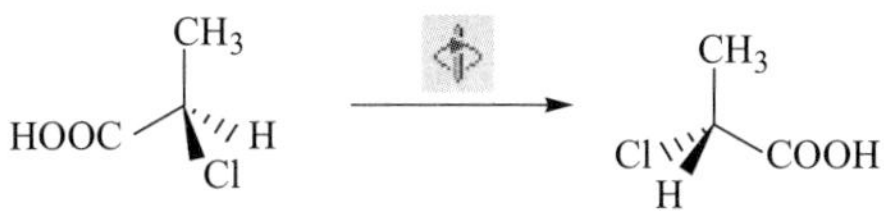

CH_3 HOOC H Cl → CH_3 Cl H COOH

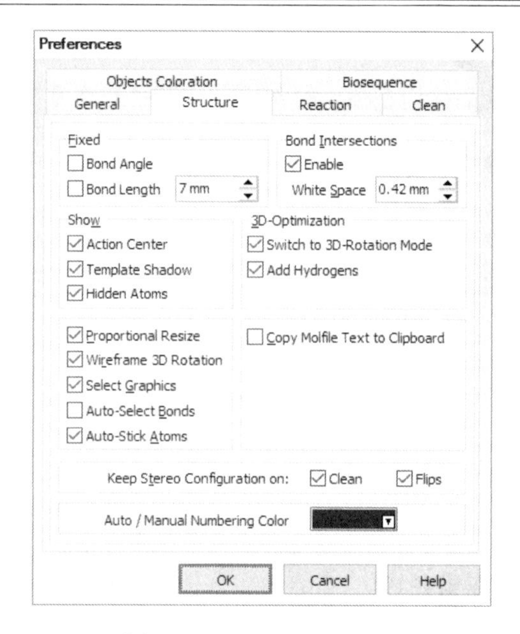

图 4-5 “Structure”选项卡

4.2.1.12 结构的选择、移动和旋转

选择原子、化学键和图形时，可采用套索选择（Lasso Selector）和矩形选择（Rectangle Selector）两种方式。ChemSketch 的默认选项为矩形选择，单击该按钮可在两种选择方式中切换。此外，还可使用选择/移动（Select/Move）工具、选择/旋转/调整大小（Select/Rotate/Resize）工具和 3D 旋转（3D Rotation）工具对结构进行移动、旋转等多种编辑。

4.2.1.13 图形的保存与输出

ACD/ChemSketch 的默认文件保存格式为 ChemSketch 2.0 Document（*.sk2）。此外，ChemSketch 还可用多种格式保存所绘制的图形，如 ISIS/ Sketch（*.skc），ChemDraw（*.cdx），Adobe Acrobat （*.pdf），Windows Bitmaps（*.bmp，*dib），Windows Metafiles（*.wmf）等。只需使用菜单命令“File\Save”或“File\Save As…”即可保存当前文件。也可使用常用工具栏上的 Save 命令按钮。此外，还可以使用“Edit”菜单中的“Copy”或“Cut”命令，通过剪贴板将所绘结构与图形粘贴到 Word、PowerPoint 等应用软件中。

下面，通过一个实例来说明如何利用 ChemSketch 绘制分子结构。

【例 4-2】 画出下列结构的化合物，相关操作参看码 4-3。

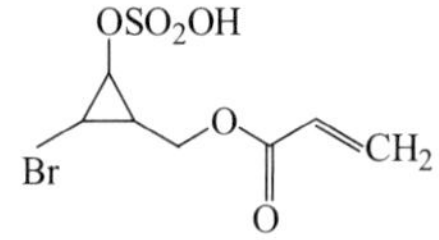

码 4-3 复杂化合物的绘制

（1）单击画分子链工具，向右拖动鼠标，画出 H_3C～～～CH_3。

（2）选择标准画图工具，在最左侧的单键上单击画出双键，得到 H_2C～～～CH_3。

（3）选择标准画图工具，单击 3 位 C 增加一个甲基，单击新绘制的 C–C 单键使其变为双键，得到 H_2C CH_2 CH_3。

（4）在左侧原子工具栏中选择 O 原子，使用标准画图工具单击替换相应的 C 原子，得到。

（5）在左侧原子功能栏中选择 C，使用标准画图工具，从右边第二个 C 原子向左拖动到相邻的 C 原子上画出三元环，单击三元环顶端的碳原子为其增加一个甲基，得到。

（6）在左侧原子功能栏中选择 Br，使用标准画图工具单击替换第 5 步新增的 C 原子，得到。

（7）使用原子标签编辑工具，单击最右侧的碳原子并输入“OSO2OH”，单击“Insert”按钮，得到。

（8）选中绘制的分子结构，单击整理工具，得到。

（9）选中所绘结构，然后单击选择/旋转/调整工具，旋转结构至所需角度，即可得到目标结构。

4.2.2 复杂分子结构的绘制

利用 ChemSketch 提供的化学基团表和模板工具，可以很方便地绘制多种复杂的分子结构和各种反应式。

4.2.2.1 使用化学基团表

在结构模式下单击窗口右侧化学基团工具栏顶部的“Table of Radicals”按钮可打开如图 4-6 所示的化学基团表。ChemSketch 在化学基团表中提供了预先画好的碳链、氨基酸、核苷酸等常见基团的结构，用户可利用这些基团快速绘制复杂的化学结构。

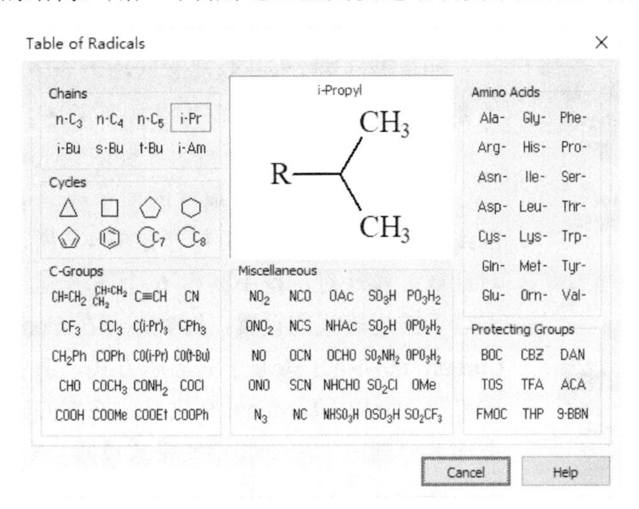

图 4-6 化学基团表

码 4-4 利用化学基团表绘制图形

【例 4-3】 利用化学基团表画出一个氨基保护的赖氨酸结构，相关操作参看码 4-4。

（1）在化学基团表中氨基酸（Amino Acids）区域选择 Lys- ，在工作区域的空白位置单击，即可得到赖氨酸。

（2）在化学基团表中保护基团（Protecting Groups）区域选择 TFA ，单击右侧氨基的 N 原子，可得到目标化合物。

在基团表中选中化学基团后，ChemSketch 将在化学基团工具栏中自动添加该基团。可使用右键菜单设置隐藏/显示所需的基团，或使用右键菜单命令“Reset Toolbar”恢复默认设置。

4.2.2.2 环结构的绘制

下面以几个化合物为例来说明环结构的绘制。

码 4-5 环结构的绘制

【例 4-4】 画出联苯和 2-萘甲酸，相关操作参看码 4-5。

（1）在化学基团工具栏或化学基团表中选择 benzene ，在工作区域空白处单击绘制苯环。

（2）将鼠标指针移到苯环中的某一 C 原子上，ChemSketch 将显示出联苯的结构，单击即可得到；选择设定水平键，单击联苯中间的单键，得到；如果将鼠标指针移动到苯环的某一个键上并单击，则可得到萘的结构。

（3）在化学基团工具栏或化学基团表中选择 COOH 按钮 COOH ，单击萘环的 2-位 C 原子，即可得到。

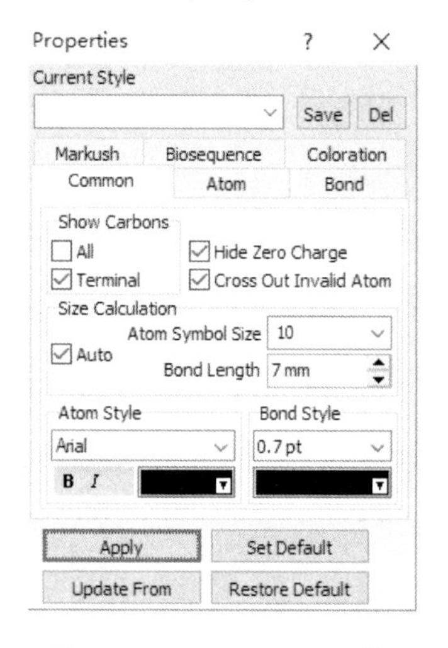

图 4-7 “Properties”对话框

4.2.2.3 改变结构的显示属性

如果要改变 ChemSketch 结构中原子、化学键的显示格式，需要对其属性进行编辑，方法如下所述。

（1）单击选择/移动按钮（Select/Move）。

（2）双击需要改变属性的原子或分子/分子片段（选中全部或部分分子后双击）可打开如图 4-7 所示的属性（Properties）对话框；属性对话框中共有 6 个选项卡。其中 Common 选项卡用于常规格式的设置，例如，可在 Common 选项卡的 Show Carbon 选项指定碳原子的显示方式，选中“All”将显示全部碳原子，而选中 Terminal 则仅显示终端的碳原子；Atom 和 Bond 选项卡分别用于原子和键的格式设置；其余几个选项卡则用于阴影等特殊格式的设置。

（3）单击 Atom 打开原子选项卡，可改变原子的显示样式。

方法为，首先使用窗口下部的工具栏C H n q V I N A选中所需改变的选项，再设定其字体、字号，单击“Apply”按钮即可。工具栏中的按钮解释如下：

C——原子符号（atom symbol）；

H——伴随的氢原子（attendant hydrogens）；

n——伴随的氢原子数（index of the attendant hydrogens）；

q——电荷（charge）；

V——化合价（valence）；

I——同位素质量（isotopic mass）；

N——分子中的原子编号（numbering of atom in the overall molecule）；

A——增强的立体化学属性（enhanced stereochemistry attributes）。

可采用类似的方法在 Bond 选项卡中对单键、双键、三键的键长、粗细等格式进行设置。

值得一提的是窗口上部的 Current Style（当前样式）选择框，单击右侧的下拉箭头可以打开系统提供的分子式样式，如图 4-8 所示。很多科技期刊对稿件中的分子式格式，如键长、字体大小等有统一的规定。例如，我们要给美国化学会（The American Chemical Society, ACS）下属的期刊投稿，可直接在下拉菜单中选中“ACS style”，Chemsketch 软件会自动把分子式的样式改为 ACS 要求的格式。选择框右侧的“Save”和“Del”按钮可保存和删除样式。

4.2.2.4 3D 结构的绘制

可使用结构工具栏上的 3D 优化按钮和 3D 旋转按钮绘制各种形式的三维结构。

码 4-6 3D 结构的绘制

【例 4-5】 创建双[2，2，2]环己烷结构，相关操作参看码 4-6。

（1）新建 ChemSketch 文件，应用菜单命令“Options\Preferences”打开“Preferences”对话框，在 Structure 选项卡中的 3D-Optimization 选项下，清除“Add Hydrogens”前的选择框，如图 4-9 所示。单击“OK”按钮关闭“Preferences”对话框。清除“Add Hydrogens”选项的目的是避免 3D 优化时在结构中加上 H 原子。

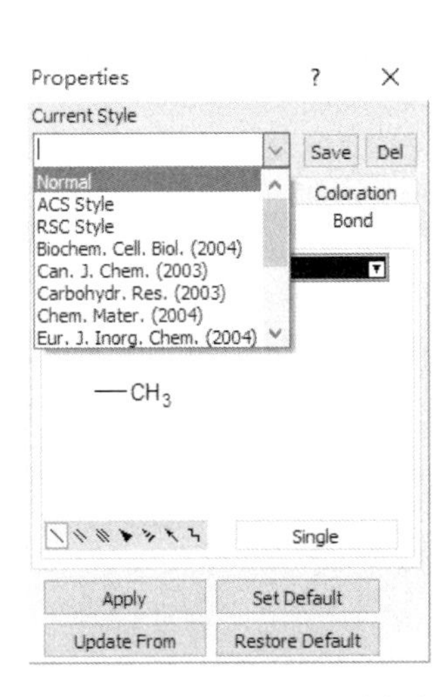

图 4-8 “Current Style”选择框

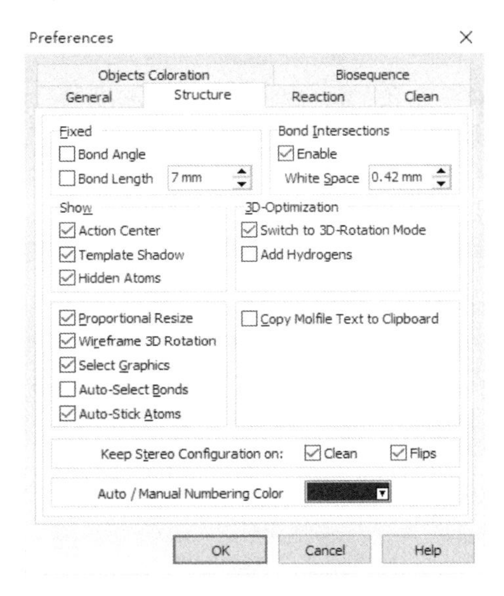

图 4-9 “Preferences”对话框

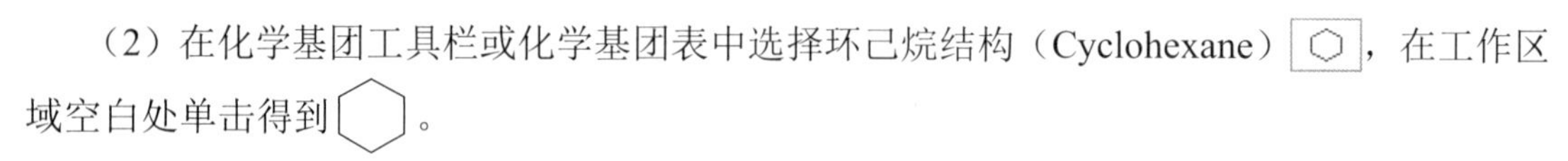

（2）在化学基团工具栏或化学基团表中选择环己烷结构（Cyclohexane），在工作区域空白处单击得到。

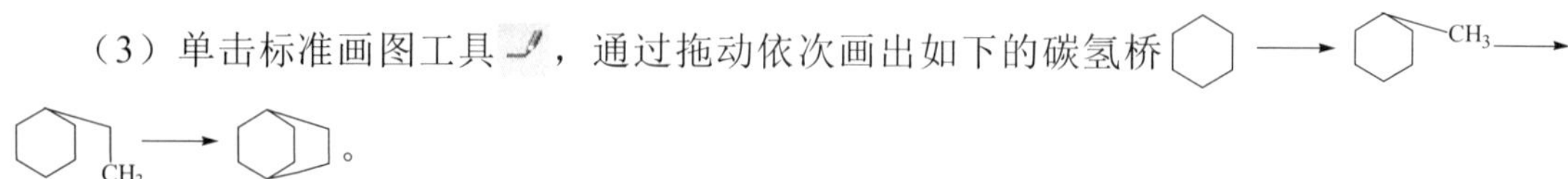

（3）单击标准画图工具，通过拖动依次画出如下的碳氢桥 → → → 。

（4）单击结构工具栏上的3D优化（3D optimization）按钮，得到优化后的3D模型。

（5）单击3D旋转按钮，将鼠标移动到结构式的任何原子或者化学键上，拖动鼠标旋转直至得到如下结构。

4.2.3 化学反应式的绘制

绘制化学反应式是ChemSketch的一项重要功能，以下通过一个反应式实例来说明。

【例4-6】 画出反应式：—MgCl + 环氧乙烷 $\xrightarrow{\text{无水乙醚}}$ —CH_2CH_2OMgCl，相关操作参看码4-7。

码4-7 化学反应式的绘制

（1）在参考工具栏或化学基团表中选择benzene，在工作区域空白处单击，得到。

（2）单击设定水平按钮，将任一倾斜双键设为水平，得到；使用标准画图工具和编辑原子标签的方法，画出—MgCl。

（3）在稍右侧的位置画出环氧乙烷；将—MgCl复制到右侧，采用“编辑原子标签”工具在MgCl前插入CH_2CH_2O，得到下图：

—MgCl　　　—CH_2CH_2OMgCl

（4）从结构工具栏中，选择Reaction Plus按钮，在两个反应物结构之间的空白处单击，绘制“+”号；单击反应箭头按钮（Reaction Arrow），在反应物和生成物之间单击并拖动鼠标，得到箭头：

—MgCl + → —CH_2CH_2OMgCl

根据需要，可使用编辑工具栏中的按钮缩放、旋转图形。

如果需要其他形状的箭头，可单击 Reaction Arrow 按钮右下部的白色三角，在弹出的工具栏中进行选择。可使用选择/移动按钮Select/Move tool移动“+”号或者箭头的位置。

（5）单击反应箭头标签（Reaction Arrow Labeling）按钮，在弹出窗口中输入箭头上方和下方的文字，完成绘图：

—MgCl + $\xrightarrow{\text{无水乙醚}}$ —CH_2CH_2OMgCl

4.3 图形的绘制

ChemSketch 的绘图模式用于各种图形的绘制，以下以真空蒸馏装置图的绘制为例来简要介绍。

【例 4-7】 绘制出如图 4-10（g）所示的真空蒸馏装置图，相关操作参看码 4-8。

码 4-8 真空蒸馏装置图的绘制

（1）选定绘图模式并使用通用工具栏中的缩放（Zoom）下拉列表 160.5% 将显示比例调整为 50%。

（2）单击通用工具栏中的打开模板窗口按钮（Open Template Window）打开如图 4-11 所示的模板窗口。单击窗口左侧列表中“Lab Kit”标签选定实验室用品模板，在右侧窗口中显示出属于该模板的标准图形，共有 7 页。可使用模板窗口顶部工具条中的下拉菜单 1(7) Basic Kit 或前后翻页按钮浏览存储于不同页中的标准图形。使用模板中的标准图形绘图时只需用鼠标单击选中所需的图形，再在绘图区域中相应位置单击即可完成绘制。根据需要，可使用编辑工具栏中的按钮缩放、旋转和移动图形。

（3）按照图 4-10 所示（a）~（g）的步骤依次绘制真空蒸馏装置。

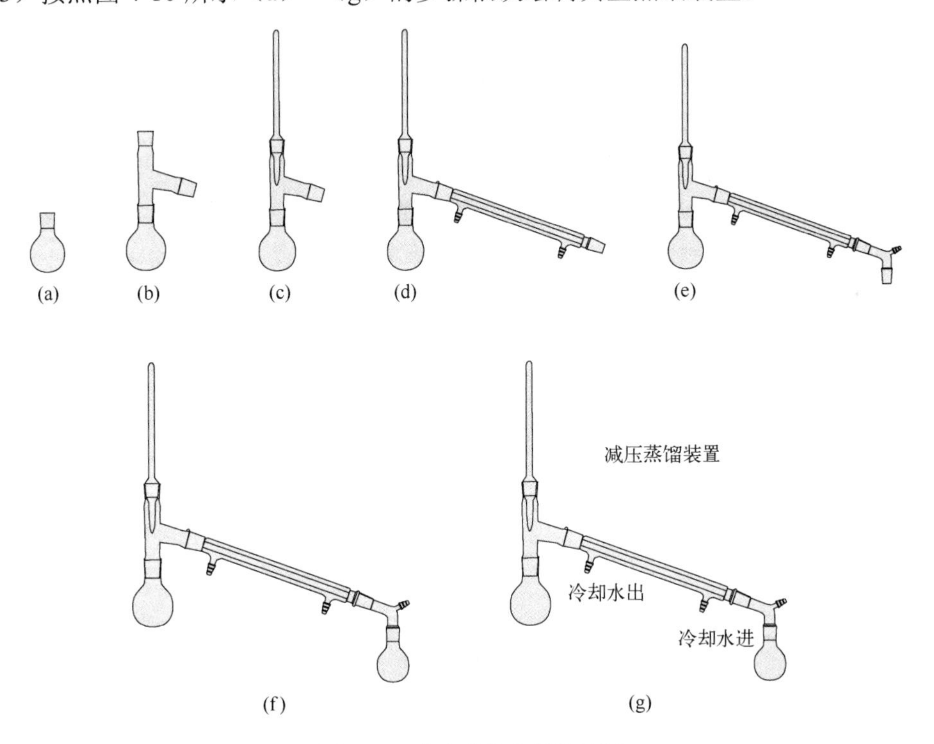

图 4-10 真空蒸馏装置的绘制

（4）在图形上添加注释。使用画图工具栏上的文本工具按钮和注释工具按钮添加注释。单击注释工具按钮右下部的白色三角可在弹出工具栏中选择注释框的形状。

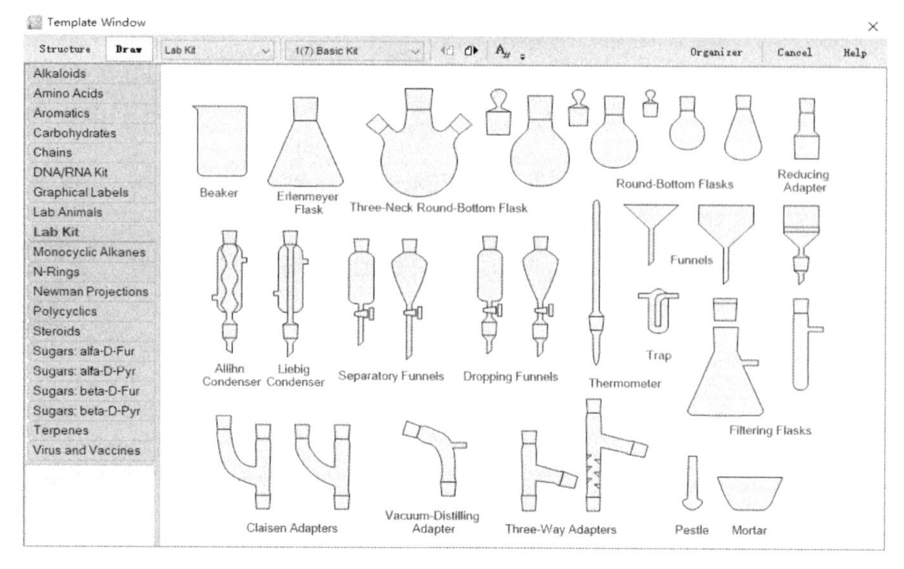

图 4-11　模板窗口

4.4　使用 ChemSketch 预测化合物的宏观性质

除了绘图外，ACD/ChemSketch 软件还提供了根据化合物结构预测其宏观性质（如分子量、百分组成、摩尔体积、等张比容、折射率、表面张力、密度等）的功能。可按照以下步骤计算。

（1）在结构模式下画出化合物的分子结构，例如 O OH。

（2）使用菜单命令“Tools\Calculate”，在弹出菜单（图 4-12）中选择所需预测的性质；也可选择 All Properties 预测所有性质。ChemSketch 将在计算结果（Calculation Result）对话框中显示预测结果，如图 4-13 所示。可使用“复制到编辑器”（Copy to Editor）按钮将结果粘贴到 ChemSketch 的工作区域。

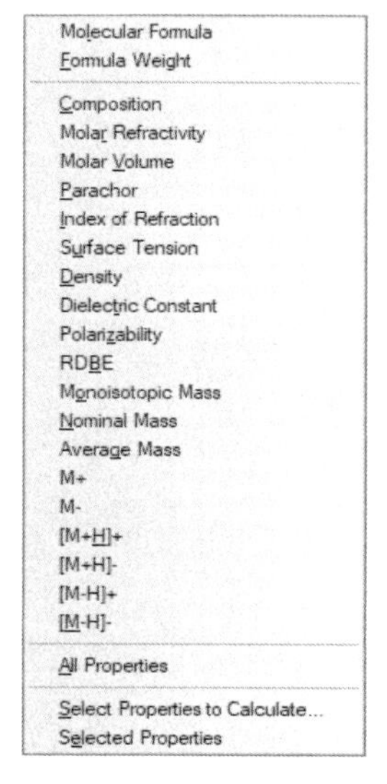

图 4-12　Tools\Calculate 弹出菜单

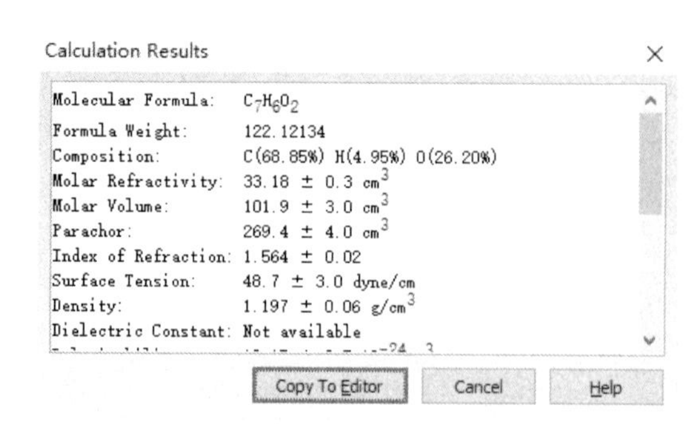

图 4-13　计算结果对话框

（3）也可以直接在窗口底部的状态栏中显示宏观性质的预测结果。方法是在结构模式下单击窗口右下角的性质（Properties）按钮，在弹出菜单中选择相应的性质即可，如图4-14所示，在窗口底部状态栏中显示了分子量和密度的预测结果。FW为分子量，d^{20}为密度。

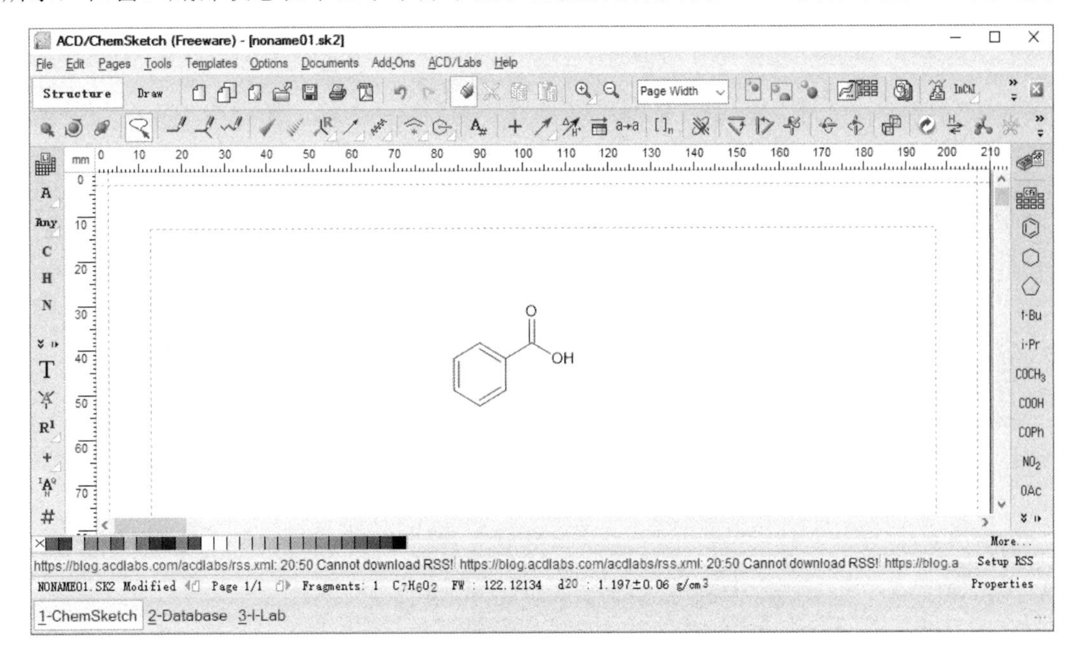

图4-14 在状态栏中显示性质预测结果

4.5 国产化学结构绘制软件

4.5.1 InDraw

InDraw(Integle chemical draw)是由上海鹰谷信息科技有限公司开发的智能化学结构绘制软件，可应用于有机化合物、有机材料、有机金属、聚合材料、医药和生物等领域的结构绘制。InDraw实现了IUPAC中文命名功能，可直接基于化学结构给出英文和中文的名称。其特色为人工智能图像识别技术，可以把图片格式的化学结构识别为可以重新编辑的结构。官网网址为：http://www.integle.com/static/indraw。

4.5.2 KingDraw

KingDraw化学结构式编辑器软件由青岛清原精准农业科技有限公司开发研制。具有手势绘制、结构式美化、3D分子模型转换、化合物命名、IUPAC名称转结构式、结构式搜索、化学属性分析等功能，并且内置多种化学绘图元素和基团，方便用户绘制结构式。官网网址为：http://www.kingdraw.com/。

习题

1. 画出下列结构的化合物。

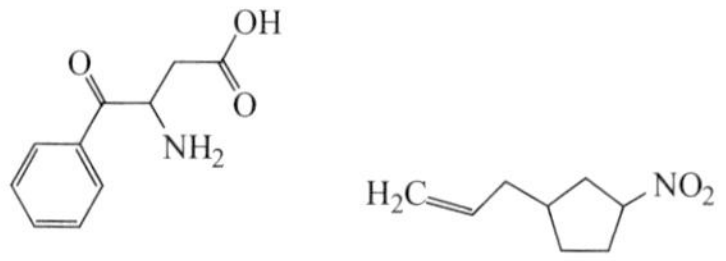

2. 画出下列结构的化合物，并估算其分子量、沸点、密度数据并与文献值对比。

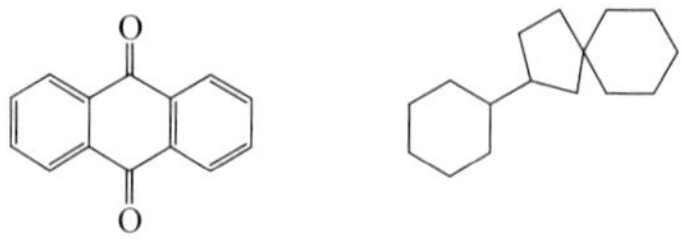

3. 画出如下反应式：

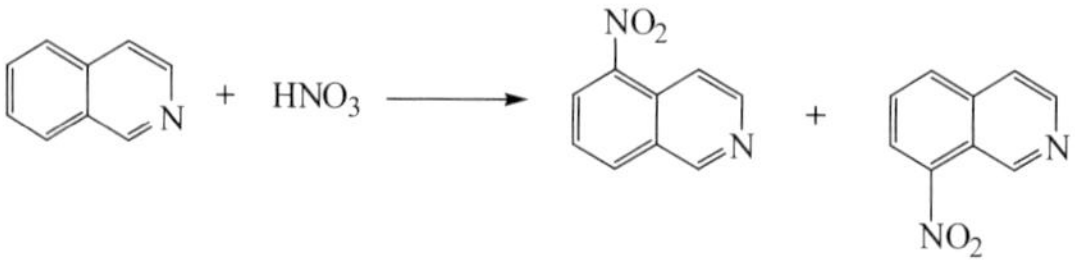

4. 画出如下图所示的反应装置图。

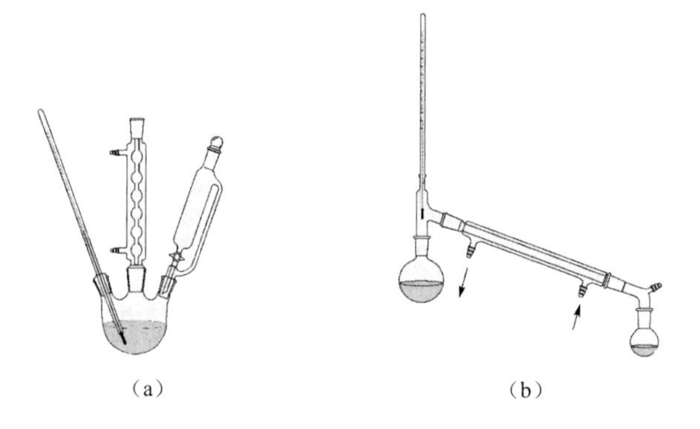

（a）　　　　（b）

5 实验数据图形化与分析

图形化是显示和分析复杂实验数据的重要工具，熟练掌握计算机图表制作和数据分析方法已成为科学研究人员和工程技术人员所必备的基本科学素养。目前常用的科技绘图及数据处理软件有Excel、Origin、SigmaPlot等。Origin因其功能强大、简单易学且兼容性好，成为科技工作者制作图表及分析数据的首选工具。Origin是由OriginLab公司（https://www.originlab.com/）开发的科学绘图及数据分析软件，分为标准版本（Origin）和专业版本（OriginPro），最新版本为OriginPro 2023。后者比前者增加了曲面拟合、短时傅里叶变换等高级统计功能。本章以OriginPro 2018 64-bit（Version 9.5）为例进行介绍。

5.1 Origin 基础知识

5.1.1 Origin 主界面

Origin 的主界面如图5-1所示。窗口上方依次为标题栏（Titlebar）、菜单栏（Menubar）

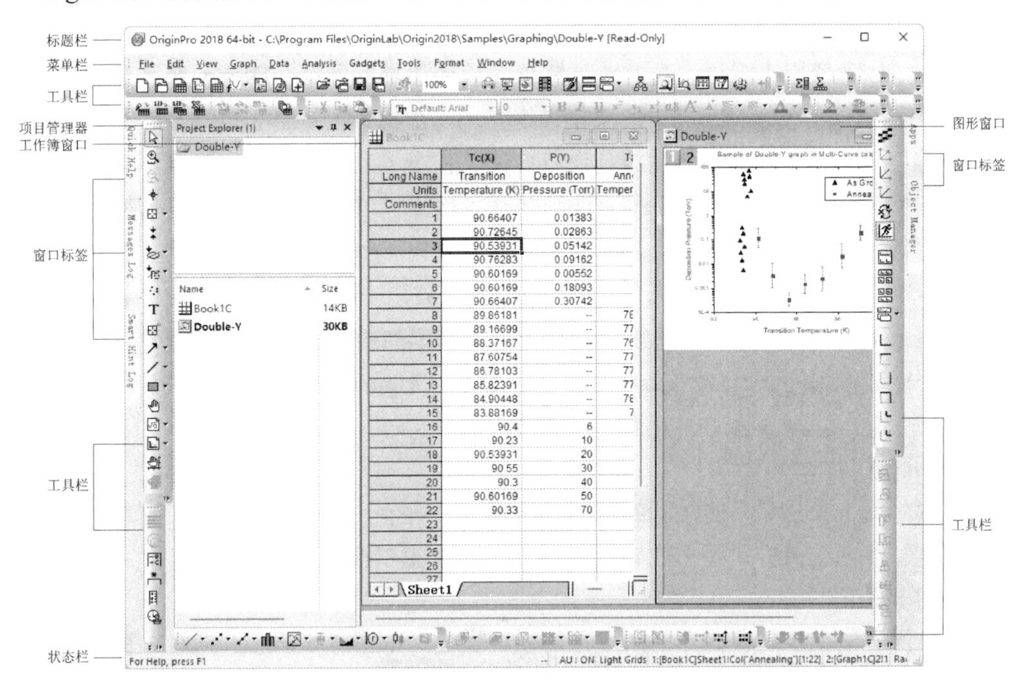

图 5-1　Origin 主界面

和两行工具栏（Toolbar）。窗口左右两侧为窗口标签（Label）和工具栏，将鼠标指针移动至任一标签上可预览窗口，单击标签可打开对应窗口进行相关操作；窗口中央的工作区是最常用的操作区域。图 5-1 中打开的窗口有：项目管理器（Project Explorer）、工作簿窗口和图形窗口；窗口左右两侧和底部各有一列/行工具栏，最底部为状态栏（Statusbar）。

5.1.2 Origin 项目文件

Origin 使用工作簿（WorkBook）、图形（Graph）和矩阵（Matrix）等子窗口存放不同的对象（数据、图形、矩阵等），并把这些子窗口集中在一个 Origin 项目文件中保存。Origin 2018 项目文件默认扩展名为*.opju（早期版本为*.opj）。在一个项目文件中，可以建立多个子文件夹，以便对数据、图形等子窗口进行分类存放。子文件夹和子窗口的创建、移动、改名和删除等操作可使用项目管理器（Project Explorer）的右键快捷菜单完成，如图 5-2 所示。应注意，Origin 项目中文件名不区分大小写，在同一项目文件中，子窗口即使处于不同的子文件夹或其所属类型不同也不允许重名。

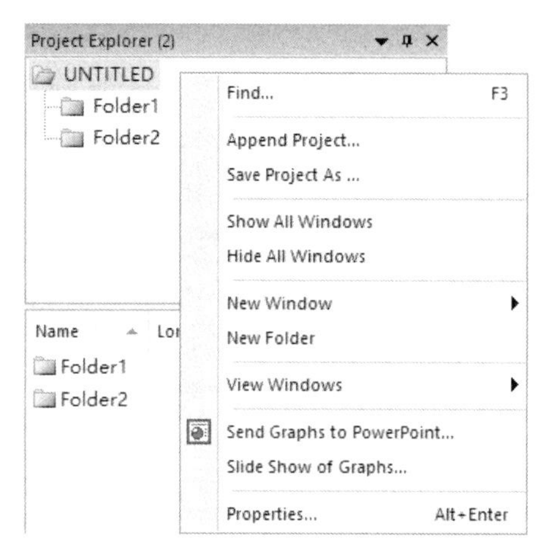

图 5-2 项目管理器（Project Explorer）

5.1.3 Origin 常用子窗口

5.1.3.1 工作簿（Work Book）

Origin 用工作簿（Work Book）来组织数据，一个工作簿中可以包含多个工作表，与 Excel 类似。工作簿的创建可使用工具栏的“New WorkBook”按钮完成。在位于工作簿窗口底部的工作表标签上右击可打开快捷菜单，进行工作表的添加、复制、移动、改名和删除等操作，如图 5-3 所示。

Origin 工作表使用不同行、列的单元格保存绘图所需的数据。Origin 最常见的用途是对每列的数据作图，对列（Column）的操作最为常用。数据列的添加、设置、删除等操作可通过“Column”下拉菜单中的命令完成，也可使用工作表的右键快捷菜单实现。双击每列顶部的列标签可打开列属性（Column Properties）设置对话框，如图 5-4 所示。在列属性对话框中可设置列的名称、宽度、数据格式、注释等。其中的 Plot Designation 选项用于设定在作图时该列的坐标属性，常用的选项有 X、Y、Z 轴数据（X, Y, Z）、标签列（Label）、误差列（X Error, Y Error）等。在做二维图形时，通常将保存横坐标数据列的 Plot Designation 选项设为 X，而将保存纵坐标数据列的 Plot Designation 选项设为 Y。Origin 表中 Y 列缺省与其左侧最为邻近的一个 X 列关联，同一工作表中可以有多个 X 列。

5.1.3.2 图形窗口

图形窗口用于显示和存储绘制的图形，如图 5-5 所示。图形窗口包含了图层、坐标轴、图形化数据、注释等内容，图形的定制和操作均在该窗口内完成。

5.1.3.3 矩阵窗口

与工作簿不同，矩阵窗口专门用于存储矩阵数据，如图 5-6 所示。通过该窗口可以方便地进行矩阵运算，也可以利用该窗口的数据绘制三维图形。

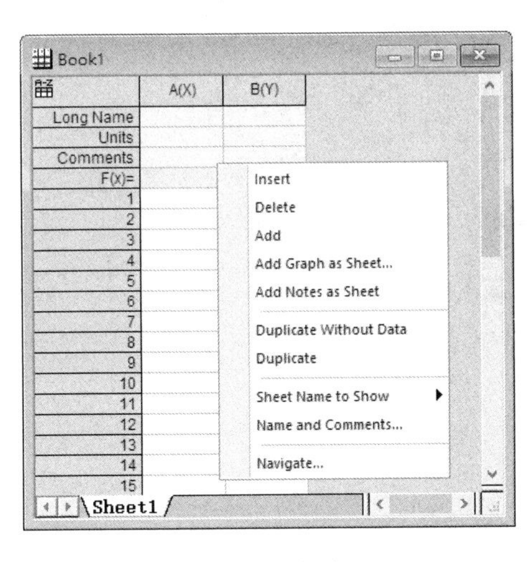

图 5-3 工作簿窗口

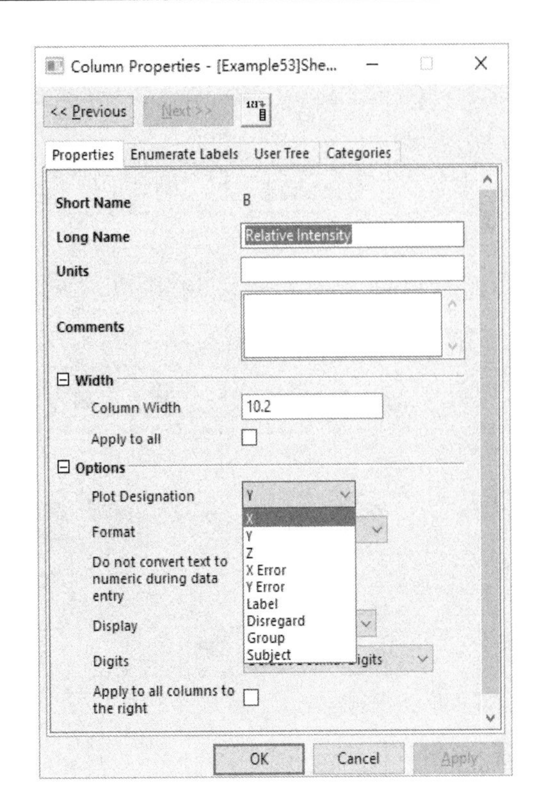

图 5-4 列属性对话框（Column Properties）

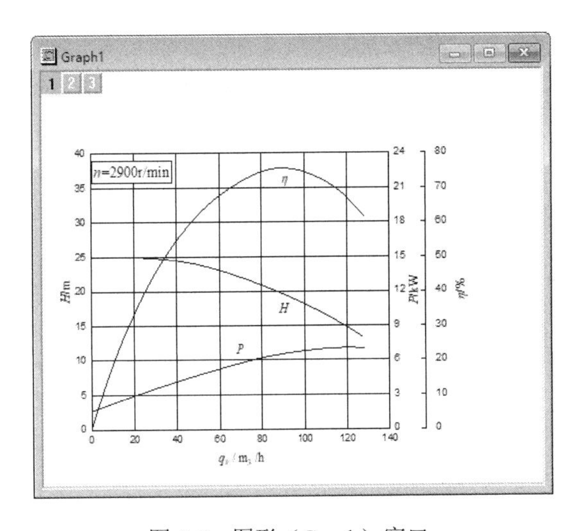

图 5-5 图形（Graph）窗口

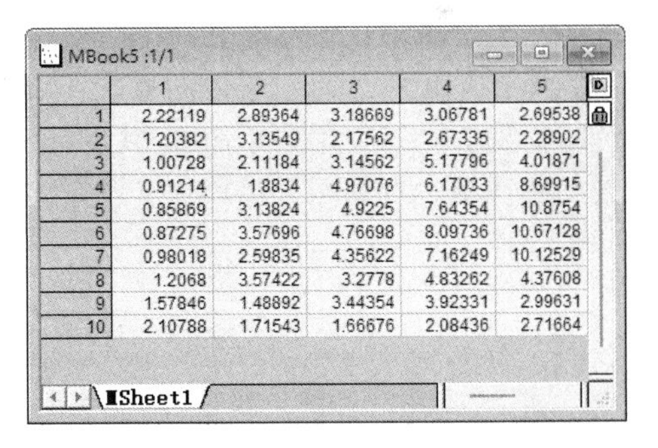

	1	2	3	4	5
1	2.22119	2.89364	3.18669	3.06781	2.69538
2	1.20382	3.13549	2.17562	2.67335	2.28902
3	1.00728	2.11184	3.14562	5.17796	4.01871
4	0.91214	1.8834	4.97076	6.17033	8.69915
5	0.85869	3.13824	4.9225	7.64354	10.8754
6	0.87275	3.57696	4.76698	8.09736	10.67128
7	0.98018	2.59835	4.35622	7.16249	10.12529
8	1.2068	3.57422	3.2778	4.83262	4.37608
9	1.57846	1.48892	3.44354	3.92331	2.99631
10	2.10788	1.71543	1.66676	2.08436	2.71664

图 5-6 矩阵（Matrix）窗口

5.1.3.4 Plot 菜单

单击菜单栏上的 Plot 命令可弹出如图 5-7 所示的 Plot 菜单，可选择的命令分为 2D、3D、模板（Templates）以及最近使用的命令（Recently Used）4 组，单击所需的图标即可进行画图。对于右下角有下箭头的图标，当鼠标移动到其上方时会展开二级菜单。例如，将鼠标移动到 3D 命令组的图标上，弹出的二级菜单如图 5-7 所示。

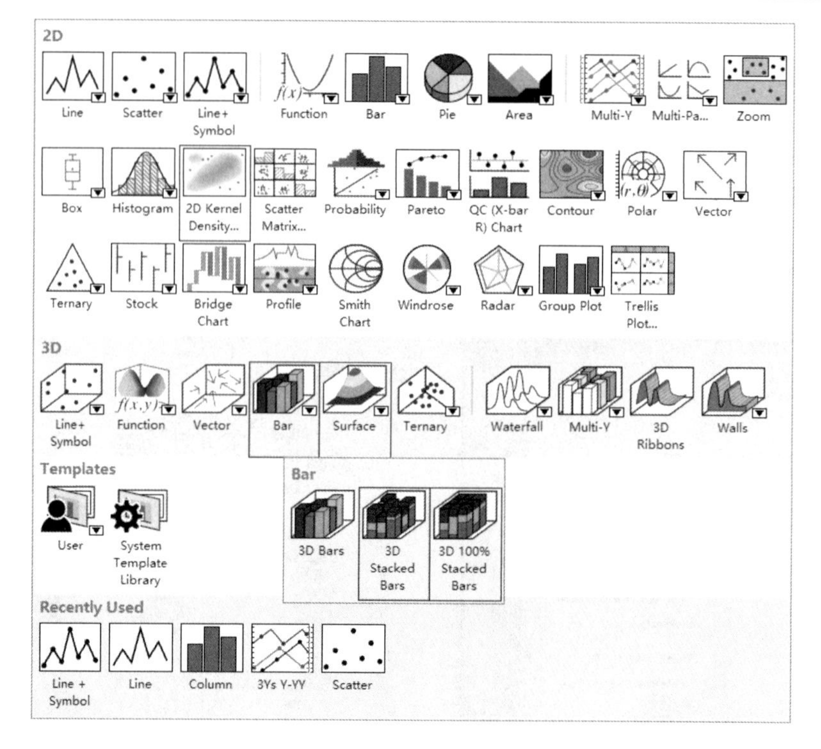

图 5-7　Plot 菜单

5.2　数据录入

在 Origin 中，常用的数据录入方法有手工输入、通过剪贴板传送和由数据文件导入 3 种。

5.2.1　手工输入

当所需数据较少时，可以通过手工逐行逐列输入。如果需要输入的数据可以通过数学公式计算得到，可以使用菜单命令“Columns\Set Column Values…”打开“Set Values”对话框输入公式计算该列数据，如图 5-8 所示。

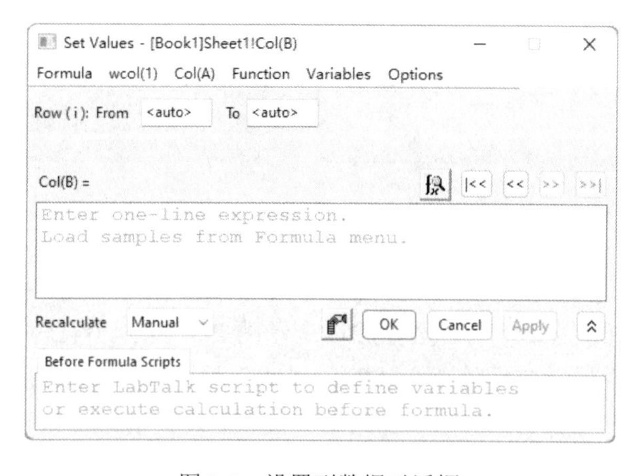

图 5-8　设置列数据对话框

5.2.2 通过剪贴板传送

利用“Edit”下拉菜单中“Cut”“Copy”“Paste”命令，可通过 Windows 剪贴板把其他应用软件（如 Excel）或其他 Origin 项目文件中的数据传送到当前工作表，也可由 Origin 工作表向其他应用软件传送数据。

5.2.3 由数据文件导入

Origin 提供了丰富的接口资源，可以从 ASCII、CSV、XLS 等众多格式的数据源导入数据。这一功能对化学化工专业应用非常重要，因为目前大多数现代仪器（如 FT-IR、NMR、XRD 等）的操控软件均可将分析检测结果转存为 Origin 可识别的 ASCII 格式数据文件。在“File\Import”菜单的子菜单下提供了常见的数十种格式数据文件的导入功能。在 Origin 顶部 Import 工具栏中提供了 4 个最常用的数据导入命令，依次为数据导入向导、导入单个 ASCII 文件、导入多个 ASCII 文件和导入 Excel 文件。

码 5-1 Origin 的数据导入

【例 5-1】 导入 Origin 安装目录下“Samples\Import and Export”文件夹下的 F1.dat, F2.dat 和 F3.dat 文件。相关操作参看码 5-1。

（1）单击通用工具栏上的“Import Multiple ASCII”按钮，或使用“File\Import\ Multiple ASCII...”菜单命令，打开导入多个 ASCII 数据文件对话框，如图 5-9 所示。

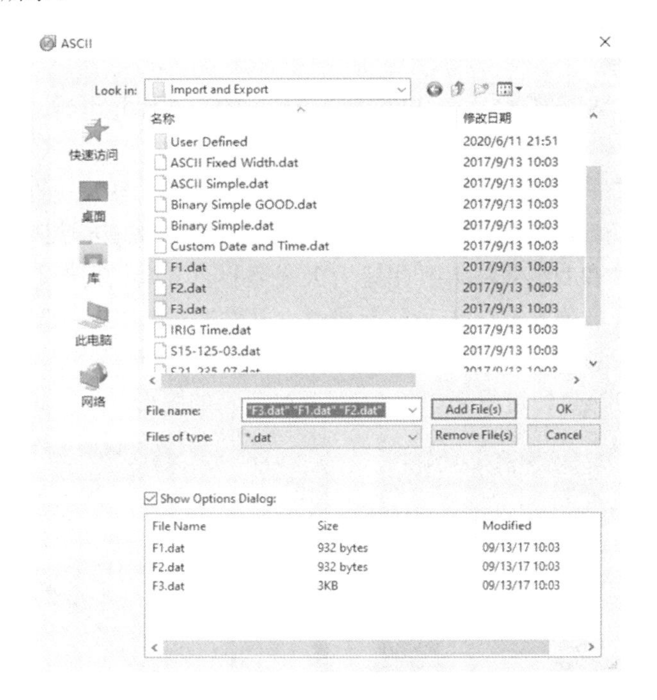

图 5-9 导入多个 ASCII 文件的对话框

（2）找到 Origin 安装目录下的“Samples\Import and Export”文件夹，选中要导入的数据文件 F1.dat、F2.dat 和 F3.dat、单击“Add File(s)”按钮 Add File(s) 将选定的文件添加到底部列表框（反之，可在列表框中选中不希望导入的文件并单击“Remove File(s)”按钮 Remove File(s) 将其移除），单击“OK”按钮即可完成导入。Origin 为每个导入的文件建立一个对应的工作簿（Workbook），结果如图 5-10 所示。

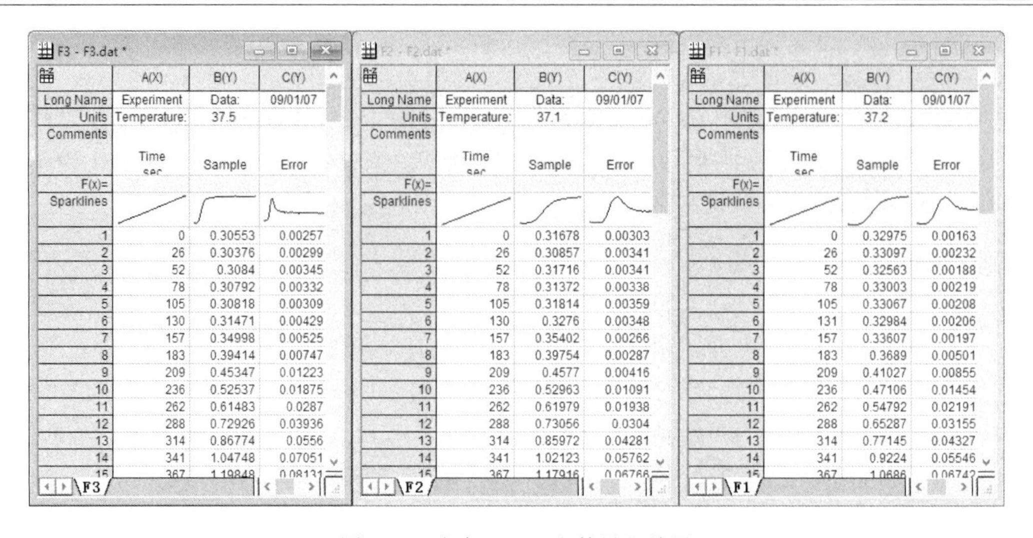

F3 - F3.dat *

	A(X)	B(Y)	C(Y)
Long Name	Experiment	Data:	09/01/07
Units	Temperature:	37.5	
Comments	Time sec	Sample	Error
F(x)=			
Sparklines			
1	0	0.30553	0.00257
2	26	0.30376	0.00299
3	52	0.3084	0.00345
4	78	0.30792	0.00332
5	105	0.30818	0.00309
6	130	0.31471	0.00429
7	157	0.34998	0.00525
8	183	0.39414	0.00747
9	209	0.45347	0.01223
10	236	0.52537	0.01875
11	262	0.61483	0.0287
12	288	0.72926	0.03936
13	314	0.86774	0.0556
14	341	1.04748	0.07051
15	367	1.19848	0.08131

F2 - F2.dat *

	A(X)	B(Y)	C(Y)
Long Name	Experiment	Data:	09/01/07
Units	Temperature:	37.1	
Comments	Time sec	Sample	Error
F(x)=			
Sparklines			
1	0	0.31678	0.00303
2	26	0.30857	0.00341
3	52	0.31716	0.00341
4	78	0.31372	0.00338
5	105	0.31814	0.00359
6	130	0.3276	0.00348
7	157	0.35402	0.00266
8	183	0.39754	0.00287
9	209	0.4577	0.00416
10	236	0.52963	0.01091
11	262	0.61979	0.01938
12	288	0.73056	0.0304
13	314	0.85972	0.04281
14	341	1.02123	0.05762
15	367	1.17916	0.06766

F1 - F1.dat *

	A(X)	B(Y)	C(Y)
Long Name	Experiment	Data:	09/01/07
Units	Temperature:	37.2	
Comments	Time sec	Sample	Error
F(x)=			
Sparklines			
1	0	0.32975	0.00163
2	26	0.33097	0.00232
3	52	0.32563	0.00188
4	78	0.33003	0.00219
5	105	0.33067	0.00208
6	131	0.32984	0.00206
7	157	0.33607	0.00197
8	183	0.3689	0.00501
9	209	0.41027	0.00855
10	236	0.47106	0.01454
11	262	0.54792	0.02191
12	288	0.65287	0.03155
13	314	0.77145	0.04327
14	341	0.9224	0.05546
15	367	1.0686	0.06742

图 5-10　多个 ASCII 文件导入结果

5.3　绘图

5.3.1　单层二维图形

5.3.1.1　绘制二维图形

【例 5-2】 导入“Samples\Curve Fitting\Enzyme.dat”文件并作图，相关操作参看码 5-2。

码 5-2　Origin 绘制二维图形

导入“Samples\Curve Fitting”下的“Enzyme.dat”文件，导入后的数据表如图 5-11（a）所示。可以看出导入的数据共有 4 列，Origin 默认将其命名为 A、B、C 和 D，并将 A 列指定为 X 轴数据，其余三列指定为 Y 轴数据。若要以 C 列数据对 A 列作折线图，可首先在工作表中选中 C 列（Origin 会自动以 C 列数据左侧最近的 X 列即 A 列为 X 轴数据），然后单击二维图形工具栏上的“Line+Symbol”按钮，即可得到如图 5-11（b）所示的图形。

Enzyme - Enzyme.dat *

	A(X)	B(Y)	C(Y)
Long Name	[S]	V	V
Units	μM	μM/min	μM/min
Comments	Substrate	No Inhibitor	Competitive Inhibition
F(x)=			
Sparklines			
1	0.5	580	350
2	2	1180	690
3	4	1485	970
4	6	1630	1175
5	8	1740	1345
6	10	1810	1500
7	12	1860	1615
8	14	1895	1725
9	16	1935	1790
10	18	1940	1860
11	20	1960	1910

(a)

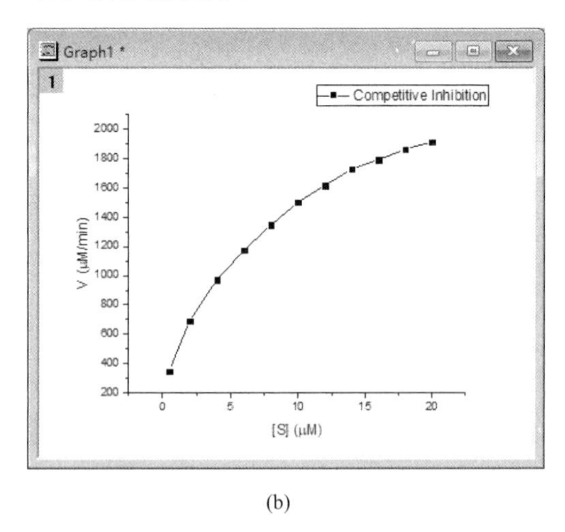

(b)

图 5-11　二维点线图

5.3.1.2 添加图形数据

如果要在上节绘制的图形中继续添加新的数据，例如 B 列数据，可采用如下方法。

（1）如果要添加的是整列数据，在图形窗口左上角的图层标号上（灰色小方块中的 1）右击打开快捷菜单，选择“Layer Contents...”打开如图 5-12（a）所示的“Layer Contents”对话框；在左侧列表框中选中 B（Y）数据，单击➔按钮将其添加到右侧列表框，最后单击“Close”按钮，得到如图 5-12（b）所示的图形。也可使用⬅按钮从图中删除某列数据。

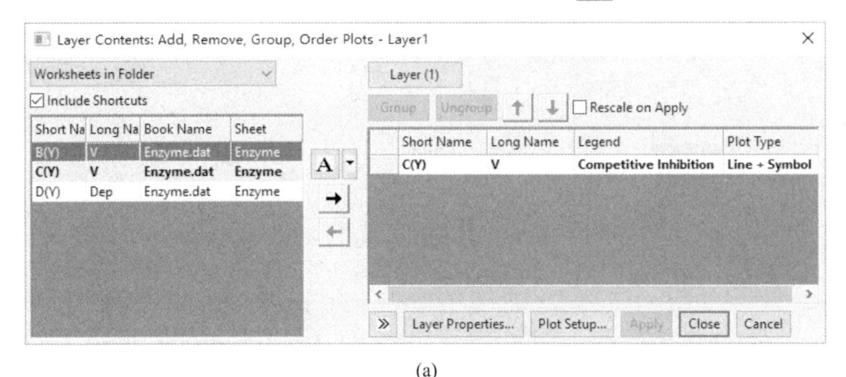

(a)

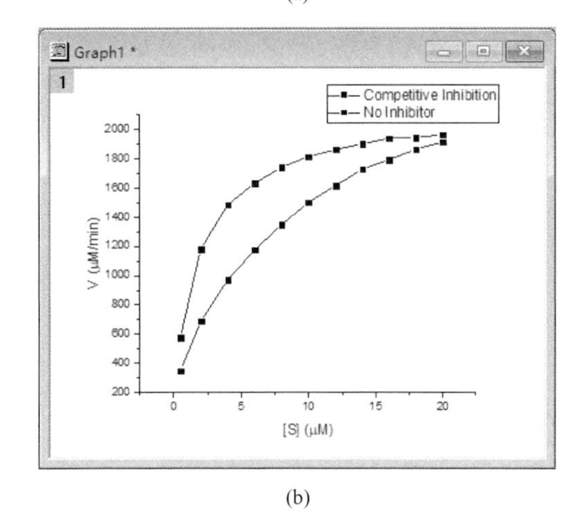

(b)

图 5-12 添加整列数据

（2）若只需添加数据列中的部分数据，如 B 列的前 4 个数据。可首先将图形窗口和工作簿窗口并排显示，在工作表中选择所需添加的数据后，将鼠标移至被选定数据区域的边缘，鼠标指针会变成形状，如图 5-13（a）所示；将数据拖动到图形窗口即可得到如图 5-13（b）所示的图形。

5.3.1.3 定制图线、符号

直接在所绘图形的线或符号上双击，可打开如图 5-14 所示的“Plot Details”对话框。对话框左半部分以树状结构列出当前图形窗口所包含的图层以及图层所包含的图线等信息；右半部分则包含 Line、Symbol、Panel、Drop Lines、Label 共 5 个选项卡，分别用于定制图线、符号、面板、垂线以及数据标签的格式。在“Line”选项卡中可以设置线的连接方式（Connect）、线形（Style）、宽度（Width）、颜色（Color）、透明度（Transparency）以及曲线下区域填充（Fill Area Under Curve）等；在“Symbol”选项卡中可以设置符号的形状（Shape）、大小（Size）、边框粗细（Edge Thickness）与颜色（Symbol Color）等；使用

“Panel”选项卡可将图形分割为多个面板，每个面板显示数据的一部分；在“Drop Lines”选项卡中可设置连接数据点的垂线与水平线的线形（Style）、宽度（Width）和颜色（Color）等；在“Label”选项卡中可以设置是否显示数据标签（Enable）以及数据标签的字体（Font）、颜色（Color）、字号（Size）等。

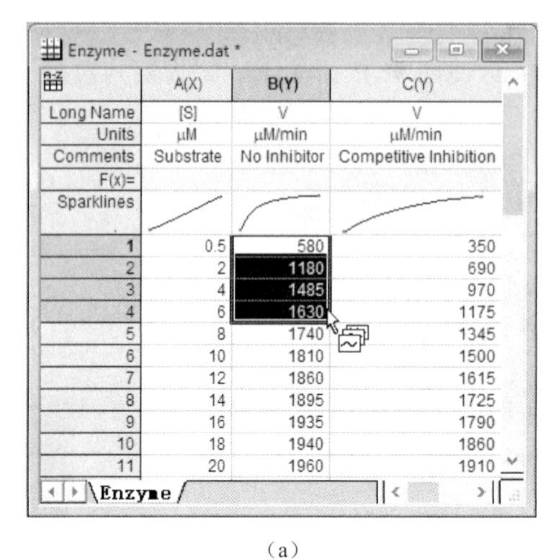

（a）

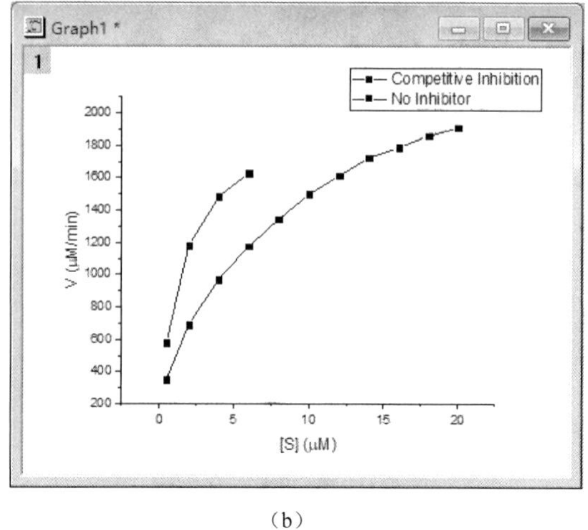

（b）

图 5-13 添加选定数据

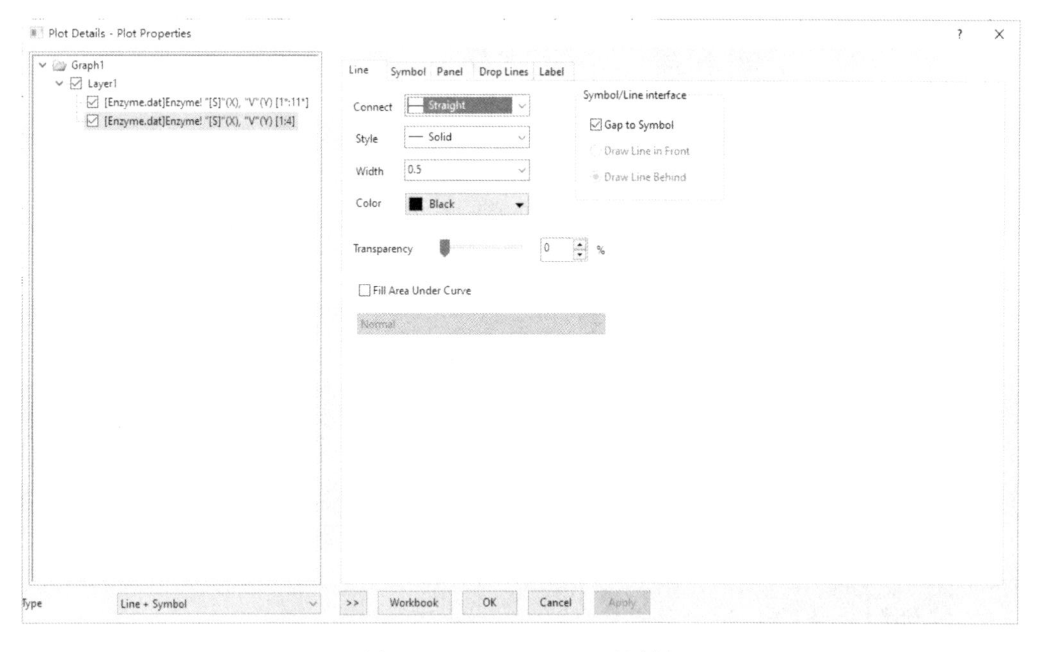

图 5-14 “Plot Details”对话框

5.3.1.4 设定坐标轴

在所绘图形的坐标轴上双击，可打开如图 5-15（a）所示的坐标轴设置对话框。其中共包含 Scale、Tick Labels、Title、Grids、Line and Ticks、Special Ticks、Reference Lines 和 Break 8 个选项卡。Scale 选项卡用于设定所绘图形的坐标轴范围、坐标轴类型（线性、对数）等，如图 5-16（a）所示；Tick Labels［如图 5-15（b）所示］、Title、Line and Ticks 以及 Special Ticks

选项卡用于设定坐标轴的刻度标记、标题等；Grids 选项卡用于设定网格线；Reference Lines 选项卡用于在图上绘制参考线；Break 选项卡可以将不希望显示的部分坐标区域隐藏起来。

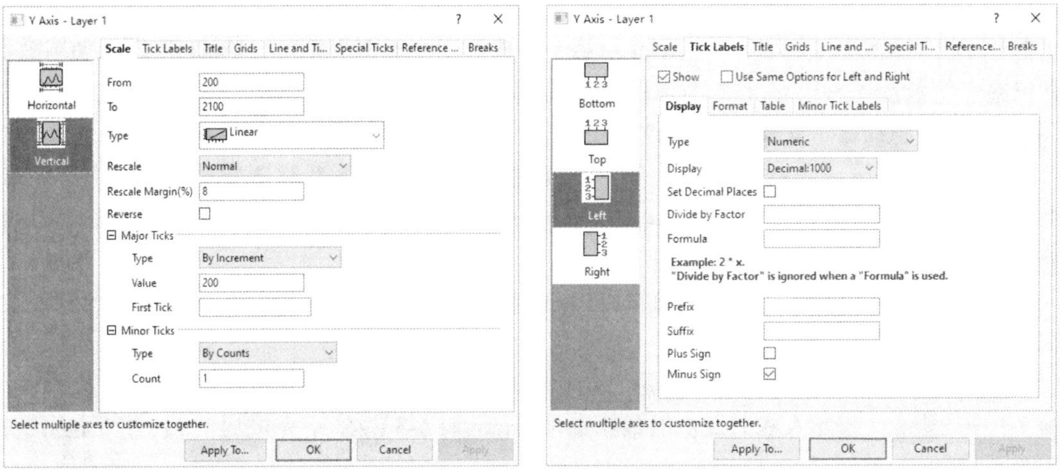

（a）　　（b）

图 5-15　坐标轴设置对话框

5.3.1.5　图例的设定

图例包含对图表中不同类别的说明，是科技绘图的重要组成部分。图例一般包含多个图例项，每个图例项由表示某一序列的图形以及描述该序列的文本组成，如图 5-16（a）所示。Origin 在绘图时会根据所使用的模板自动生成图例。

（1）移动或删除图例：使用鼠标左键点击选中图例后，可移动、放大/缩小图例，也可使用“Delete”键删除图例。

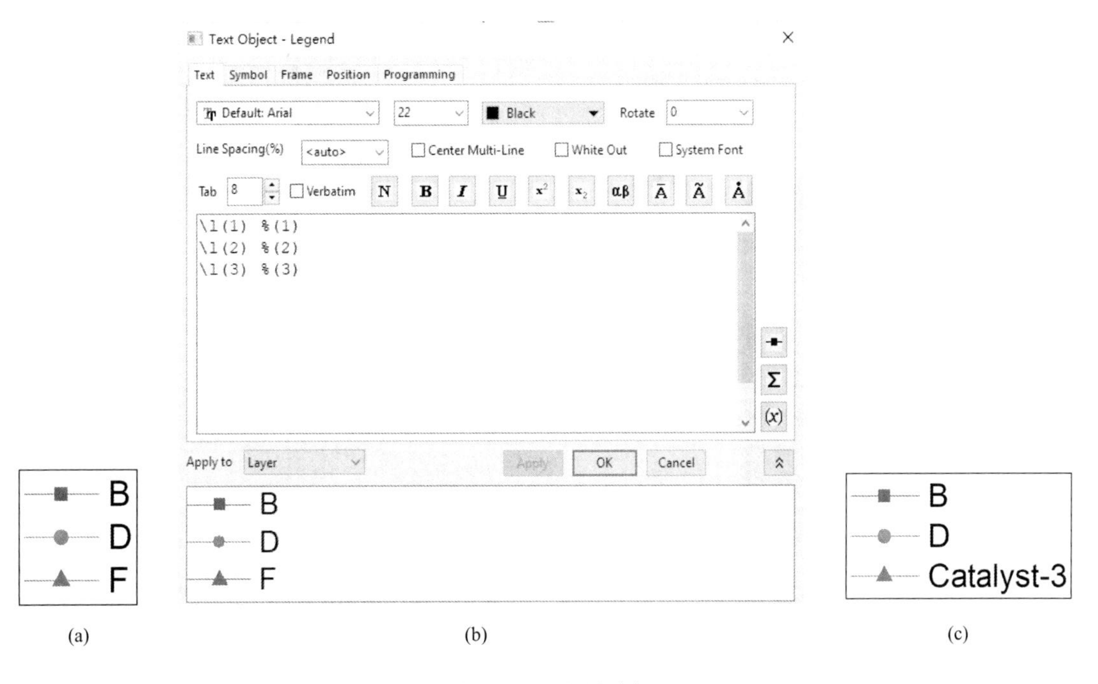

(a)　　(b)　　(c)

图 5-16　图例的编辑

（2）生成图例，若图形中图例已删除，可使用菜单命令 Graph\Legend\Data Plots 生成新的图例。

（3）编辑图例：双击图例，可打开如图 5-16（b）所示的编辑窗口。上方窗口中每一行文本对应一个图例项。“\l(1)”表示显示第一个数据序列的图形标记，“%(1)”表示使用数据表中第一个数据序列的名字作为该图例项的说明文字。例如，若我们将第三行改为“\l(3) Catalyst-3”，图例显示如图 5-16（c）所示。

（4）更新图例，当我们在已有图例的绘图中添加或删除新的图线时，图例显示可能不正确，可使用菜单命令 Graph\Legend\Reconstruct Legend 或窗口左侧按钮自动更新图例。

【例 5-3】 根据表 5-1 中乙醇的质谱数据绘制质谱垂线图形，相关操作参看码 5-3。

码 5-3　Origin 绘制质谱图

（1）新建 Origin 项目文件，在系统自动打开的工作表 Book1 中输入表 5-1 中的数据（或导入本书提供的数据文件 Example 5-3.DAT），完成后如图 5-17（a）所示。

表 5-1　乙醇的质谱数据

m/z	14	15	19	26	27	28	29	30
相对强度	1.4	3.4	2.3	4.9	17.7	4.2	12	5
m/z	31	32	41	42	43	44	45	46
相对强度	100	1.4	1	3.4	9.9	1	57.3	24.6

（2）选定 AB 两列数据，单击窗口底部二维图形工具栏上的散点图（Scatter）按钮（或使用菜单命令 Plot\2D\Scatter\Scatter），应用软件默认参数做散点图。

（3）双击 Y 轴坐标轴打开坐标轴设置对话框，在 Scale 选项卡左侧列表选中设置纵坐标（Vertical）范围为 From：0，To：100。单击“OK”按钮。

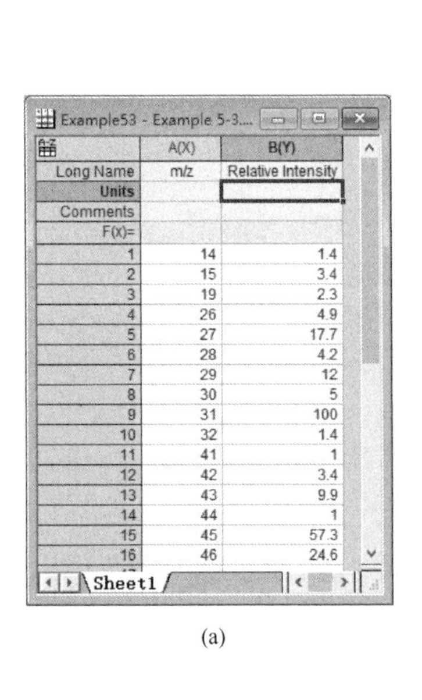

(a)

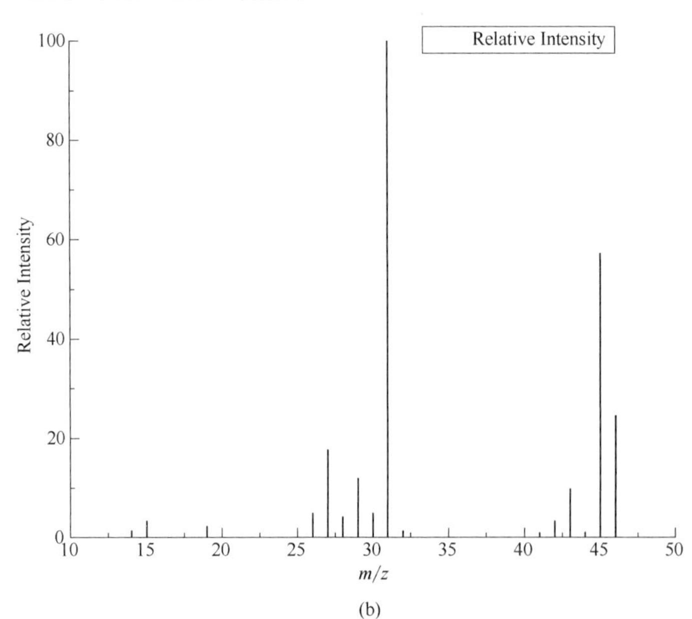

(b)

图 5-17　质谱垂线图形的绘制

（4）双击图中的任意符号，在打开的“Plot Details-Plot Properties”对话框中，选择 Symbol 面板，将符号 Size 设定为 0；选择 Drop Lines 面板，选中 Vertical 选项，并将线宽 Width 设为 1，单击“OK”按钮，可得图形如图 5-17（b）所示。

【例 5-4】 根据乙醇的红外光谱数据绘制红外图谱，相关操作参看码 5-4。

码 5-4 Origin 绘制红外光谱图

（1）导入红外光谱数据文件“Example 5-4.DAT”。

（2）选中 A、B 两列数据，单击二维图形工具栏上的直线图按钮 ╱（或使用菜单命令 Plot\2D\Line\Line），得 5-18（a）所示图形。

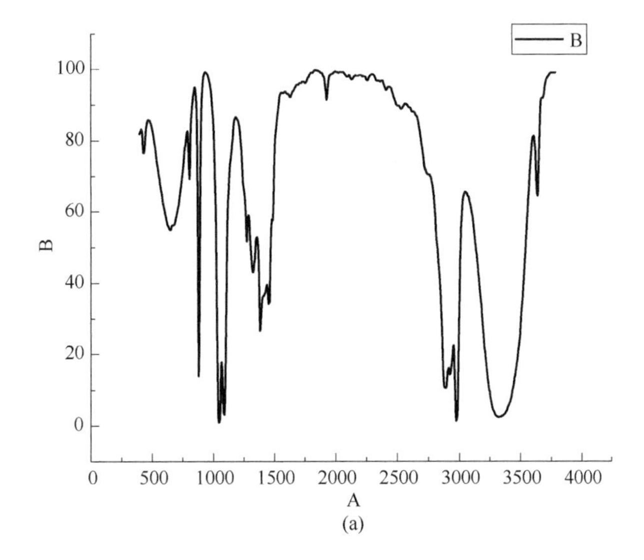

(a)

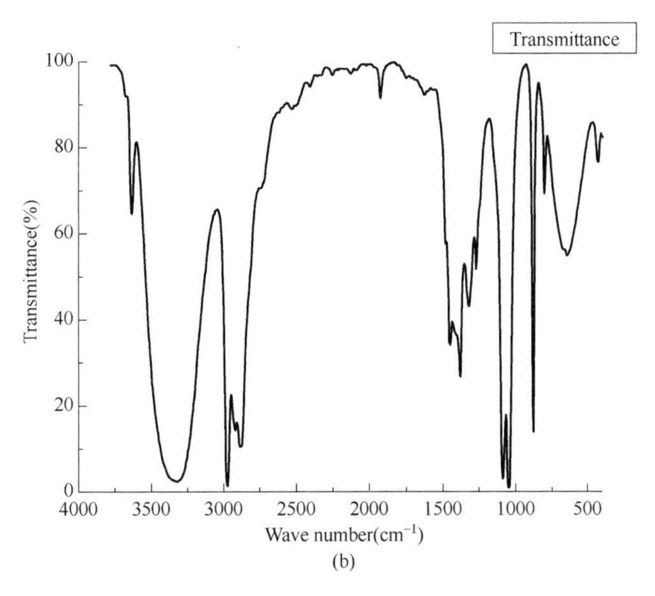

(b)

图 5-18 红外光谱图的绘制

（3）双击 X 轴坐标轴打开坐标轴设置对话框，在 Scale 选项卡左侧列表选中设置横坐标（Horizental），设置 From：4000，To：400，Major Ticks Type: By Increment，Increment：500；设置纵坐标（Vertical）From：0，To：100；单击“OK”按钮。

（4）双击横坐标标签 A，将其改为“Wave number（cm^{-1}）”，可使用 Format 工具栏中的按钮设置上标格式；采用同样的方法修改纵坐标标签为“Transmittance（%）”，图例标签为“Transmittance”，完成后如图 5-18（b）所示。

【例 5-5】 实验测定苯-乙醇-水三元混合物的质量分数见表 5-2 所示，绘制其三元相图。

表 5-2 苯-乙醇-水三元混合物的质量分数

编号	质量百分数/%		
	苯	乙醇	水
1	27.75	49.79	22.46
2	21.74	50.53	27.73
3	13.89	49.86	36.25
4	10.82	48.52	40.66
5	8.64	46.49	44.87
6	6.28	45.07	48.65
7	4.08	40.31	55.61
8	38.31	45.55	16.14
9	53.84	35.89	10.27

溶解度数据绘制，相关操作参看码 5-5。

码 5-5 Origin 绘制三元相图

（1）输入数据：新建 Origin 项目文件，在系统自动打开的工作表 Book1 中输入表 5-2 中的数据，注意以小数的形式输入。选中 A 列任意数据，使用菜单命令“Worksheet\Sort Worksheet\Descending”将数据表对 A 列降序排序。为确保曲线与三角形的两个顶点相连接，需要添加两个数据点。在第一行插入一行数据，输入“1,0,0”；在最后一行的下一行输入“0,0,1”，完成后的数据表如图 5-19（a）所示。也可直接导入数据文件“Example 5-5.DAT”。

（2）双击 C 列数据顶部的标签，在弹出的列属性（Column Properties）对话框中将 Plot Designation 设定为 Z。

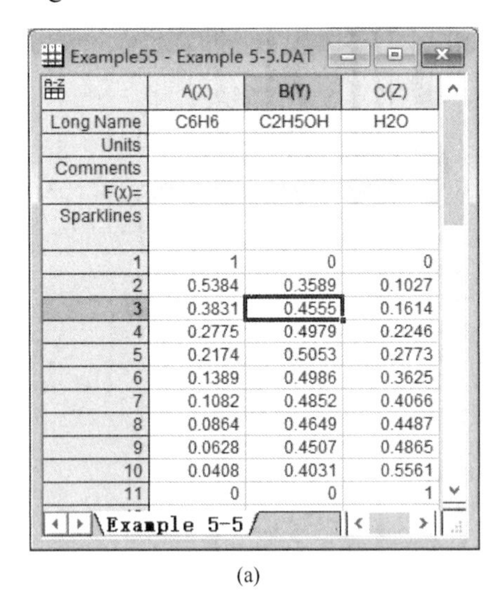

Example55 - Example 5-5.DAT

	A(X)	B(Y)	C(Z)
Long Name	C6H6	C2H5OH	H2O
Units			
Comments			
F(x)=			
Sparklines			
1	1	0	0
2	0.5384	0.3589	0.1027
3	0.3831	0.4555	0.1614
4	0.2775	0.4979	0.2246
5	0.2174	0.5053	0.2773
6	0.1389	0.4986	0.3625
7	0.1082	0.4852	0.4066
8	0.0864	0.4649	0.4487
9	0.0628	0.4507	0.4865
10	0.0408	0.4031	0.5561
11	0	0	1

Example 5-5

(a)

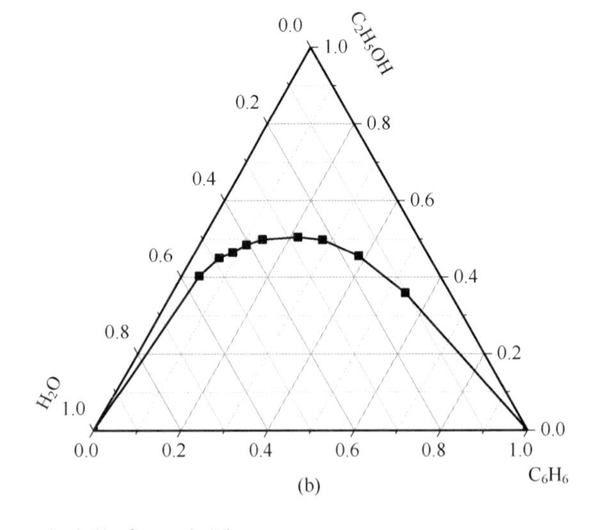

(b)

图 5-19 苯-乙醇-水体系三元相图

（3）选中全部数据，单击 Plot 菜单中 Ternary 图标右下角的下箭头▼，在弹出面板中选择“Line+Symbol”工具作图。

（4）设置辅助线，双击任一坐标轴，在坐标轴设置对话框中单击 Scale 面板，在左侧选择 X 轴，将 Major Ticks 选项的 Value 设为 0.2，将 Minor Ticks 选项的 Count 设为 1；再将 Y、Z 轴的 Major Ticks、Minor Ticks 设为相同的数值。

（5）双击坐标轴标签如 C6H6，将原先的占位代码“%(?X)”替换为文字 C6H6，并使用 Format 工具栏中的按钮设置数字为下标格式，调整标签的位置并删除图例，完成后如图 5-19(b)所示。

【例 5-6】 作图 5-20（d）所示的曳力系数与颗粒运动雷诺数之间的关系图，相关操作参看码 5-6。

码 5-6　Origin 绘制双对数坐标图

（1）输入数据：新建 Origin 项目文件，在系统自动打开的工作表 Book1 中导入数据文件“Example 5-6.DAT”。

（2）分别选中 C、E 列，在列标签上右击，使用菜单命令 Set As \ X 将这两列设为 X 轴数据。

（3）选中全部数据，单击二维图形工具栏上的直线图按钮 ╱（或使用菜单命令 Plot\2D\Line\Line）作图。

（4）双击 X 轴坐标轴打开坐标轴设置对话框，在 Scale 选项卡左侧列表选中设置横坐标（Horizental），设置 From：1e-4，To：1e6，Type：Log10，Minor Ticks Type: By Counts, Count: 4，如图 5-20（a）所示；设置纵坐标（Vertical），设置 From：0.1，To：1e5，Type：Log10，Minor Ticks Type:By Counts, Count: 4。

单击 Grids 选项卡标签，在左侧列表选中设置横坐标（Horizental），选中 Major Grid Lines 和 Minor Grid Lines 的 Show 选项，并将 Color 设为 Black，Style 设为—Solid，Thickness 设为 0.5，如图 5-20（b）所示；在左侧列表选中设置纵坐标（Vertical），应用相同的设置。

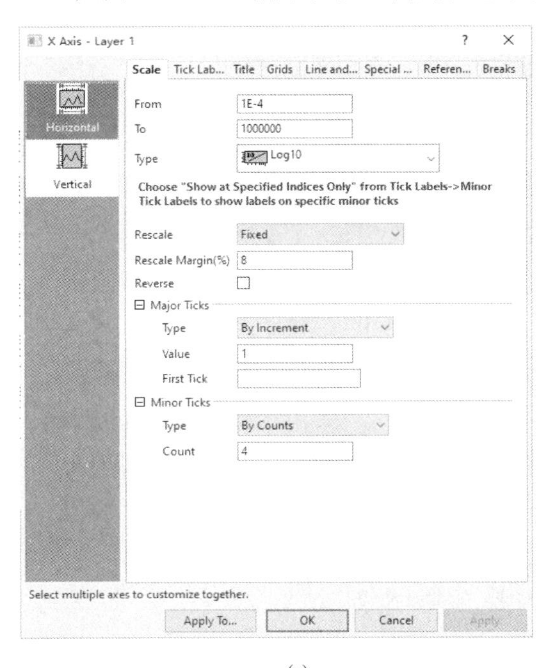

(a)

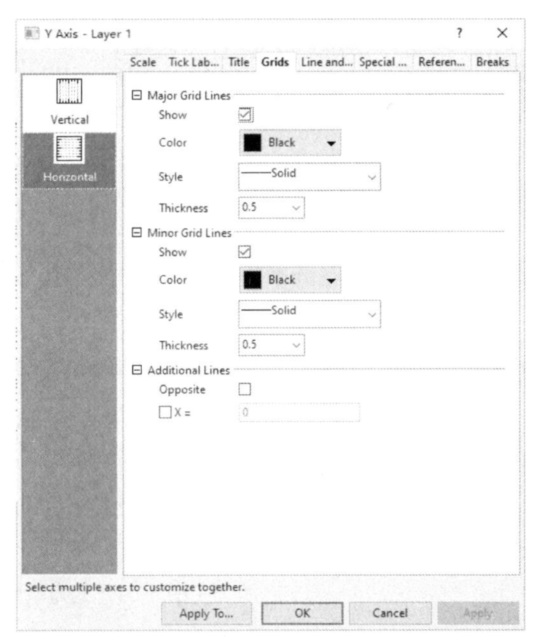

(b)

图 5-20

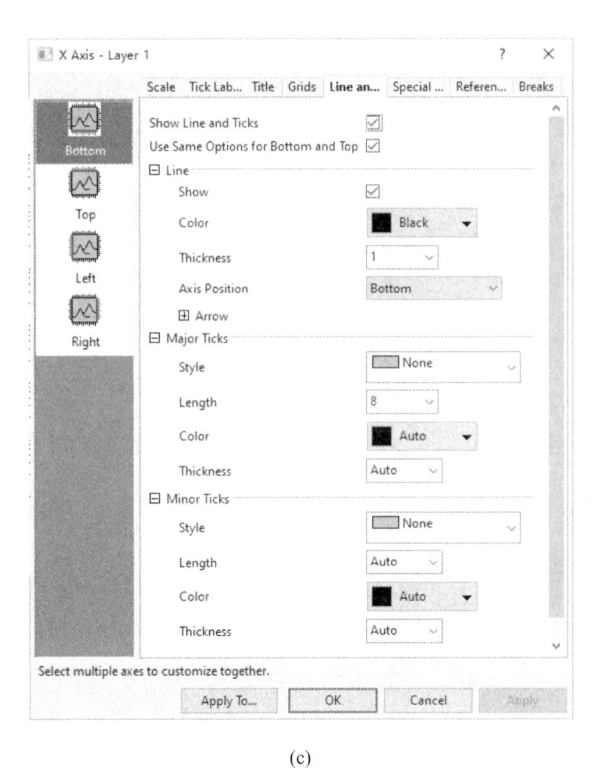

(c)

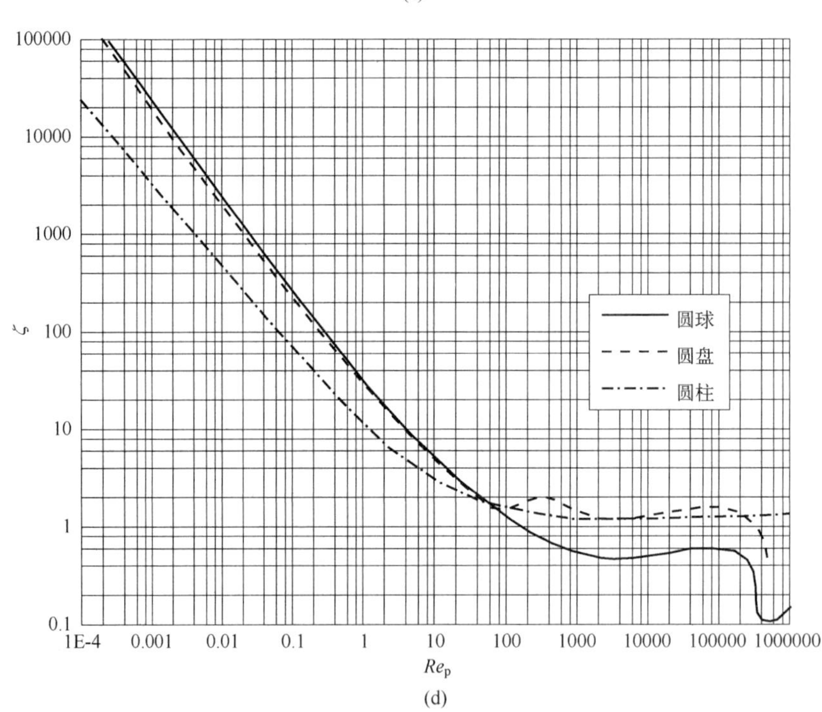

(d)

图 5-20　曳力系数 ζ 与 Re_p 的关系曲线

单击 Line and Ticks 选项卡标签，在左侧列表选中设置底部坐标（Bottom），勾选 Use Same Options for Bottom and Top，并将 Major Ticks 与 Minor Ticks 的 Style 设为 None，如图 5-20（c）所示；在左侧列表选中设置左侧坐标（Left），勾选 Use Same Options for Left and

Right，并将 Major Ticks 与 Minor Ticks 的 Style 设为 None。单击“OK”按钮完成坐标轴设置。

（5）双击图线打开 Plot Details 对话框，首先在 Group 面板将 Edit Mode 设为 Independent，这样我们可以独立设置每根图线的格式。打开 Line 面板，将第 1 根图线的 Color 设为 Black，Width 设为 1.5；设置第 2 根图线的 Style 为 Dash，Color 为 Black，Width 为 1.5；设置第 3 根图线的 Style 为 Dash Dot，Color 为 Black，Width 为 1.5。

（6）设置横坐标、纵坐标内容与字体，调整图例位置，完成后如图 5-20（d）所示。

【例 5-7】 作图 5-21 所示的图形，相关操作参看码 5-7。

码 5-7　Origin 绘制层叠图

（1）输入数据：新建 Origin 项目文件，在系统自动打开的工作表 Book1 中导入数据文件“Example 5-7.DAT”。

（2）分别选中 C、E 列，在列标签上右击，选中菜单命令 Set As \ X 将这两列设为 X 轴数据。

（3）选中全部数据，使用菜单命令 Plot\2D\Multi-Y\Stacked Lines by Y Offsets 作图，该模板会自动把 3 个原本重叠的图形沿 Y 轴分布开来，避免重叠。感兴趣的读者可以自行与 Plot\2D\Line\Line 模板的绘图效果作一比较。

（4）双击 X 轴坐标轴打开坐标轴设置对话框，在 Scale 选项卡左侧列表选中设置横坐标（Horizental），设置 From：99，To：1，Major Ticks Value：−10，Minor Ticks Count：0。

（5）单击 Line and Ticks 选项卡标签，在左侧列表选中设置左侧坐标（Left），取消选择 Show Line and Ticks。使用同样方法取消右侧（Right）坐标轴的显示。单击 Tick Labels 标签，在左侧列表选中设置左侧坐标（Left），取消选择 Show。单击“OK”按钮完成坐标轴设置。

（6）双击图线打开 Plot Details 对话框，在 Line 面板将 Connect 设为 B-Spline，Color 设为 Single\Black，Width 设为 1.5。

（7）设置横坐标字体，删除图例，使用左侧文本工具按钮 **T** 添加文字。完成后的图形如图 5-21 所示。

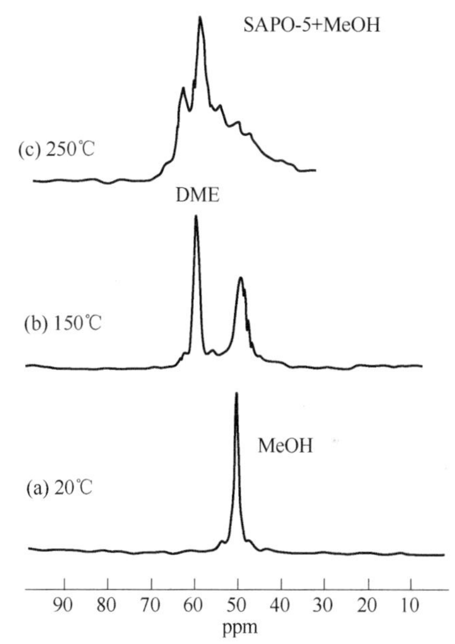

(a) 室温；(b) 150℃加热10min；(c) 250℃加热10min

图 5-21　甲醇吸附在 SAPO-5 上的 13C MAS NMR 谱

5.3.2　多层二维图形

图层是 Origin 的一个重要概念，一个图形窗口可以包含多个图层，每个图层可以使用单独的坐标体系、图形模式及坐标区进行绘图，还可包含文字或图标元素。通过图层之间的灵活组合，可以绘制出各种复杂的科技图形。Origin 提供了常用多层图形的绘制模板，如图 5-7 中的 Multi-Y、Multi-Panel 等模板，用户也可自由对图层的内容、大小和相对位置等进行调整，以满足绘图的要求。

Origin 的层标记位于图形窗口左上角，以灰色方块中的数字显示。使用鼠标单击可在不同层之间切换。右击层标记可以弹出如图 5-22（a）所示的快捷菜单，可设定层的隐藏/显示、编辑层的内容、管理层的属性以及显示次序等。可使用“Layer Management…”命令打开如图 5-22（b）所示的层管理（Layer Management）对话框对图层进行更为详细的设定。

Hide Layer
Hide Other Layers
Show Active Layer Only
Set Active Layer By Layer Icon Only
Delete Layer
Layer Contents... F12
Plot Setup...
Double click to open Plot Setup
Axis...
Layer Properties...
Layer Management...
Bring to Front
Bring Forward
Push Backward
Push to Back
1 [Example 5-8.DAT]Example 5-8! A(X), "H"(Y) [1:2]

(a)

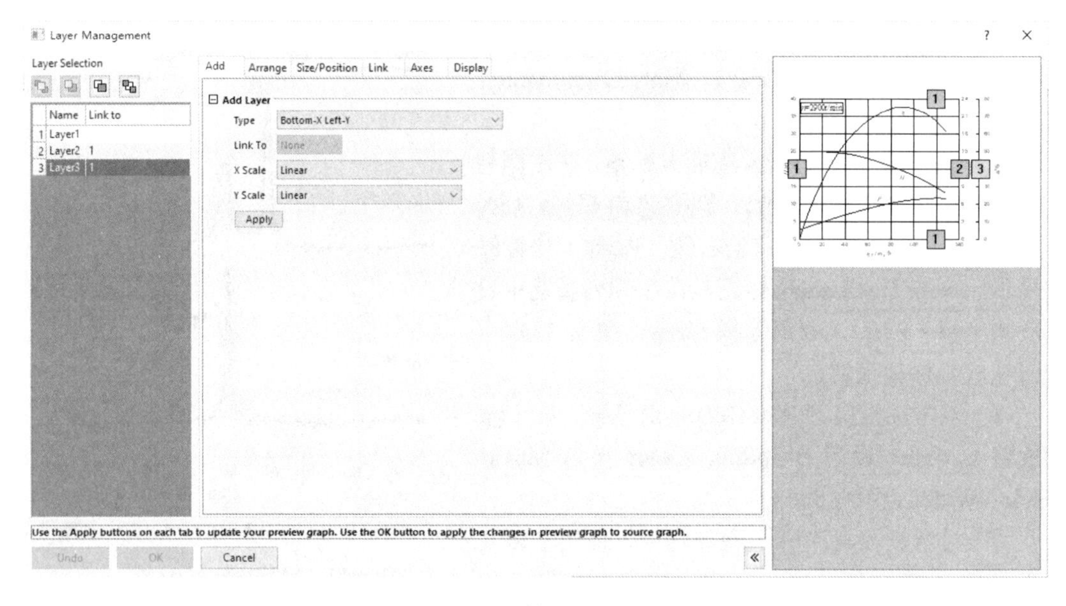

(b)

图 5-22　图层的管理

【例 5-8】 做图 5-23 所示离心泵的特性曲线图，相关操作参看码 5-8。

（1）新建 Origin 项目文件，在系统自动打开的工作表 Book1 中导入数据文件“Example 5-8.DAT”。

（2）分别选中 C、E 列，在列标签上右击，选中菜单命令 Set As \ X 将这两列设为 X 轴数据。

（3）选中全部数据，使用菜单命令 Plot\2D\Multi-Y\3Ys Y-YY 作图。

码 5-8　Origin 绘制离心泵特性曲线

（4）右击图形区域，在弹出菜单选择“Plot Details”命令打开如图所示的 Plot Details 对话框。在左侧列表单击 Layer1，在右侧单击 Size/Speed 标签，设定该层图形的大小。为了保持图形为正方形，我们将 Units 设为“cm”，将 Width、Height 均设为 15，即图形宽、高均为 15cm，如图 5-24（a）所示。

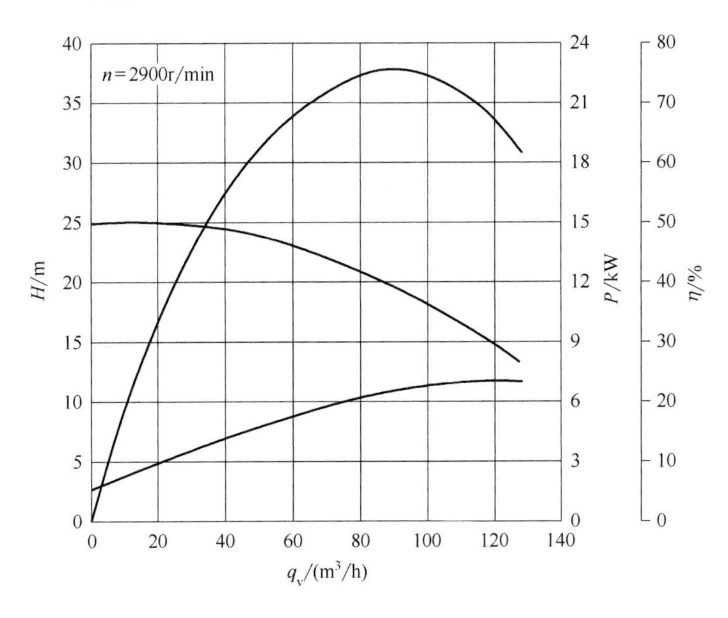

图 5-23 离心泵的特性曲线图

（5）双击图线打开 Plot Details 对话框，在 Line 面板将 3 根图线均设定为以下参数：Connect 设为 B-Spline，Color 设为 Single\Black，Width 设为 1.5。单击 Title 标签，选中 Layer1，选定左坐标轴（Left）的 Show 标记，并将 Text 设为 *H*/m；分别切换到 Layer2、Layer3，选定右坐标轴（Right）的 Show 标记，并将 Text 分别设为 *P*/kW 和 η/%。

（6）双击 X 轴坐标轴打开坐标轴设置对话框，对于不同的设置面板、轴和层的设置值见表 5-3。可使用对话框底部的 Layer 弹出菜单选择当前编辑的层，如图 5-24 所示。

（7）编辑坐标轴说明文字、设置字体，使用左侧文本工具按钮 **T** 添加文字。完成后的图形如图 5-21 所示。

表 5-3 例 5-8 各图层 Axis 相关设置

面板	轴	选项	Layer1	Layer2	Layer2
Scale	Horizental	From	0		
		To	140		
		Major Ticks Value	20		
		Minor Ticks Count	0		
	Vertical	From	0	0	0
		To	40	24	80
		Major Ticks Value	5	3	10
		Minor Ticks Count	0	0	0
Grids	Horizontal	Show	是		
		Color	Black		
		Thickness	0.5		

续表

面板	轴	选项	Layer1	Layer2	Layer2
Grids	Vertical	Show	是		
		Color	Black		
		Thickness	0.5		
Line and Ticks	Left	Show Line and Ticks	是	否	否
		User Same Options for Left and Right	是		
		Line\Show	是		
		Line\Color	Black		
		Line\Thickness	1.5		
		Major Ticks\Style	None		
		Minor Ticks\Style	None		
	Bottom	Show Line and Ticks	是	否	否
		User Same Options for Bottom and Top	是		
		Line\Show	是		
		Line\Color	Black		
		Line\Thickness	1.5		
		Major Ticks\Style	None		
		Minor Ticks\Style	None		
	Top	Show Line and Ticks	是	否	否
	Right	Show Line and Ticks		是	是
		User Same Options for Left and Right		否	否
		Line\Show		是	是
		Line\Color		Black	Black
		Line\Thickness		1.5	1.5
		Major Ticks\Style		None	Out
		Minor Ticks\Style		None	None
Title	Left	Show	是		
	Right	Show		是	是

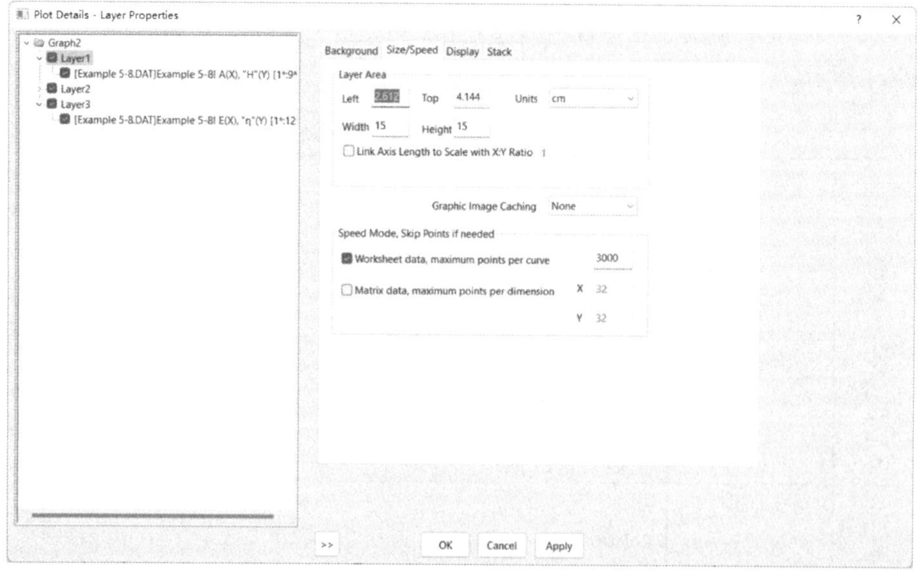

(a)

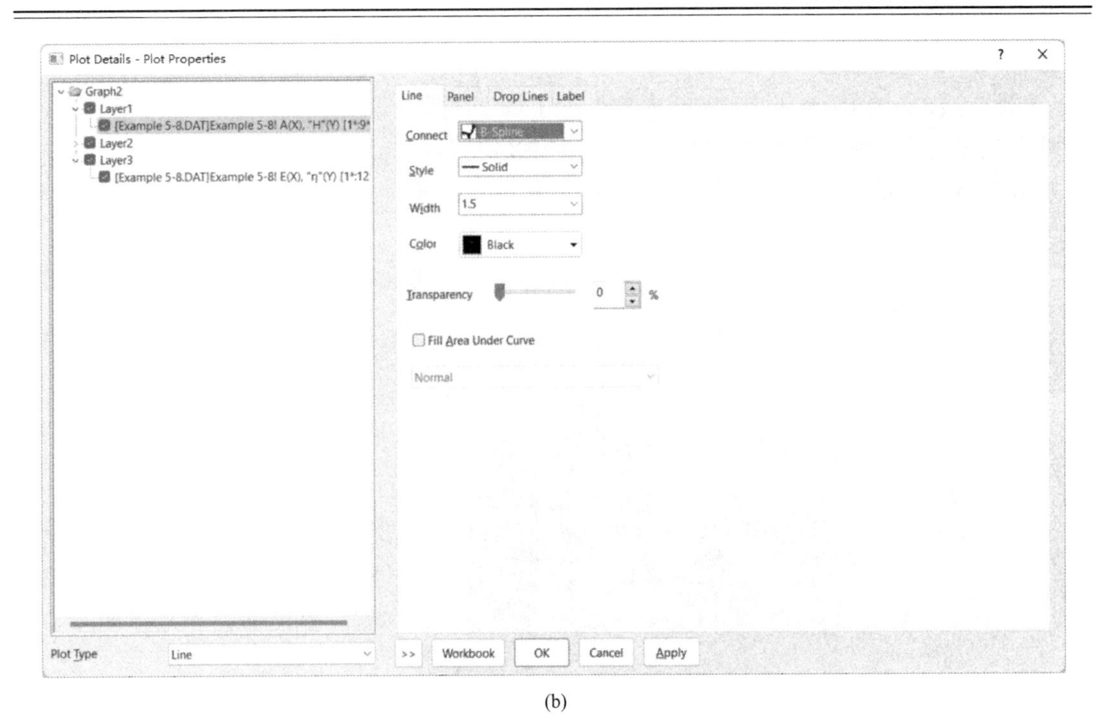

(b)

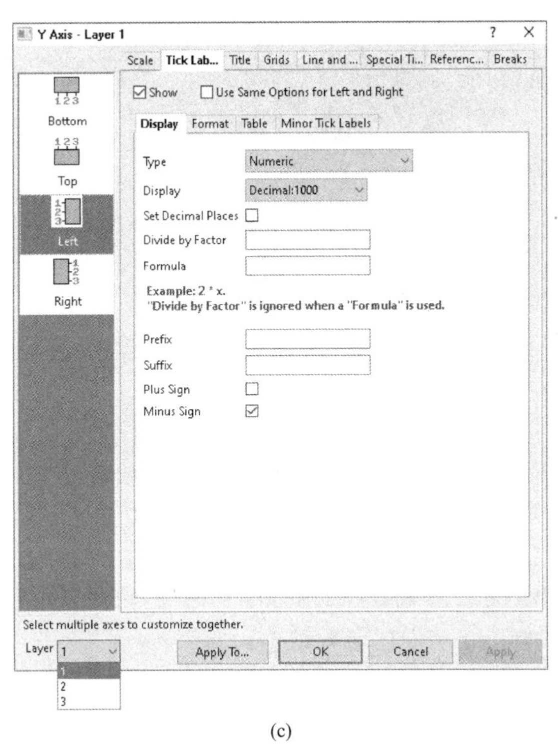

(c)

图 5-24　轴编辑对话框中图层的切换

5.3.3　三维图形

Origin 支持 Line+Symbol、Function、Vector、Bar、Surface、Ternary、Waterfall、Mult-Y、3D Ribbons 和 Walls 等三维画图功能。

5.3.3.1 XYY 型三维图

码 5-9 Origin 绘制 XYY 型三维图形

【例 5-9】 导入“Samples\Graphing\Waterfall.dat”数据文件，选中 B、C 和 D 数据列。使用菜单命令“Plot\3D\Multi-Y\XYY 3D Bars”即可得到如图 5-25 所示的 XYY 型数据三维图，相关操作参看码 5-9。

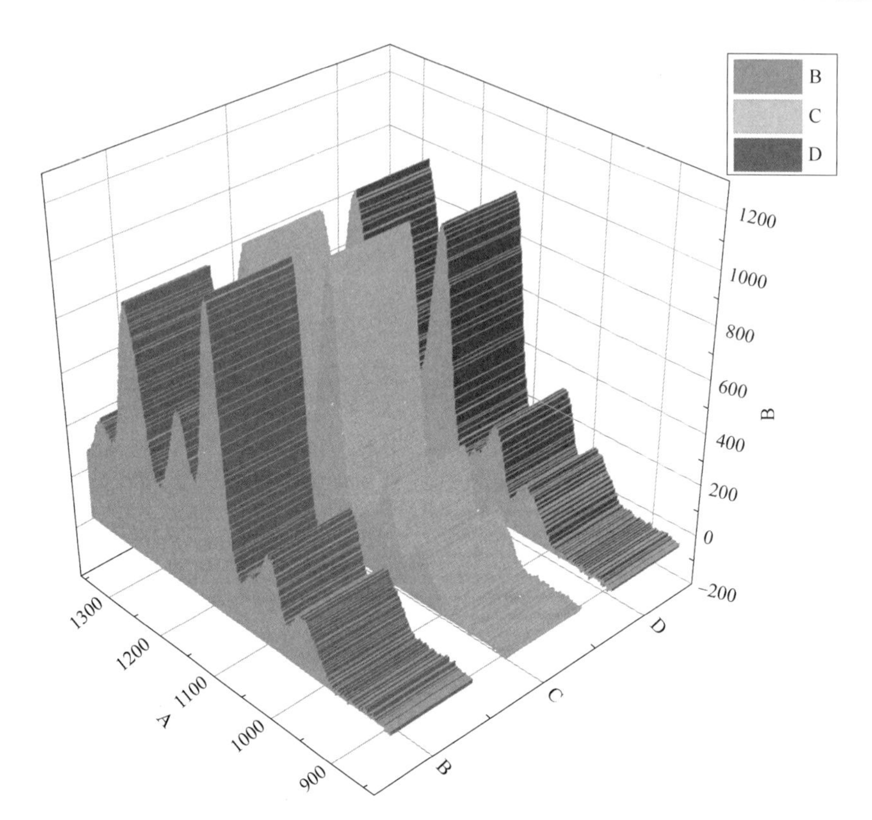

图 5-25 XYY 型数据三维图

5.3.3.2 XYZ 型三维图

码 5-10 Origin 绘制 XYZ 型三维图形

【例 5-10】 导入“Samples\Graphing\3D Scatter 2.dat”数据文件，将 C 数据列设定为 Z 轴。具体做法为双击 C 列的列标签，在打开的列属性（Column Properties）对话框中指定 Plot Designation 为 Z。选中 C 列数据后使用菜单命令“Plot\3D\Line+Symbol\3D Scatter”即可得到如图 5-26 所示的 XYZ 型数据三维图，相关操作参看码 5-10。

5.3.3.3 矩阵三维图

为了绘制三维表面，需要首先把工作表中的数据转换为矩阵，再选择适当的图形形式进行绘制。以下以一个例子来说明操作步骤。

【例 5-11】 应用“Samples\Matrix Conversion and Gridding\XYZ Random Gaussian.dat”文件中的数据绘制三维图形，相关操作参看码 5-11。

码 5-11 Origin 绘制三维矩阵图

（1）导入“Samples\Matrix Conversion and Gridding\XYZ Random Gaussian.dat”数据文件，并将 C 数据列设定为 Z 轴。

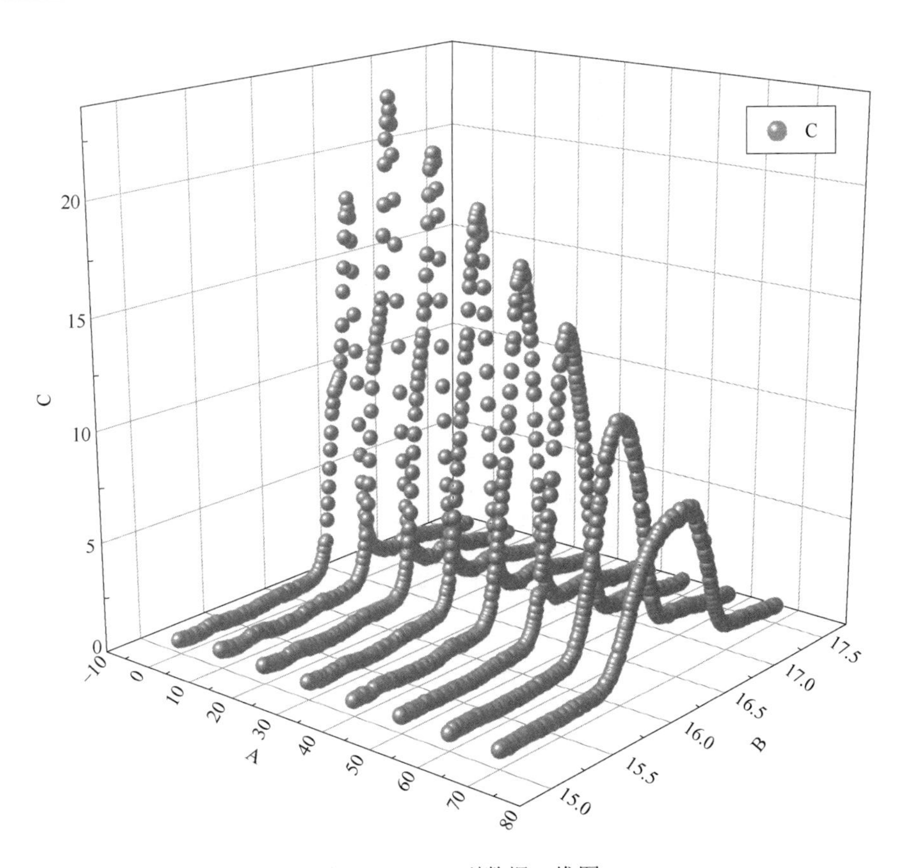

图 5-26　XYZ 型数据三维图

（2）选中全部数据，使用菜单命令“Worksheet\Convert to Matrix\XYZ Griding\Open Dialog…”打开如图 5-27 所示的“XYZ Griding：Convert Worksheet to Matrix”对话框，直接单击“OK”按钮，使用默认设置将工作表转换为矩阵，如图 5-28（a）、（b）分别为同一矩阵的两种不同显示形式，可通过菜单命令“View\Show Column/Row”（a）和“View\Show X/Y”（b）相互切换。

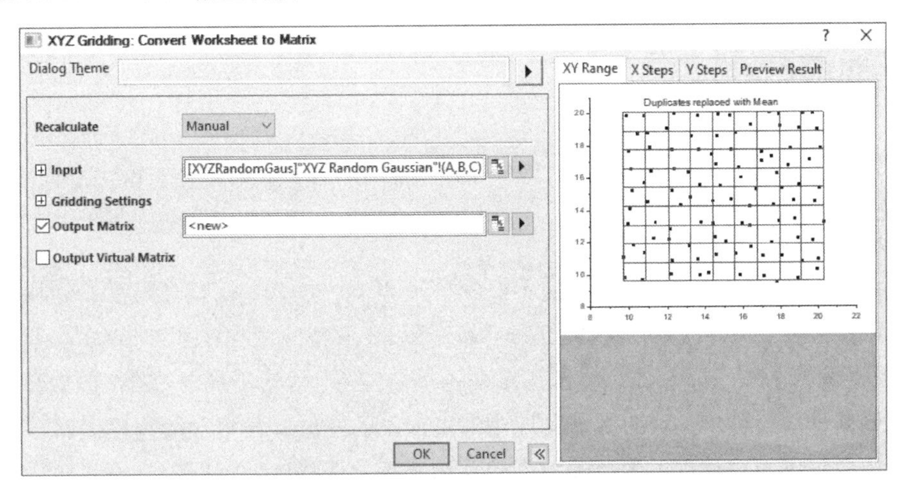

图 5-27　“XYZ Griding：Convert Worksheet to Matrix”对话框

MBook5 :1/1 *

	1	2	3	4	5
1	2.22119	2.89364	3.18669	3.06781	2.69538
2	1.20382	3.13549	2.17562	2.67335	2.28902
3	1.00728	2.11184	3.14562	5.17796	4.01871
4	0.91214	1.8834	4.97076	6.17033	8.69915
5	0.85869	3.13824	4.9225	7.64354	10.8754
6	0.87275	3.57696	4.76698	8.09736	10.67128
7	0.98018	2.59835	4.35622	7.16249	10.12529
8	1.2068	3.57422	3.2778	4.83262	4.37608
9	1.57846	1.48892	3.44354	3.92331	2.99631
10	2.10788	1.71543	1.66676	2.08436	2.71664

Sheet1

（a）

MBook5 :1/1 *

	9.6795	10.856951	12.034402	13.211853	14.389304
9.5928	2.22119	2.89364	3.18669	3.06781	2.69538
10.757	1.20382	3.13549	2.17562	2.67335	2.28902
11.922	1.00728	2.11184	3.14562	5.17796	4.01871
13.086	0.91214	1.8834	4.97076	6.17033	8.69915
14.251	0.85869	3.13824	4.9225	7.64354	10.8754
15.416	0.87275	3.57696	4.76698	8.09736	10.67128
16.581	0.98018	2.59835	4.35622	7.16249	10.12529
17.745	1.2068	3.57422	3.2778	4.83262	4.37608
18.910	1.57846	1.48892	3.44354	3.92331	2.99631
20.075	2.10788	1.71543	1.66676	2.08436	2.71664

Sheet1

（b）

图 5-28 转换后得到的矩阵

（3）打开矩阵窗口，使用“Plot”下拉菜单中的命令绘制各种三维图形。例如使用菜单命令“Plot\Surface\3D Wire Frame”可得到如图 5-29（a）所示的三维线框图；使用菜单命令“Plot\Surface\3D Colormap Surface”可得到如图 5-29（b）所示的三维表面图。

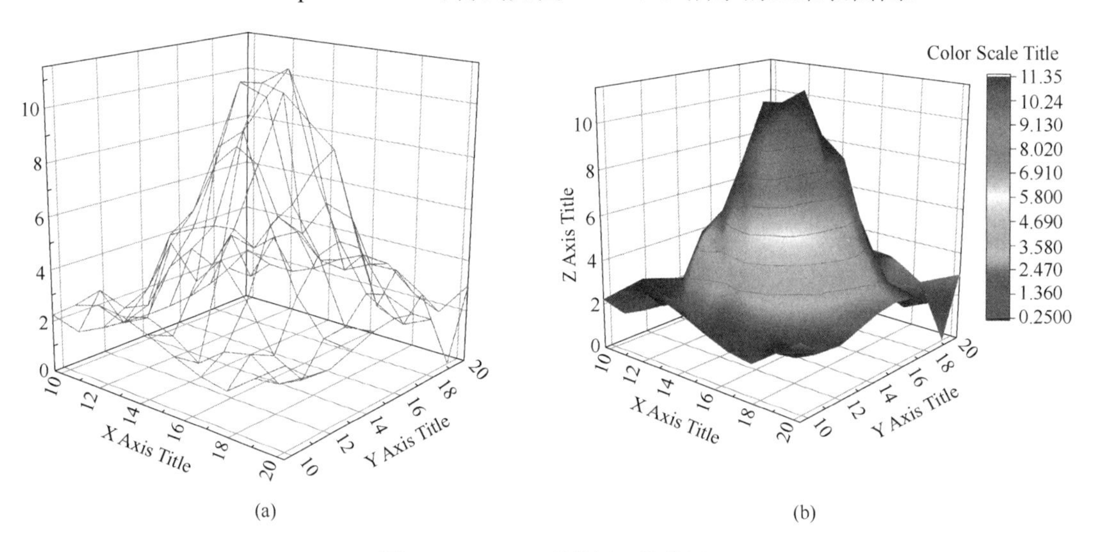

(a) (b)

图 5-29 Matrix 型数据三维绘图

5.4 图形输出

在 Origin 中绘制的图形可以以多种方式输出，常用的有剪贴板和输出图形文件两种方式。

5.4.1 通过剪贴板输出

在图形窗口激活的状态下，通过菜单命令“Edit\Copy Page”或右键快捷菜单命令“Copy Page”可以直接将 Origin 图形复制到剪贴板，然后在其他应用程序（如 Word、PowerPoint 等）中使用“编辑\粘贴”命令即可将图形粘贴到指定位置。默认情况下，粘贴命令会将 Origin 对象嵌入到其他应用程序，可在其他程序中双击嵌入的图形打开 Origin 程序编辑该图形。若只需粘贴图形，可在应用程序的“编辑”菜单中选择“选择性粘贴”命令，并指定粘贴格式为图形格式如图片等，这样粘贴的图形将不可再用 Origin 编辑。

5.4.2 输出图形文件

Origin 还支持把图形输出为多种格式的矢量或位图文件。这样可将图形保存为独立的文件，便于出版印刷。输出图形文件的步骤如下所述。

（1）在图形窗口激活的状态下，使用菜单“File\Export Graphs\Open\Dialog…”打开如图 5-30 所示的“Import and Export: expGraph”对话框。

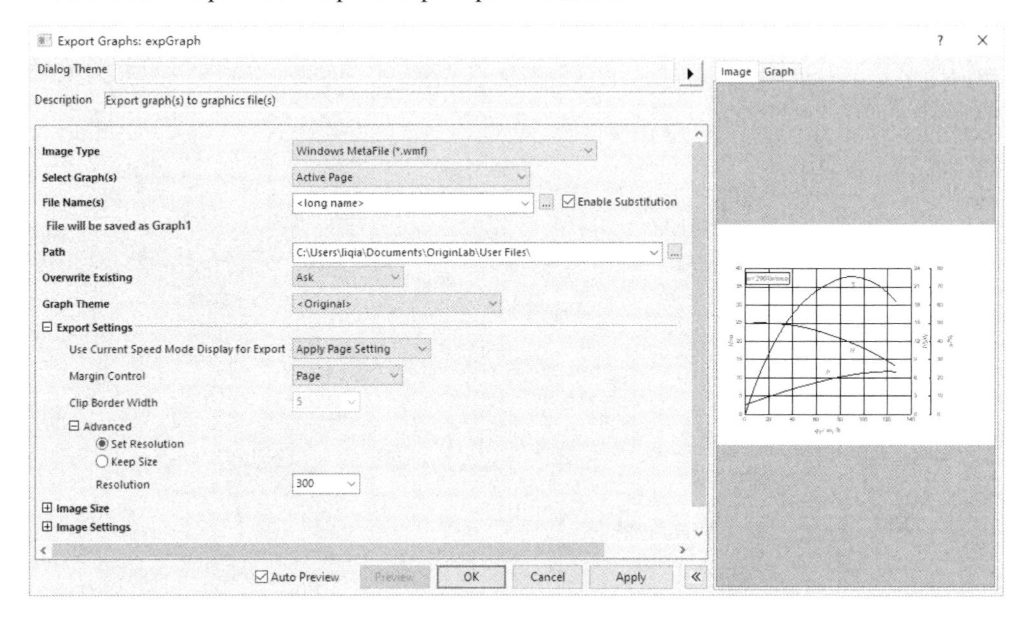

图 5-30 “Import and Export: expGraph”对话框

（2）在“Path”输入框设定文件保存位置；在“File Name(s)”项输入文件名；在“Image Type”下拉选项表中选择拟保存的图形格式（如*.wmf, *.emf, *.tif, *.gif 等）。

（3）单击“Image Size”前的“+”号展开其子选项，设定输出图形的宽度、高度、单位等参数。

（4）单击“Image Settings”前的“+”号展开其子选项，设定输出图形的分辨率、颜色数等。

（5）最后单击“OK”按钮即可输出图形文件。在 Word、PowerPoint 等软件中，可使用“插入\图片”命令在文档中插入 Origin 输出的图形文件。

5.5 数据拟合

使用 Origin 可方便地对数据进行拟合分析。在“Analysis\Fitting”菜单的子菜单中，Origin 提供了线性、多项式、指数、自定义等多种常用的数据拟合方法。

5.5.1 线性拟合

【例 5-12】 应用“Samples\Curve Fitting\Linear Fit.dat”文件中的数据进行线性拟合，相关操作参看码 5-12。

码 5-12 Origin 的线性拟合

（1）导入 Origin 安装目录下的“Samples\Curve Fitting\Linear Fit.dat”

数据文件。

（2）选中 B 列数据，单击 2D Graph 工具栏中的散点图按钮 ⠪（或使用菜单命令 Plot\2D\Scatter\Scatter）做二维散点图。

（3）使用菜单命令“Analysis\Fitting\Linear Fit\Open Dialog…”打开如图 5-31（a）所示的“Linear Fit”对话框。单击“Fit Control”标签，可在如图 5-31（b）所示面板设定拟合参数如截距或斜率，本例中对截距和斜率均不做改动，直接单击“OK”按钮即可得到拟合结果。Origin 将在图形中自动添加拟合曲线，如图 5-31（c）所示；同时 Origin 还会在数据簿中添加两个数据表，分别用于显示拟合结果报告（Report Sheet）和拟合计算相关数据，如图 5-31（d）所示。

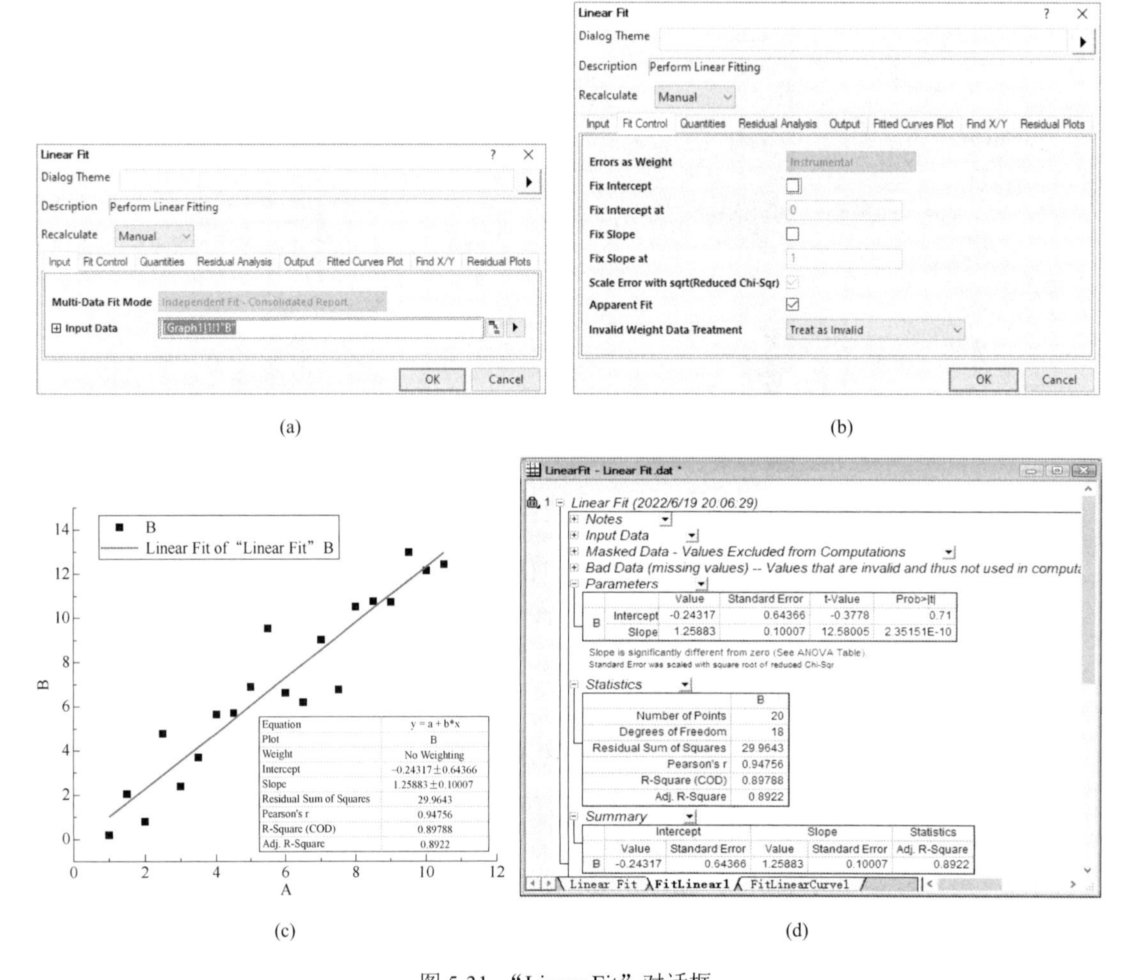

图 5-31 “Linear Fit”对话框

5.5.2 多项式拟合

【例5-13】 应用“Samples\Curve Fitting\ Polynomial Fit.dat”文件中的数据进行多项式拟合，相关操作参看码 5-13。

（1）导入 Origin 安装目录下的“Samples\Curve Fitting\ Polynomial Fit.dat”数据文件，选中 B 列后做二维散点图。

（2）使用菜单命令“Analysis\Fitting\Polynomial Fit\Open Dialog…”打开

码 5-13 Origin 的多项式拟合

如图 5-32（a）所示的“Polynomial Fit”对话框。单击 Input 标签，在 Polynomial Order 中输入 2，即指定以二次多项式进行拟合，单击“OK”按钮即可得到拟合结果。Origin 将在图形中添加拟合曲线，如图 5-32（b）所示，同时在数据簿中添加拟合结果报告。

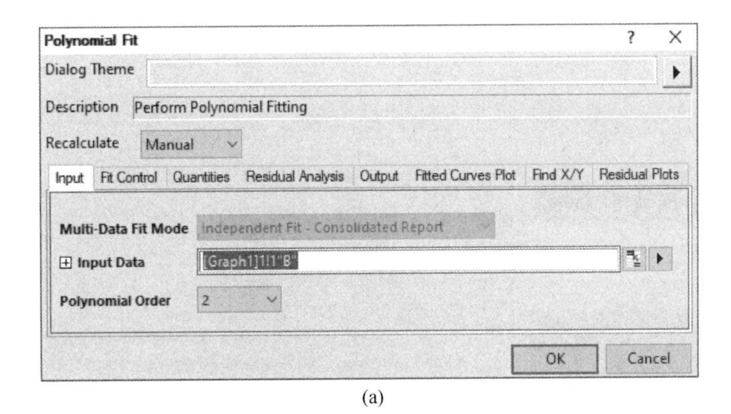

(a)

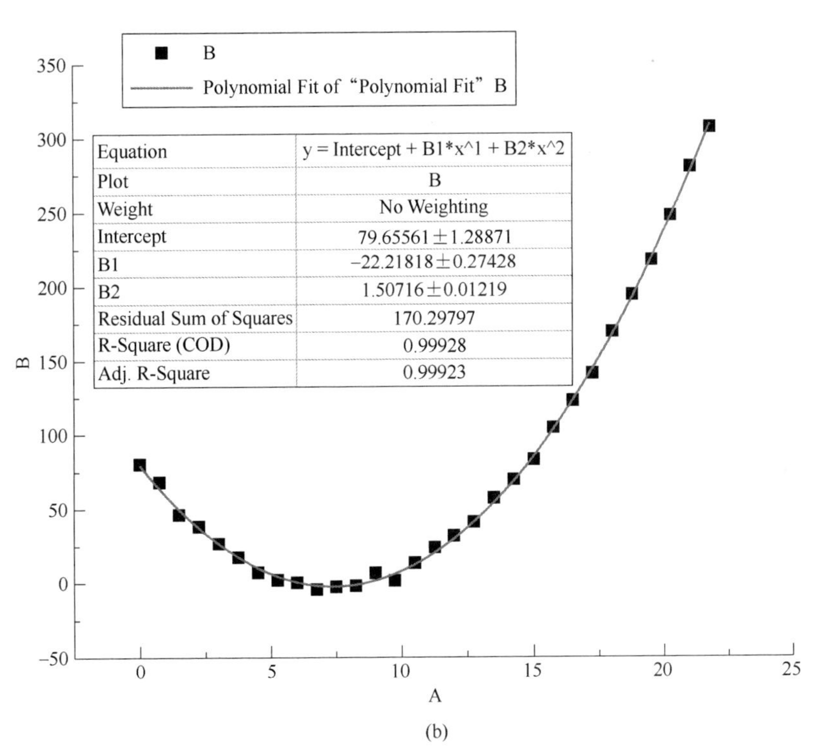

(b)

图 5-32　“Polynomial Fit”对话框与拟合结果

5.5.3　其他非线性拟合

【例 5-14】 应用“Samples\Curve Fitting\Exponential Decay.dat”文件中的数据进行非线性拟合，相关操作参看码 5-14。

码 5-14　Origin 的指数函数拟合

（1）导入 Origin 安装目录下的“Samples\Curve Fitting\Exponential Decay.dat”数据文件，选中 B 列后做二维散点图。

（2）使用菜单命令“Analysis\Fitting\Nonlinear Curve Fit\Open Dialog…”

打开如图 5-33（a）所示的“NLFit”对话框。根据对散点图的趋势观察，我们选用指数函数形式进行拟合。在左侧列表框中选中“Function Selection”，再设定：分类（Category）为 Exponential，函数（Function）为“ExpDec1”，然后单击“Fit”按钮即可得到如图 5-33（b）所示的拟合结果。

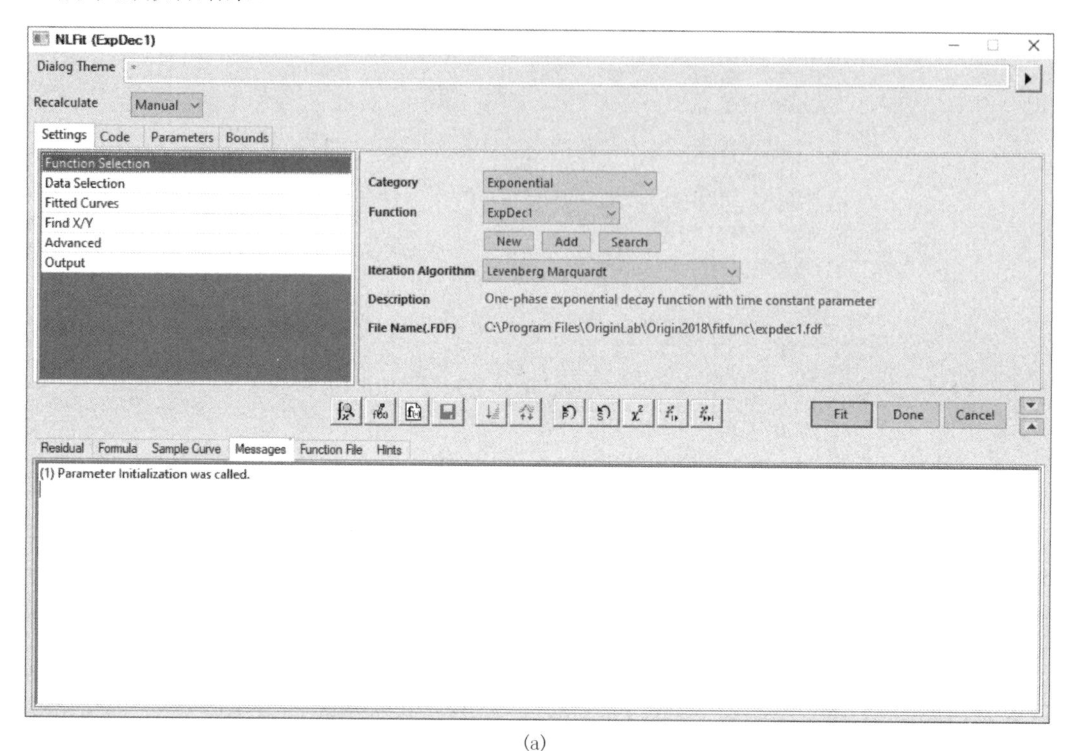

(a)

Decay 1

ExpDec1 Fit of “Exponential Decay” B “Decay 1”

Model	ExpDec1
Equation	y = A1*exp(-x/t1)+y0
Plot	Decay 1
y0	104.8603±0.68926
A1	193.32679±3.11077
t1	0.12087±0.00319
Reduced Chi-Sqr	24.63406
R-Square (COD)	0.98505
Adj. R-Square	0.98475

Decay 1(a.u.)

Time(sec)

(b)

图 5-33 “NLFit”对话框与拟合结果

5.5.4 自定义函数拟合

Origin 还提供了自定义拟合函数功能，用户利用 Origin 提供的工具无需编程就可方便地建立任意形式的拟合函数。下面以一个例子说明自定义函数拟合的应用。

码 5-15 Origin 的自定义函数拟合

【例 5-15】 已知某种流体的剪切黏度（η）与剪切速率（$\dot{\gamma}$）关系的散点图如图 5-34 所示，其数据表如表 5-4 所列，试对其进行拟合，相关操作参看码 5-15。

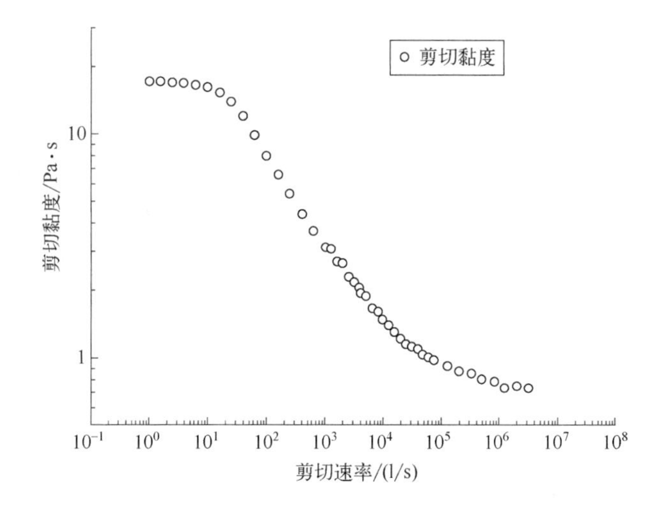

图 5-34 某流体剪切黏度与剪切速率关系的散点图

表 5-4 某流体剪切黏度与剪切速率关系

剪切速率/(1/s)	剪切黏度/Pa·s	剪切速率/(1/s)	剪切黏度/Pa·s	剪切速率/(1/s)	剪切黏度/Pa·s	剪切速率/(1/s)	剪切黏度/Pa·s
0.997	17.2	158	6.54	4020	1.94	50300	1.03
1.56	17.1	249	5.4	4990	1.88	63400	0.999
2.48	17	400	4.39	6300	1.67	79900	0.973
3.89	16.9	640	3.68	8080	1.6	127000	0.92
6.19	16.7	1010	3.12	10000	1.47	202000	0.867
9.89	16.2	1270	3.06	12700	1.4	317000	0.85
15.8	15.4	1610	2.67	15700	1.3	504000	0.797
24.7	14	2030	2.64	20200	1.21	814000	0.781
39.3	12	2560	2.28	25500	1.14	1270000	0.727
62.6	9.86	3230	2.15	32100	1.12	1990000	0.746
99.6	7.98	4010	2.05	40500	1.09	3170000	0.73

（1）根据流动曲线，该实验数据用 Carreau-Yasuda 模型拟合较为合适，其数学形式为：

$$\frac{\eta-\eta_\infty}{\eta_0-\eta_\infty}=\frac{1}{[1+(\lambda\dot{\gamma})^a]^{\frac{1-n}{a}}} \Rightarrow \eta=\eta_\infty+\frac{\eta_0-\eta_\infty}{[1+(\lambda\dot{\gamma})^a]^{\frac{1-n}{a}}}$$

式中，$\dot{\gamma}$ 为自变量；η 为因变量，其他均为待定参数。

可以将该公式用 Origin 代码写为：

$$y = etainf + \frac{(eta0 - etainf)}{(1+(lambda * x)^a)^{\left(\frac{(1-n)}{a}\right)}}$$

Origin 代码与上述公式中各变量的对应关系为：$y \to \eta$；$etainf \to \eta_\infty$；$eta0 \to \eta_0$；$lambda \to \lambda$；$x \to \dot{\gamma}$；$a \to a$；$n \to n$。

（2）建立 Origin 项目文件并输入表 5-4 中的实验数据，或导入本书提供的数据文件 Example 5-15.DAT；选中数据做散点图（Scatter）；双击 X 轴坐标轴，在弹出的坐标轴编辑对话框中单击顶部 Scale 标签，设定 From:0.5，To:1e7，Type:Log10；单击左侧 Vertical 图标设置 Y 轴参数；From:0.5，To:20，Type:Log10；并根据图 5-34 编辑数据标记，X、Y 轴标签等图形元素。当插入点在文字编辑框中时，使用快捷键“ctrl+M”可打开符号表，选择输入特殊符号。

（3）在图形窗口中选中所作图线，使用菜单命令“Analysis\Fitting\Nonlinear Curve Fit\Open Dialog…”打开“NLFit”对话框；单击“Create New Fitting Functions”按钮 进入如图 5-35（a）所示的“Fitting Function Builder”对话框；在 Select or create a Category 下拉列表框中选中“User Defined”分类（也可单击 “New”按钮，在弹出的 Category Name 对话框中输入新建分类的名字建立新的分类），在 Function Name 输入框输入 CarreauYasuda，设定 Function Model 为 Explicit，Function Type 为 Expression，单击“Next”进入如图 5-35（b）所示的创建函数界面。

（4）独立变量（Independent Variables）、非独立变量（Dependent Variables）分别为 x、y，不需改变；在“Parameters”项输入待拟合参数名称：etainf、eta0、lambda、n、a。单击“Next”进入下一步。

（5）在“Function Body”输入框中输入拟合公式“y=etainf+(eta0−etainf)/(1+(lambda*x)^a)^((1−n)/a)”；在 Parameters 项下设定待拟合参数的初值，将 etainf、eta0、lambda、n、a 的初值分别设定为 1、10、0.5、1、0.5，如图 5-35（c）所示。窗口底部的 Quick Check 用于快速检验公式输入是否正确，例如我们在“x=”后面的输入框输入 1，单击按钮即可得对应于当前 x 计算的 y 值为 10。

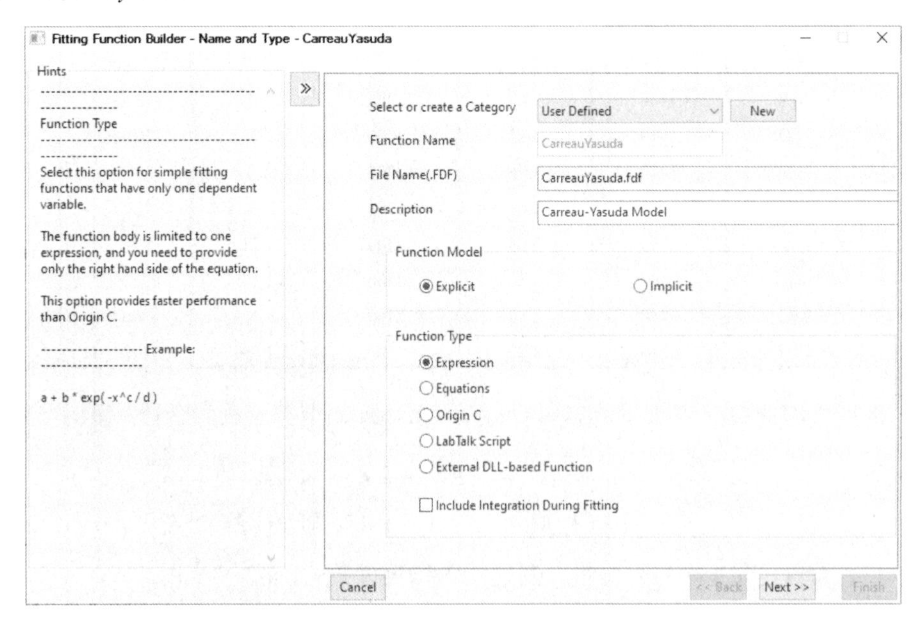

（a）

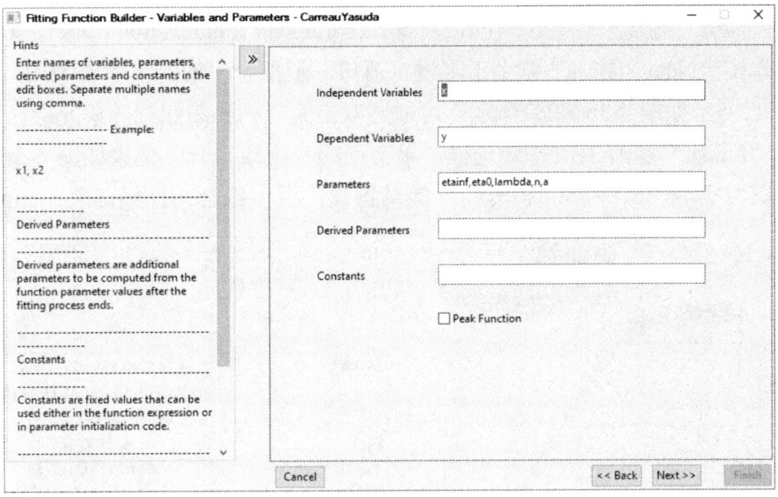

（b）

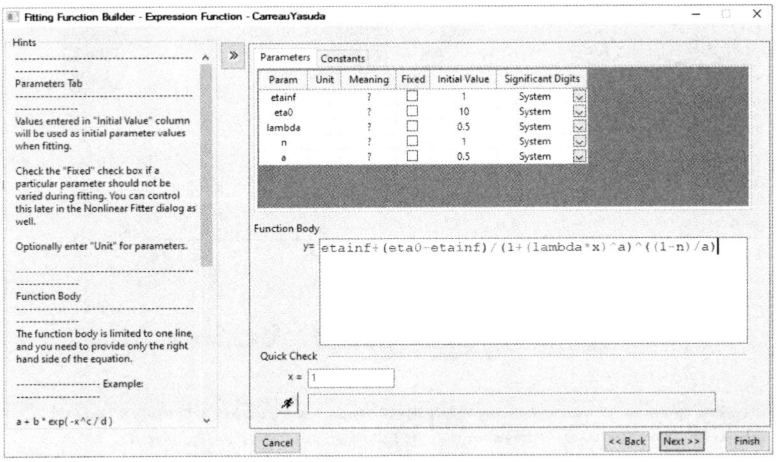

(c)

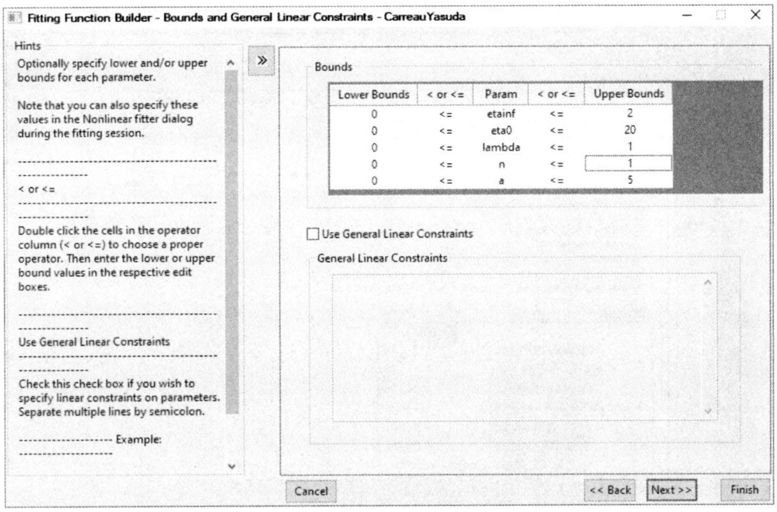

（d）

图 5-35 自定义拟合函数设置界面

（6）单击“Next”进入参数初始代码设定窗口(Parameter Initialization Code)，本例不需对此进行设置；再次单击“Next”进入变量上下限设定窗口，把拟合参数的下限设为 0，上限分别设定为 2、20、1、1、5，如图 5-35（d）所示；可通过双击第二列和第四列的单元格在“<”“<=”之间切换。单击“Finish”返回 NLFit 对话框，单击“Fit”完成拟合，结果如图 5-36 所示。Origin 会在数据 Book1 中添加一个名为“FitNL1”的数据表，提供拟合的详细信息，如图 5-37 所示。

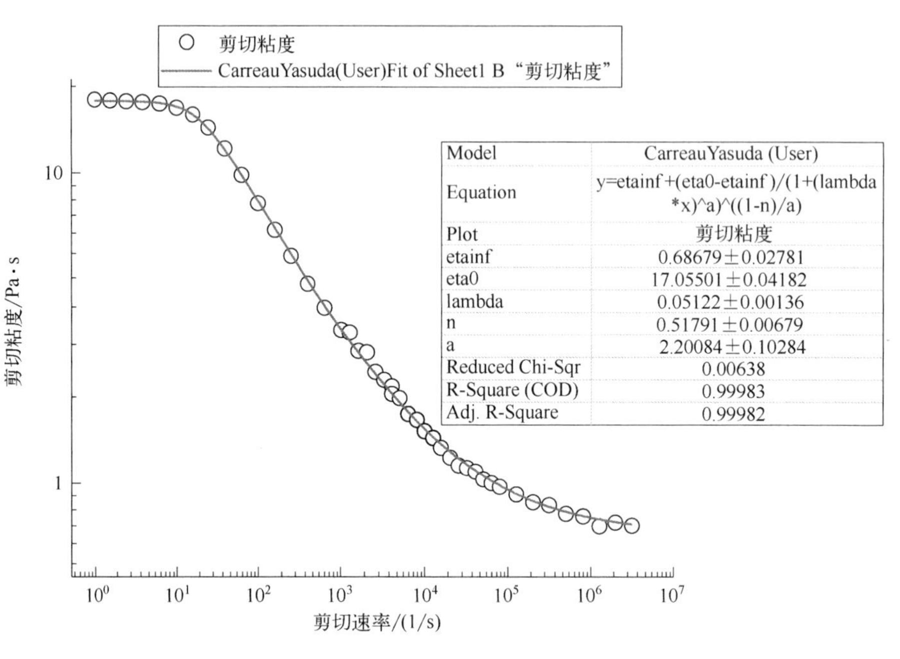

图 5-36 剪切黏度与剪切速率关系拟合结果

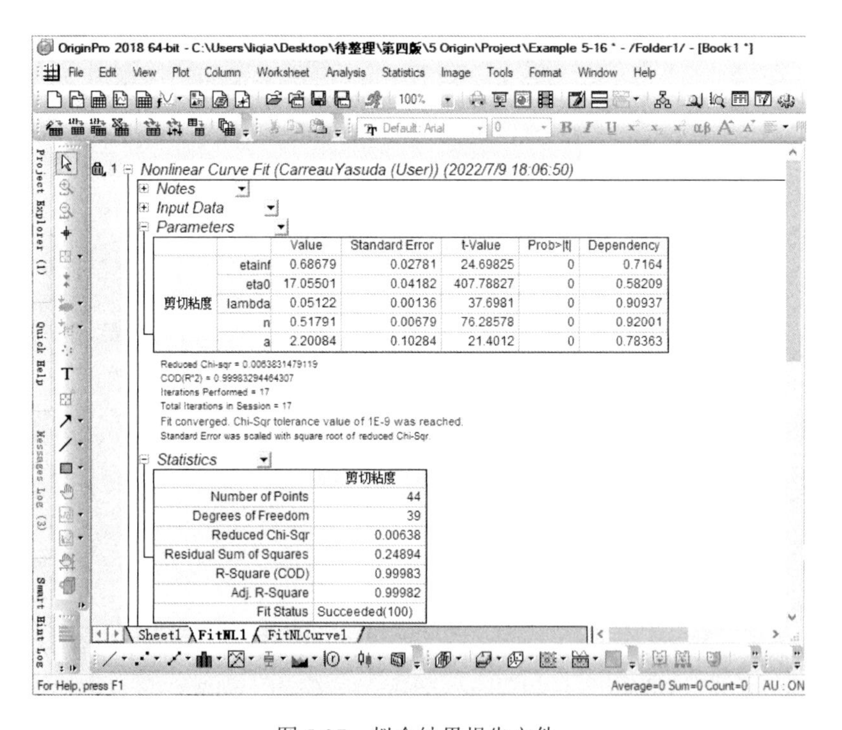

图 5-37 拟合结果报告文件

习题

1. 参照书中例子，练习 Origin 的数据导入、图形绘制和曲线拟合功能。

2. 表 5-5 是某化合物的质谱数据，用 Origin 绘制质谱图。

表 5-5 某化合物的质谱数据

m/z	14	15	28	29	30	43	44	45	46	47	60	61	62
Intensity/%	0.7	33	0.56	0.65	0.11	100	2.2	26	0.31	0.1	62	1.48	0.26

3. 导入一些化合物的红外图谱数据，用 Origin 绘制图形。

4. 某化学反应的速率（k）对温度（T）的关系符合 Arrhenius 方程 $k = Ae^{-\frac{E_a}{RT}}$（A 为指前因子，E_a 为反应活化能，R 为理想气体常数），用 Origin 绘制表 5-6 所列实验数据的图形，并分别用线性拟合和非线性拟合计算活化能。提示：将 Arrhenius 方程改写为 $\ln k = \ln A - \frac{E_a}{RT}$ 的形式即可应用线性拟合求解。

表 5-6 某化学反应的速率常数对温度的关系

T/K	295	223	218	213	206	200	195
k/[dm^3/(mol • s)]	3.55	0.494	0.452	0.379	0.295	0.241	0.217

6 使用 Visio 绘制化学化工图形

6.1 Visio 基本绘图

6.1.1 Visio 简介

Visio 是 Microsoft 公司开发的矢量绘图软件，是 Microsoft Office 套件的一个部分。对于化学化工专业制图，Visio 提供了大量的标准图形、辅助工具以及相关的绘图模板，可以满足各类示意图、单元设备图以及工艺流程图的绘制需要。本章主要介绍 Visio 2019 在化学化工绘图、化工装置图、工艺流程图绘制中的使用。

6.1.2 Visio 图形绘制基础

6.1.2.1 使用模板新建图形文件

启动 Visio 后将显示如图 6-1 所示的启动窗口。左侧窗格提供了开始、新建、打开、账户、反馈、选项六个命令按钮。单击“开始”按钮可选择新建文件或打开最近使用的文件；单击“打开”按钮可打开指定位置的文件；单击“新建”按钮可在窗口右侧显示新建文件窗口，如图 6-2 所示。

图 6-1　Visio 启动窗口

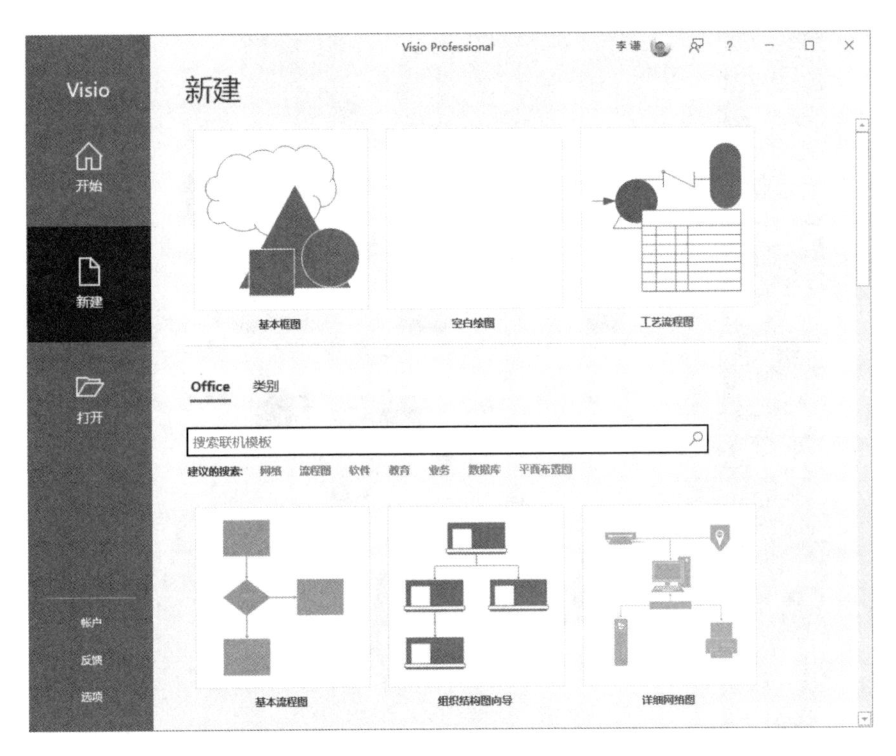

图 6-2 新建窗口

新建文件主窗口上部为“新建”区域，单击基本框图或空白绘图图标，在弹出窗口中阅读说明或调整设置后单击“创建”按钮，可建立新绘图文件。Visio 针对不同的绘图要求提供了丰富的模板文件和工具。使用模板不仅可大大提高绘图的效率，而且有利于提高所绘图形的规范性。在文字 Office 下方的搜索框中可搜索联机模板，单击类别可在 Visio 默认提供的模板类中选择。Visio 默认提供了商务、地图和平面布置图、工程、常规、日程安排等八个模板类，每个模板类下包含了不同的模板文件，分别用于不同类型图形的绘制。例如，单击“工程”模板类，可显示该类包含的模板文件，如图 6-3 所示。在工程类下有工业控制系统、工艺流程图、电路和逻辑电路、管道和仪表设备图、部件和组件绘图等模板。双击欲使用的模板，或单击该模板后在弹出窗口中单击“创建”按钮，Visio 将根据该模板建立新绘图并进入绘图界面。也可单击左上方的“←返回”图标返回新建文件窗口。

6.1.2.2 Visio 的用户界面

在模板选择窗口中双击“工艺流程图”模板可以新建绘图并进入如图 6-4 所示的绘图界面，主要由快速访问工具栏、标题栏、功能区、形状窗口、绘图区和底部的状态栏组成。标题栏用于显示程序名（Visio Professional）和当前编辑的文件名；快速访问工具栏包含最常使用的命令按钮，如保存、撤销等，其右侧的小箭头可用于快速访问工具栏的定制；状态栏用于实时显示画图的各种信息，如当前页数/总页数、当前图形的高度与宽度等。Visio 把缩放工具 - + 38% 整合到了状态栏的右侧，用户可方便地调整绘图的显示大小。绘图区是主要的绘图区域，其顶部显示有标尺，图 6-4 中的绘图区还显示有网格，以便于图形的准确定位与排列；在移动图形时，Visio 还会显示动态的参考线以帮助用户对齐图形。可在“视图”工具面板的“显示”工具组取消标尺、网格和参考线的显示。

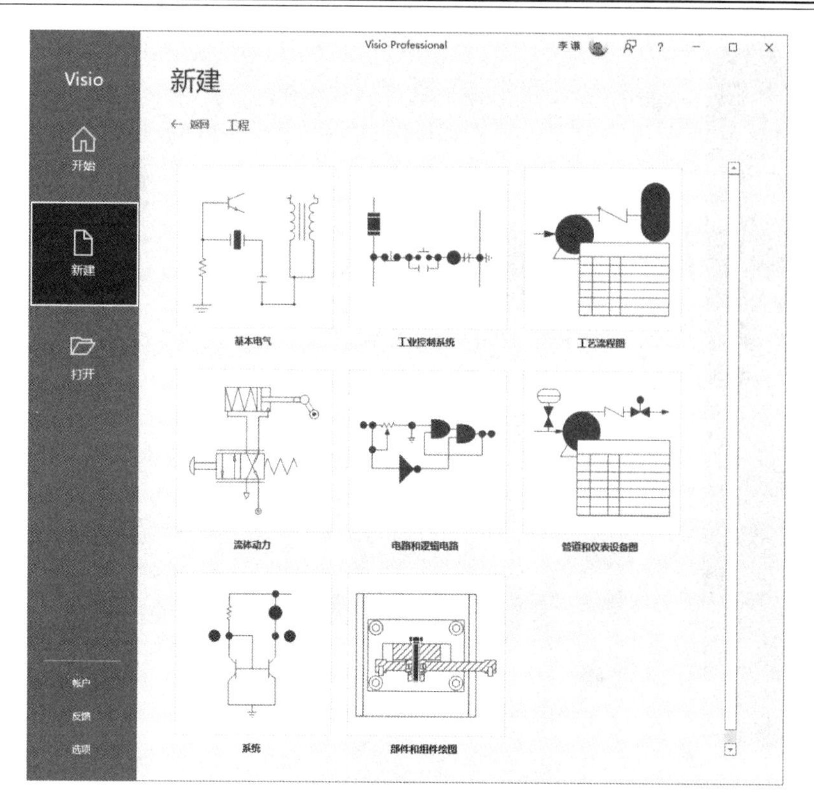

图 6-3 “工程”模板类的模板选择界面

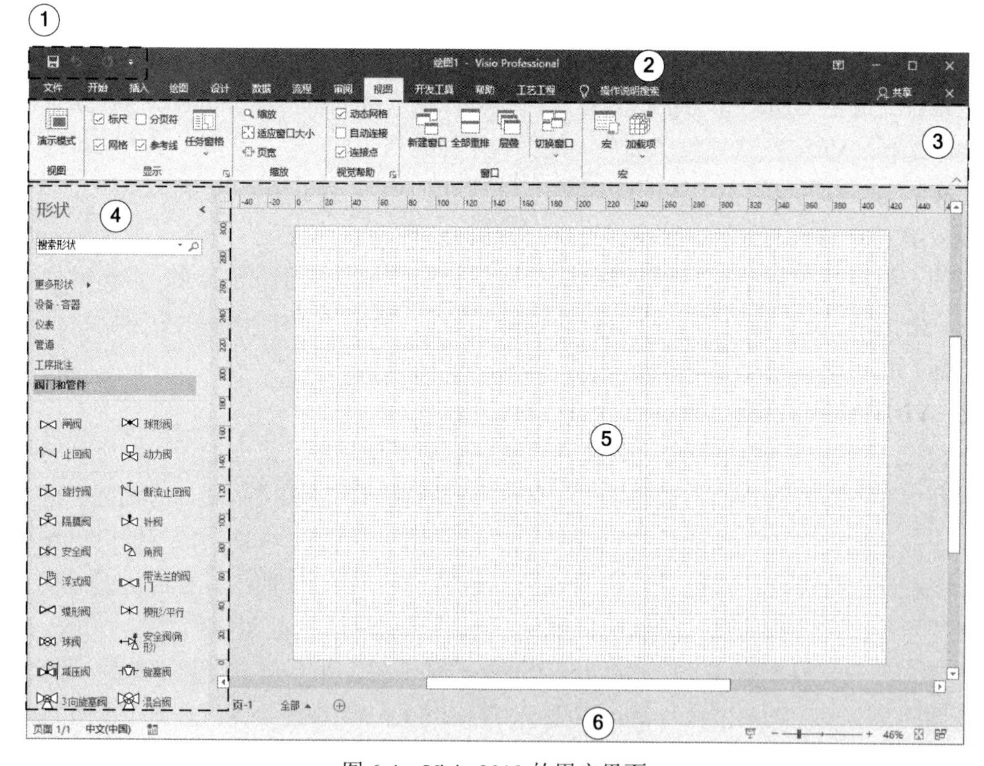

图 6-4 Visio 2019 的用户界面

① 快速访问工具栏；② 标题栏；③ 功能区；④ 形状窗口；⑤ 绘图区；⑥ 状态栏

根据用途不同，Visio 把各种操作命令整合到功能区的不同选项卡上。Visio 2019 提供了文件、开始、插入、绘图、设计、数据、流程、审阅和视图等选项卡，分别适合于不同的用途。例如，“开始”选项卡集成了图形编辑中最常使用的命令，如剪贴板、字体、段落、形状等；如果要设计图形的背景与格式，可在“设计”选项卡中找到页面设置、主题、变体、背景以及版式等选项。使用右键菜单可以对功能区进行定制。

Visio 2019 常用的选项卡有以下几种。

① 开始选项卡。提供最常用的图形编辑工具，如字体设置、段落设置、形状样式、绘图工具等。

② 插入选项卡。用于在图形中插入各种页面、图形、图片、标注、文本框、对象等。

③ 绘图选项卡。自由绘图工具，可使用鼠标或触摸板进行绘图。

④ 设计选项卡。用于对页面、背景、主题、配色等进行设置。

⑤ 数据选项卡。提供使用内部或外部数据作图的工具。

⑥ 流程选项卡。提供了可以建模、验证以及重复使用复杂流程图表的工具。

⑦ 审阅选项卡。提供校对、语言、批注、报表等工具。

⑧ 视图选项卡。用于定制视图显示效果，如标尺、网格、参考线等。视图选项卡还提供宏和加载项工具。

⑨ 开发工具面板。提供 Visual Basic 编程、COM 加载项、控件、图形高级编辑、模具管理等功能。

⑩ 工艺工程。为工艺流程图模板所独有，用于对工艺流程图进行管理。

“开始”选项卡集成了最常用的图形编辑工具，如图 6-5 所示。根据功能相近的原则，Visio 把选项卡上的按钮分成了不同的组。例如“开始”选项卡上共有剪贴板、字体、段落、工具、形状、排列、编辑七个组。在某些组的右下角有一个箭头标记 ，单击可打开相应的高级设置。“开始”选项卡中主要分组及按钮的功能简述如下。

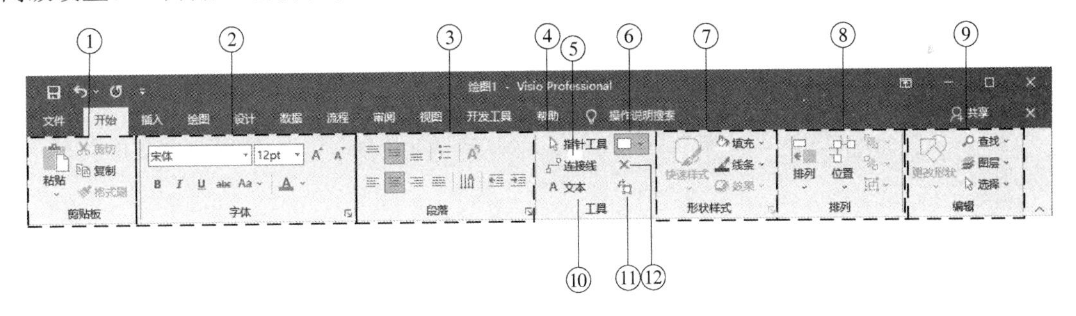

图 6-5 “开始”选项卡

① 剪贴板工具组。提供剪切、复制、粘贴和格式刷工具。单击粘贴按钮 下方的箭头可打开选择性粘贴菜单。

② 字体工具组。用于字体相关的设置，如字体、字号、粗体、斜体、下画线等。单击该工具组右下角的箭头 可打开“字体”对话框对字体格式进行更多的设置，如图 6-6（a）所示。

③ 段落工具组。用于段落相关的设置，如对齐、编号、缩进调整等。单击该工具组右下角的箭头 可打开“段落”对话框对段落格式进行更多设置，如图 6-6（b）所示。

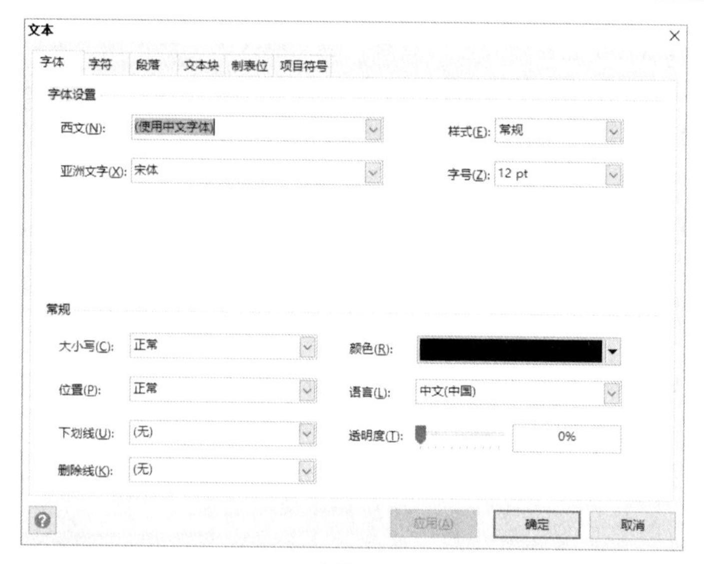

（a）“字体”对话框

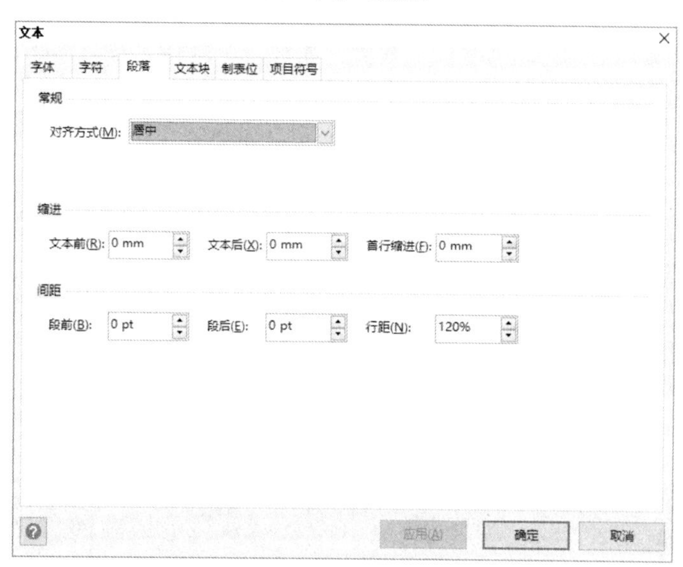

（b）“段落”对话框

图 6-6　文本设置界面

④ 指针工具。用于选择图形。

⑤ 连接线工具。用于绘制自动连接线。

⑥ 图形工具。用于常用图形的绘制，单击其右侧的小箭头将弹出如图 6-7 所示的“图形”弹出菜单，用户可以在矩形、椭圆、线条、任意多边形、弧形、铅笔 6 种图形工具中选择。

⑦ 形状样式工具组。用于设置图形的填充、线条和阴影样式。

⑧ 排列工具组。用于图形的对齐、排列、组合等操作。

⑨ 编辑工具组。包括更改形状、查找、图层和选择工具。

⑩ 文本工具。用于在图中输入文本。

⑪ 文本块工具。用于移动文本在形状中的相对位置和角度。

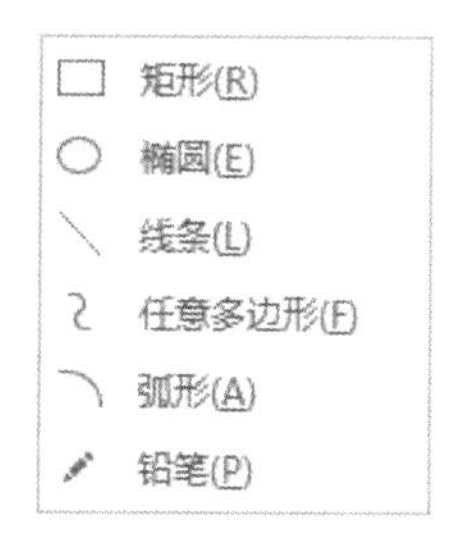

图 6-7 “图形”弹出菜单

⑫ 连接点工具。用于编辑、增加、删除连接点。

6.1.2.3 使用模板绘制图形

为了方便绘图，Visio 在各类模具中都提供了大量的标准图形模板。使用模板绘图不仅简单、高效，还可以利用 Visio 提供的各种与模板有关的高级功能，是应该优先选择的绘图方式。Visio 提供的模具和模板很多，主要通过样式窗口和相关选项卡进行操作。使用工艺流程图模板绘图时，初始绘图界面如图 6-8 所示。

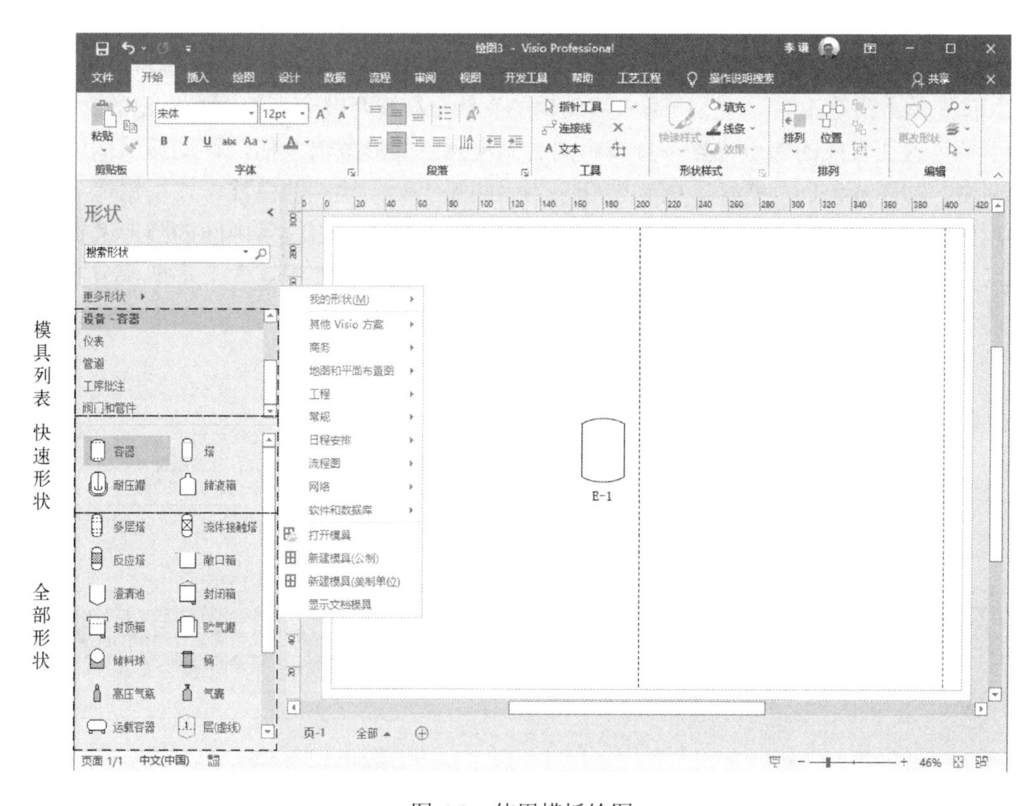

图 6-8 使用模板绘图

单击形状窗口右上角的“<”按钮可将其收起以扩展绘图空间，单击“>”按钮可还原；形状窗口的最顶部是搜索框，可直接键入关键词，单击🔍按钮搜索所需的图形。单击更多形状命令，可弹出如图 6-8 中所示的菜单，用户可使用菜单上的命令打开新的模具。形状窗口的中间部分为模具列表，用于显示所有已打开的模具的标题，单击任一模具，将在下方的窗口显示该模具中包含的形状。浅色分割线上方是“快速形状”区域，其中放置最常使用的形状，可通过将所需形状拖入或拖出“快速形状”区域进行定制；浅色分割线下方显示当前模具中的所有形状。

使用图形模板绘图时，可以单击模具列表中任一模具的标题打开所需模具，在下方的快速形状或全部形状区域中找到所要绘制的图形，然后用鼠标将其拖动到右侧的绘图窗口中即可。以绘制容器为例，应用工艺流程图模板建立新图形，在形状窗口中单击打开“设备-容器”模具，将下方窗口中的“容器”图形拖动到右侧的绘图区域，Visio 将在绘图区域添加容器图形并自动将其编号设为 E-1（图 6-8）。用户可以根据需要编辑图形（见 6.1.2.4 节），也可修改或者隐藏设备编号。

6.1.2.4 使用绘图工具绘制图形

如果所需绘制的图形在Visio提供的形状库中没有找到，则需要使用绘图工具绘制。Visio在“开始”选项卡中的图形工具组提供了常用的图形绘制工具，单击图形绘制工具右侧的小箭头将弹出如图6-7所示的弹出菜单，用户可以在矩形、椭圆、线条、任意多边形、弧形、铅笔6种图形工具中选择。

（1）线条的绘制。图形工具中的“矩形”“椭圆”工具分别用于绘制封闭的矩形和椭圆；“线条”“弧形”和“任意多边形”工具分别用于绘制直线、圆弧和任意形状的曲线；“铅笔工具”铅笔(P) 具有强大的功能，既可用于绘制直线和弧线，也可用于编辑已有的线条。例如，首先单击铅笔工具，再单击选中欲编辑的直线，直线两端会出现圆圈标记的端点手柄，移动手柄可改变直线的端点位置；直线中间会出现蓝色圆形编辑手柄，移动该手柄可改变直线的曲度，如图6-9（a）所示。图6-9（b）为“圆弧工具”绘制的弧线，使用铅笔工具单击可出现两端圆形的端点手柄和中央蓝色圆形编辑手柄，再次单击线条中间的圆形编辑手柄将变成红色，还会在两侧出现另外两个蓝色圆形手柄。可以配合使用这3个手柄调节曲线的曲率。此外，“铅笔”工具还可以配合“任意多边形”等其他工具使用，对图形中线条的形状进行调整，如图6-9（c）、图6-9（d）所示。

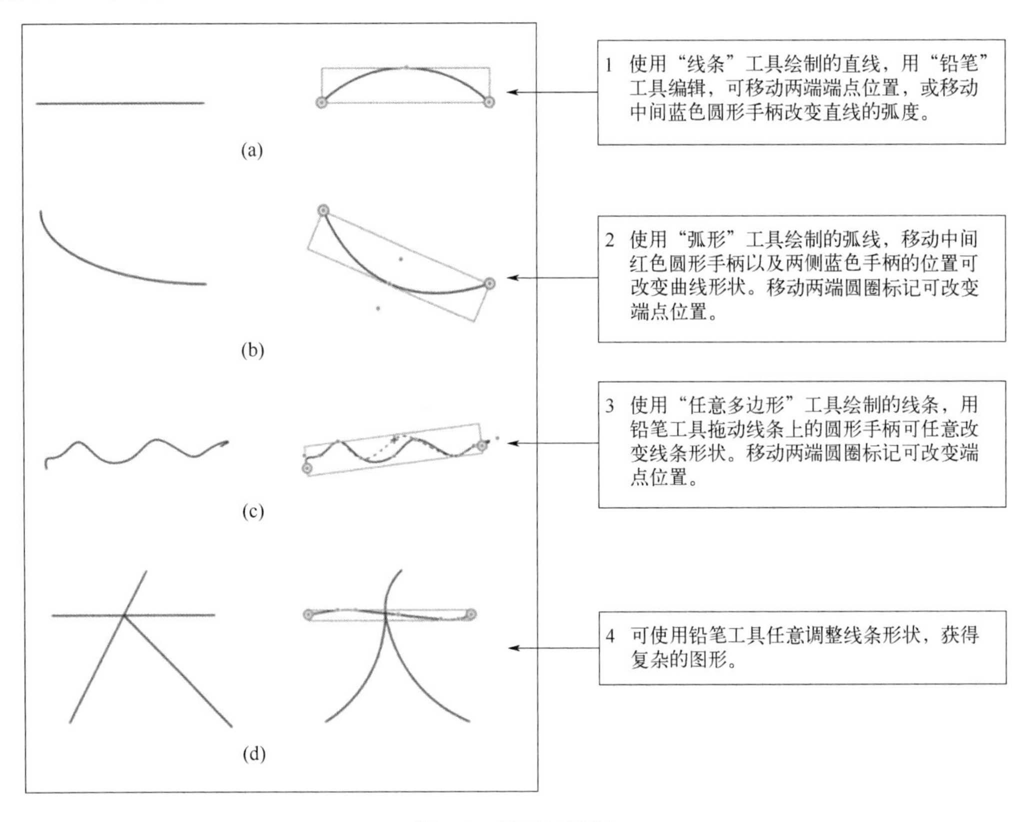

图6-9 线条的绘制

（2）线条的编辑。选中欲编辑的图形或线条，单击 线条 按钮，在弹出的菜单中可设置线条的格式，如图6-10（a）所示。如需进行更详细的设置，可在选中欲编辑的图形或线条后在其上单击鼠标右键，在弹出的菜单［图6-11（a）］中选择“设置形状格式”打开如图6-11（b）所示的“设置形状格式”窗口。单击“设置形状格式”窗口顶部的三个图标可分别打开“填充与线条”“效果”“大小与属性”三个不同的设置面板。以编辑线条为例，单击图标打开“填充与线条”设置面板，若“线条”下的详细选项未显示，可单击其左侧的三角形标记▶将其打开，即可根据绘图要求对线条的虚实、颜色、粗细以及始端和末端形状等进行编辑。

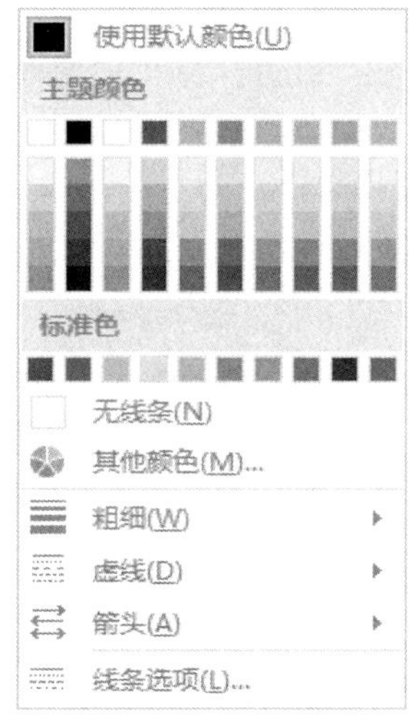

（a）“线条”弹出菜单

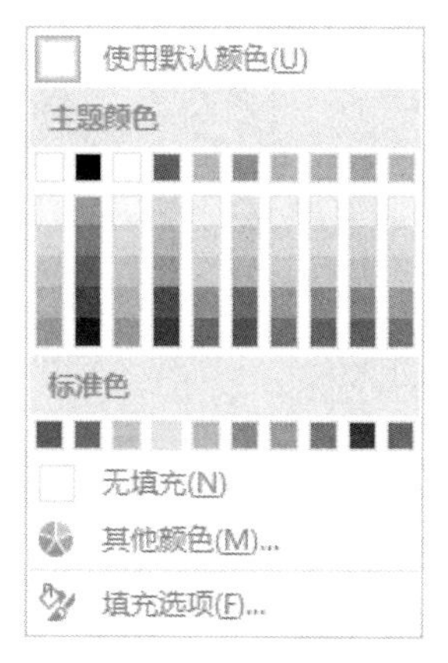

（b）“填充”弹出菜单

图 6-10　图形编辑菜单

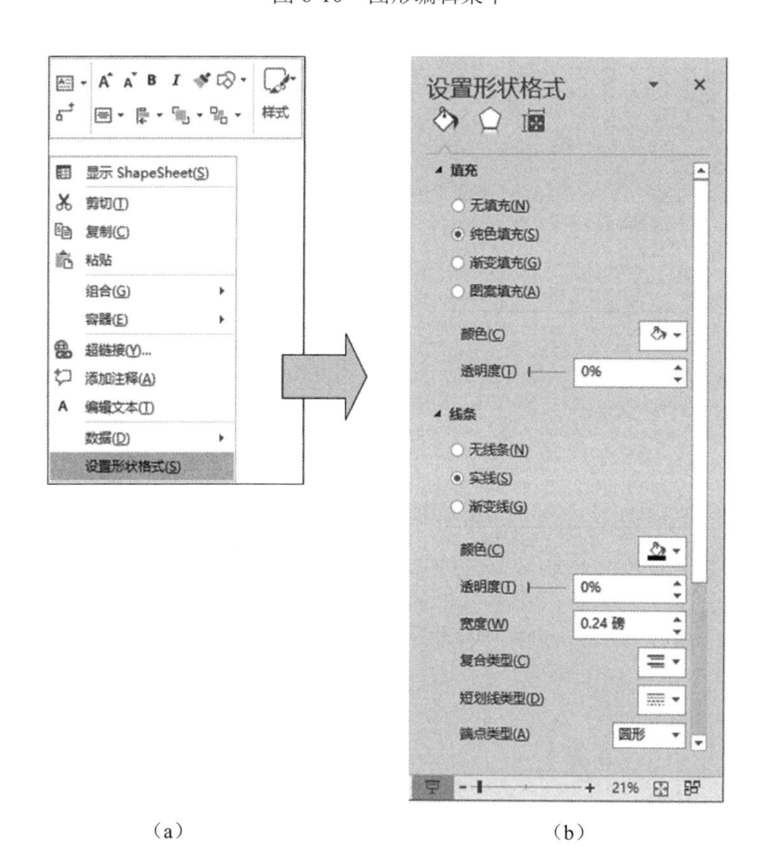

（a）　　（b）

图 6-11　线条的编辑

（3）线条的高级编辑功能。Visio 默认不打开高级编辑功能。欲启用该功能，首先要点击 Visio 窗口左上角的“文件”，然后点击“选项”命令，在弹出的“Visio 选项”窗口左侧菜单单击“高级”，然后在右边窗口的最下部勾选“以开发人员模式运行”。返回 Visio 的主窗口即可发现多了一个名为“开发工具”的选项卡（图 6-12）。其中“形状设计”工具组中的操作按钮可用于图形的各种运算操作。例如可对线条进行的操作有连接、修剪、偏移等。方法为：首先选中所需编辑的线条，然后单击操作按钮，在弹出菜单中选择所需的操作命令完成操作，如图 6-13 所示。

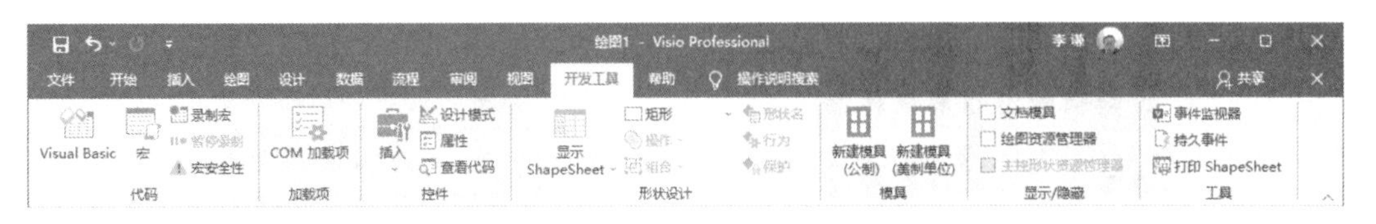

图 6-12 “开发工具”选项卡

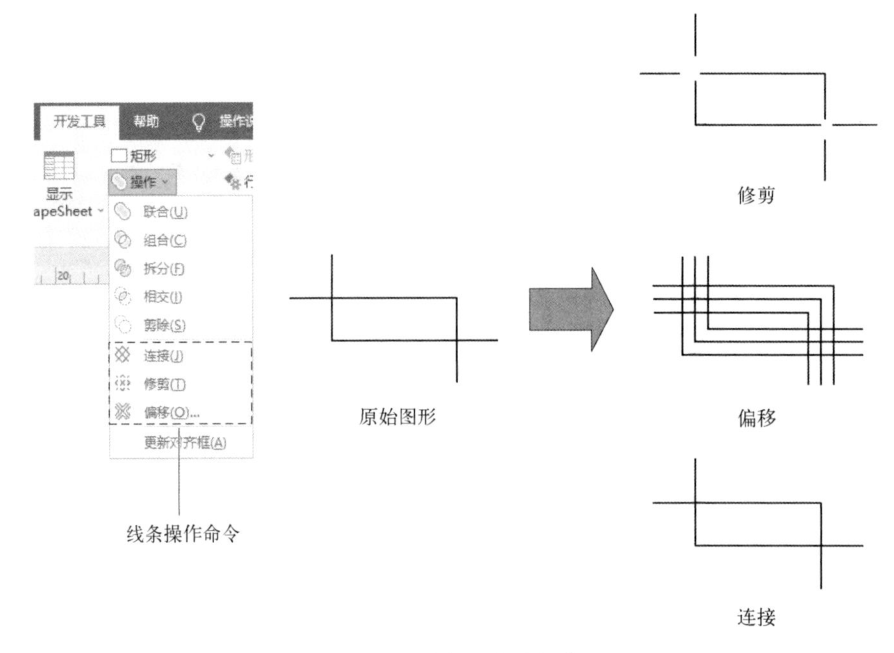

图 6-13 线条的各种操作

（4）封闭图形的编辑。封闭图形是边缘完全闭合的图形，不仅可以编辑其轮廓线，也可以编辑其文本和填充格式。在选定形状后，单击文本按钮 A 文本 可编辑其文本，也可用文本块工具移动文本与形状的相对位置。形状文本是形状的一部分，会随着形状的移动而移动。

在选定形状后，可使用填充按钮填充调整其填充属性［图 6-10（b）］。也可在选中形状后，在右键菜单中选择“设置形状格式”命令对填充［图 6-11（b）］和阴影（图 6-14）进行详细的设置。可选择的填充选项有颜色、填充图案、透明度等，阴影选项有样式、颜色、图案、透明度等。

（5）图形的高级编辑功能。与线条类似，Visio 也提供了图形的联合、拆分、剪除等高级编辑功能。在选中图形后，可以在“开发工具”选项卡中单击操作按钮，实现所需的编辑操作。图 6-15 给出了部分操作实例。

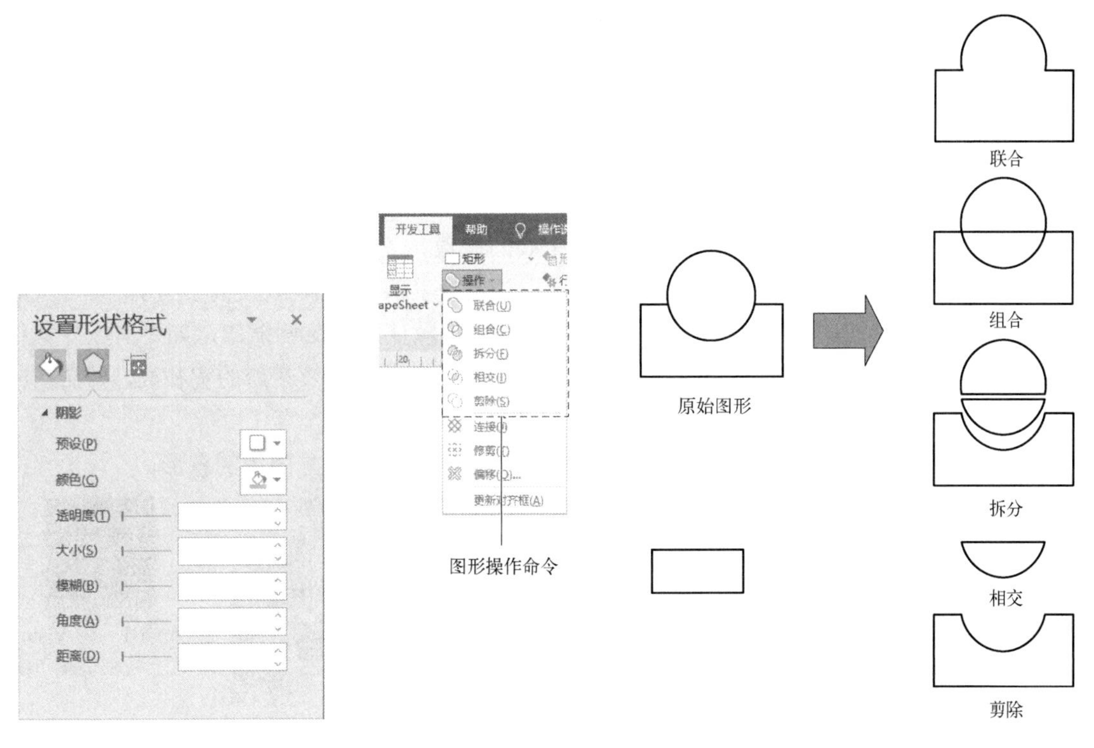

图 6-14 “阴影”设置面板　　　　图 6-15　图形的各种操作

（6）图形的移动和尺寸的调整。在图形的绘制过程中，常常需要移动、旋转图形或调整图形的大小。移动图形时，首先用指针工具[指针工具]选中图形，图形四周会出现相应的调整手柄，如图 6-16 所示。

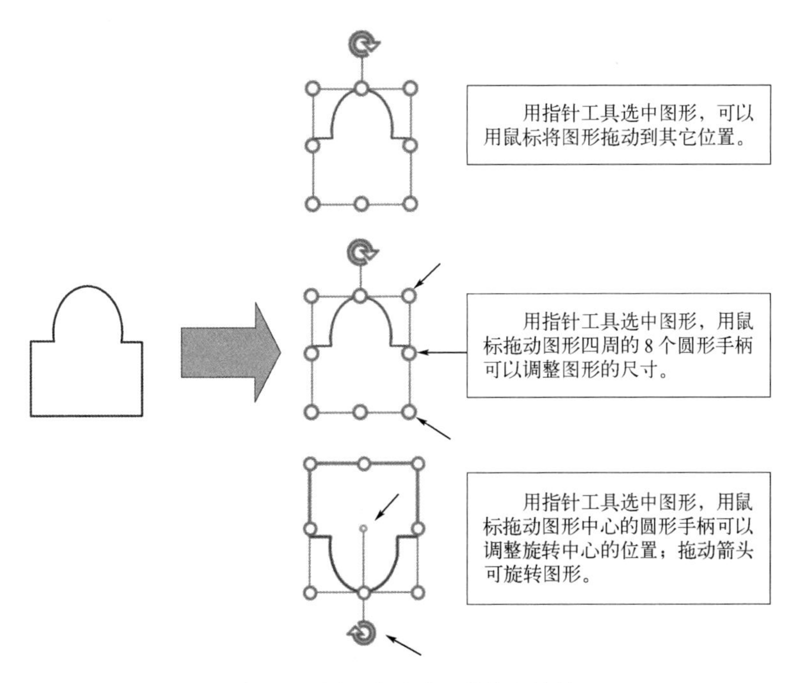

图 6-16　图形的移动、缩放和旋转

移动图形：将鼠标移至图形区域，待鼠标指针变为 形状后，即可拖动图形到合适的位置。也可使用键盘上的方向箭头“←↑↓→”移动所选定的图形。若需微调图形的位置，可联合使用 Shift 键和方向键。

旋转图形：图形上方的环形箭头手柄为旋转手柄，将鼠标移动到此手柄上时，鼠标指针变为 ，直接拖动手柄即可对图形进行旋转。同时，图形的内部会出现一个新的圆形手柄，该点为图形的旋转中心，可用鼠标移动旋转中心的位置。

调整图形大小：可使用图形四周的 8 个圆形“调整手柄”，拖动手柄即可调整设备图形的大小。拖动 4 个角的手柄可同时调整图形的宽和高，默认为等比例缩放，如不需保持宽和高的比例，可在拖动同时按下 Shift 键；拖动 4 个边的手柄单独调节图形的宽和高，如需在调节时保持宽和高的比例不变，则应在拖动的同时按下 Shift 键。

掌握了上述基本技能之后，我们通过两个实例来学习绘制一些简单的图形。

【例 6-1】 绘制如图 6-17（i）所示的旋塞。相关操作参看码 6-1。

码 6-1　用 Visio 绘制旋塞

（1）使用“线条”工具 线条(L) 绘出旋塞的两条中轴线［图 6-17（a）］。单击开始选项卡中的“线条”按钮 线条，在下拉菜单中选择 虚线(D) 命令，将直线线形设置为点划线 -·-·-·-·-·-·- ；使用同一菜单中的 粗细(W) 命令将线条的粗细设置为 1pt，在绘图空白区域绘制两条相交的中心线。

（2）使用“线条”工具 线条(L) 绘出旋塞的管壁［图 6-17（b）］。设置管壁的线条粗细为$1\frac{1}{2}$pt。

（3）标出旋塞手柄转过的角度。首先使用“线条”工具 线条(L) 绘制连接两条中轴线的直线［图 6-17（c）］；选中这条直线，单击“铅笔”工具 铅笔(P) ，用鼠标拖动直线中点的调整手柄以修改连接线的弧度；设置弧线的粗细为 1pt；设置弧线的两端为箭头 02: ，并选择箭头的大小为“中等”，完成后如图 6-17（d）。

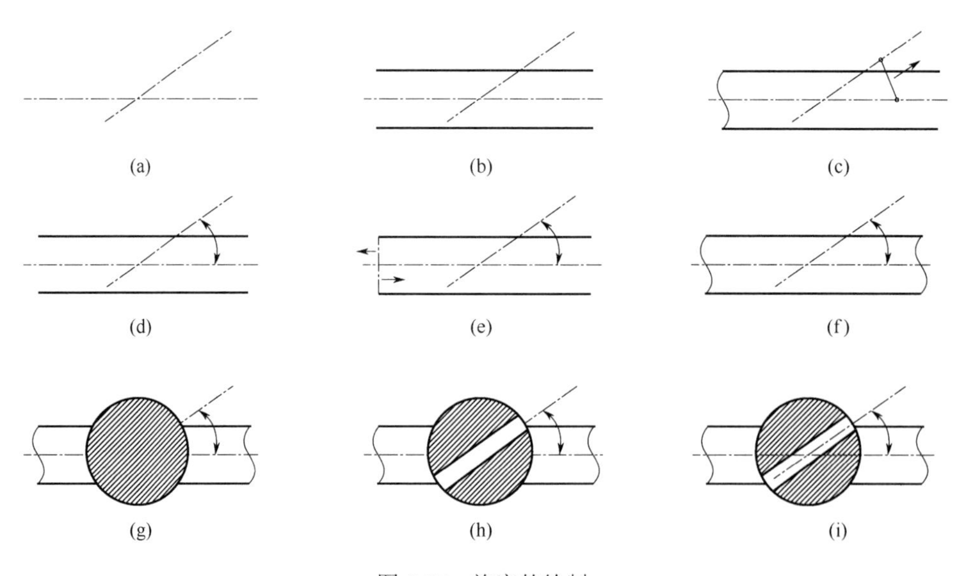

图 6-17　旋塞的绘制

（4）绘制水平管的端口线［图6-17（e），（f）］。首先修改绘图窗口的显示比例为400%，使用“线条”工具 线条(L) 绘制两条相连接的线段，然后使用“铅笔”工具 铅笔(P) 将上下两条线段的中心手柄分别向左和向右移动，形成S形曲线，设置曲线的粗细为1pt。复制曲线并移动到旋塞管的另一端。

（5）使用“椭圆”工具 椭圆(E) 绘制圆形旋塞［图6-17（g）］，画圆时可按住Shift键以确保画出正圆形。在右键菜单中选择“设置形状格式”命令，在填充与线条设置面板将圆形旋塞的填充方式选为图案填充，将填充模式设定为02: ，前景颜色设为黑色，设置圆形的线条粗细为$1\frac{1}{2}$pt。

（6）绘制矩形把手［图6-17（h）］。在圆形旋塞中绘制矩形把手，然后旋转矩形使其与中轴线平行。使用“铅笔”工具 铅笔(P) 将矩形两端直线变为弧线，使其与圆形重合，设置把手线条粗细为$1\frac{1}{2}$pt。

（7）选中两条中心线，单击排列工具组中的“置于顶层”按钮，使其显示在所有图形的上方，完成图见［图6-17（i）］。

码6-2 用Visio绘制U形管压差计

【例6-2】 绘制如图6-18（f）所示的U形管差压计。相关操作参看码6-2。

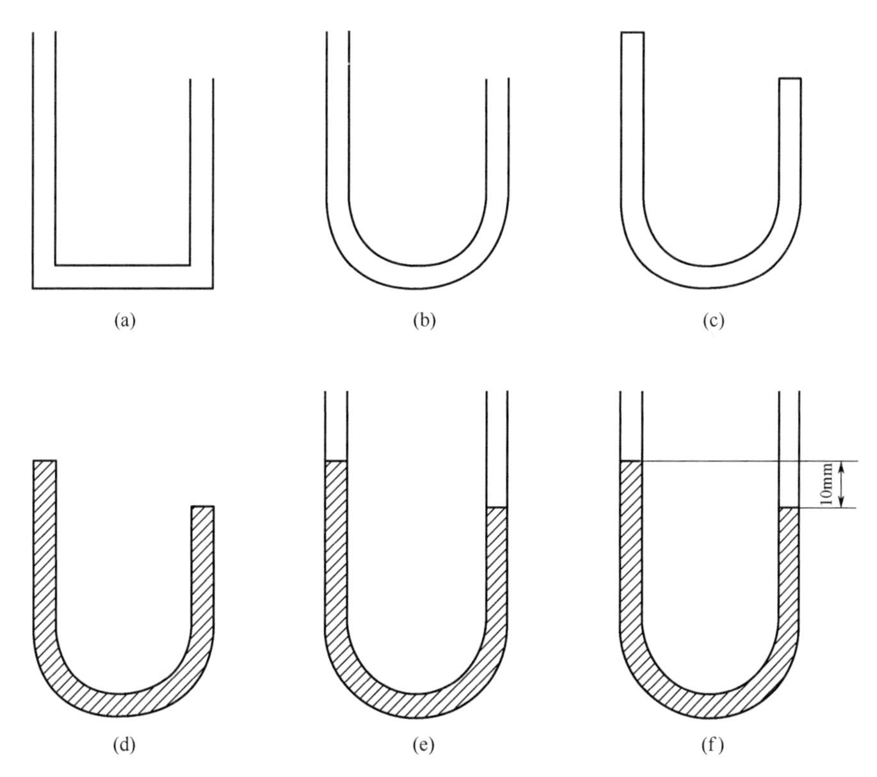

图6-18 U形管压差计的绘制

（1）用“线条”工具 线条(L) 画出内外两条折线，设定线条的粗细为1pt，如图6-18（a）所示。

（2）使用鼠标右击图6-18（a）中内部的折线，在快捷菜单中选择“设置形状格式”命令打开如图 6-10 所示的“设置形状格式”对话窗口；在“线条”设置“圆角大小”输入框中输入适当的数值，将折线的直角变为圆角。对于本例，输入折线宽度的一半，即可将折线底部变为半圆形。当选中折线时，Visio 会在窗口底部的状态栏实时显示当前选中图形的宽度和高度，如本例中折线宽度为 40mm 页面 11/31 宽度: 40 mm 高度: 50 mm 角度: 0 deg 中文(中国)，可在圆角大小中输入 20mm。采用同样的方法将外部折线也变为 U 形曲线，如图 6-18（b）所示。

（3）用直线封闭 U 形管的上端，此时得到的图形仍然是线条连成的，Visio 并不认为其是一个封闭的图形，因此无法设置其填充属性。选中全部线条，在“开发工具”的选项卡中单击 操作 按钮，选择 连接(J) 命令，可将线条围成的轮廓连接为一个封闭的 U 形管形状，如图 6-18（c）所示。

（4）在 U 形管右键菜单中选择“设置形状格式”命令，在“填充与线条”设置面板将设定填充方式为“图案填充”，设置图形的图案属性为 02:，前景颜色设为黑色，完成后如图 6-18（d）所示。

（5）用“线条”工具 线条(L) 画出 U 形管上端，如图 6-18（e）所示。

（6）画出如图 6-18（f）的横线和箭头，为了保持图形的协调可在如图 6-11（b）的设置形状格式窗口中将“开始箭头粗细”“结尾箭头粗细”都设为非常小；应用“文本”工具 A 文本 输入文本“10mm”，使用指针工具选中输入的文本，将其旋转、移动至适当的角度和位置，完成后得到图 6-18（f）。

6.1.3 文本的创建和编辑

Visio 允许为每个图形（包括线条）输入文字。例如可在图中增加设备的加工说明、尺寸说明等。输入的文字作为图形的一部分，在移动、旋转、缩放图形时会随图形的变化自动调整，十分方便。双击图形即可输入或调整图形文字，也可首先选中“文本”工具 A 文本，然后单击需要编辑的图形。若选中“文本”工具 A 文本 后在屏幕空白部分单击，可输入单独的文本块。使用“文本块”工具可编辑文字与图形的相对位置和角度。其方法是首先选中“文本块”工具，再单击需要编辑的文字。此外，也可使用“开始”选项卡上的“字体”工具组对文本格式字体、字号、颜色等进行设置，也可通过右键菜单中的“设置形式格式”命令进行设置。具体操作示例如图 6-19 所示。

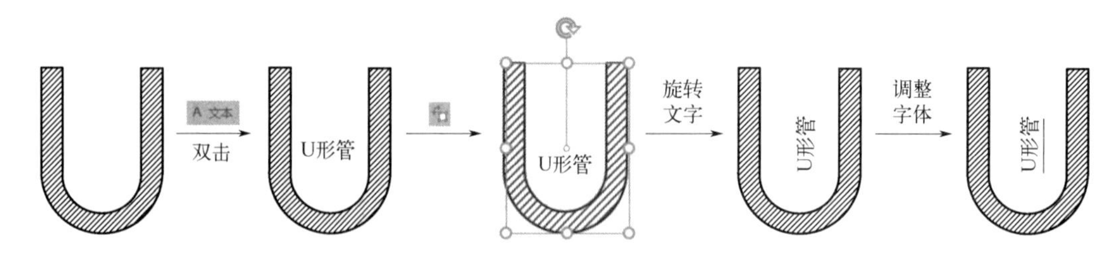

图 6-19　文字的编辑

在绘制工艺流程图时，当我们把形状窗口中的标准设备图形拖动到绘图窗口时，Visio 会自动在设备下方创建标记文字，如图 6-20 所示。除前面介绍的方法外，可双击该标记编辑其文本，例如可将自动生成的编号 E-1 改为真实设备的名称和类型；单击图形后会出现编辑手柄，移动文字中心的黄色圆形手柄，可以改变文本与图形的相对位置；也可在设备图形的右键菜单中设定隐藏或显示标记。

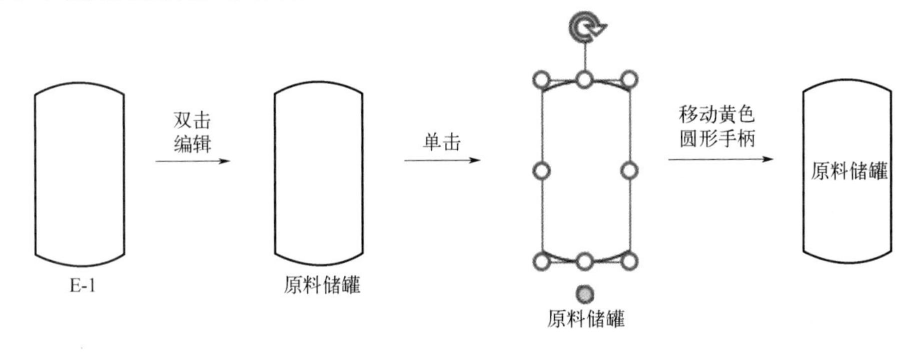

图 6-20　标记的编辑

6.1.4　使用连接线工具绘图

使用 Visio 提供的“连接线工具”可以方便地绘制图形间的连接关系，与直线工具相比连接线具有以下优势。一是两条连接线交叉时，可以通过用户设置显示不同的跨线效果，如图 6-21（a）；二是当与连接线相连接的图形移动时，连接线会自动根据图形的位置调整自身形状；三是当连接线设置为“曲线连接线”或“直角连接线”时，所绘制的连接线会自动绕过其他图形，如图 6-21（b）所示。

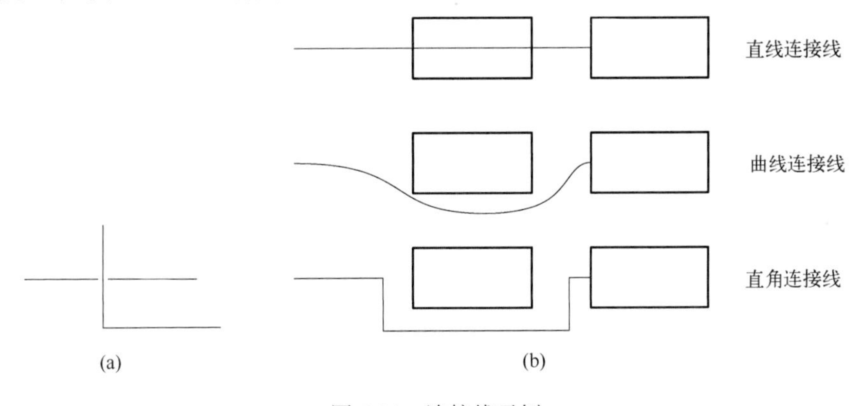

图 6-21　连接线示例

6.1.4.1　连接点

连接点是图形上的特定点，使用连接线工具连接图形时，线端会自动粘接到最近的连接点，此时松开鼠标即可把图形和连接线连为一体。当“视图”选项卡上的“连接点”选项被选中时，可使用连接点工具查看图形的默认连接点，如图 6-22 中箭头所指示。如果图形默认的连接点位置不是我们需要的，可使用“开始”选项卡上的连接点工具 ✕ 对连接点进行编辑。方法为首先选中连接点工具，单击所需编辑的图形，即可显示图形上的连接点。单击任一连接点，待其变成红色，即可拖动调整其位置，例如我们可将反应釜连接点移动至夹套外右侧，或使用 Del 键删除选中的连接点［图 6-22（b）］。也可按住 Ctrl 键的同时在图形上任意位置单击以增加连接点［图 6-22（c）］。

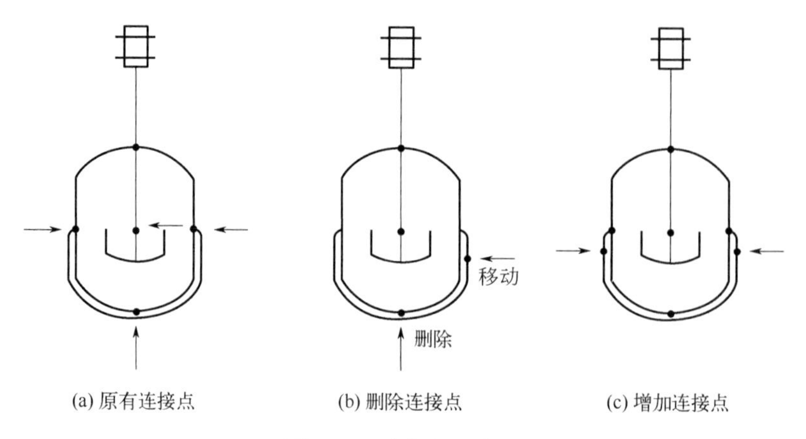

图 6-22　连接点的编辑

6.1.4.2　跨线的调整

在工程制图中，当两条线交叉时，常常需要用跨线来区分图线。在“设计”选项卡中，单击连接线按钮下方的箭头，在弹出菜单中可以关闭/显示跨线。也可右击画图区底部的页标签，在弹出菜单中选择“页面设置”命令，在“布局与排列”面板中调整页面的跨线设置，可指定将跨线添加到哪根线条，确定跨线的形式、大小等（见图 6-23）。

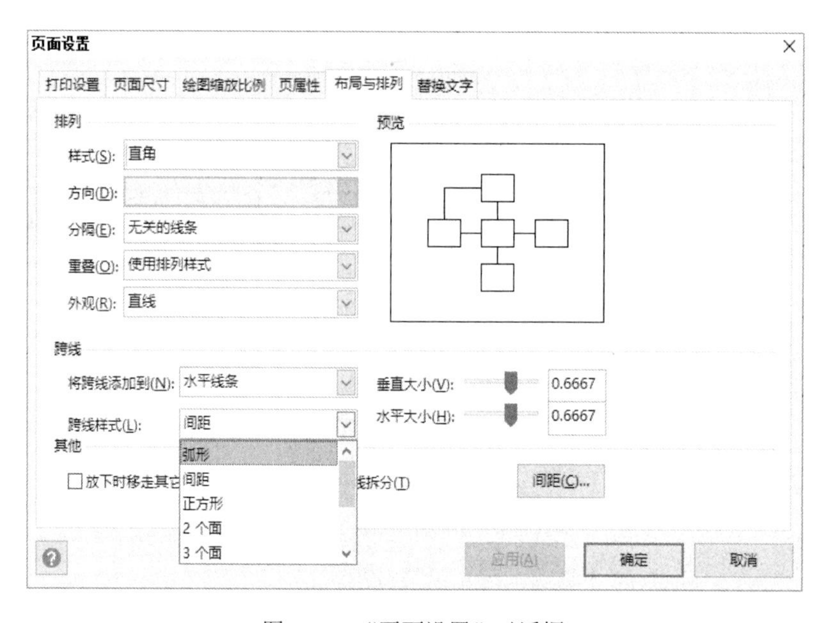

图 6-23　“页面设置”对话框

6.1.4.3　连接线的调整

可采用 6.1.2.4 中介绍的方法，使用指针工具和铅笔工具调整连接线的形状，也可使用右键菜单切换直线连接线、曲线连接线、直角连接线三种形式。

【例 6-3】 绘制如图 6-24（d）所示的流程图。

（1）按住键盘上 Shift 键的同时，使用“矩形”工具 矩形(R) 画出一个正方形，将其逆时针旋转 45 度得到菱形◇；双击图形编辑文字可得到◇；使用文本旋转工具（6.1.3 节）将文字角度顺时针旋转 45 度可得到◇；复制第一个菱形，编辑文字可得到图 6-24（a）。

（2）使用 6.1.4.1 节介绍的方法分别在第一个菱形的顶部、左侧，以及第二个菱形的左侧、顶部、底部顶点添加连接点。

（3）选中“连接线”工具 连接线，从第一个菱形左侧向其左侧连接点绘制连接线；设置线宽为 1pt，右侧箭头；双击连接线，输入文字“极性电解质”，使用指针工具移动文字中央的黄点调整文字位置，如图 6-24（b）。

（4）使用“连接线”工具 连接线 连接第一个菱形顶部和第二个菱形左侧连接点；移动连接线上的蓝色调整手柄调整其形状；设置线宽为 1pt，右侧箭头（可使用格式刷工具复制第一根图线的设置）；编辑文字可得图 6-24（c）。

（5）绘制其他图线；并使用“文本”工具 A 文本 补充右侧文字，得到图 6-24（d）。

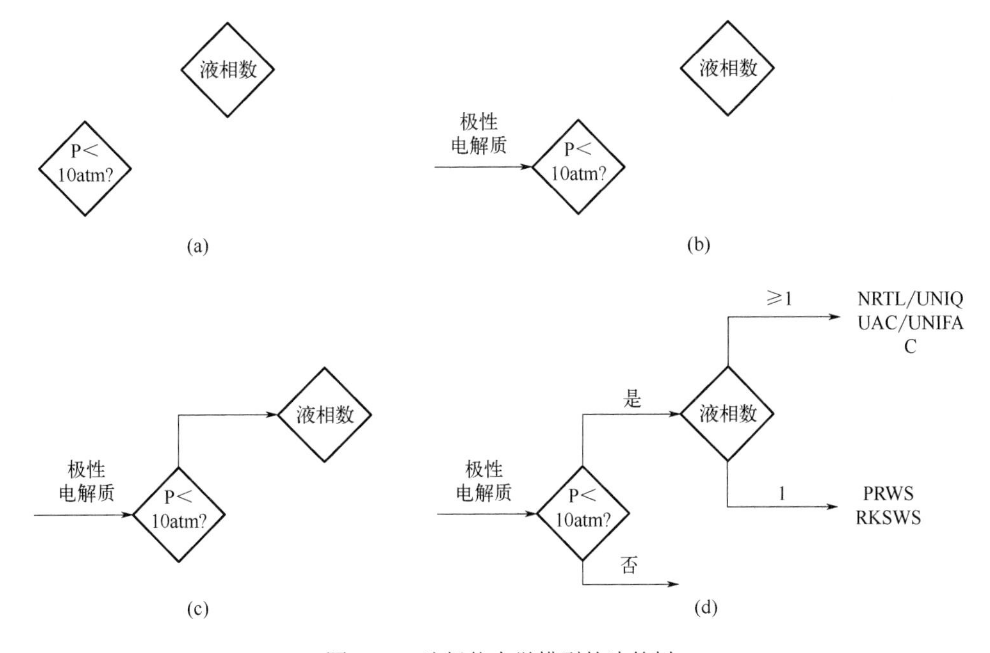

图 6-24　选择热力学模型的决策树

6.1.5　图层的使用

Visio 支持图层的使用，可以将不同类别的图形放在独立的图层中。Visio 允许用户独立设置任何一层的属性（锁定、可见、打印、透明度、颜色等），便于图形的组织和管理。例如在绘制工艺流程图时，我们可以把阀门、管道和工艺设备分别放置在不同的层，在编辑设备时，可将仪表、管道层锁定或隐藏，这样所做的修改将不会影响到其他层的图形。

（1）创建图层。单击“开始”选项卡上的 图层 按钮，在弹出菜单中选择 层属性(L)... 命令可打开“图层属性”对话框（图 6-25）。单击“新建”按钮，并在弹出的“新建图层”对话框中输入图层的名称，再单击“确定”即可建立新图层。可在图形属性对话框中设置是否允许任一图层可见、打印、活动、锁定等。

（2）将图形分配到图层的方法为：选中设备图形，单击“开始”选项卡上的 图层 按钮，在弹出菜单中选择 分配层(A)... 命令，在弹出的对话框中选中当前设备欲分配的图层，并单击“确定”按钮即可完成图层分配操作（图 6-26）。同一图形可以分配多个图层。

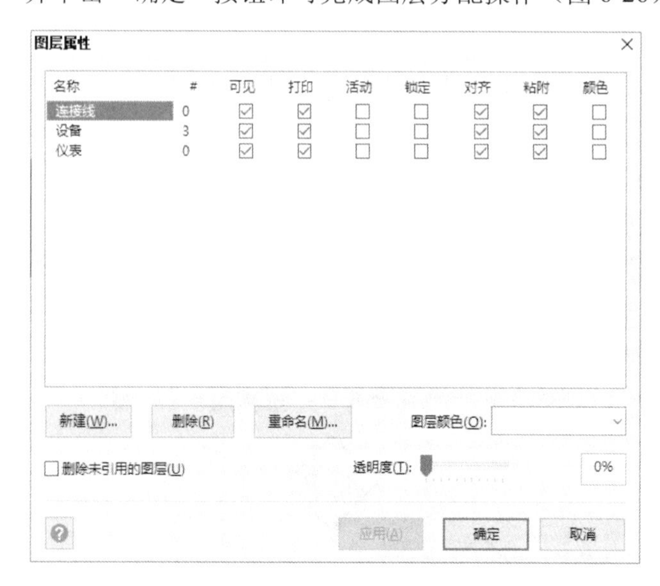

图 6-25 “图层属性”对话框

图 6-26 指定设备所在的图层

6.2 化工工艺流程图的绘制

6.2.1 应用工艺流程图模板建立新图形

启动 Visio，软件将自动显示新建文件窗口（见图 6-1），单击左侧“新建”按钮，在右侧单击“工程”模板类，在打开的“选择模板”窗口（图 6-3）中单击选择“工艺流程图”图标并单击“创建”按钮（也可直接双击“工艺流程图”图标）建立新图形并进入绘图页面。

6.2.2 添加设备、管道、阀门与仪表

6.2.2.1 添加标准图形

“工艺流程图”模板提供了大量常用的设备、管件以及管道的标准图形模板，并且将图形分类保存在各种模具中（见图 6-4）。使用时可根据需要选择合适的图形。例如欲绘制“球形阀”，可单击“阀门和管件”模具，找到“球形阀”图形并将其拖动到绘图窗口。如果所需的设备图形 Visio 没有提供，则可使用 6.1 节介绍的绘图方法自行绘制。

6.2.2.2 添加管道

设备间的工艺管线连接是工艺流程图的重要内容。单击打开“管道”模具，可发现 6 类连接管道，即主管道、主管道 R、主管道 L、副管道、副管道 R 以及副管道 L（见图 6-27）。通常需要根据物料在工艺中的作用选择合适的管道类型。一般惯例为：主管线和主物流采用主管道（粗实线）绘制，并且用箭头标出物流的方向；辅助管线和辅助物料选择副管道

（细实线）绘制。选定管道类型后，只需用鼠标将管道图形拖动到绘图窗口，再将管道的两端分别拖动至设备连接点（黑色方点标记）即可。用指针工具选中管道可以编辑其形状，也可在右键菜单中设置其格式，还可双击管道编辑其标记文字。图 6-28 给出了一个设备连接的例子。

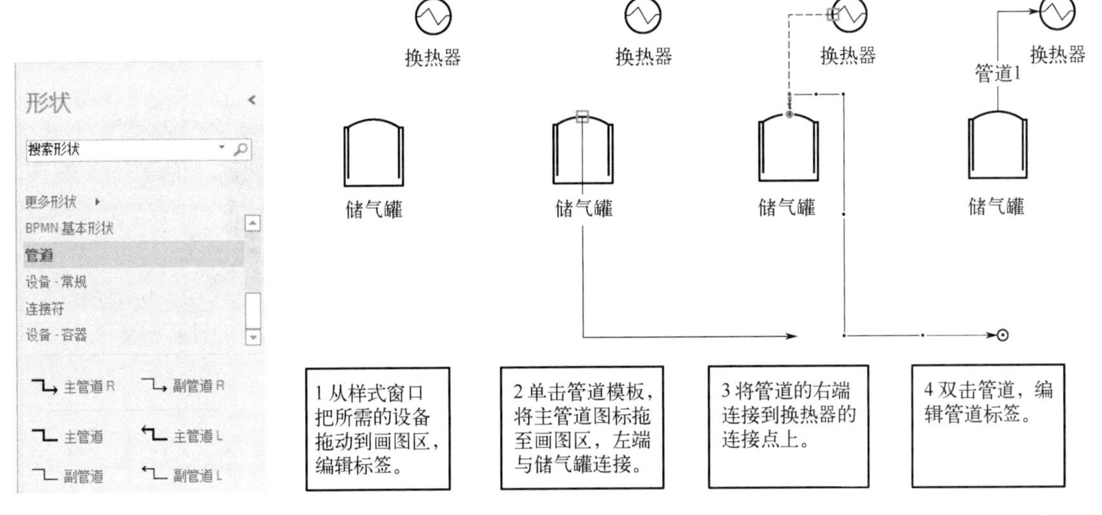

图 6-27 “管道”模板

图 6-28 使用管道连接设备

6.2.2.3 添加阀门

Visio 在“阀门和管件”模板中提供了大量的标准图形，其使用方法与设备绘制相同，只需把所需的阀门图形从形状窗口拖动到绘图区即可。为了便于管理，Visio 将自动把设备图形分配到“设备”图层，把管道图形分配到“管道”图层，把阀门图形分配到“阀门”图层，而把仪表图形分配到“仪表”图层。

6.2.2.4 添加仪表

在“仪表”模具中选择所需要的仪表，如指示器，并将其拖动到绘图窗口，然后使用“副管道”或“连接线”工具 连接线 （6.1.4.3 节）把仪表连接到设备或管道上即可（图 6-29）。

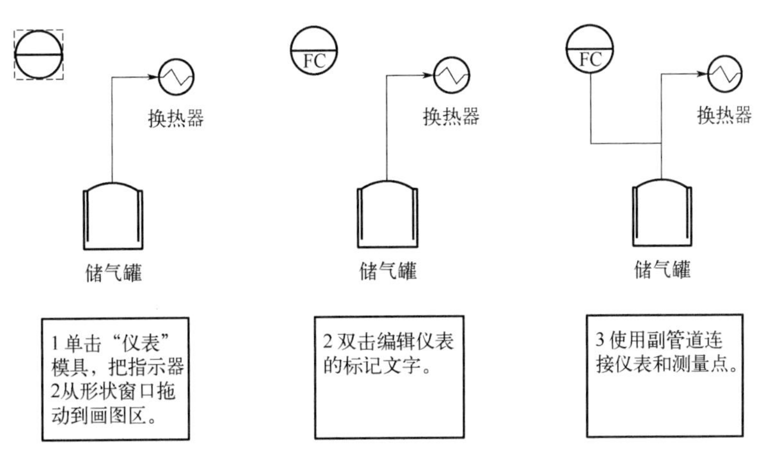

图 6-29 仪表的绘制与连接

6.2.3 形状数据与自动列表

6.2.3.1 编辑形状数据

形状数据是 Visio 智能化绘图的一个重要内容，通过形状数据可以把图形与其属性信息结合起来。“工艺流程图”模板提供的设备、管道、阀门和仪表等形状均支持形状数据，在形状的右键菜单选中“数据\形状数据”即可打开形状数据窗口进行编辑。图 6-30（a）～（d）分别为设备、管道、阀门和仪表的形状数据窗口。也可使用右键菜单中的“数据\定义形状数据”命令打开如图 6-31 所示的“定义形状数据”自定义形状数据。

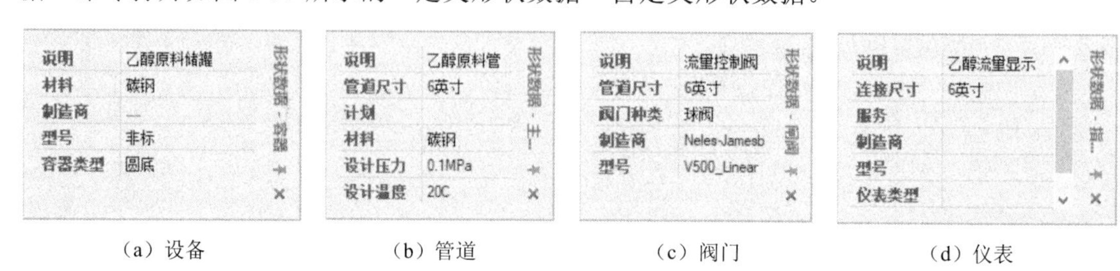

（a）设备　（b）管道　（c）阀门　（d）仪表

图 6-30　形状数据

图 6-31　“定义形状数据”对话框

6.2.3.2 创建设备、管道和仪表列表

在“工序批注”模具中可以看到设备列表、管道列表、阀列表与仪表列表四种自动列表工具，如图 6-32（a）所示。在输入设备、管道等的形状数据后，可自动生成列表。只要将所需列表直接拖动到绘图窗口，Visio 即可自动生成相应的列表。用户也可在列表中直接编辑设备、管道的相关数据，修改的结果会直接更新至相应图形的形状数据。图 6-32（b）中上方表格为某流程图的设备列表，可以直接在表中编辑设备的制造商、材料、型号等数据。完成列表的编辑后，在列表以外的位置单击鼠标即可退出编辑。

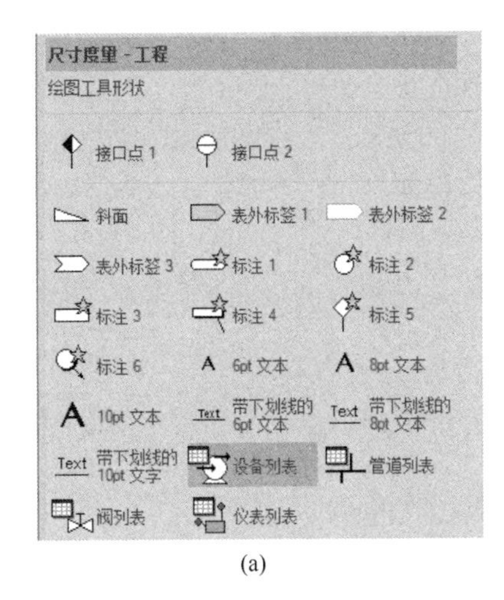

(a)

设备列表				
显示的文本	说明	制造商	材料	型号
ISW15-80	原料泵	江苏双联泵业有限公司		ISW15-80
原料罐	乙醇原料储罐	……	碳钢	非标
反应器	主反应器	……	316不锈钢	非标

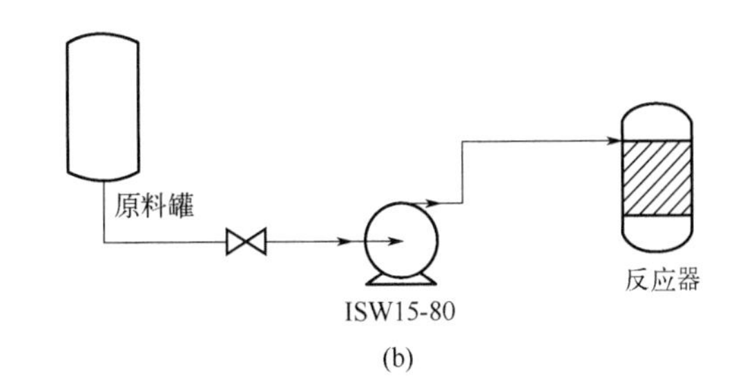

(b)

图 6-32 设备列表示例

6.2.4 工艺流程图的绘制

工艺流程图用于描述生产过程中操作单元的连接关系、物料的流动方向及生产操作顺序。按功能可把工艺流程图分为 3 类，方案流程图、物料流程图和带控制点的工艺流程图。方案流程图多用于概念设计阶段，工艺路线确定后即可完成，不编入设计文件，用于对工艺流程的简单描述；物料流程图用于初步设计阶段，完成物料、能量衡算后绘制，可提供较详细的工艺数据；带控制点的工艺流程图也称生产控制流程图或施工流程图，是在方案流程图的基础上绘制的，内容最详细的工艺流程图。由于这三类图的用途不同，内容和表达的重点也不尽相同，但彼此之间有着密切的联系。

6.2.4.1 方案流程图

方案流程图用来描述物料从原料到成品或半成品所需经历的工艺过程、所使用的设备和机器。常用于设计初期工艺方案的讨论，也可作为物料流程图的设计基础。

（1）方案流程图的内容。方案流程图的内容包括两部分。①设备：用示意图表示生产过程中所使用的机器、设备，并用文字、字母和数字注写设备的名称和位号；②物料流程：用管线及文字来表达物料在不同设备间的输送方向与次序。绘制方案流程图时，应按照工艺流程的顺序，把设备和物料流程线自左至右地展开画在一个平面上，并加以必要的标注和说明。

（2）设备图形的选择或绘制。Visio 在工艺流程图模板中提供了大量设备的标准图形，如"设备-常规"模具中的各种分离、混合、输送、粉体研磨等的操作设备；"设备-热交换器"模具中的不同类型的热交换器；"设备-泵"模具中的各种流体输送设备；"设备-容器"模具中的塔设备和存储设备等。可以根据作图需要选择适当的标准设备图形来绘图。如果在模具中找不到所需设备的标准图形，可以应用本章前几节介绍的方法手工绘制。方案流程图中设备轮廓一般用细实线绘制，其形状以及各部分的尺寸比例不要求和实际设备严格一致，但要能反映设备的大概轮廓和主要部件，此外还应注意保持各个设备的相对大小与实际设备相近。

（3）物料流程的绘制。主要物料的工艺流程线用粗实线绘制，并用箭头标明物料的流向。根据需要，可在流程线的起始和终了位置注明物料的名称、来源或去向。管道的交叉和连接处应参照图6-33所示的方法标出。

（4）设备的标注。设备的位号和名称一般标注在相应图形的上方或下方。根据《化工工艺设计施工图内容和深度统一规定》（HG/T 20519—2009）的要求，设备位号由四个单元组成，依次为设备类别代号、设备所在的主项（建筑单体/车间/工段）的编号、主项内同类设备顺序号、相同设备的数量尾号，如图6-34所示。

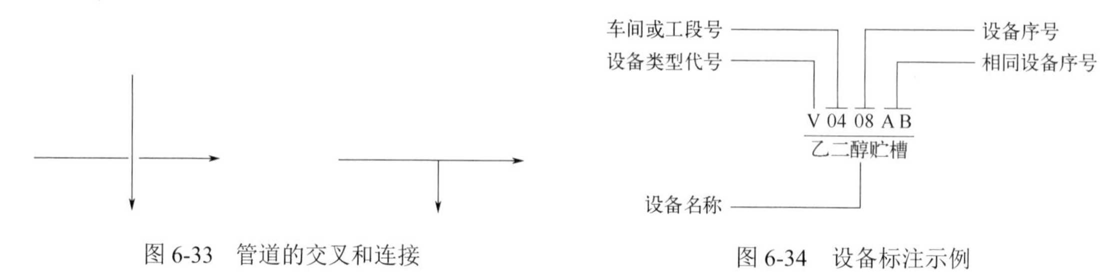

图6-33　管道的交叉和连接

图6-34　设备标注示例

【例6-4】 绘制如图6-35所示蒸馏处理某物料残液的方案流程图。相关操作参看码6-3。

码6-3　用Visio绘制带设备的方案流程图

（1）在工艺流程图模板提供的各类模具中找到相应的设备图形，并拖动到绘图窗口。图6-35中共有蒸馏釜、冷凝器和真空受槽3个设备。其中冷凝器和真空受槽可以分别在“设备-热交换器”模具和“设备-容器”模具中找到标准图形。蒸馏釜是带蒸汽夹套的，可以在“设备-容器”模具中找到“容器”，并拖动到绘图窗口，然后再用“绘图工具”为其添加夹套。在绘制夹套时可利用设备的对称性，首先绘制左半个夹套，再通过复制和翻转操作得到另一半夹套。注意设备轮廓线应为细实线。可使用“开始”工具面板上的“排列”按钮，利用弹出来的“对齐形状”菜单中的各种命令对齐形状（图6-36）。

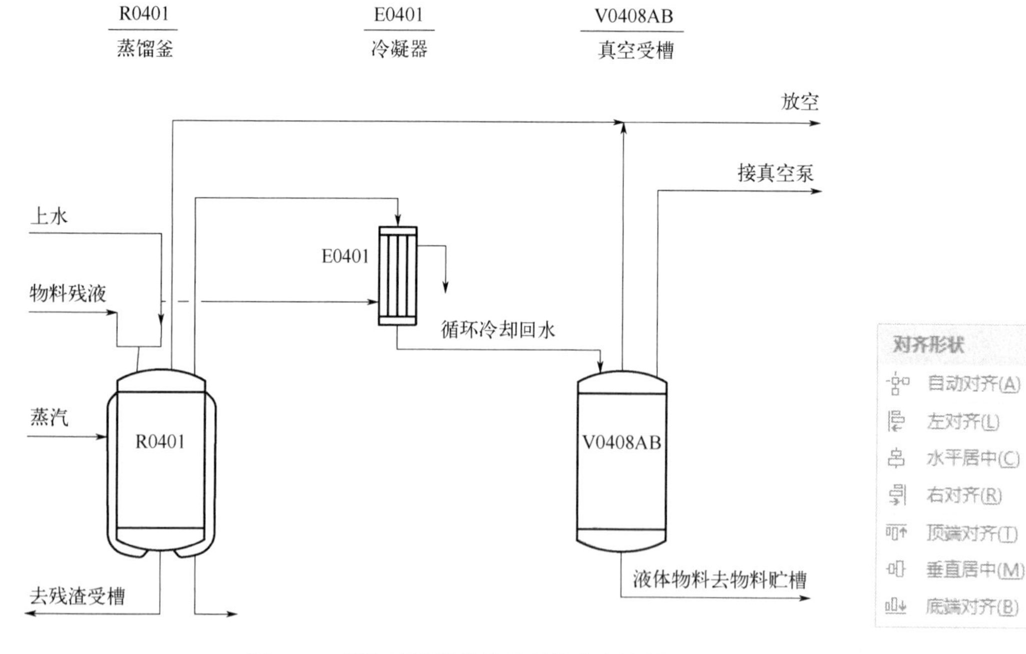

图6-35　某物料残液蒸馏处理的方案流程

图6-36　“对齐形状”菜单

（2）标注设备位号和名称，并将其移动到工艺流程图上的适当位置。

（3）按照从左到右的顺序依次绘制物料管道。

（4）使用“文本”工具 A 文本 标注管道的名称及流向，使用文本块工具调整文本与图形的相对位置，并添加绘图说明。

6.2.4.2 物料流程图

物料流程图是在方案流程图的基础上，完成物料衡算和热量衡算后绘制的流程图。它以图形与表格相结合的形式反映设计计算的主要结果（设备、物流的温度、压力、流量、组成等参数），可作为进一步设计的依据。物料流程图在方案流程图基础上增加了以下内容。

① 在设备位号及名称的下方加注设备特性数据或参数。如换热设备的换热面积、塔设备的直径和高度、贮罐的容积、机器的型号等。

② 在流程的起始处以及使物料参数产生变化的设备前后列表注明物料变化前后其各组分的流量（kg/h）、质量分数（%）等参数，实际书写项目依具体情况而定。

【例 6-5】 绘制如图 6-37 所示的某物料残液蒸馏处理的物料流程。相关操作参看码 6-4。

码 6-4 用 Visio 绘制带设备的物料流程图

（1）参照例 6-3 用相同的方法绘制基本流程。

（2）使用“文本”工具 A 文本 标注各设备位号、名称和设备特性数据或参数（如加热面积）。

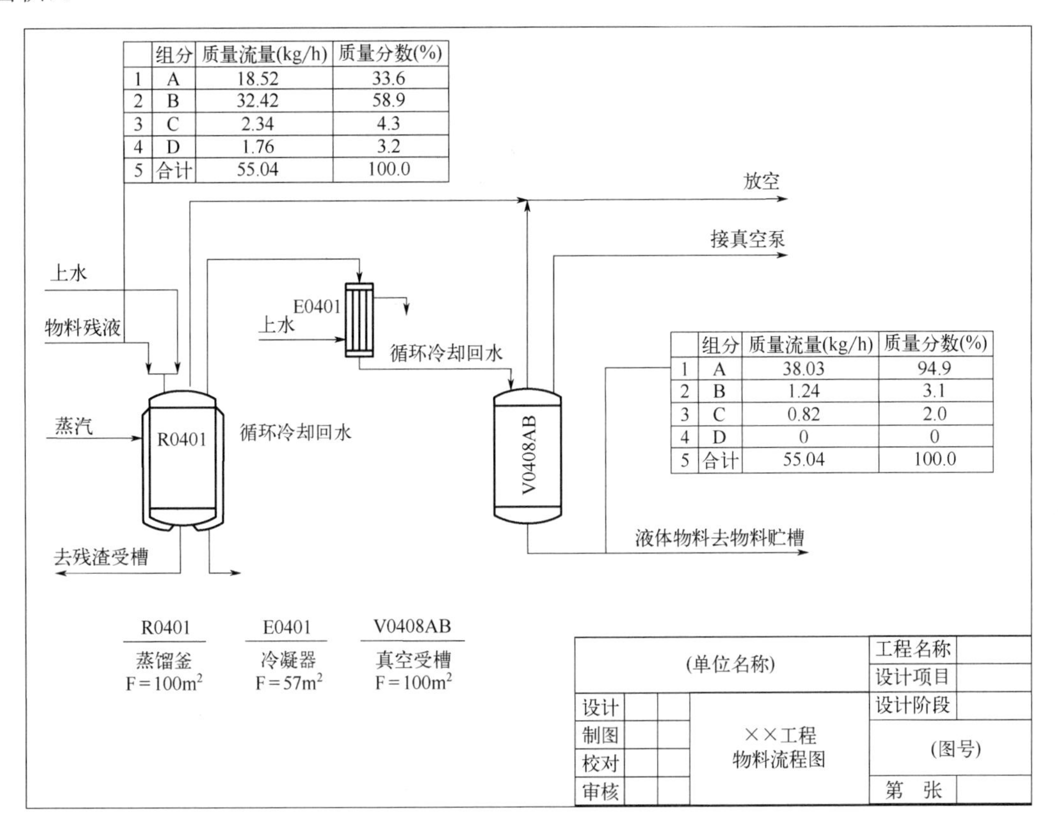

图 6-37 蒸馏处理某物料残液的物料流程

（3）绘制物料参数表。可使用“工序批注”模具中的标注 3 构建表格并输入所需数据。对于较为复杂的表格，可通过“标题块”模具中的工具快速绘制，为此需要把“标题块”模具加入形状窗口中。其方法为：在形状窗口中单击“更多形状”，在弹出菜单中选择“其他 Visio 方案”命令，在弹出菜单中单击选中“标题块”，即可将“标题块”模具添加到形状窗口中（图 6-38）。“标题块”模具提供的标准图形如图 6-39 所示。可使用“修订块”快速生成表格的行，或使用“已画出五行的列”快速生成表格的列。可使用黄色和白色圆形手柄调整表格的高度和宽度，如图 6-40 所示。

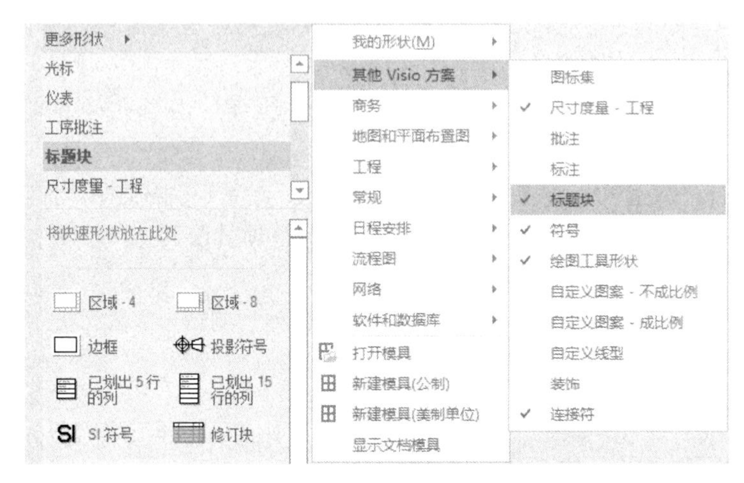

图 6-38　添加“标题块”模具

图 6-39　“标题块”模具

修订	说明	日期	作者
修订	说明	日期	作者
修订	说明	日期	作者
修订	说明	日期	作者
修订	说明	日期	作者
修订	说明	日期	作者

只需选择形	只需选择形
状，然后键入	状，然后键入
文本。使用控	文本。使用控
制手柄可调整	制手柄可调整
行间距。	行间距。

图 6-40　使用修订块（左）和已画出五行的列（右）模板作出的表格

6.2.4.3 带控制点的工艺流程图

带控制点的工艺流程图又称施工流程图，是在方案流程图的基础上绘制的内容较为详尽的一种工艺流程图，是设计、绘制设备布置图和管道布置图的基础，也是施工安装和生产操作时的主要参考依据。在带控制点的工艺流程图中应把工艺过程涉及的所有设备、管道、阀门以及各种仪表控制点等都画出。带控制点的工艺流程图增加的内容包括：

① 带接管口的设备示意图，标注设备位号及名称；

② 带阀门等管件和仪表控制点（测温、测压、测流量及分析取样点等）的管道流程线，标注管道代号；

③ 对阀门等管件和仪表控制点的图例符号的说明，标题栏。

（1）设备的画法与标注。画法与方案流程图基本相同，不同点是：带控制点的工艺流程图中两个或两个以上的相同设备一般应全部画出，每个工艺设备都应编写设备位号并标注设备名称，并与方案流程图中的设备位号保持一致。当一个系统中包括两个或两个以上完全相同的局部系统时，可以只画出一个系统的详细流程，其他系统用双点画线的方框表示，并且在框内注明系统名称及其编号。

（2）管道的画法及标注。主物料管道通常以粗实线绘制，辅助物料管道通常以细实线绘制，辅以箭头表示物料的流向。对于一些有特殊要求（如伴热、加热/冷却等）的管道及仪表连接线通常需要使用规定的管道符号绘制。Visio 提供了这些管道的标准图符，可用管道的右键菜单命令“设置形状格式”打开“线条”设置对话框，在“短划线类型”下拉菜单选择所需管道的类型，如图 6-41 所示。《过程测量与控制仪表的功能标志及图形符号》（HG/T 20505—2014）规定了常见管道的表示形式，其与 Visio 短划线类型的对应关系见表 6-1 所示。

图 6-41 设置管道的类型

表 6-1 常用仪表连线图形符号

图形示例	HG/T 20505—2014 规定	Visio 短划线类型
	气动信号线	PID 气压
或	电动信号线	PID 电力
	导压毛细管	PID 毛细管
	液压信号线	PID 液压
	电磁、辐射、热、光、声波等信号线（有导向）	PID 电磁
	电磁、辐射、热、光、声波等信号线（无导向）	PID 电磁 2
	内部系统线（软件或数据链）	PID 数据
	机械链	—
	二进制电信号	PID 电力二元
	二进制气信号	PID 气压二元
	—	PID 伴热

根据《化工工艺设计施工图内容和深度统一规定》（HG/T 20519—2009）的要求，管道应标注管道组合号（管道代号），横向管道的管道代号注写在管道线的上方；竖向管道则注写在管道线左侧，字头向左。管道组合号（管道代号）由六个单元组成，依次为物料代号、主项代号、管道顺序号（以上三个单元组成管道号/管段号）、管道尺寸、管道等级、隔热或隔声代号。物料代号用于标明管内介质类型；工段号按工程规定填写，采用两位数字，从 01 开始，至 99 为止；管道顺序号一般采用两位数字，从 01 开始，至 99 为止，相同类别的物料在同一主项内以流向先后顺序编号；管道尺寸一般标注公称通径，以 mm 为单位，只标注数字，不标注单位。管道标注示例如图 6-42 所示：

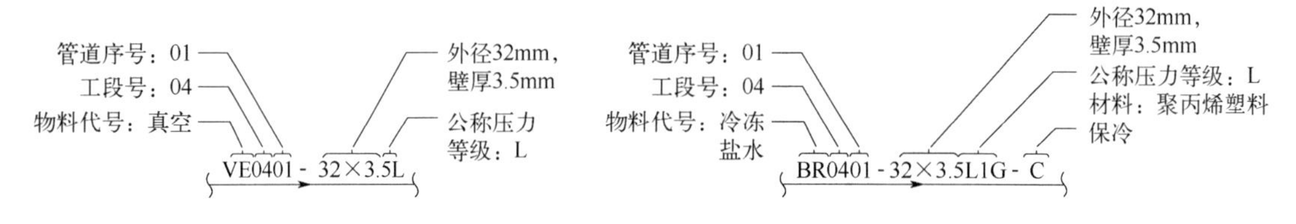

图 6-42 管道标注示例

（3）阀门和管件的画法与标注。工艺流程图的“阀门和管件”模具提供了多种形式的阀门与管件的标准图形。对于标准图形库中缺少的管接头、异径管接头、弯头、三通、四通、法兰、盲板等管件，用户需使用绘图工具自行绘制。在带控制点的工艺流程图中，管件用细实线按规定的符号在相应位置画出。阀门图形符号的尺寸一般为长 6mm、宽 3mm，或长 8mm、宽 4mm。为了便于安装和检修，法兰、螺纹连接件等也应在带控制点的工艺流程图中画出。

管道上的阀门、管件要按规定进行标注。当它们的公称直径同所在管道通径不同时，要标出尺寸。当阀门两端的管道等级不同时，应标出管道等级的分界线。异径管应同时标注出大端公称通径和小端公称通径。

（4）仪表控制点的画法与标注。在带控制点的工艺流程图上要画出所有与工艺有关的检测仪表、控制仪表、分析取样点和取样阀（组）。仪表控制点用标准符号表示，并从其安装位置引出。标准符号包括图形符号和字母代号，它们组合起来可以表达仪表功能、被测变量和测量方法。

检测、显示、控制等仪表的图形符号是一个细实线圆圈，其直径约为 10mm。圈外用一条细实线指向工艺管线或设备轮廓线上的检测点。工艺流程图的“仪表”模具中给出了常用温度、压力、流量测量指示仪表以及一些电器元件的标准图形。可在仪表图形右键快捷菜单中选择“设置仪表类型”命令，在弹出对话框中编辑仪表的连接尺寸、制造商、仪表类型等参数。

根据《过程测量与控制仪表的功能标志及图形符号》（HG/T 20505—2014），仪表安装位置的标准图形符号如图 6-43 所示。仪表的标注由功能代号和仪表位号两部分组成，标注格式与标注方式如图 6-44、图 6-45 所示。

	现场安装	控制室安装	现场盘装
单台常规仪表			
DCS			
计算机功能			
可编程逻辑控制			

图 6-43　表示仪表安装位置的标准图形符号

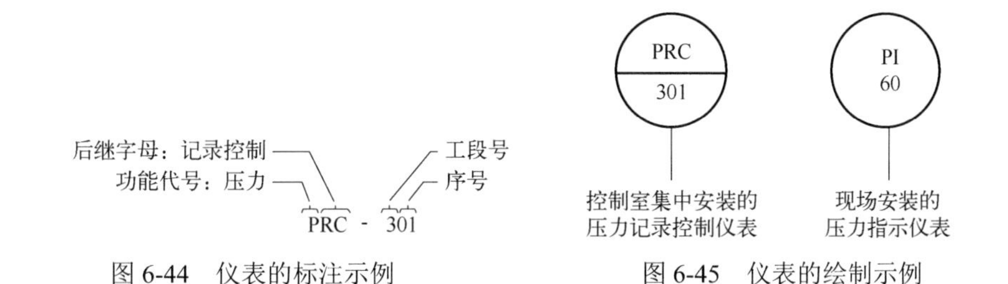

图 6-44　仪表的标注示例　　图 6-45　仪表的绘制示例

（5）图幅和附注。带控制点的工艺流程图一般采用 A1 图幅，横幅绘制，特别简单的用 A2 图幅，不宜加宽和加长。附注应包括对流程图上所采用的除设备外的所有图例、符号、代号的说明。

码 6-5　用 Visio 绘制带控制点的工艺流程图

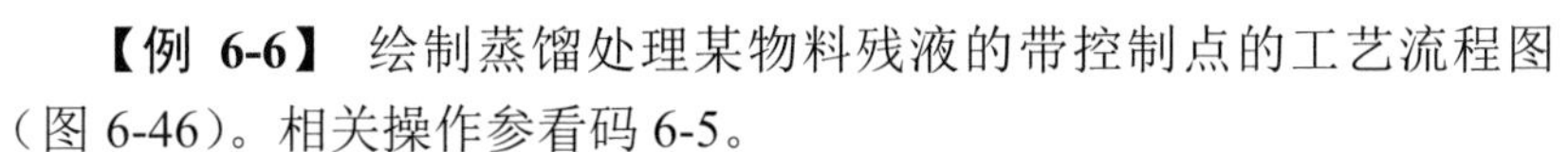

【例 6-6】 绘制蒸馏处理某物料残液的带控制点的工艺流程图（图 6-46）。相关操作参看码 6-5。

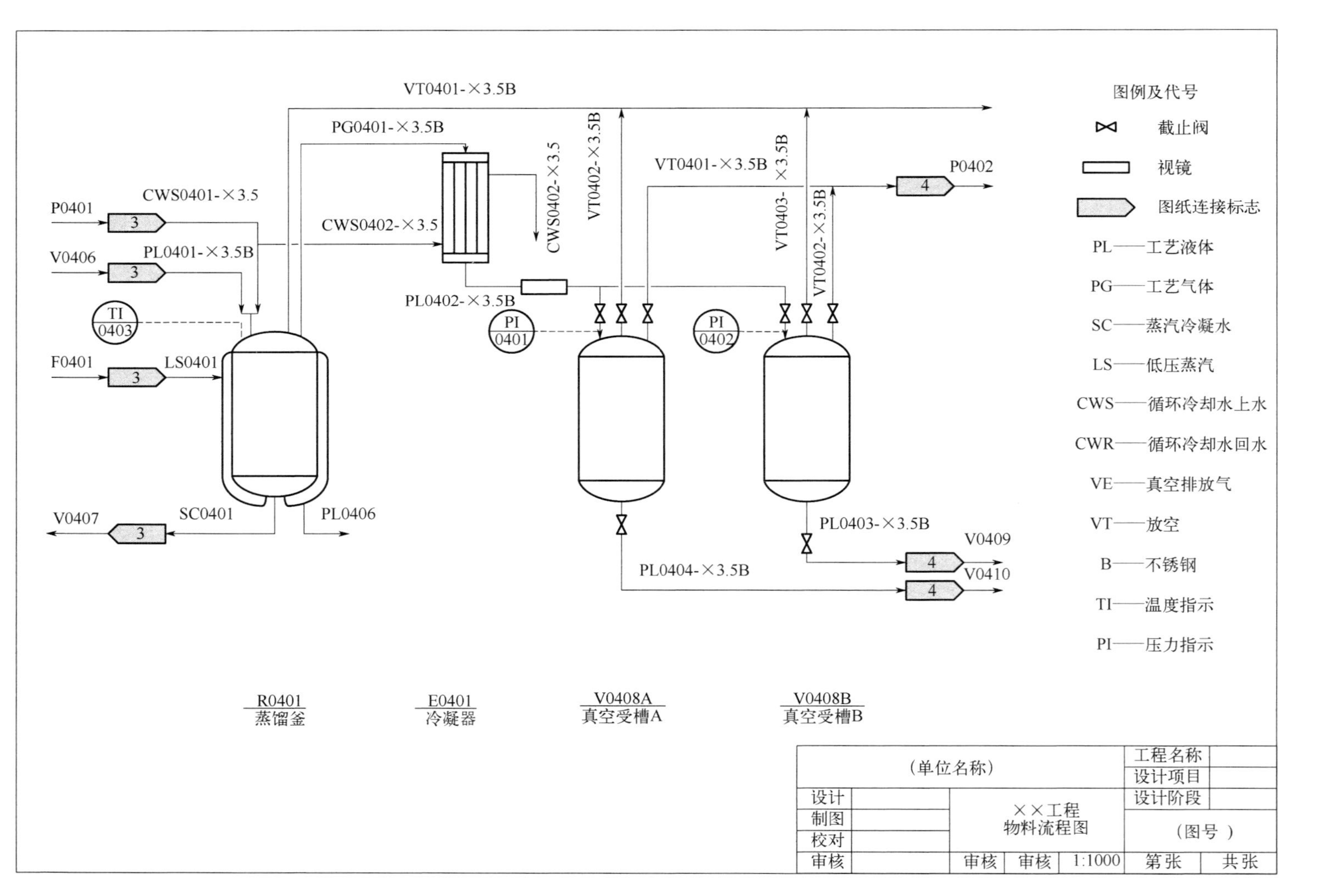

图 6-46 蒸馏处理某物料残液的工艺流程图

① 绘制图框；
② 绘出所有设备，包括相同型号的所有设备；
③ 绘制物料管道，主物料用粗实线，辅助物料用细实线；
④ 绘制仪表及其与设备的连接线（细虚线）；
⑤ 添加管道标记；
⑥ 添加设备标记；
⑦ 添加仪表标记；
⑧ 添加图例和标题栏。

6.3 化工设备图的绘制

化工设备图是表示化工设备的结构形状、各零部件间的装配连接关系、必要的尺寸、技术特性和制造、检验、安装的技术要求等内容的图样。它包括一组视图、必要的尺寸、零（部）件序号及明细表、技术要求、标题栏等内容。此外，化工设备图还包括管口符号及管口表、技术特性表。管口表用拉丁字母顺序编出各管口和开孔序号，再列表填写出有关数据和用途；还应在技术特性表中列出设备的工作压力、工作温度、物料名称等主要工艺特性，便于读图和备料、制造、检验、生产操作。化工设备图可分为化工设备装配图、部件装配图和零件图等，本节主要介绍化工设备装配图的绘制。使用 Visio 绘制化工设备图可选用工程模板类“部件和组件绘图”模板，并按照如下步骤进行绘图。

6.3.1 确定图幅与比例

设备装配图一般采用 A0 或 A1 图幅，特别简单的用 A2 图幅，特殊情况可加宽和加长。绘制时，要根据部件的大小和视图数量来确定图幅的大小、比例和布局，要画出图框，留出标题栏和明细栏的位置，避免图面疏密不均。图 6-47 是设备图图面布局的一般情况。

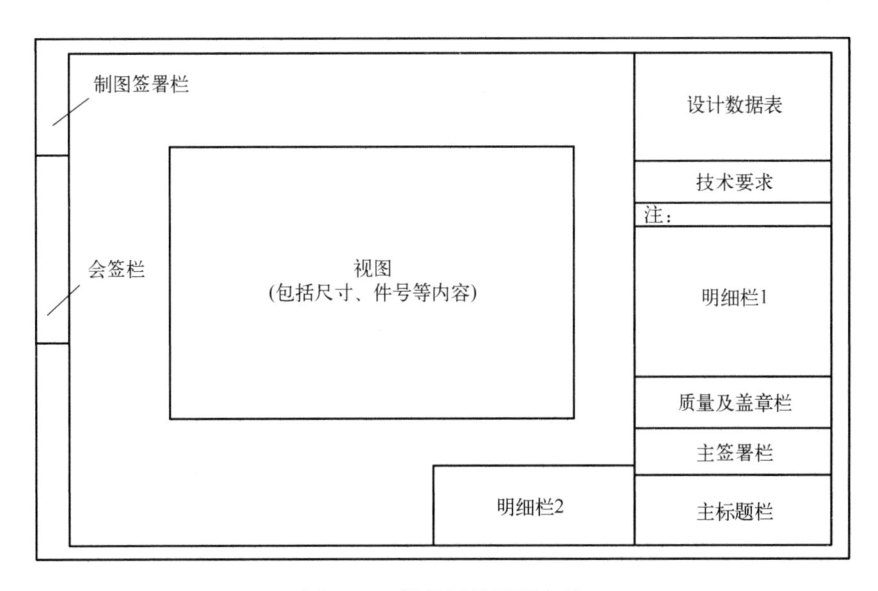

图 6-47 设备图的图面布局

6.3.2 图面安排

在框图中对各个视图进行定位（画轴线、对称线、中心线、作图基准线）。注意各视图之间要留有适当间隔，以便标注尺寸和进行零件编号。应根据设备的结构特点确定基本视图数量，并选择其他基本视图用以补充表达设备的主要装配关系、形状、结构等。一般来说，立式设备常用主、俯两个基本视图，卧式设备则常用主、左两个基本视图。俯（左）视图常用以表达管口及有关零部件在设备上的轴向方位，也可配置在其他空白处，但需在视图上方写上图名。

化工设备图中常采用局部放大图和 *X* 向视图等辅助视图，以及剖视和剖面图等手段来补充基本视图的不足，将设备中零部件的连接、管口和法兰的连接、焊缝结构以及其他由于尺寸过小而无法在基本视图上表达清楚的装配关系和主要结构形状表达清楚。

6.3.3 绘制各视图

在视图绘制时，应把握“先定位，后定形”的原则，先布置基本视图的位置，再用接管中心线或其他的基准线定出各个支座、接管等以及辅助视图的位置。具体绘制时应首先画主视图［有时要与左（俯）视图配合］，再画必要的局部放大图等辅助视图，并加画剖面符号、焊缝符号等。例如，绘制液氨贮槽时，应先画筒体，接着按椭圆形封头、支座、人孔、接管的顺序在基本视图上画出各零部件，再绘制局部放大图。最后，在有关视图上画出剖面符号、焊缝符号，并加注视图名称等。

6.3.4 添加标注、明细栏、技术要求

部件和组件绘图模板的“尺寸度量-工程”模具中提供了很多尺寸度量和标注工具。常用的有以下几类。

（1）水平尺寸标注。水平标记 是最常用的水平距离标注工具，其使用也非常简单，用鼠标拖动两根延长线末端的圆形手柄，即可自动标注两根延长线之间的水平距离，如图 6-48（a）所示。垂直拖动水平线右侧黄色圆形手柄可移动水平线的位置，拖动文字下方黄色圆形手柄可移动文字的位置。外部水平标记 与水平标记类似，只是其箭头在垂直延长线的外侧。使用标记的右键菜单命令“精度和单位”可以调整其精度和单位设置。水平基准线 可对多个水平距离进行标注，只需用鼠标将标记下方的黄色圆形手柄向右拖动到右侧延长线的右边即可增加标记，水平基准线最多可同时标注 4 个水平

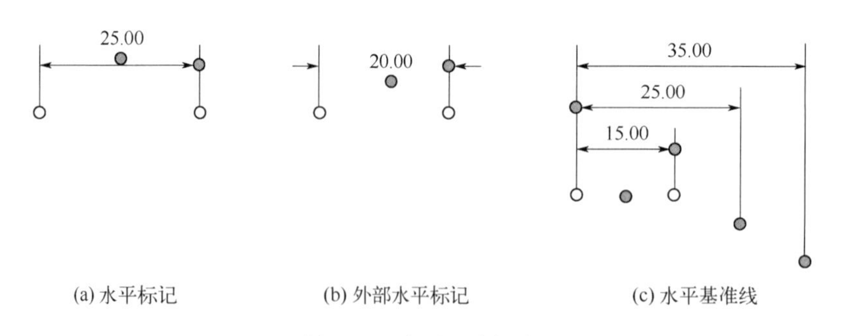

(a) 水平标记　　(b) 外部水平标记　　(c) 水平基准线

图 6-48　水平尺寸标注

距离；如需取消某一标注，可将该标注下方的黄色圆形手柄向左拖动至右侧第一根延长线左侧。

（2）垂直尺寸标注。垂直标记、外部垂直标记和垂直基准线如图 6-49 所示，用法与水平尺寸标注相同。

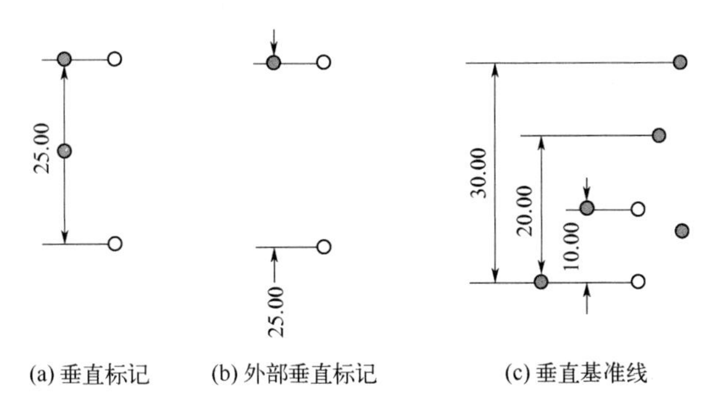

(a) 垂直标记　(b) 外部垂直标记　(c) 垂直基准线

图 6-49　垂直尺寸标注

（3）对齐标记。Visio 在“尺寸度量-工程”模具里提供了 4 种对齐标记（图 6-50），用于非水平或垂直的距离标注。分别为对齐（外部标记、延长线不等）、对齐（外部标记、延长线相等）、对齐（内部标记、延长线长度不等）、对齐（内部标记、延长线长度相等），用法与前两类相同。

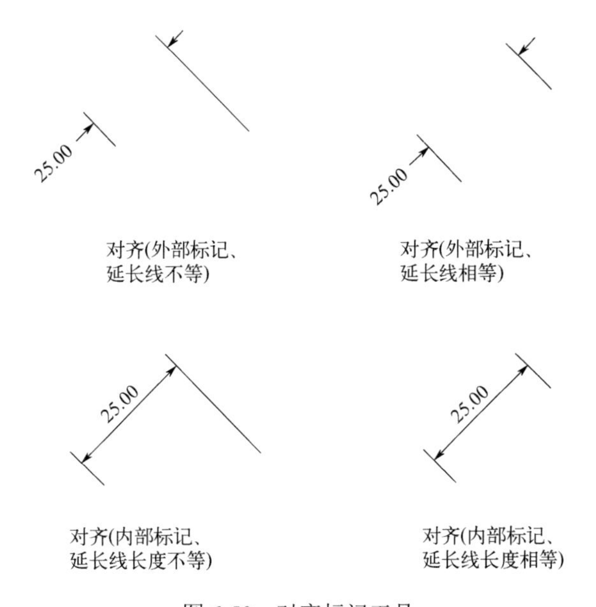

图 6-50　对齐标记工具

（4）半径和直径的标注。半径的标注方法为：首先从形状窗口把半径工具 拖动到绘图区，可发现 3 个调整手柄，带十字标记的白色方形手柄、黄色菱形手柄和蓝色方形手柄。白色手柄用于设定圆心，将其拖动到圆的圆心位置；黄色菱形手柄用于设定圆周，将其拖动到圆周上；移动蓝色方形手柄可移动文字的位置，可在圆形内部或外部标注半径，完成的标注如图 6-51 所示。直径和在外部标注直径工具的用法类似。

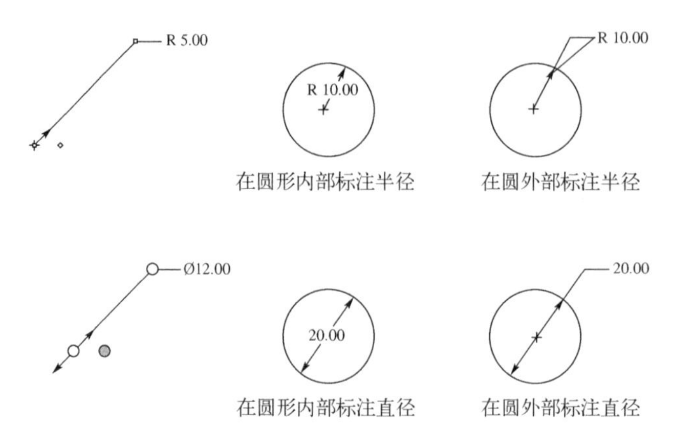

图 6-51　半径与直径的标注

（5）角度标注。角度的标注见图 6-52。

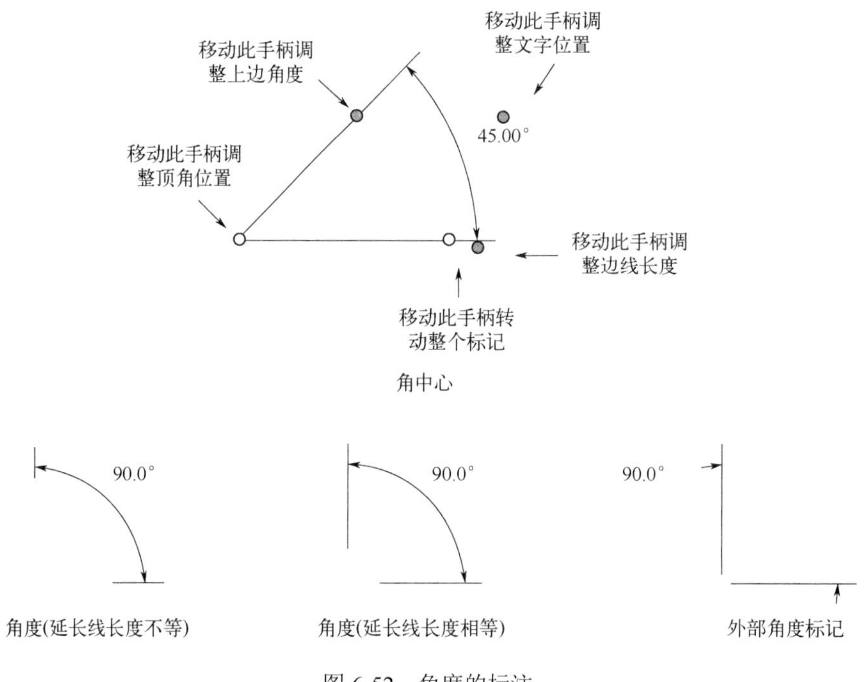

图 6-52　角度的标注

（6）填写明细栏和管口表。《化工设备设计文件编制规定》（HG/T 20668—2000）中推荐的明细栏格式有 3 种，分别适用于不同情况。明细栏一用于总图、装配图、部件图、零部件图及零件图；明细栏二用于部件图、零部件图及零件图；明细栏三用于管口零件，如图 6-53 所示。Visio 在“标题块”模具中提供很多形式的标题块，可以根据需要选用，也可以自行绘制。例如绘制明细栏一时，可以选择“标题块”中的“已划出 5 行的列”或者“已划出 15 行的列”，一列一列填写好明细栏中的内容，然后组合在一起。

管口表是用于说明设备上所有管口的用途、规格、连接形式等内容的表格，《化工设备设计文件编制规定》（HG/T 20668—2000）中推荐的管口表格式如图 6-54 所示。管口表一般画在明细栏上方。

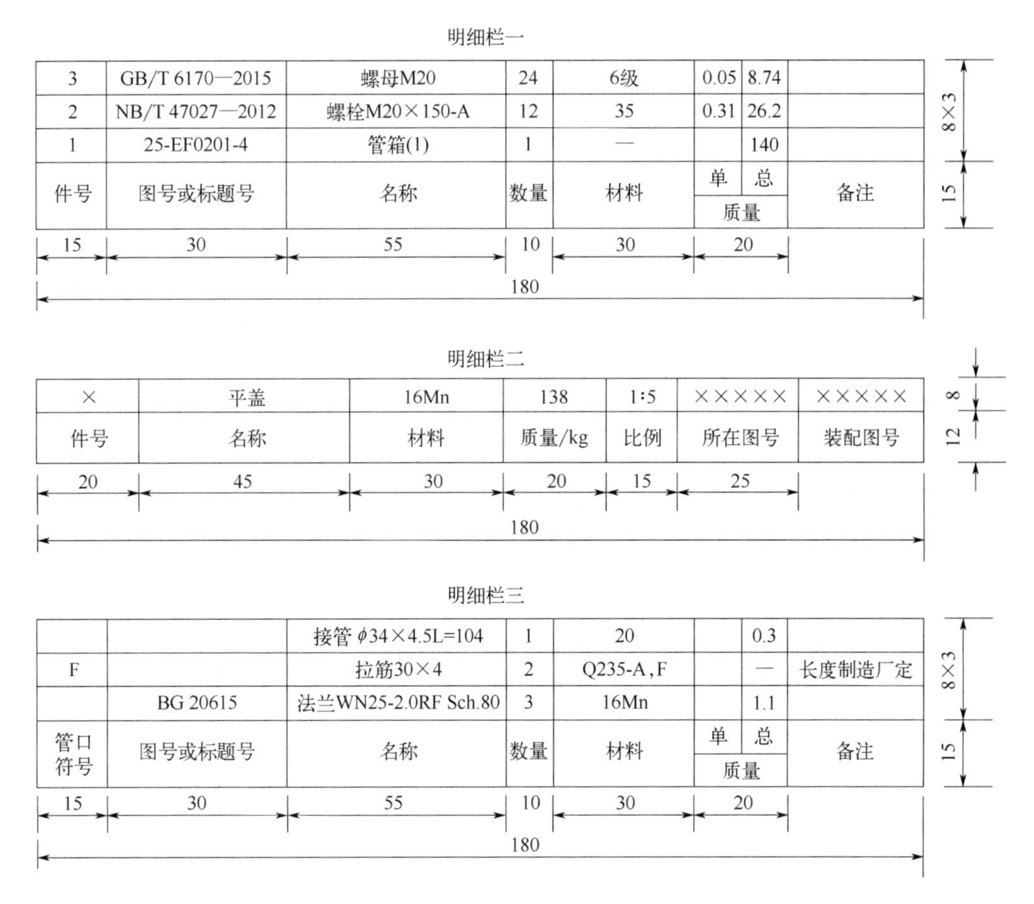

明细栏一

3	GB/T 6170—2015	螺母M20	24	6级	0.05	8.74	
2	NB/T 47027—2012	螺栓M20×150-A	12	35	0.31	26.2	
1	25-EF0201-4	管箱(1)	1	—		140	
件号	图号或标题号	名称	数量	材料	单	总	备注
					质量		

明细栏二

×	平盖	16Mn	138	1:5	×××××	×××××
件号	名称	材料	质量/kg	比例	所在图号	装配图号

明细栏三

		接管 ϕ34×4.5L=104	1	20		0.3	
F		拉筋30×4	2	Q235-A,F		—	长度制造厂定
	BG 20615	法兰WN25-2.0RF Sch.80	3	16Mn		1.1	
管口符号	图号或标题号	名称	数量	材料	单	总	备注
					质量		

图 6-53 明细栏的内容及格式

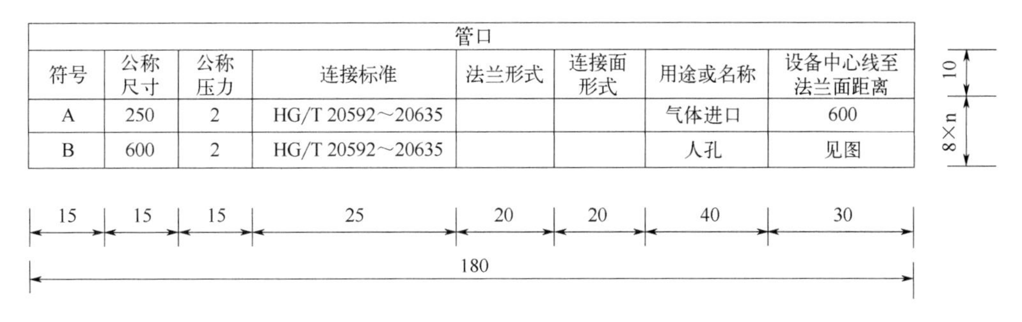

管口							
符号	公称尺寸	公称压力	连接标准	法兰形式	连接面形式	用途或名称	设备中心线至法兰面距离
A	250	2	HG/T 20592～20635			气体进口	600
B	600	2	HG/T 20592～20635			人孔	见图

图 6-54 管口表的格式

（7）技术要求。技术要求通常放在管口表的上方，用长仿宋体汉字书写，以阿拉伯数字1、2、3…的顺序依次编号。对于设备装配图，在设计数据表中未列出的技术要求需以文字条款说明。设计数据表中已说明清楚时，无需在技术要求中重复标出。技术要求的内容包括一般要求和特殊要求。一般要求指在数据表中没有包括的通用性制造、检验程序和方法等技术要求，特殊要求指各类设备在不同条件下需要提出、选择和附加的技术要求。

（8）标题栏。化工设备图标题栏的内容和格式尚未统一，但主要内容相同，包括单位名称、资质等级及证书编号、项目名称、图名和图号等，如图 6-55 所示。

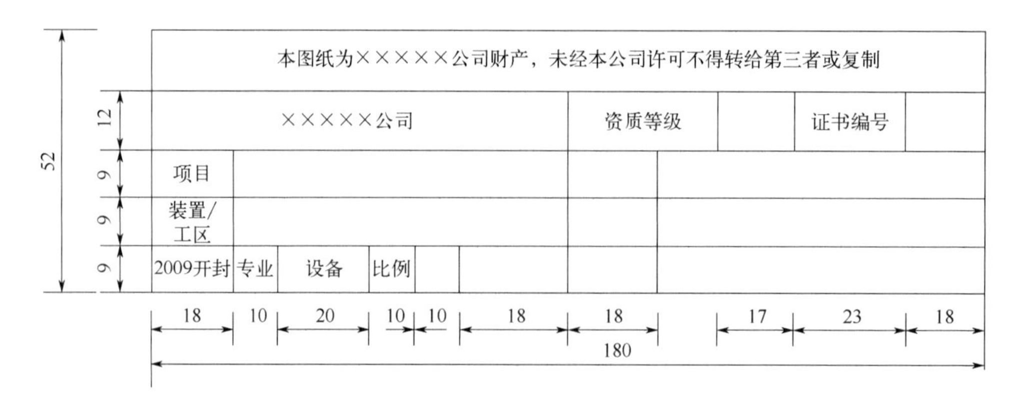

图 6-55　标题栏的内容与格式

【例 6-7】 绘制图 6-57 所示的立式容器装配图。

① 确定绘制比例、选择图幅，绘制图框。

② 对各视图进行布局。选择容器的立视图、俯视图、容器放空口的局部放大图以及管口表和明细栏等。绘制各个视图的中心线（见图 6-56）。

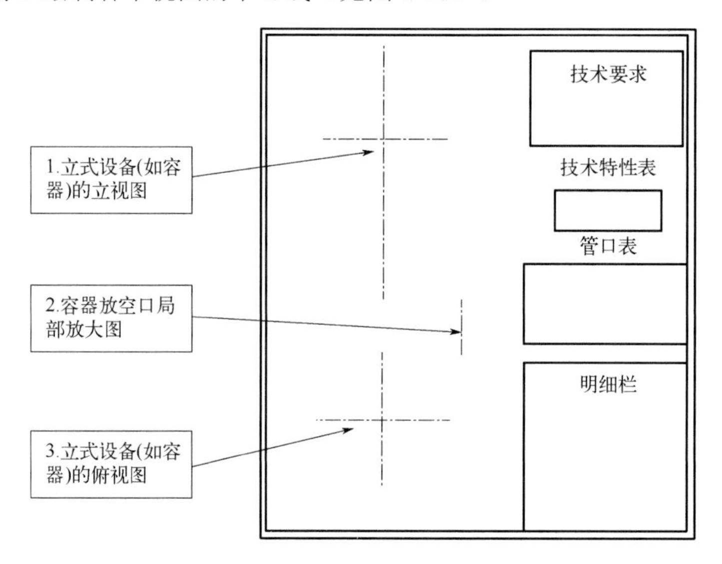

图 6-56　立式容器图面布置

③ 绘制容器的主视图，可参照本章前几节介绍的绘图方法。

④ 在绘制较小的零件或局部时，可以使用状态栏右侧的缩放工具，将显示比例调整为 200%或 400%，以便于一些细节的绘制。

⑤ 绘制俯视图和局部放大图。

⑥ 完成技术要求、技术特性表、管口表和明细栏，如图 6-57 所示。

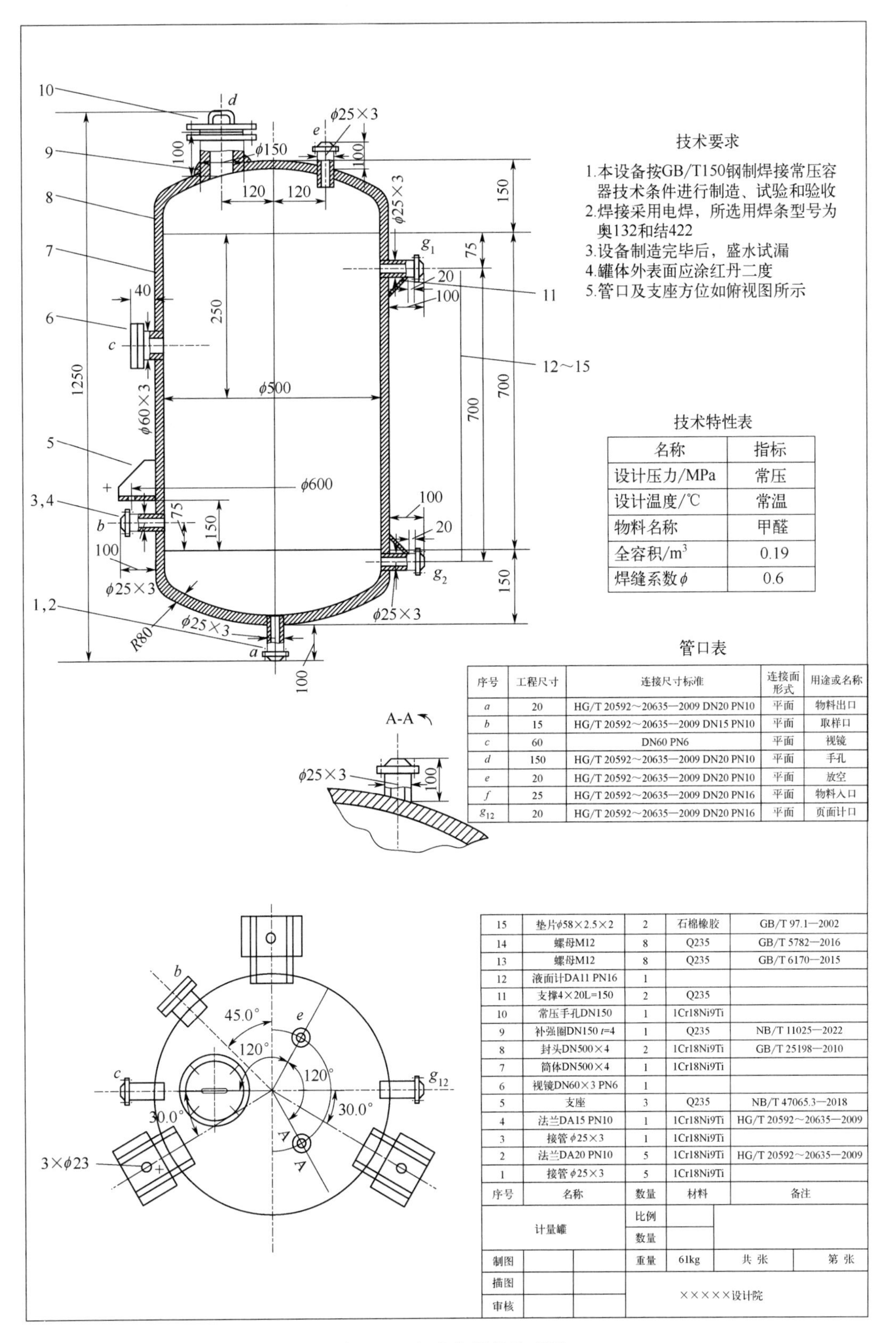

技术特性表

名称	指标
设计压力/MPa	常压
设计温度/℃	常温
物料名称	甲醛
全容积/m^3	0.19
焊缝系数ϕ	0.6

管口表

序号	工程尺寸	连接尺寸标准	连接面形式	用途或名称
a	20	HG/T 20592～20635—2009 DN20 PN10	平面	物料出口
b	15	HG/T 20592～20635—2009 DN15 PN10	平面	取样口
c	60	DN60 PN6	平面	视镜
d	150	HG/T 20592～20635—2009 DN20 PN10	平面	手孔
e	20	HG/T 20592～20635—2009 DN20 PN10	平面	放空
f	25	HG/T 20592～20635—2009 DN20 PN16	平面	物料入口
g_{12}	20	HG/T 20592～20635—2009 DN20 PN16	平面	页面计口

15	垫片ϕ58×2.5×2	2	石棉橡胶	GB/T 97.1—2002
14	螺母M12	8	Q235	GB/T 5782—2016
13	螺母M12	8	Q235	GB/T 6170—2015
12	液面计DA11 PN16	1		
11	支撑4×20L=150	2	Q235	
10	常压手孔DN150	1	1Cr18Ni9Ti	
9	补强圈DN150 t=4	1	Q235	NB/T 11025—2022
8	封头DN500×4	2	1Cr18Ni9Ti	GB/T 25198—2010
7	筒体DN500×4	1	1Cr18Ni9Ti	
6	视镜DN60×3 PN6	1		
5	支座	3	Q235	NB/T 47065.3—2018
4	法兰DA15 PN10	1	1Cr18Ni9Ti	HG/T 20592～20635—2009
3	接管 ϕ25×3	1	1Cr18Ni9Ti	
2	法兰DA20 PN10	5	1Cr18Ni9Ti	HG/T 20592～20635—2009
1	接管 ϕ25×3	5	1Cr18Ni9Ti	
序号	名称	数量	材料	备注

计量罐		比例			
		数量			
制图		重量	61kg	共 张	第 张
描图		×××××设计院			
审核					

图 6-57 立式容器的装配图

习题

1. 绘制下列示意图:

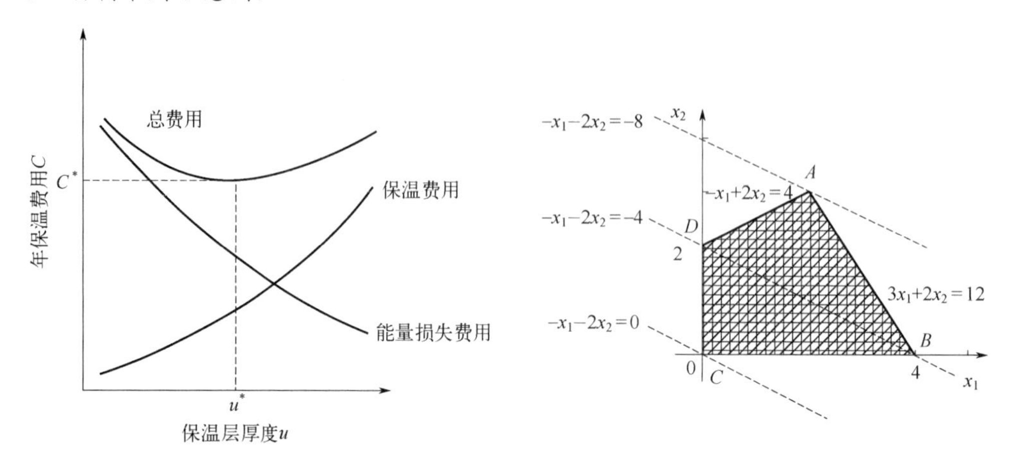

2. 绘制下列流程图（建议使用流程图\基本流程图模板）:

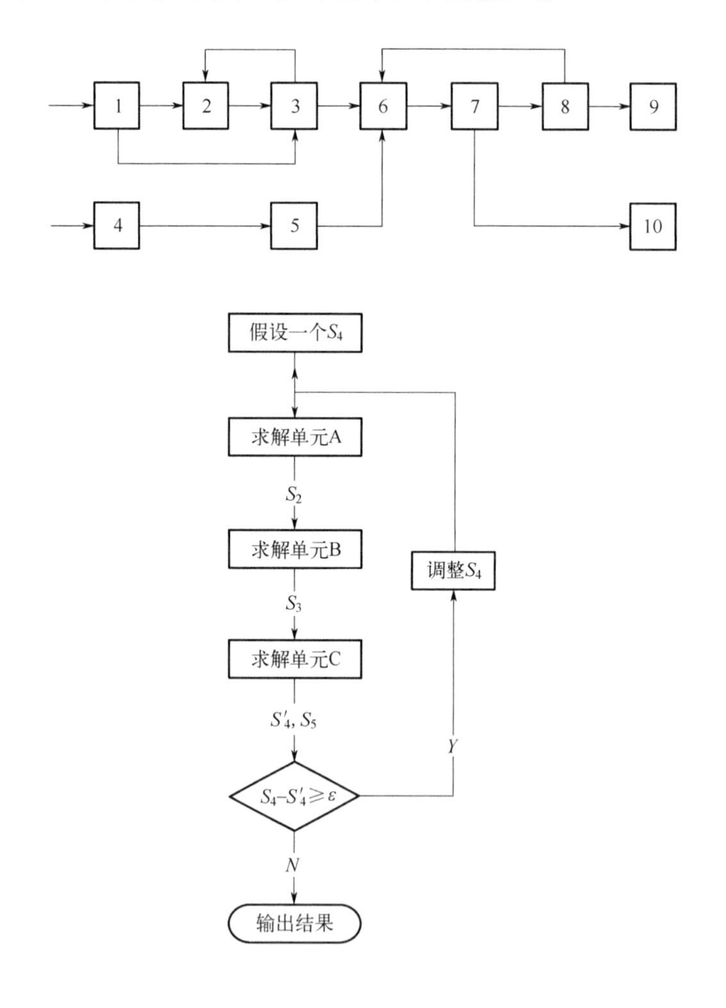

3. 绘制下列仪器设备图：

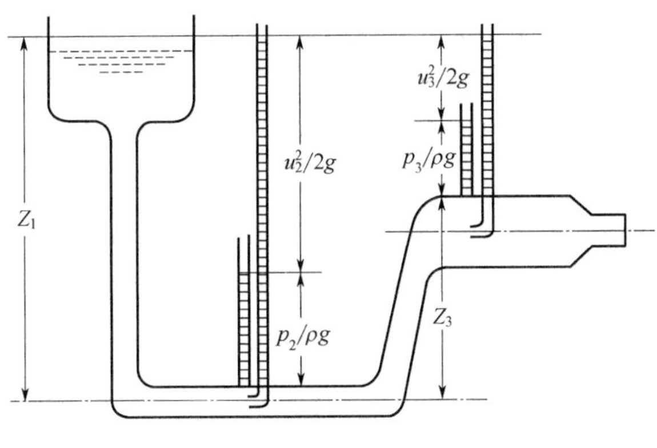

(a) 伯努利方程的几何意义

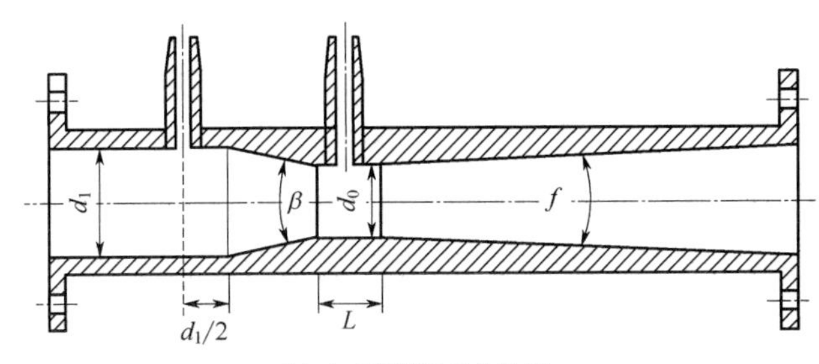

(b) 文丘里流量计结构图

4. 根据下方图式绘制乙苯-二甲苯分离流程，并根据如下已知条件补充完整。已知原料流量为 1000kmol/h，组成为乙苯、对二甲苯、邻二甲苯和间二甲苯，摩尔百分比分别为 18%、18%、40%和 24%。精馏分离后得到乙苯 178.2kmol/h，乙苯、对二甲苯、邻二甲苯和间二甲苯的组成分别为 96.2%、0.8%、1.4%、1.6%；得到二甲苯 814.7kmol/h，乙苯、对二甲苯、邻二甲苯和间二甲苯的组成分别为 0.2%、21.9%、48.8%、29.1%。

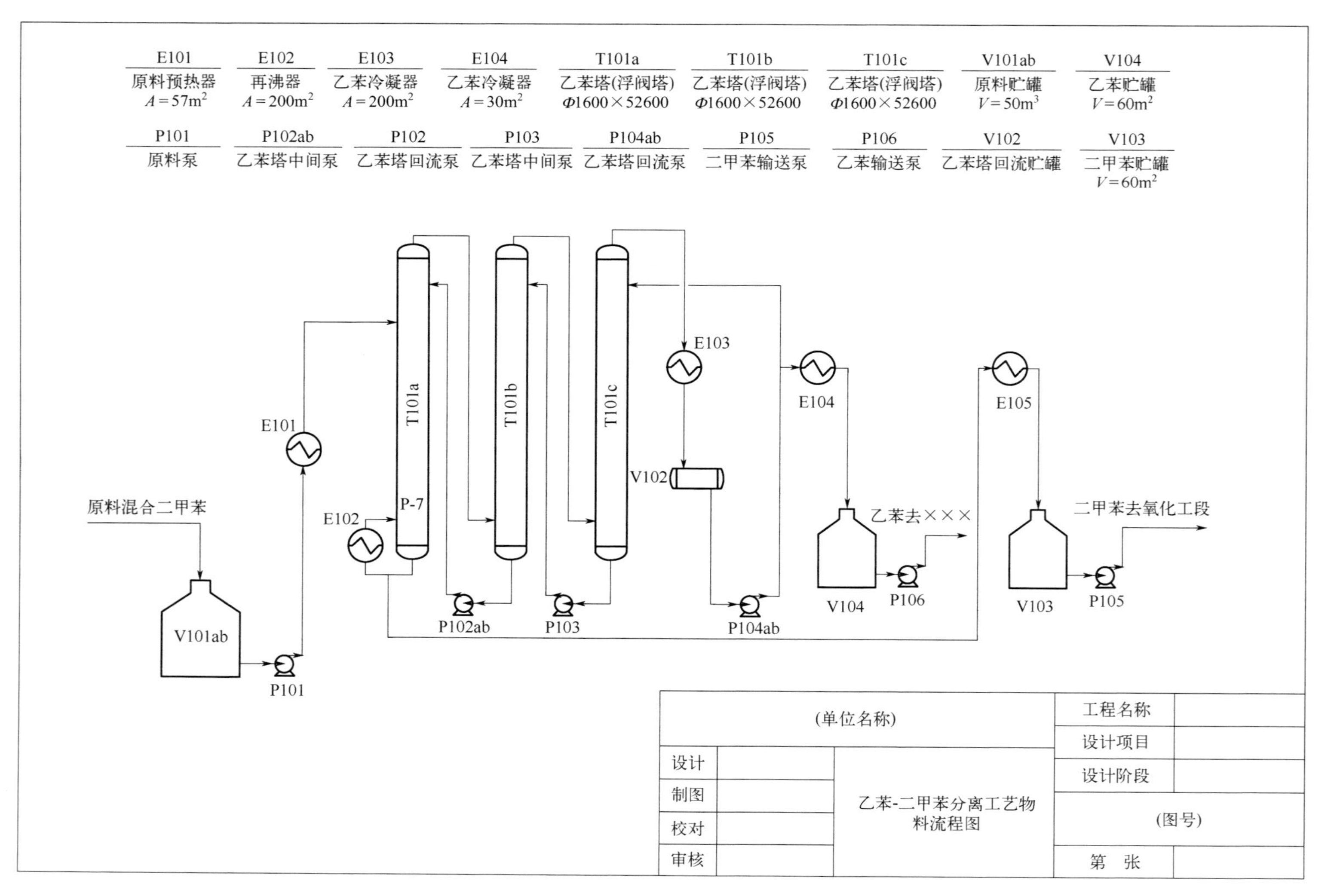

乙苯-二甲苯分离工艺的物料流程图

7 Matlab与化学化工计算

7.1 Matlab基础知识

7.1.1 Matlab简介

Matlab软件包最初是1967年由Clere Maler用FORTRAN语言设计和编写的。1984年Mathworks公司用C语言完成了Matlab的商业化版本并推向市场。经过近40年的改进，Matlab已发展成为一个具有极高通用性的、带有众多实用工具的运算平台，成为国际上广泛认可的优秀科学计算软件。目前，Matlab已成为许多大学生和研究生的重要工具，在线性代数、高等数学、信号处理、模拟运算、自动控制等许多领域的教学和科研中表现出高效、简单和直观的优点。在国外的高等院校里，熟练运用Matlab已成为理工科大学生、研究生必须掌握的基本技能。Matlab软件的主要优点如下所述。

① 语法简单易学，编程效率高。

② 高质量、高可靠的数值计算能力。

③ 强大的矩阵运算能力。

④ 高级图形和数据可视化处理能力。

⑤ 提供600多个常用算法内建函数，以及众多面向应用的工具箱（如偏微分方程求解、数理统计、符号运算、样条函数、神经网络、虚拟现实等）。

本章第一节首先介绍Matlab的基本界面和用法，后续各节主要介绍Matlab在常见化学化工计算中的应用。Matlab的语法和常用函数可参考附录Ⅰ。

7.1.2 Matlab的界面

Matlab 2019的主界面如图7-1所示，由标题栏、功能区、快速工具栏和几个功能窗口组成。常用的窗口有：

① 命令窗口（Command Window）：用于Matlab命令的输入和计算结果的显示，是最常用的用户交互窗口。

② 当前文件夹窗口（Current Folder）：用于显示当前目录下的Matlab程序文件（扩展名为*.m）。选中某一程序文件时，可在窗口下部列出该文件所包含的所有函数信息。

③ 编辑器窗口（Editor）：用于Matlab程序文件的编辑与调试。

④ 工作区窗口（Workspace）：用于显示和编辑当前内存中Matlab变量的名称、结构、字节数及其内容，可以对变量进行观察、编辑、保存和删除等操作。

⑤ 命令历史窗口（Command History）：用于保存用户已输入过的命令。

可使用“Home”工具栏的 Layout 按钮更改各窗口的显示与布局。

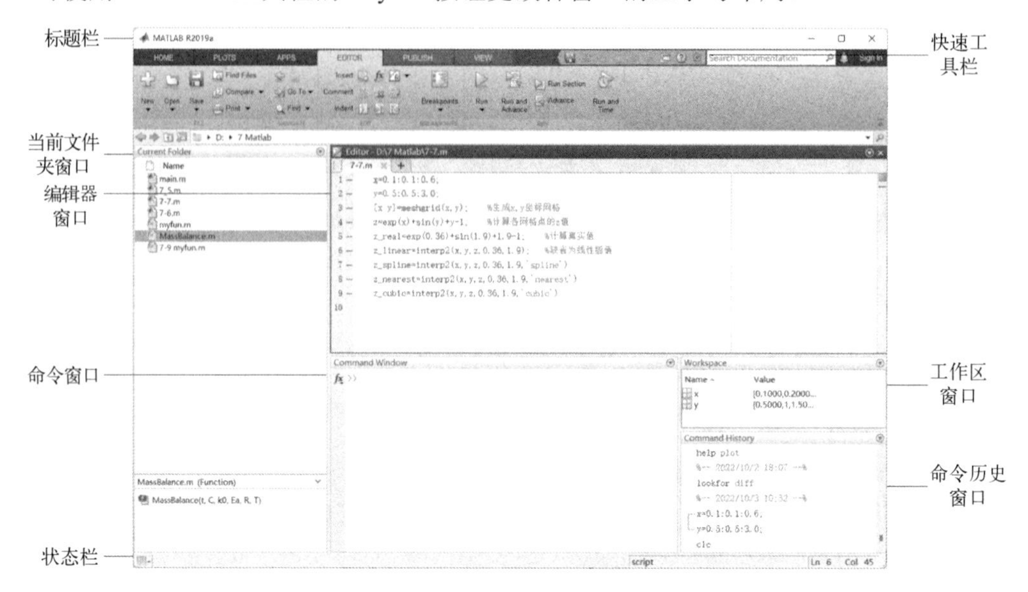

图 7-1　Matlab 的主界面

7.1.3　Matlab 的帮助功能

Matlab 的帮助功能十分完善，是用户学习和使用 Matlab 的重要资源。获取帮助常用 3 种方法：联机帮助系统、命令窗口查询、联机演示系统。联机帮助系统是 Matlab 提供的百科全书式的帮助系统，可用快速工具栏中的按钮或快捷键 F1 打开联机帮助系统，如图 7-2 所示；联机演示系统主要采用动画和向导的方式介绍 Matlab 的重要功能和函数，可单击“开始”工具栏中的“帮助”按钮，在弹出菜单中选择“示例”命令打开；通过命令窗口查询帮助是由用户直接在命令窗口中输入帮助函数获得所需帮助，常用的帮助函数是 help 和 lookfor。

图 7-2　Matlab 的联机帮助系统界面

help 是最常用的帮助函数，用户可以直接在命令窗口中输入 help 命令并获取帮助。help 函数常用的格式为“help 函数名”，显示所指定函数的相关帮助，如函数功能、所需参数等。例如在命令窗口中输入 help plot 将显示 plot 函数的功能、应用格式与示例，如图 7-3 所示。

```
Command Window
>> help plot
plot - 二维线图

    此 MATLAB 函数 创建 Y 中数据对 X 中对应值的二维线图。 如果 X 和 Y 都是向量，则它们的长度必须相同。plot 函数绘制 Y 对 X 的图。
    如果 X 和 Y 均为矩阵，则它们的大小必须相同。plot 函数绘制 Y 的列对 X 的列的图。 如果 X 或 Y
    中的一个是向量而另一个是矩阵，则矩阵的各维中必须有一维与向量的长度相等。如果矩阵的行数等于向量长度，则 plot
    函数绘制矩阵中的每一列对向量的图。如果矩阵的列数等于向量长度，则该函数绘制矩阵中的每一行对向量的图。如果矩阵为方阵，则该函数绘制每一列对向量的图。 如果 X 或
    Y 之一为标量，而另一个为标量或向量，则 plot 函数会绘制离散点。但是，要查看这些点，您必须指定标记符号，例如 plot(X,Y,'o')。

    plot(X,Y)
    plot(X,Y,LineSpec)
    plot(X1,Y1,...,Xn,Yn)
    plot(X1,Y1,LineSpec1,...,Xn,Yn,LineSpecn)
    plot(Y)
    plot(Y,LineSpec)
    plot(___,Name,Value)
    plot(ax,___)
    h = plot(___)

    See also gca, hold, legend, loglog, plot3, title, xlabel, xlim, ylabel,
        ylim, yyaxis, Line 属性

    Reference page for plot
    Other functions named plot

fx >>
```

图 7-3 Matlab 的命令窗口帮助查询

若不知道函数的确切名称，可使用 lookfor 函数根据关键词查询函数名。其用法为“lookfor 关键词”。例如，想要查找和微分方程有关的函数，可在命令窗口中键入 lookfor 命令查找。

码 7-1 用 Matlab 查找包含“diff”关键词的函数

【例 7-1】 查找包含“diff”关键词的函数，相关操作参看码 7-1。

```
>> lookfor diff
diff       - Difference and approximate derivative.
cast       - Cast a variable to a different data type or class.
setdiff    - Find rows that occur in one table but not in another.
chebspec   - Chebyshev spectral differentiation matrix.
dde23      - Solve delay differential equations (DDEs) with constant delays.
Ddensd     - Solve delay differential equations of neutral type.
…
```

第 1 行“>>”提示符后是用户输入的命令，Matlab 会查找全部与关键词“diff”有关的命令，并将查询结果在命令窗口中显示。例如例 7-1 中 2～7 行是查询得到的部分结果。

7.2 线性方程组的求解

线性方程组的求解是化学、化工专业学生经常遇到的计算问题。例如，很多单元设备的物料、能量衡算方程是线性方程组，精馏塔逐板计算也需对线性方程组进行求解。

7.2.1 线性方程组的一般形式

在应用中，常常把线性方程组$\begin{cases} a_{11}x_1 + a_{12}x_2 + \cdots + a_{1n}x_n = b_1 \\ a_{21}x_1 + a_{22}x_2 + \cdots + a_{2n}x_n = b_2 \\ \cdots \\ a_{s1}x_1 + a_{s2}x_2 + \cdots + a_{sn}x_n = b_s \end{cases}$

写成 $AX=b$ 的一般形式，其中 $A = \begin{bmatrix} a_{11} & a_{12} & \cdots & a_{1n} \\ a_{21} & a_{22} & \cdots & a_{2n} \\ \vdots & \vdots & & \vdots \\ a_{s1} & a_{s2} & \cdots & a_{sn} \end{bmatrix}$，$X = \begin{bmatrix} x_1 \\ x_2 \\ \vdots \\ x_n \end{bmatrix}$，$b = \begin{bmatrix} b_1 \\ b_2 \\ \vdots \\ b_s \end{bmatrix}$

7.2.2 线性方程组解的判断

（1）齐次线性方程组。对于齐次线性方程组 $AX=0$，其解的情况可以通过系数矩阵 A 的秩 m 和未知数个数 n 的关系来判断。

① 如果 $m=n$，则方程组只有零解，$X=0$。

② 如果 $m<n$，则方程组有无穷多组解。

③ 如果 $m>n$，则方程组无解。

（2）非齐次线性方程组。对于非齐次线性方程组 $AX=b$，可根据系数矩阵 A 的秩 m、增广矩阵 $B=[A\ b]$的秩 l 和未知数个数 n 的关系来判断其解的情况。

① 如果 $m=l=n$，则方程组有唯一解。

② 如果 $m=l<n$，则方程组有无穷多组解。

③ 如果 $m \neq n$，则方程组无解。

求解矩阵的秩需要使用 Matlab 提供的 rank 函数，其语法为 rank(A)，A 为需求秩的矩阵。

码 7-2 用 Matlab 判断方程组的解

【例 7-2】 判断下列方程组的解的情况。相关操作参看码 7-2。

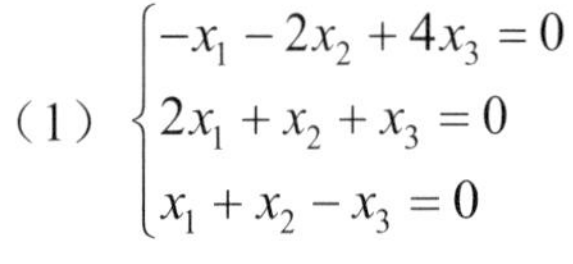

（1）$\begin{cases} -x_1 - 2x_2 + 4x_3 = 0 \\ 2x_1 + x_2 + x_3 = 0 \\ x_1 + x_2 - x_3 = 0 \end{cases}$　　（2）$\begin{cases} 7x_1 + 28x_3 = 1 \\ 28x_2 + x_3 = -39 \\ 28x_1 + 196x_3 = -7 \end{cases}$

解 在 Matlab 中输入

（1）

```
>> a=[-1 -2 4; 2 1 1; 1 1 -1];
>> rank(a)
ans =

    2
```

齐次线性方程组系数矩阵 A 的秩 $m=2$，小于未知数个数 3，方程组有无穷多解。

（2）

```
>> a=[7 0 28; 0 28 1; 28 0 196];
>> b=[1 -39 -7]';                 %b 为列向量，故输入行向量后转置❶
```

❶ “%”是 Matlab 的注释符，%后的语句作为注释处理。

```
>> rank(a)                    %计算系数矩阵A的秩
ans =
     3
>> rank([a b])                %计算增广矩阵[A b]的秩
ans =
     3
```

非齐次线性方程组系数矩阵 A 的秩 $m=3$，增广矩阵的秩 $l=3$，未知数个数 $n=3$，方程组有唯一解。

7.2.3 线性方程组的直接求解

判断方程组解的情况之后，可利用 Matlab 对方程组进行求解。线性代数课程中讲述的线性方程组解法有很多，如高斯消去法、牛顿法、三角分解法等，但上述算法均需烦琐的矩阵运算。而在 Matlab 中，这一问题则变得十分简单。

对于常见的低阶线性方程组，可直接采用矩阵运算进行求解，也可通过矩阵变换函数 rref 进行求解，以下在例 7-3 中分别说明各种常用解法。

【例 7-3】 求以下方程组的解。相关操作参看码 7-3。

码 7-3 Matlab 线性方程组的求解 1

$$\begin{cases} 5x_1+6x_2=1 \\ x_1+5x_2+6x_3=0 \\ x_2+5x_3+6x_4=0 \\ x_3+5x_4+6x_5=0 \\ x_4+5x_5=1 \end{cases}$$

解 在 Matlab 中输入

```
>> a=[5 6 0 0 0; 1 5 6 0 0; 0 1 5 6 0; 0 0 1 5 6; 0 0 0 1 5] ;
>> b=[1 0 0 0 1]';
>> rank(a)   %判断方程解的情况
ans =
     5
>> rank([a b])
ans =
     5
```

可知系数矩阵、增广矩阵的秩均为 5，和未知数个数相同，方程组有唯一解。

方法一，通过矩阵除法直接求解

```
>> x=a\b   %求方程组的解，注意这里使用了左除符号“\”
x =
    2.2662
   –1.7218
    1.0571
   –0.5940
    0.3188
```

```
>> a*x    %解的验证，结果AX=b
ans =
    1.0000
   -0.0000
         0
   -0.0000
    1.0000
```

方法二，通过计算系数方程组的逆矩阵获得 x 的值，$x=A^{-1}b$

```
>> x2=inv(a)*b    %inv(a)用于求矩阵a的逆矩阵
x2 =
    2.2662
   -1.7218
    1.0571
   -0.5940
    0.3188
```

方法三，可通过矩阵变换函数 rref 进行求解，rref 将矩阵变换为行阶梯形。其步骤为，首先生成增广矩阵，然后应用 rref 函数对增广矩阵进行变换，矩阵的最后一列即为线性方程组的解。接上例：

```
>> c=[a b]                          %获得增广矩阵c=[a b]
c =
     5     6     0     0     0     1
     1     5     6     0     0     0
     0     1     5     6     0     0
     0     0     1     5     6     0
     0     0     0     1     5     1
>> rref(c)
ans =
    1.0000         0         0         0         0    2.2662
         0    1.0000         0         0         0   -1.7218
         0         0    1.0000         0         0    1.0571
         0         0         0    1.0000         0   -0.5940
         0         0         0         0    1.0000    0.3188
```

注意方框圈出的最后一列即为方程组的解。

当线性方程组有无穷多个解时，还可使用函数 rref 来求取方程组的通解。

码 7-4　Matlab 线性方程组的求解 2

【例 7-4】 求下列方程组的解。相关操作参看码 7-4。

$$\begin{cases} x_1 - x_2 + x_3 - x_4 = 1 \\ -x_1 + x_2 + x_3 - x_4 = 1 \\ 2x_1 - 2x_2 - x_3 + x_4 = -1 \end{cases}$$

解

```
>> a=[1 -1 1 -1;-1 1 1 -1;2 -2 -1 1];
>> b=[1 1 -1]';
>> c=[a b]
c =
     1    -1     1    -1     1
    -1     1     1    -1     1
     2    -2    -1     1    -1
>> rank(a)
ans =
     2
>> rank(c)
ans =
     2
```

$m = l < n$，故方程组有无穷多解。

```
>> rref(c)
ans =
     1    -1     0     0     0
     0     0     1    -1     1
     0     0     0     0     0
```

根据变换后增广矩阵的每一非零行，可知该线性方程组的通解为：

$$\begin{cases} x_1 = x_2 \\ x_3 = x_4 + 1 \end{cases}$$

x_2, x_4 为自由变量。

化工计算中有时会遇到由数千甚至数万个方程组成的大型线性方程组，其系数矩阵过于庞大，将会占用大量内存，导致运算困难。此时可应用稀疏矩阵技术存储和运算，具体用法可参考 Matlab 的帮助文档。

7.3 数据插值

7.3.1 数据插值简介

在工程领域，许多实验数据常以列表函数或表格的形式存在。例如，在很多物性数据手册中，以列表的形式给出了不同温度、压力和组成条件下的大量物性数据。表 7-1 为水的黏度随温度变化的部分数据。

表 7-1 水的黏度随温度变化的部分数据

t/℃	0	10	20	30	40	50	60
μ/mPa·s	1.788	1.305	1.004	0.8012	0.6532	0.5492	0.4698

在实际使用时，表中列出的温度点往往是不够用的，出于工艺设计计算的要求，有时需要介于表中两个已知温度点之间（例如 15℃、25℃）的黏度值，而数据表中并没有这些数据，

需要根据已知的数据估算出表中未出现的温度点的黏度数值，这一方法称为插值。此外，化学化工中的很多函数关系虽然有解析表达式，但由于计算复杂，使用不方便，在实际应用中也常以函数值列表的形式提供，为了获得列表中没有的数据点的函数值，也需依赖插值。

插值的数学定义为：已知由 $g(x)$ (可能未知或非常复杂)产生的 $n+1$ 个离散数据(x_i, y_i), $i=0,1,2,\cdots n$，且这 $n+1$ 个互异插值结点满足 $a=x_0<x_1<x_2<\cdots<x_n=b$，在插值区间$[a,b]$内寻找一个相对简单的函数 $f(x)$，使其满足插值条件 $f(x_i)=y_i$, $i=0,1,2,\cdots n$。再利用已求得的 $f(x)$计算任一非插值结点 x^*处的近似值 $y^*=f(x^*)$。其中 $f(x)$称为插值函数，$g(x)$称为被插值函数。

从计算的观点看，插值问题就是在满足误差要求的前提下用一个简单函数近似代替原目标函数关系式。由于所构造的插值函数形式简单、计算方便，从而有广泛的应用。常用的插值方法有线性插值、二次插值（拉格朗日三点插值）和三次样条插值等。

7.3.2 插值方法

7.3.2.1 线性插值

线性插值又称两点插值，是工程上常用的一种插值方法。可描述为：已知两个数据点$[x_0, y_0]$, $[x_1, y_1]$ $(x_0<x_1)$，求对应 x $(x_0<x<x_1)$的 y 值。具体做法是：根据两个已知点构造线性插值函数 $y=a_0+a_1x$，并用该函数计算在 x 处的 y 值，如图 7-4 所示。线性插值计算公式为：

$$y = y_0 + \frac{y_1 - y_0}{x_1 - x_0}(x - x_0) \tag{7-1}$$

线性插值的优点是简单、快捷，对于插值结点间距较小、函数非线性不强的应用可以取得令人满意的精度。

7.3.2.2 二次插值（拉格朗日三点插值）

化学化工中存在大量非线性关系，如图 7-5 所示。对应于待插值点 x，使用线性插值得到的 y 与函数值 $y=g(x)$相比可能会存在较大的误差，例如图 7-5 中的 y'点。改进方法是在函数曲线上取 3 个点$[x_0, y_0]$, $[x_1,y_1]$, $[x_2,y_2]$ $(x_0<x_1<x_2)$，构造一个二次插值函数 $y=a_0+a_1x+a_2x^2$，并用该函数计算在 x 处的 y 值。二次插值计算公式为：

$$y = y_0 + \frac{y_1 - y_0}{x_1 - x_0}(x - x_0) + \frac{\dfrac{y_2 - y_0}{x_2 - x_0} - \dfrac{y_1 - y_0}{x_1 - x_0}}{x_2 - x_1}(x - x_0)(x - x_1) \tag{7-2}$$

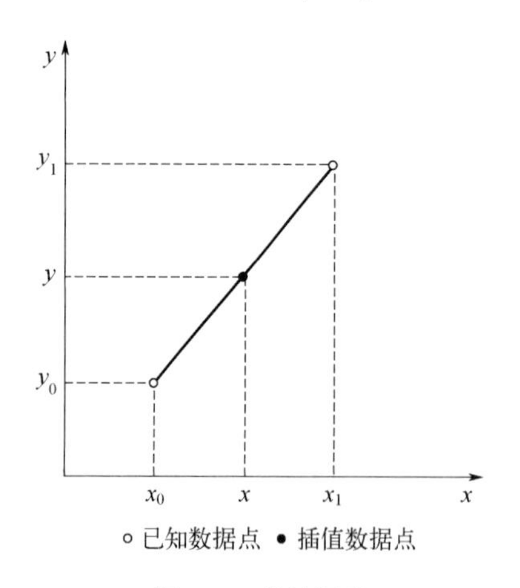

图 7-4 线性插值

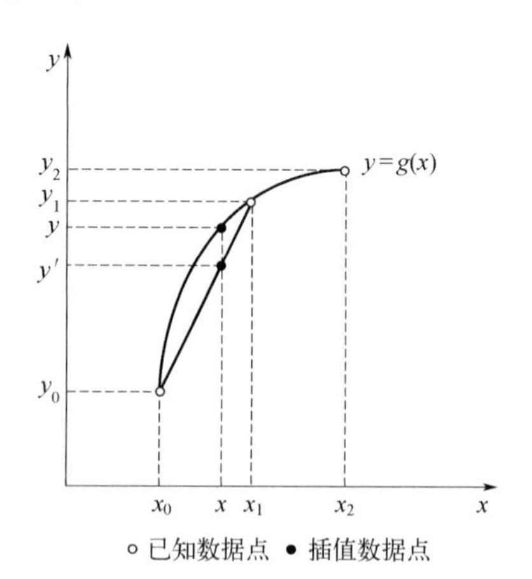

图 7-5 二次插值

线性插值和二次插值都属于多项式插值，其计算方法简单快捷，精度可满足大多数工程要求。人们常会以为插值多项式$f(x)$的次数越高，逼近被插值函数$g(x)$的精度越好，但实际并非如此。过度增加多项式次数，并不一定保证收敛，有时会导致计算难度增加，甚至引起过拟合等问题。对于常见的工程问题，一般情况下插值多项式的次数不超过5次。为提高精度，可以把插值节点分成若干段，分段用低次多项式近似原函数，称为分段插值。

7.3.2.3 其他插值方法

为了适应不同的要求，人们还开发了多种插值方法，典型的有图像处理常用的最近（nearest）插值法，可显著提高插值曲线光滑程度的样条曲线（spline）法，以及插值函数在插值结点处函数值、导数值均与被插值函数相等的埃尔米特（Hermite）法等。

7.3.3 使用Matlab进行数据插值

7.3.3.1 一维插值

一维插值是只有一个自变量的插值，适用于化学化工中常见的问题。例如，可通过插值获得不同温度下饱和水蒸气的压力、有机物密度等。Matlab提供的一维插值函数是interp1，其常用语法为：

```
YI = interp1(X,Y,XI,'method')
```

式中 X,Y——为已知数据点的x, y值；

XI——为待插值数据点的x值；

YI——为返回的插值结果；

method——用于指定所采用的插值方法，可选的方法列于表7-2。例如，在[0,2π]区间内生成11个等距的离散点，计算函数y=sin(x)的数值。采用表7-2中的不同方法根据这11个已知点进行插值的结果如图7-6所示。

表7-2 Matlab插值函数interp1提供的插值方法

方法名	解释	方法名	解释
nearest	最近插值	pchip	保形分段三次Hermite插值
linear	线性插值，为interp1的缺省方法	cubic	同pchip
spline	分段三次样条插值		

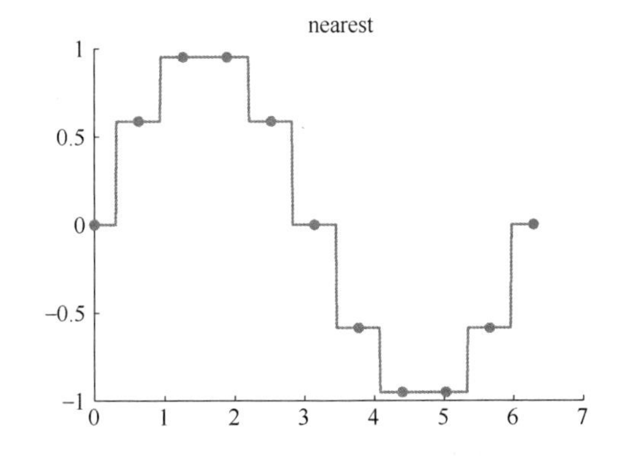

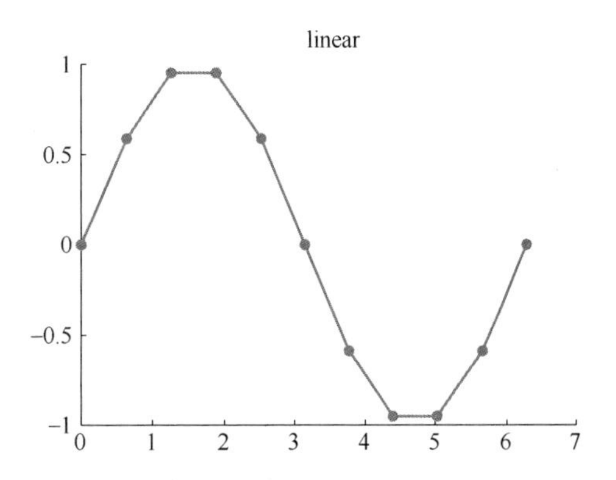

图7-6

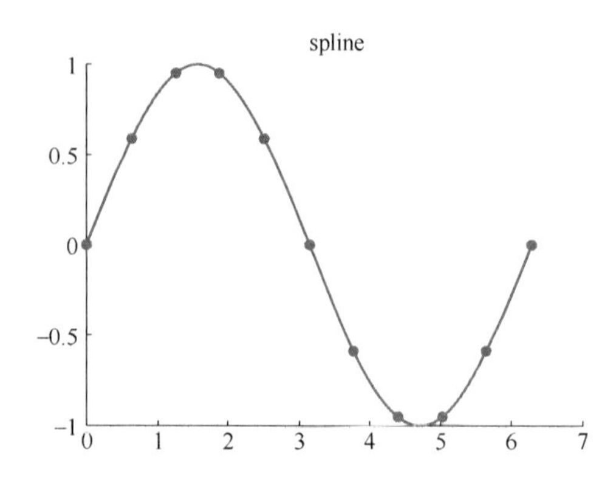

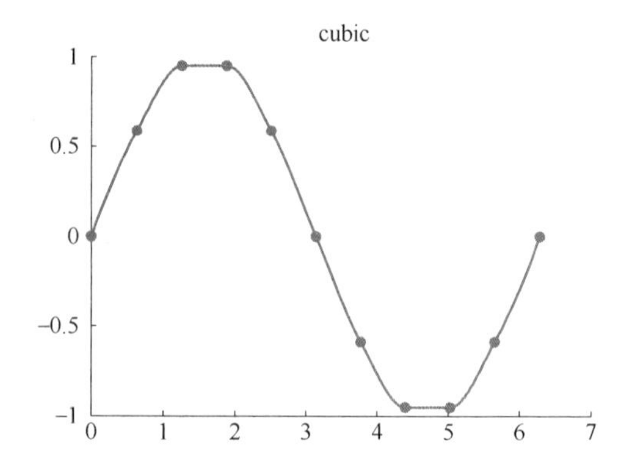

图 7-6 不同插值方法的插值结果

【例 7-5】 用函数 $y=e^x$ 生成以下离散数据，使用不同插值方法计算 x=[2.55 2.63 2.77 2.86] 处的函数值，并与真实值进行比较。相关操作参看码 7-5。

x	2.5	2.6	2.7	2.8	2.9
y	12.1825	13.4637	14.8797	16.4446	18.1741

解

码 7-5 Matlab 的一维插值

```
>>x=2.5:0.1:2.9;
>>y=[12.1825 13.4637 14.8797 16.4446 18.1741];      %生成x，y插值结点
>>x1=[2.55 2.63 2.77 2.86];
>>y1_linear=interp1(x,y,x1);                %缺省使用liner方法
>>y1_nearest=interp1(x,y,x1,'nearest');
>>y1_spline=interp1(x,y,x1,'spline');
>>y1_ cubic =interp1(x,y,x1,' cubic ');
>>y1_true=exp(x1);                          %计算真实值
```

采用不同插值方法获得的插值结果如表 7-3 所列。可看出对于该例，三次样条插值的计算结果最接近真实值。

表 7-3 例 7-5 的计算结果

插值方法	x			
	2.55	2.63	2.77	2.86
真实值	12.8071	13.8738	15.9586	17.4615
最近插值	13.4637	13.4637	16.4446	18.1741
线性插值	12.8231	13.8885	15.9752	17.4823
三次样条插值	12.8071	13.8738	15.9586	17.4616
分段三次 Hermite 插值	12.8067	13.8737	15.9588	17.4622

码 7-6 Matlab 的外推插值

【例 7-6】 已知水在 20℃、21℃、22℃、23℃的饱和蒸气压分别为 17.54mmHg、18.65mmHg、19.83mmHg、21.07mmHg[1]，求 20.5℃、21.5℃、22.5℃和 24℃时水的饱和蒸气压各是多少？已知 24℃时水的饱和蒸气压为 22.38mmHg。相关操作参看码 7-6。

解

```
>>x=20:23;
>>y=[17.54 18.65 19.83 21.07];
>>x1=[20.5 21.5 22.5];
>>y1=interp1(x,y,x1)                    %缺省采用线性插值
y1 =18.0950     19.2400     20.4500
```

% 注意本题目还需求解 24℃时水的饱和蒸气压，这已超出了已知点的温度范围（20～23℃），这种情况称为外推，需指定 extrap 参数进行求解。

```
>>y2=interp1(x,y,24,'linear','extrap')
y2 =22.3100
```

插值得到 24℃时水的饱和蒸气压为 22.31mmHg，与真实值的误差为 0.07mmHg。若采用三次样条插值：

```
>>y2=interp1(x,y,24,'spline','extrap')
y2 =22.3600
```

插值得到 24℃时水的饱和蒸气压为 22.36mmHg，与真实值的误差为 0.02mmHg。

7.3.3.2 多维插值

码 7-7 Matlab 的多维插值

通常把具有多个自变量的插值称为多维插值。根据自变量个数的不同，可分为二维插值、三维插值和高维插值。相应的 Matlab 函数分别为 interp2，interp3，interpn，其功能、用法和可用的插值算法选项分别见表 7-4 和表 7-5。上述函数的使用方法与 interp1 类似。以下通过一实例说明。

【例 7-7】 由函数 $z=e^x+\sin(y)+y-1$ 生成表 7-6 中的离散数据，应用不同插值方法计算在 $x=0.36$，$y=1.9$ 处的 z 值，并与真实值作比较。相关操作参看码 7-7。

表 7-4 Matlab 的多维插值函数

函数名	典型应用	说明
interp2	ZI = interp2(X,Y,Z,XI,YI,'method')	二维插值
interp3	VI = interp3(X,Y,Z,V,XI,YI,ZI,'method')	三维插值
interpn	VI = interpn(X1,X2,X3…,V,Y1,Y2,Y3…,'method')	多维插值

表 7-5 Matlab 多维插值函数的 Method 选项

方法名	说明	方法名	说明
nearest	最近插值	spline	样条曲线插值
linear	线性插值	cubic	立方插值

[1] 1mmHg=133.322Pa。

表 7-6 例 7-7 的原始数据

y	x					
	0.1	0.2	0.3	0.4	0.5	0.6
0.5	1.0846	1.2008	1.3293	1.4713	1.6281	1.8015
1.0	1.9466	2.0629	2.1913	2.3333	2.4902	2.6636
1.5	2.6027	2.7189	2.8474	2.9893	3.1462	3.3196
2.0	3.0145	3.1307	3.2592	3.4011	3.5580	3.7314
2.5	3.2036	3.3199	3.4483	3.5903	3.7472	3.9206
3.0	3.2463	3.3625	3.4910	3.6329	3.7898	3.9632

解

```
>>x=0.1:0.1:0.6;
>>y=0.5:0.5:3.0;
>>[x y]=meshgrid(x,y);                %生成x, y坐标网格
>>z=exp(x)+sin(y)+y–1;                %计算各网格点的z值
>>z_real=exp(0.36)+sin(1.9)+1.9–1;    %计算真实值
>>z_linear=interp2(x,y,z,0.36,1.9);   %缺省为线性插值
>>z_spline=interp2(x,y,z,0.36,1.9,'spline');
>>z_nearest=interp2(x,y,z,0.36,1.9,'nearest');
>>z_cubic=interp2(x,y,z,0.36,1.9,'cubic');
```

插值结果如表 7-7 所列。对于该例，三次样条插值的计算结果最接近真实值。

表 7-7 例 7-7 插值结果

插值方法	计算结果	插值方法	计算结果
真值	3.2796	最近插值	3.4011
线性插值	3.2620	立方插值	3.2784
三次样条插值	3.2797		

7.4 非线性方程（组）的求解

7.4.1 非线性方程（组）的数值求解

非线性方程（组）的解析求解比较困难，只有少量非线性方程（组）可获得解析解，在实际应用中常需要采用数值方法进行求解。常见的非线性方程（组）有两种形式：

$$x = f(x) \quad 或 \quad f(x) = 0$$

前一类问题可以应用直接迭代法、韦格斯顿（Wegstein）迭代法等求解；后一类问题可采用牛顿迭代法求解。以下以一元非线性方程为例，简要介绍其数值解法。

7.4.1.1 直接迭代法

对于 $x = f(x)$ 形式的一元非线性方程，直接迭代法是最简单、最直接的求解方法。步骤为：首先设定 x 的初值 $x=x_0$，代入方程计算 $x_1=f(x_0)$，再把 x_1 作为新的初值代入方程计算 $x_2=f(x_1)$，…，直至求得的 x_{n+1} 与 x_n 足够接近（称为收敛），x_n 即为方程的根。直接迭代法求解可写为如下形式：

$$x_{i+1}=f(x_i)$$

常见的收敛判断准则有以下几种。

（1）绝对偏差：

$$|x_{i+1}-x_i|\leqslant\varepsilon$$

式中，ε是用户指定的一个很小的正数。采用绝对偏差作为收敛判据的缺点是如果不能预计方程解的大致数值，确定适当的ε取值有一定难度。

（2）相对偏差：

$$\left|1-\left(\frac{x_i}{x_{i+1}}\right)\right|\leqslant\varepsilon$$

采用相对偏差作为收敛判据的优点在于ε的选取不受方程解的数值大小的影响。对一般的工程问题，取ε=0.001（0.1%）即可满足精度要求。

（3）半相对偏差：

$$\left|\frac{x_{i+1}-x_i}{x_{i+1}+x_i}\right|\leqslant\varepsilon$$

半相对偏差也是判断收敛的一个较好的方法，ε的取值一般为 0.0001～0.001。

直接迭代法的优点是形式简单，易于编程实现。缺点是计算量大、收敛速度慢。一般可通过改进初值、降低收敛要求等方法提高其收敛速度。也可采用其他方法进行求解。

7.4.1.2 韦格斯顿迭代法

尽管直接迭代法简单方便，但由于计算只用到前一个点的信息，有时不能有效地收敛。韦格斯顿法对直接迭代法做了改进，使用前两个计算点的信息进行求解。其迭代形式为：

$$x_{i+1}=x_i+\frac{f(x_i)x_{i-1}-f(x_{i-1})x_i}{f(x_i)-f(x_{i-1})+x_{i-1}-x_i}$$

韦格斯顿法迭代时需要前面两个计算点的数据，可首先执行一次直接迭代法获得。

7.4.1.3 牛顿迭代法

牛顿迭代法又称切线法，可用于 $f(x)=0$ 形式的非线性方程的求解。若将 $f(x)$在其根附近进行泰勒级数展开，并取级数的线性部分作为$f(x)$的近似值，可得到。

$$f(x_{k+1})=f(x_k+\Delta x)\approx f(x_k)+(x_{k+1}-x_k)f'(x_k)=0$$

由上式可得牛顿迭代公式：

$$x_{k+1}=x_k-\frac{f(x_k)}{f'(x_k)}$$

如函数的一阶导数难以求得，可用差商作为近似导数：

$$f'(x)\approx\frac{f(x+\Delta x)-f(x)}{\Delta x}$$

7.4.2 使用 Matlab 求解非线性方程（组）

Matlab 函数 fzero 仅可用于非线性方程的求解，fsolve 可用于非线性方程及方程组的求解。

fzero 可求解 $f(x)=0$ 形式的非线性方程，函数用法为：

x=fzero('fun', x0)

式中 *fun*——单变量实值函数，可以是 Matlab 内部函数或用户自定义函数；

x0——若 *x0* 是一个单个的数值，系统会将其作为求解的初值，在其附近寻找解；若

$x0$ 为包含两个数值的向量，且 $fun[x0(1)]$和 $fun[x0(2)]$符号相反，Matlab 将会在 $x0(1)$和 $x0(2)$区间内寻找零点。

fsolve 函数的用法为：

$$x=fsolve('fun', x0)$$

式中 fun——用户自定义函数，返回给定变量 x 时方程的值 $y=fun(x)$；

$x0$——初值矩阵。

【例 7-8】 试用维里方程计算 200℃、1.013MPa 的异丙醇蒸气的摩尔体积 V 与压缩因子 Z。已知异丙醇的维里系数实验值 $B=-388\text{cm}^3/\text{mol}$，$C=-26000\ \text{cm}^6/\text{mol}^2$。相关操作参看码 7-8。

码 7-8 Matlab 非线性方程的求解

解 由维里方程 $Z=1+\dfrac{B}{V}+\dfrac{C}{V^2}$ 可得 $\dfrac{pV}{RT}=1+\dfrac{B}{V}+\dfrac{C}{V^2}$，代入已知条件：

$$\frac{1.013\times10^6\times V}{8.314\times10^6\times473.15}=1-\frac{388}{V}-\frac{26000}{V^2}$$

将上式转换为 $f(V)=0$ 的形式：

$$\frac{1.013\times10^6\times V}{8.314\times10^6\times473.15}+\frac{388}{V}+\frac{26000}{V^2}-1=0$$

使用 Matlab 对上式进行求解，考虑到上述方程的形式较为简单，采用直接求解方式，即直接把待求解方程的代数表达式作为 fzero 的输入参数进行求解。对于较复杂的方程，则一般需将待求解方程定义为自定义函数。首先使用理想气体状态方程计算 fzero 函数所需的初值，然后使用 fzero 函数进行求解。

在 Matlab 中输入：

```
>> v0=8.314e6*473.15/1.013e6          %应用理想气体状态方程计算初值
v0 =
   3.8833e+003
>> v=fzero('1.013e6*x/(8.314e6*473.15) +388/x+26000/x^2-1',v0)          %求解方程
v =
   3.4363e+003
>> z=1-388/v-26000/v^2                 %计算压缩因子 Z
z =
      0.8849
```

计算可得 200℃、1.013MPa 的异丙醇蒸气摩尔体积为 $3436.3\text{cm}^3/\text{mol}$，压缩因子为 0.8849。

值得注意的是，对于 fzero 和 fsolve 函数，给定适当的初值对问题的求解至关重要，若初值选择不当，将无法得到正确的解。一般可根据经验或简化计算获得合适的初值。例如上例中，我们使用理想气体状态方程获得求解的初值。有时不恰当的初值可能会导致错误的结果，例如例 7-8 若将初值设为 1000：

```
>> v=fzero('1.013e6*x/(8.314e6*473.15) +388/x+26000/x^2-1',1000)       %求解方程
v =
   505.1872
```

将收敛到方程的另一个解。

【例 7-9】 600K 下由 CH_3Cl 和 H_2O 反应生成 CH_3OH，存在下列平衡：

$$CH_3Cl(g)+H_2O(g) \rightleftharpoons CH_3OH(g)+HCl(g) \tag{1}$$

$$2CH_3OH(g) \rightleftharpoons (CH_3)_2O(g)+H_2O(g) \tag{2}$$

已知该温度下 $K_{p(1)}$=0.00154，$K_{p(2)}$=10.6。今以等物质的量 $CH_3Cl(g)$和 $H_2O(g)$开始反应，求 CH_3Cl 的平衡转化率。相关操作参看码 7-9。

码 7-9 Matlab 非线性方程组的求解

解 设反应前 $CH_3Cl(g)$和 $H_2O(g)$均为 1mol，平衡时生成的 HCl=$x_1$mol，$(CH_3)_2O$ =$x_2$mol，由反应式（1）、反应式（2）可得：

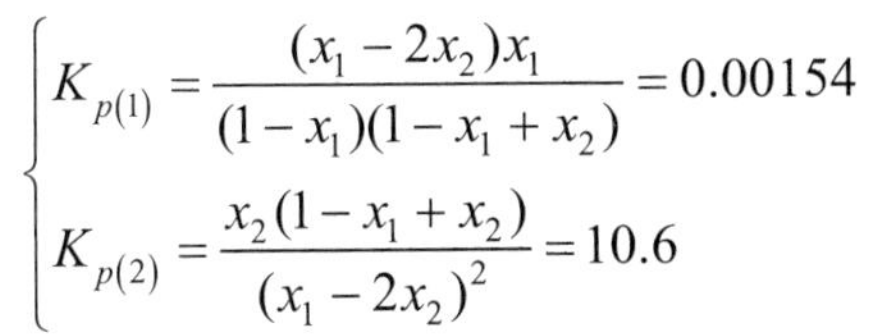

$$\begin{cases} K_{p(1)} = \dfrac{(x_1-2x_2)x_1}{(1-x_1)(1-x_1+x_2)} = 0.00154 \\ K_{p(2)} = \dfrac{x_2(1-x_1+x_2)}{(x_1-2x_2)^2} = 10.6 \end{cases}$$

为了便于 Matlab 求解，需将上式转换为 $F(x)$=0 的形式：

$$\begin{cases} y_1 = \dfrac{(x_1-2x_2)x_1}{(1-x_1)(1-x_1+x_2)} - 0.00154=0 \\ y_2 = \dfrac{x_2(1-x_1+x_2)}{(x_1-2x_2)^2} - 10.6=0 \end{cases}$$

求解上述方程组即可获得反应体系的平衡组成。

首先定义求解函数，单击 Matlab“主页”工具栏上的“新建脚本”按钮，新建自定义函数并打开编辑窗口，在编辑窗口中输入以下语句，完成后如图 7-7 所示。

```
%example 7-9
function y=myfun(x)
y(1)=(x(1)–2*x(2))*x(1)/((1–x(1))*(1–x(1)+x(2)))–0.00154;
y(2)=x(2)*(1–x(1)+x(2))/(x(1)–2*x(2))^2–10.6;
```

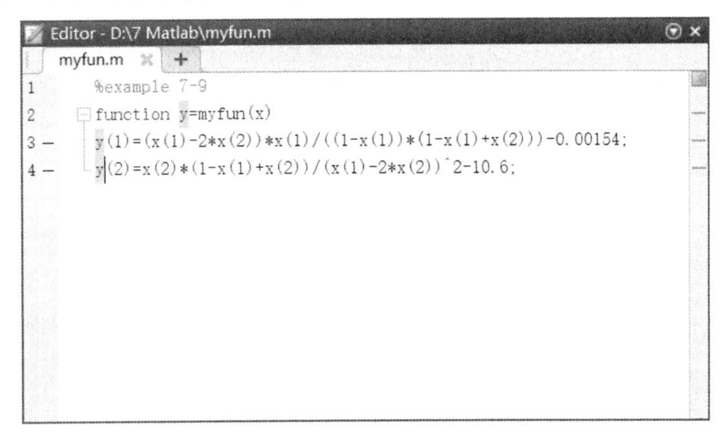

图 7-7 Matlab 的自定义函数编辑窗口

第一行以“%”开头的为注释行，说明此程序的功能；第二行为函数定义行，定义了函数名（myfun），所需参数（x）和返回值（y）。在本例中，参数 x 和返回值 y 均为一个包含两个元素的数组。x(1)、x(2)分别对应未知数 x_1 和 x_2，y(1)，y(2)分别对应上述方程组中

的 y_1 和 y_2。

在编辑器主菜单中选择“File \ Save”命令将自定义函数保存为“d:\myfun.m”，关闭编辑窗口返回 Matlab 命令窗口，对方程组进行求解。首先输入：

```
>> addpath 'd:\'
```

将自定义函数的保存路径“d:\”加入到 Matlab 的搜索路径，确保 Matlab 可找到该自定义函数。继续输入以下语句：

```
>> x0=[0.04;0.009];          %设定 x 的初值
>> x1=fsolve(@myfun,x0)      %调用 fsolve 函数进行求解
x1 =

    0.0482
    0.0094
```

可知平衡时 HCl、$(CH_3)_2O$ 分别为 0.0482mol 和 0.0094mol，进行物料衡算可得反应后的平衡组成为：CH_3Cl=0.9518mol，H_2O=0.9613mol，HCl=0.0482mol，$(CH_3)_2O$=0.0094mol，CH_3OH= 0.0293mol。

7.5 常微分方程（组）的数值解

7.5.1 化工中的常微分方程（组）

一般把微分方程中只有一个自变量的方程称为常微分方程，而把自变量个数为两个或两个以上的微分方程称为偏微分方程。常微分方程（组）的求解是化学工程中经常遇到的问题，例如“三传一反”中的大部分问题都涉及常微分方程（组）的求解。

常见的常微分方程可以分为初值问题和边值问题。前者须给定微分方程及初值条件，后者须给定微分方程及边界条件。其中以初值问题最为常见，可记为：

$$\begin{cases} y'(x) = f(x, y) \\ y(a) = y_0 \end{cases} \quad (a \leqslant x \leqslant b)$$

或

$$\begin{cases} \dfrac{dy}{dx} = f(x, y) \\ y(a) = y_0 \end{cases} \quad (a \leqslant x \leqslant b)$$

常微分方程（组）的解法有解析法和数值法两类。解析法通常只适用于某些特殊形式的微分方程（组），大多数应用问题涉及的常微分方程（组）都需要使用数值法进行求解。

7.5.2 常微分方程（组）的数值解法

常微分方程（组）的数值解法很多，在数值分析、计算方法等课程中有详细的介绍，本章直接给出几种常用数值求解方法的计算公式。

7.5.2.1 欧拉公式

若常微分方程初值问题的求解区间为 $[a,b]$，将其等分为 m 步，步长 $h = \dfrac{b-a}{m}$。记 $x_n = x_{n-1} + h$，相应 x_n 处的函数值为 $y_n, n = 1,2 \cdots m$，则 y_n 可由下式计算。

（1）向前欧拉公式：

$$y_{n+1}=y_n+hf(x_n,y_n)$$

（2）向后欧拉公式：

$$y_{n+1}=y_n+hf(x_{n+1},y_{n+1})$$

向后欧拉公式中 y_{n+1} 同时出现在等号的两侧，称为隐式欧拉公式，无法直接求解，一般需要采用迭代法计算。具体做法为：首先根据向前欧拉公式计算 y_{n+1} 的初值 $y_{n+1}^{(0)}$，再通过多次迭代至满足精度要求。

$$\begin{cases}y_{n+1}^{(0)}=y_n+hf(x_n,y_n)\\ y_{n+1}^{(k+1)}=y_n+hf(x_{n+1},y_{n+1}^{(k)}) \quad k=0,1,2,\cdots\end{cases}$$

常用的收敛判据为 $\left|y_{n+1}^{(k+1)}-y_{n+1}^{(k)}\right|\leqslant\varepsilon$，$\varepsilon$为给定精度，一般是一个很小的正数。

（3）中心欧拉公式：

$$y_{n+1}=y_{n-1}+2hf(x_n,y_n)$$

7.5.2.2 梯形公式

$$y_{n+1}=y_n+\frac{h}{2}[f(x_n,y_n)+f(x_{n+1},y_{n+1})]$$

梯形公式也是隐式公式，需要迭代求解。计算中为了保证一定的精度，又避免迭代过程计算量过大，可先用显式公式算出初值，再用隐式公式进行一次或数次修正。这一过程称为预估-校正过程。用显式欧拉公式和隐式梯形公式给出的一次预估-校正公式为：

$$\begin{cases}\overline{y}_{n+1}=y_n+hf(x_n,y_n)\\ y_{n+1}=y_n+\dfrac{h}{2}[f(x_n,y_n)+f(x_{n+1},\overline{y}_{n+1})]\end{cases}$$

上式也可合并为：

$$y_{n+1}=y_n+\frac{h}{2}\{f(x_n,y_n)+f[x_{n+1},y_n+hf(x_n,y_n)]\}$$

7.5.2.3 龙格-库塔法

龙格-库塔法是工程应用中求解常微分方程最常用的一种有效方法，其计算精度高、运算速度快，且易于编程。常用的有二阶、三阶、四阶龙格-库塔公式：

（1）二阶龙格-库塔公式。常见形式为：

$$\begin{cases}y_{n+1}=y_n+\dfrac{h}{2}(k_1+k_2)\\ k_1=f(x_n,y_n)\\ k_2=f(x_n+h,y_n+hk_1)\end{cases}$$

或：

$$\begin{cases}y_{n+1}=y_n+hk_2\\ k_1=f(x_n,y_n)\\ k_2=f\left(x_n+\dfrac{h}{2},y_n+\dfrac{h}{2}k_1\right)\end{cases}$$

（2）三阶龙格-库塔公式。常见形式为：

$$\begin{cases} y_{n+1} = y_n + \dfrac{h}{6}(k_1 + 4k_2 + k_3) \\ k_1 = f(x_n, y_n) \\ k_2 = f\left(x_n + \dfrac{h}{2}, y_n + \dfrac{h}{2}k_1\right) \\ k_3 = f(x_n + h, y_n - hk_1 + 2hk_2) \end{cases}$$

或：

$$\begin{cases} y_{n+1} = y_n + \dfrac{h}{4}(k_1 + 3k_3) \\ k_1 = f(x_n, y_n) \\ k_2 = f\left(x_n + \dfrac{h}{3}, y_n + \dfrac{h}{3}k_1\right) \\ k_3 = f\left(x_n + \dfrac{2}{3}h, y_n + \dfrac{2}{3}hk_2\right) \end{cases}$$

或：

$$\begin{cases} y_{n+1} = y_n + \dfrac{h}{9}(2k_1 + 3k_2 + 4k_3) \\ k_1 = f(x_n, y_n) \\ k_2 = f\left(x_n + \dfrac{h}{2}, y_n + \dfrac{h}{2}k_1\right) \\ k_3 = f\left(x_n + \dfrac{3}{4}h, y_n + \dfrac{3}{4}hk_2\right) \end{cases}$$

（3）四阶龙格-库塔公式。常见形式为：

$$\begin{cases} y_{n+1} = y_n + \dfrac{h}{6}(k_1 + 2k_2 + 2k_3 + k_4) \\ k_1 = f(x_n, y_n) \\ k_2 = f\left(x_n + \dfrac{h}{2}, y_n + \dfrac{h}{2}k_1\right) \\ k_3 = f\left(x_n + \dfrac{h}{2}, y_n + \dfrac{h}{2}k_2\right) \\ k_4 = f(x_n + h, y_n + hk_3) \end{cases}$$

或：

$$\begin{cases} y_{n+1} = y_n + \dfrac{h}{8}(k_1 + 3k_2 + 3k_3 + k_4) \\ k_1 = f(x_n, y_n) \\ k_2 = f\left(x_n + \dfrac{h}{3}, y_n + \dfrac{h}{3}k_1\right) \\ k_3 = f\left(x_n + \dfrac{2}{3}h, y_n + \dfrac{h}{3}k_1 + hk_2\right) \\ k_4 = f(x_n + h, y_n + hk_1 - hk_2 + hk_3) \end{cases}$$

7.5.2.4 常微分方程组的数值解法

将由 m 个一阶方程组成的常微分初值问题：

$$\begin{cases} \dfrac{dy_1}{dt} = f_1(t, y_1, y_2, \cdots, y_m) \\ \dfrac{dy_2}{dt} = f_2(t, y_1, y_2, \cdots, y_m) \\ \vdots \\ \dfrac{dy_m}{dt} = f_m(t, y_1, y_2, \cdots, y_m) \\ y_1(a) = \eta_1 \\ y_2(a) = \eta_2 \\ \vdots \\ y_m(a) = \eta_m \end{cases} \quad (a \leqslant t \leqslant b)$$

写成向量形式有：

$$\begin{cases} \dfrac{dY}{dt} = F(t, y) \\ Y(a) = \eta \end{cases}$$

其中 $Y(t) = \begin{pmatrix} y_1(t) \\ y_2(t) \\ \vdots \\ y_m(t) \end{pmatrix}$，$F(t, y) = \begin{pmatrix} f_1(t, y_1, \cdots, y_m) \\ f_2(t, y_1, \cdots, y_m) \\ \vdots \\ f_m(t, y_1, \cdots, y_m) \end{pmatrix}$，$\eta = \begin{pmatrix} \eta_1 \\ \eta_2 \\ \vdots \\ \eta_m \end{pmatrix}$

可使用前述解常微分方程的各种方法求解常微分方程组，例如对常微分方程组：

$$\begin{cases} \dfrac{dy}{dt} = f(t, y, z) \\ \dfrac{dz}{dt} = g(t, y, z) \\ y(a) = y_0 \\ z(a) = z_0 \end{cases} \quad (a \leqslant t \leqslant b)$$

（1）欧拉公式：

$$\begin{cases} y_{n+1} = y_n + hf(t_n, y_n, z_n) \\ z_{n+1} = z_n + hg(t_n, y_n, z_n) \end{cases}$$

（2）一次预估-校正公式：

$$\begin{cases} \begin{pmatrix} \overline{y}_{n+1} \\ \overline{z}_{n+1} \end{pmatrix} = \begin{pmatrix} y_n \\ z_n \end{pmatrix} + h \begin{pmatrix} f(t_n, y_n, z_n) \\ g(t_n, y_n, z_n) \end{pmatrix} \\ \begin{pmatrix} y_{n+1} \\ z_{n+1} \end{pmatrix} = \begin{pmatrix} y_n \\ z_n \end{pmatrix} + \dfrac{h}{2} \left[\begin{pmatrix} f(t_n, y_n, z_n) \\ g(t_n, y_n, z_n) \end{pmatrix} + \begin{pmatrix} f(t_{n+1}, \overline{y}_{n+1}, \overline{z}_{n+1}) \\ g(t_{n+1}, \overline{y}_{n+1}, \overline{z}_{n+1}) \end{pmatrix} \right] \end{cases}$$

（3）四阶龙格-库塔公式：

$$\begin{pmatrix} y_{n+1} \\ z_{n+1} \end{pmatrix} = \begin{pmatrix} y_n \\ z_n \end{pmatrix} + \frac{h}{6} \left[\begin{pmatrix} k_1^{(1)} \\ k_1^{(2)} \end{pmatrix} + 2 \begin{pmatrix} k_2^{(1)} \\ k_2^{(2)} \end{pmatrix} + 2 \begin{pmatrix} k_3^{(1)} \\ k_3^{(2)} \end{pmatrix} + \begin{pmatrix} k_4^{(1)} \\ k_4^{(2)} \end{pmatrix} \right]$$

$$K_1=\begin{pmatrix}k_1^{(1)}\\k_1^{(2)}\end{pmatrix}=\begin{bmatrix}f(t_n,y_n,z_n)\\g(t_n,y_n,z_n)\end{bmatrix}$$

$$K_2=\begin{pmatrix}k_2^{(1)}\\k_2^{(2)}\end{pmatrix}=\begin{bmatrix}f\left(t_n+\dfrac{h}{2},y_n+\dfrac{h}{2}k_1^{(1)},z_n+\dfrac{h}{2}k_1^{(2)}\right)\\g\left(t_n+\dfrac{h}{2},y_n+\dfrac{h}{2}k_1^{(1)},z_n+\dfrac{h}{2}k_1^{(2)}\right)\end{bmatrix}$$

$$K_3=\begin{pmatrix}k_3^{(1)}\\k_3^{(2)}\end{pmatrix}=\begin{bmatrix}f\left(t_n+\dfrac{h}{2},y_n+\dfrac{h}{2}k_2^{(1)},z_n+\dfrac{h}{2}k_2^{(2)}\right)\\g\left(t_n+\dfrac{h}{2},y_n+\dfrac{h}{2}k_2^{(1)},z_n+\dfrac{h}{2}k_2^{(2)}\right)\end{bmatrix}$$

$$K_4=\begin{pmatrix}k_4^{(1)}\\k_4^{(2)}\end{pmatrix}=\begin{bmatrix}f(t_n+h,y_n+hk_3^{(1)},z_n+hk_3^{(2)})\\g(t_n+h,y_n+hk_3^{(1)},z_n+hk_3^{(2)})\end{bmatrix}$$

7.5.2.5 高阶常微分方程的数值解法

可把高阶常微分方程转化为一阶常微分方程组求解。例如三阶常微分方程：

$$\begin{cases}\dfrac{\mathrm{d}^3y(t)}{\mathrm{d}t^3}=f(t,y,y',y'') \qquad (a\leqslant t\leqslant b)\\y(a)=\eta^{(0)}\\y'(a)=\eta^{(1)}\\y''(a)=\eta^{(2)}\end{cases}$$

令

$$\begin{cases}y(t)=y_1(t)\\\dfrac{\mathrm{d}y_1(t)}{\mathrm{d}t}=y_2(t)\\\dfrac{\mathrm{d}y_2(t)}{\mathrm{d}t}=y_3(t)\end{cases}$$

将三阶方程化为一阶方程组：

$$\begin{cases}\dfrac{\mathrm{d}y_1(t)}{\mathrm{d}t}=y_2(t)\\\dfrac{\mathrm{d}y_2(t)}{\mathrm{d}t}=y_3(t)\\\dfrac{\mathrm{d}y_3(t)}{\mathrm{d}t}=f[t,y_1(t),y_2(t),y_3(t)]\\y_1(a)=\eta^{(0)}\\y_2(a)=\eta^{(1)}\\y_3(a)=\eta^{(2)}\end{cases}$$

可利用一阶常微分方程组的求解方法对上式进行求解，即可得到高阶常微分方程的解。

7.5.3 使用 Matlab 求解常微分方程（组）

Matlab 提供了多个求解常微分方程（组）初值问题的函数，如表 7-8 所列。其一般调用格式为：

[TOUT,YOUT]=solver(Odefun, Tspan, Y0, Options，p1,p2…)

表 7-8 Matlab 的 ODE 函数

函数名	求解问题类型	算法	说明
ode45	非刚性问题	Runge-Kutta	采用 4、5 阶 Runge-Kutta 算法；累计截断误差达$(\Delta x)^5$，精度高，为大部分场合的首选算法
ode23	非刚性问题	Runge-Kutta	采用 2、3 阶 Runge-Kutta 算法；累计截断误差达$(\Delta x)^3$，计算速度较快，适用于对精度要求不高的情形
ode23s	刚性问题	Rosenbrock	采用 2 阶 Rosebrock 算法；精度低，若 ode45 失效时，可尝试使用
ode23t	适度刚性问题	Trapezoidal rule	采用梯形算法求解适度刚性问题
ode23tb	刚性问题	TR-BDF2	采用梯形算法。当精度较低时，计算时间比 ode15s 短
ode15s	刚性问题	NDFs(BDFs)	多步算法；Gear's 反向数值微分；精度中等。若 ode45 失效时，可尝试使用
ode113	非刚性问题	Adams	多步 Adams 算法；精度可达 10^{-3}～10^{-6}。计算时间比 ode45 短

式中 solver——命令 ode45，ode23,ode113,ode15s,ode23s,ode23t,ode23tb 之一；

Odefun——待求解的显式常微分方程 $y'=f(t,y)$，一般将其定义为自定义函数，此处需给定该自定义函数的函数名，用户自定义函数 Odefun(t,y)应该返回一个列向量，其数值为 $f(t,y)$在 t、y 处的函数值；

Tspan——保存求解区间的向量 tspan=$[t_0,t_f]$，如不专门指定，Matlab 会自动调节积分步长，如果要求获得问题在指定时间点 $t_0,t_1,t_2\cdots$ 上的解，则可指定 tspan=$[t_0,t_1,t_2,\cdots,t_f]$（要求是单调的）；

Y0——包含初始条件的向量；

Options——用命令 odeset 设置的可选积分参数；

p1, p2…——传递给函数 odefun 的可选参数。

常见的几种应用格式如下所述。

[T,Y] = solver(odefun, tspan, y0)：在区间 tspan=$[t_0,t_f]$上，从 t_0 到 t_f，用初始条件 y_0 求解显式微分方程 $y'=f(t,y)$，并把求解的每个时间点返回时间向量 T，把相应于 T 的函数值返回解矩阵 Y。如果要获得问题在指定时间点 $t_0, t_1, t_2\cdots t_f$ 上的解，则令 tspan=$[t_0, t_1, t_2,\cdots,t_f]$（要求单调），此时，T=tspan，Y 为微分方程（组）在 $t_0, t_1, t_2\cdots t_f$ 各点的解。

[T,Y] = solver(odefun, tspan, y0, options)：用参数 options（用命令 odeset 生成）设置的属性（代替了缺省的积分参数）进行求解。常用的属性包括相对误差 RelTol（缺省值为 10^{-3}）与绝对误差 AbsTol（缺省值为 10^{-6}）。

[T,Y] =solver(odefun, tspan, y0, options, p1, p2,…) 将参数 p1, p2, p3,…等传递给函数 odefun，再进行计算。若不需指定求解参数，则令 options=[]。

【例 7-10】 在间歇反应器中进行液相反应制备产物 B，其反应网络如图 7-8 所示。反应温度为 224.6℃，反应物 X 大量过剩。各反应均为一级动力学关系：$r=-k_0e^{-\frac{E_a}{RT}}C$，各步反应的 k_{0i}、E_{ai} 如表 7-9 所列，试给出 0～10000s 各化合物的浓度变化规律。初始条件为：t=0，C_A=1kmol/m^3，C_B=C_C=C_D=C_E=0 kmol/m^3。相关操作参看码 7-10。

码 7-10 Matlab 常微分方程组的求解

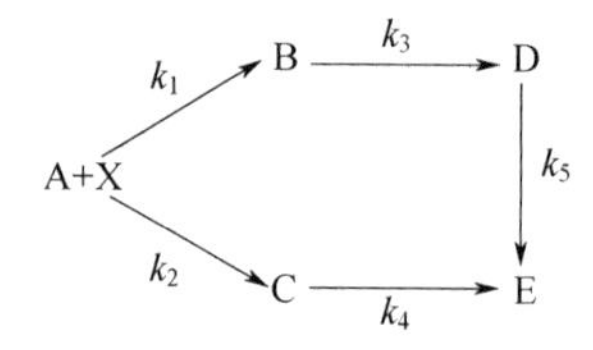

图 7-8 间歇反应器中的反应网络

表 7-9 参数取值

参数	取值	参数	取值
k_{01}	5.78052×10^{10}	E_{a1}	124670
k_{02}	3.92317×10^{12}	E_{a2}	150386
k_{03}	1.64254×10^{4}	E_{a3}	77954
k_{04}	6.264×10^{8}	E_{a4}	111528
k_{05}	2.1667×10^{-4}	E_{a5}	0

解 使用 Matlab 求解该问题的步骤为：

（1）建立反应过程的数学模型。

$$\frac{\mathrm{d}C_\mathrm{A}}{\mathrm{d}t}=-\left(k_1+k_2\right)C_\mathrm{A}$$

$$\frac{\mathrm{d}C_\mathrm{B}}{\mathrm{d}t}=k_1C_\mathrm{A}-k_3C_\mathrm{B}$$

$$\frac{\mathrm{d}C_\mathrm{C}}{\mathrm{d}t}=k_2C_\mathrm{A}-k_4C_\mathrm{C}$$

$$\frac{\mathrm{d}C_\mathrm{D}}{\mathrm{d}t}=k_3C_\mathrm{B}-k_5C_\mathrm{D}$$

$$\frac{\mathrm{d}C_\mathrm{E}}{\mathrm{d}t}=k_4C_\mathrm{C}+k_5C_\mathrm{D}$$

（2）建立 odefun 函数。单击 Matlab“主页”工具栏上的“新建脚本”按钮新建自定义函数并打开编辑窗口，在文件编辑窗口输入以下语句。

```
function dC=MassBalance(t,C,k0,Ea,R,T)
k=k0.*exp(–Ea/(R*T));        % 计算反应速率常数，注意此处使用了点乘运算符“.*”
dC=zeros(5,1);               % 设定反应速率的初值
% Calculate dC/dt
dC(1)= –(k(1)+k(2))*C(1);
dC(2)=k(1)*C(1)–k(3)*C(2);
dC(3)=k(2)*C(1)–k(4)*C(3);
dC(4)=k(3)*C(2)–k(5)*C(4);
dC(5)=k(4)*C(3)+k(5)*C(4);
```

完成的输入窗口如图 7-9 所示。选择 File 菜单中的 Save 命令，将函数保存为 MassBalance.M。

Matlab 会弹出一个对话框，提示当前文件的保存路径不在 Matlab 的默认搜索路径内，单击“添加到路径”按钮把该路径加入 Matlab 的默认搜索路径。也可像例 7-9 一样使用 addpath 命令添加路径。

（3）建立主程序。新建一个 M 文件，输入主程序的程序行：

```
clc                                          %清除命令窗口
T=224.6+273.15;R=8.31434;                    %设定反应温度和理想气体常数
k0=[5.78052e10 3.92317e12 1.64254e4 6.264e8 2.1667e–4];  % 给定指前因子
Ea=[124670 150386 77954 111528 0];           %给定活化能
C0=[1 0 0 0 0];                              %给定各化合物初始浓度
tspan=[0 1e4];                               %给定积分区间
[t,C]=ode45(@MassBalance,tspan,C0,[],k0,Ea,R,T);      %数值求解常微分方程组

%以下为画图程序
plot(t,C(:,1),'k:',t,C(:,2),'k– –',t,C(:,3),'k–.',t,C(:,4),'k–',t,C(:,5),'k*')
xlabel('Time (s)');
ylabel('Concentration kmol/m3');
legend('A','B','C','D','E');
axis([0 10000 0 1]);
```

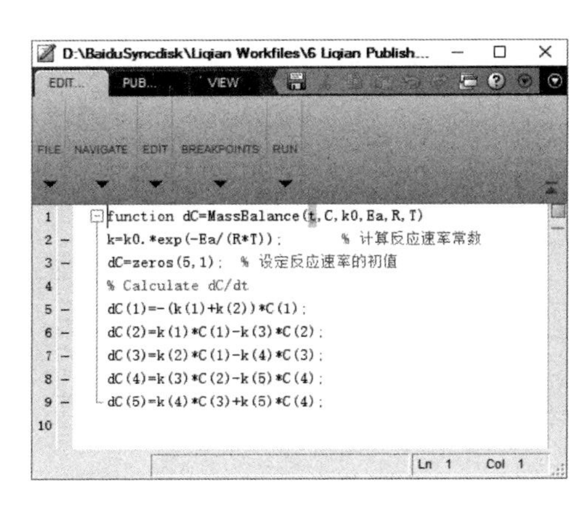

图 7-9　文本编辑窗口

将该文件保存为 main.M。单击“编辑器”工具栏上的运行按钮▷运行程序（也可在命令行窗口输入 main 运行该函数），即可得到各化合物浓度随反应时间的变化规律，如图 7-10 所示。

7.6　国产科学计算软件

2022 年 6 月 22 日，北京大学重庆大数据研究院在重庆公开首发具有自主知识产权的国产通用型科学计算软件“北太天元数值计算通用软件”V2.0 正式版。该软件是一款用于算法开发、数据可视化、数据分析及数值计算的高级技术计算语言和交互式编程、调试、运行环境的基础软件。面向科学计算与工程计算，具有自主知识产权，在语法上兼容 Matlab，具备丰富的底层数学函数库，支持数值计算、数据分析、数据优化、算法开发等工作，并通过 SDK 与 API 接口，扩展支持各类学科与行业场景，将为各领域科学家与工程师提供优质、可靠的科学计算环境。北太天元数值计算通用软件 V2.0 教育版已向全国高校开放，支撑了多所高校的数值代数、数值分析、科学计算和数值模拟之类的课程，并支持相关高校使用该软件参加全国大学生数学建模竞赛。软件下载地址为：https://www.baltamatica.com/。

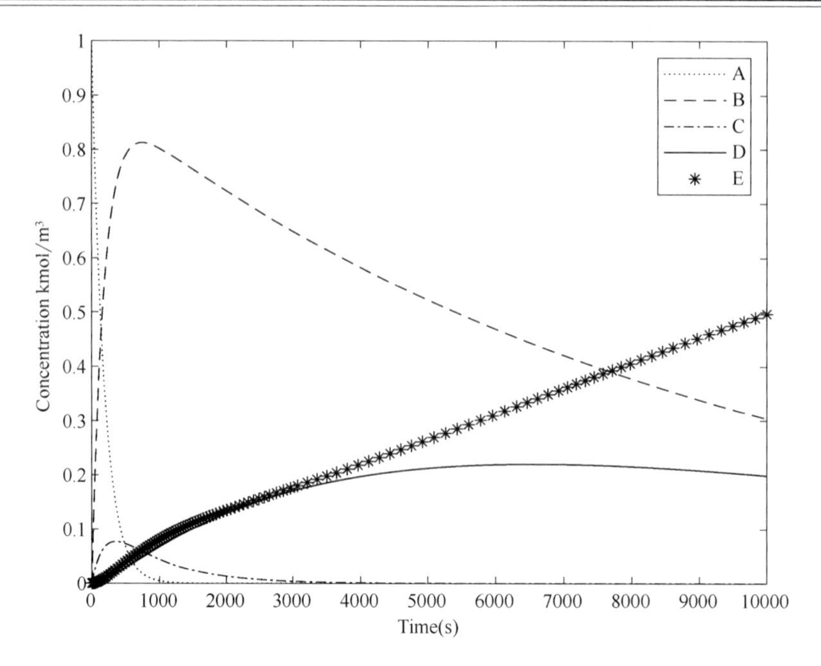

图 7-10　各化合物浓度随反应时间的变化规律

习题

1. 方程组 $\begin{cases} x_1 - x_2 + x_3 - x_4 = 0 \\ 2x_1 - 2x_2 + 2x_3 - 2x_4 = 0 \\ \frac{5}{2}x_1 - \frac{5}{2}x_2 + \frac{5}{2}x_3 - \frac{5}{2}x_4 = 0 \end{cases}$ 是否有解？若有，求其解/通解。

2. 判断下列方程组解的情况，若有解，求其解。

（1）$\begin{cases} x_1 + x_2 + x_3 + x_4 + x_5 = 2 \\ 2x_1 + 3x_2 + x_3 + x_4 - 3x_5 = 0 \\ x_1 + 2x_3 + 2x_4 + 6x_5 = 6 \end{cases}$

（2）$\begin{cases} x_1 + x_2 - x_3 - x_4 = 0 \\ 2x_1 + x_2 + x_3 + x_4 = 0 \\ 4x_1 + 3x_2 - x_3 - x_4 = 0 \end{cases}$

（3）$\begin{cases} 2x_1 + x_2 - x_3 + x_4 = 1 \\ 3x_1 - 2x_2 + x_3 - 3x_4 = 4 \\ x_1 + 4x_2 - 3x_3 + 5x_4 = -2 \end{cases}$

3. 试根据表 7-1 的数据应用插值法预测水在 24℃、35℃、48℃和 72℃时的黏度。

4. 求非线性方程 $f(x) = x^3 + x^2 - 1$ 在区间[0,1]上的根。

5. 求非线性方程组 $\begin{cases} x^2 + 2y^2 - 1 = 0 \\ 2x^3 - y = 0 \end{cases}$ 的解，初值可设为 $\begin{cases} x_0 = 0.8 \\ y_0 = 0.6 \end{cases}$。

6. 用 R-K 状态方程求取 500K、18atm 下正丁烷的比容。已知正丁烷 T_c=425.2K，

p_c=37.5atm，R=0.08206 atm·L/（mol·K）。R-K 方程的形式为:

$$p=\frac{RT}{V_m-b}-\frac{a}{V_m(V_m+b)}$$

$$a=0.42748\left(\frac{R^2T_c^2}{p_c}\right)\alpha$$

$$b=0.08664\left(\frac{RT_c}{p_c}\right)$$

$$\alpha=\frac{1}{T_r^{0.5}}$$

$$T_r=\frac{T}{T_c}$$

7. 求解下列常微分方程组:

（1）$\begin{cases}\dfrac{dy}{dx}=2x^2/y+x\\ y(1.0)=1\end{cases}\quad(0\leqslant x\leqslant 1)$

（2）$\begin{cases}\dfrac{dy}{dx}=x+y^2\\ y(0)=1\end{cases}\quad(0.1\leqslant x\leqslant 0.5)$

8 Excel与化工最优化问题

8.1 化工最优化问题

8.1.1 化工最优化问题的提出

化工生产中，常常会遇到最优化问题。例如图 8-1 所示的管道保温层厚度优化问题，从图中可看出，管道年保温总费用为保温费用和能量损失费用之和。保温层越厚，通过管壁散热造成的能量损失费用越低，但与此同时购置、安装、维护保温层的费用越高。在图 8-1 中总费用存在一个最小值 C^*，对应的保温层厚度为 u^*，此时年总费用最小。另一个例子是精馏塔回流比优化问题。图 8-2 给出了精馏塔回流比与产品价值、能耗费用和利润的关系。对于给定的精馏塔，加大回流比能提高塔的分离程度（即产品的纯度），从而提高产品的价值。但是，回流比的提高受到一定的限制或约束，例如冷凝器、再沸器的最大负荷，塔板的液泛等，为此要求回流比在一定范围内变化。图 8-2 中，回流比必须在 R_{min} 和 R_{max} 之间取值。另外，从节能的角度来看，回流比越大，相应的能耗费用越高。忽略其他因素（如设备折旧、工人工资等），任意回流比 R 所对应的精馏塔运行毛利润应为图 8-2 中产品价值与能耗费用两条曲线纵坐标的差值。从最优化的观点来看，必然存在一个最经济的回流比 R^*，使得精馏塔操作的利润最大。若操作回流比低于 R^*，节省的能耗费用将不能补偿因产品纯度下降而损失的费用；若操作回流比高于 R^*，由于能耗费用增加速度大于产品价值的增加速度，总利润仍然会减少。

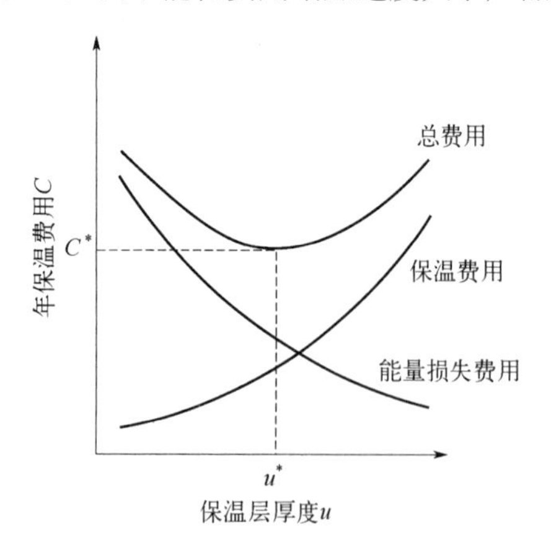

图 8-1　管道保温层厚度最优化

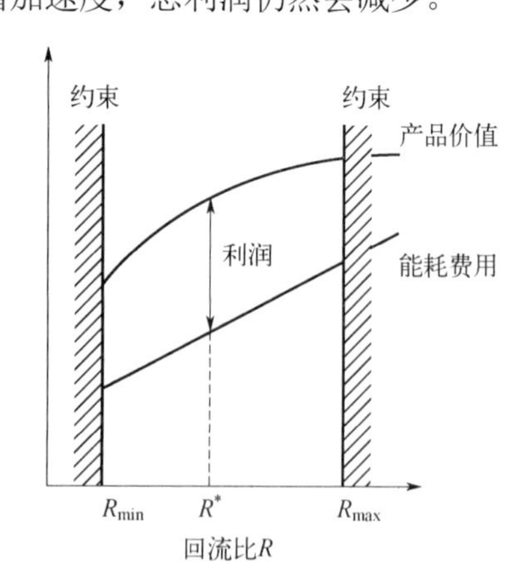

图 8-2　精馏塔回流比最优化

概括来说，所谓化工最优化问题，即通过调整化工过程中各单元设备的结构、操作参数等决策变量，使得系统的某一目标或多个目标（如经济指标、环境、安全、效率等）达到最优。在工艺设计、设备选型、生产计划、调度、控制等领域常常遇到最优化问题。常见的化工最优化问题有以下一些。

① 厂址选择。

② 拟采用的工艺和规模。

③ 设备尺寸设计和操作参数优化。

④ 管道尺寸的确定和管线布置。

⑤ 维修周期和设备更新周期的确定。

⑥ 最小库存量的确定。

⑦ 原料和公用工程的合理利用方案。

⑧ 生产计划与调度优化。

8.1.2　化工最优化问题的几个概念

在数学上，最优化问题就是在一定的约束条件下寻找使目标函数达到最优（最大、最小或特定目标值）的一组（或多组）决策变量值。最优化问题可表示为以下标准数学形式：

$$\begin{aligned} &\min J = F(w,x) \\ &s.t.\quad h(w,x) = 0 \\ &\qquad g(w,x) \geqslant 0 \end{aligned} \tag{8-1}$$

式中　w——决策变量向量；

x——状态变量向量；

h——等式约束方程；

g——不等式约束方程。

化工最优化中常见的几个概念如下。

① 目标函数（性能函数、评价函数）。用于定量描述最优化问题所要达到的目标的函数。常见的目标函数有：成本、效益、能耗、环境影响、总生产时间等。

② 优化变量、决策变量与状态变量。优化变量即最优化模型中涉及的全部变量，可分为决策变量和状态变量。决策变量是指可以独立变化以改变系统目标函数值的变量，系统中的决策变量个数等于系统的自由度；状态变量是决策变量的函数，其值不能自由变化，服从于描述系统行为的模型方程。

③ 约束。约束是由于各种原因施加于优化变量的限制，确定了变量之间必须遵循的关系。化工最优化中常见的约束有物料平衡、热量平衡、相平衡等。约束可分为等式约束和不等式约束。

④ 可行域。满足全部约束的决策变量取值方案集合称为最优化问题的可行域。

8.1.3　化工最优化问题的分类

8.1.3.1　按照最优化问题的目标分类

按照最优化问题的目标来分类，可以把化工最优化问题分为结构优化问题和参数优化问题。结构优化考虑的是流程方案的优化，即在多种流程方案中找出最优（费用最小、利润最大……）的流程结构，同时还需保证方案满足安全、环保、易操作等方面的要求。例如换热网络、分离序列、反应网络等问题的优化。参数优化是在给定流程结构条件下进行的，其优化对象主要是化工过程系统的各项参数，如温度、压力、回流比等。在实际运行中，由于各种因素的变化，工艺指标可能会偏离设计值，催化剂性能和设备效率也会发生变化，此时需要根据实际情况不断调整操作参数，以实现工艺过程运行的最优化。

8.1.3.2 根据最优化问题有无约束分类

若最优化问题对决策变量及状态变量没有任何附加限制，称为无约束优化，此时问题的最优解就是目标函数的极值；对决策变量及状态变量有一定限制的最优化问题称为有约束优化。化工应用中的大多数最优化问题属于有约束优化。

8.1.3.3 根据目标函数和约束条件的特性分类

目标函数及约束条件均为线性函数的最优化问题称为线性规划（Linear Programming，LP），线性规划是最优化问题中解法较为成熟的一类；若目标函数或约束条件中至少有一个为非线性函数，则称该问题为非线性规划（Non-linear Programming，NLP）。特殊的，把目标函数为二次函数、约束条件为线性关系的最优化问题称为二次规划（Quadratic Programming，QP），二次规划是最简单的非线性规划形式。此外，若线性规划模型中含有整数变量，则称为混合整数线性规划（Mixed Integer Linear Programming，MILP）；若非线性规划模型中含有整数变量，则称为混合整数非线性规划（Mixed Integer Non-linear Programming，MINLP）。

8.2 线性规划

8.2.1 线性规划问题的标准形式

目标函数与约束均为线性函数的最优化问题称为线性规划。其标准数学形式为：

$$\begin{aligned}
&\min c_1x_1 + c_2x_2 + \cdots + c_nx_n \\
&s.t. \\
&\quad a_{11}x_1 + a_{12}x_2 + \cdots + a_{1n}x_n = b_1 \\
&\quad \vdots \\
&\quad a_{m1}x_1 + a_{m2}x_2 + \cdots + a_{mn}x_n = b_m \\
&\quad x_1, x_2, \cdots, x_n \geqslant 0; \\
&\quad b_1, b_2, \cdots, b_n \geqslant 0;
\end{aligned} \tag{8-2}$$

也可写成矩阵的形式：

$$\begin{aligned}
&\min CX \\
&s.t. \\
&\quad AX = B \\
&\quad X \geqslant 0, B \geqslant 0
\end{aligned} \tag{8-3}$$

8.2.2 线性规划问题的常用求解方法

8.2.2.1 图解法

图解法采用作图的方式获得规划问题的可行域和目标函数的最优解，适用于涉及变量和约束较少的线性规划问题。

【例 8-1】 用图解法求解下列线性规划问题：

$$\begin{aligned}
&min\ J = -x_1 - 2x_2 \\
&s.t.\quad -x_1 + 2x_2 \leqslant 4 \\
&3x_1 + 2x_2 \leqslant 12 \\
&x_1 \geqslant 0 \qquad x_2 \geqslant 0
\end{aligned}$$

解 将x_1、x_2看作是坐标平面上的点，模型中的约束都改写为等式的形式，则可以在平面上画出4条直线：$-x_1+2x_2=4$，$3x_1+2x_2=12$，$x_1=0$和$x_2=0$。这4条直线围成一个四边形，即图8-3中阴影标出的区域$ABCD$。显然，四边形$ABCD$内（及边界）的任意一点均可满足上述规划问题的全部4个约束，而该区域外的点则不能同时满足全部约束，这个区域称为该规划问题的可行域。最优解必然落在可行域之内。

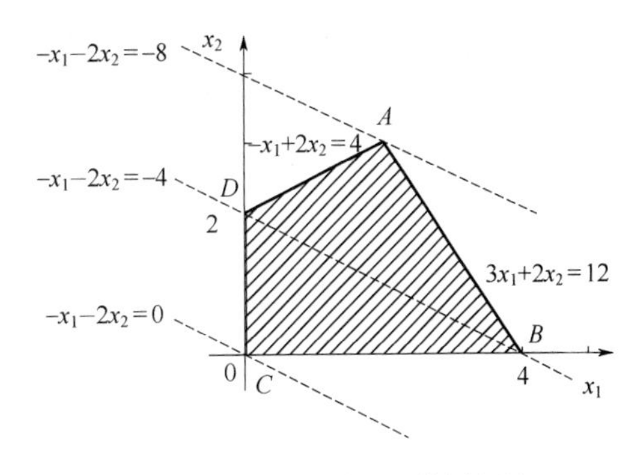

图 8-3 线性规划问题的图解法

目标函数J是x_1、x_2的线性函数，给定一个函数值C，可得到平面上的一条直线$-x_1-2x_2=C$，改变C的值，就可以得到一个平行直线族。平行直线族上落在可行域内的点都为可行解，其中使C取最小值的点即为最优解。从图8-3中可以看出，当平行直线通过可行域的顶点A时，可使$C=-x_1-2x_2$达到最小值$C_{min}=-8$。由图中可知A点坐标为（2，3），对应的最优解为$x_1=2$，$x_2=3$。

8.2.2.2 单纯形法

单纯形法是求解线性规划问题的常用方法，其原理是通过多次矩阵运算获得线性规划的最优解。需要了解具体算法的读者可参考有关书籍。由于单纯形法求解线性规划问题的运算过程比较烦琐，很多软件都提供了用于求解该类问题的工具。例如 Excel、Matlab、Lingo、Gams 等。本章介绍使用 Excel 求解线性规划问题的方法。

8.2.3 Excel 的规划求解工具

8.2.3.1 Excel 的规划求解工具简介

Excel 软件提供了求解一般规模数学规划问题的“规划求解”工具。该工具具有界面友好、操作简单、与 Excel 无缝集成等优点，可用于化学化工常见中等和小规模线性规划、非线性规划、整数规划问题的求解。规划求解共提供了3种求解方法：单纯线性规划用于线性问题，其线性和整数规划求解器分别选用 Frontline Systems Inc.公司的 John Watson 和 Daniel Fylstra 提供的有界变量单纯形法和分支定界法；非线性 GRG（广义简约梯度）用于平滑非线性问题，选用得克萨斯大学奥斯汀分校的 Leon Lasdon 和克里夫兰州立大学的 Alan Waren 共同开发，Frontline System Inc.改进的广义既约梯度法非线性最优化代码（GRG2）；进化算法适用于非平滑问题，采用 Frontline System Inc.的遗传算法和局部搜索算法。

Excel 提供的规划求解工具对模型规模有一定限制：求解模型的决策变量数不超过 200 个。当“规划求解选项”对话框中的“单纯线性规划”复选框处于选中状态时，对约束条件的数量没有限制；而对于非线性规划问题，每个可变单元格除了变量的范围和整数限制外，还可以有最多达 100 个约束条件。

8.2.3.2 规划求解工具的加载

在使用规划求解工具前，首先要将其加载到 Excel 中方可使用。相关操作参看码 8-1。

码 8-1 Excel 规划求解工具的加载

（1）Excel 2003 中规划求解工具的加载。在“工具”菜单上，单击“加载宏”，如图 8-4 所示。在弹出的“加载宏”对话框中，选中“规划求解”旁边的选择框，然后单击“确定”按钮。加载规划求解后，“规划求解”命令会添加到“工具”菜单中。

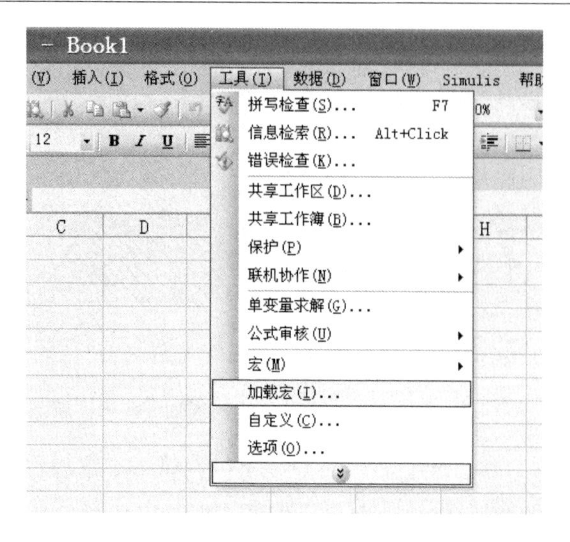

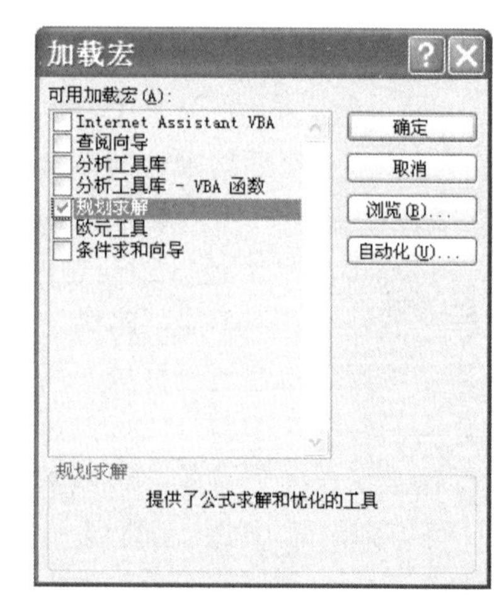

图 8-4 “Excel 选项”对话框

（2）Excel 2016、Excel 2019 中规划求解工具的加载。单击 Excel 窗口上方的“文件”打开文件窗口，单击左侧窗口底部的“选项”打开如图 8-5 所示的 Excel 选项对话框，单击左侧“加载项”类别。在右侧窗口下方的“管理”下拉框中，选中“Excel 加载项”，然后单击“转到”按钮。在打开的“加载项”对话框中，选中“规划求解加载项”选择框，然后单击“确定”按钮，如图 8-5 所示。此时会把规划求解工具加载到“数据”选项卡中。

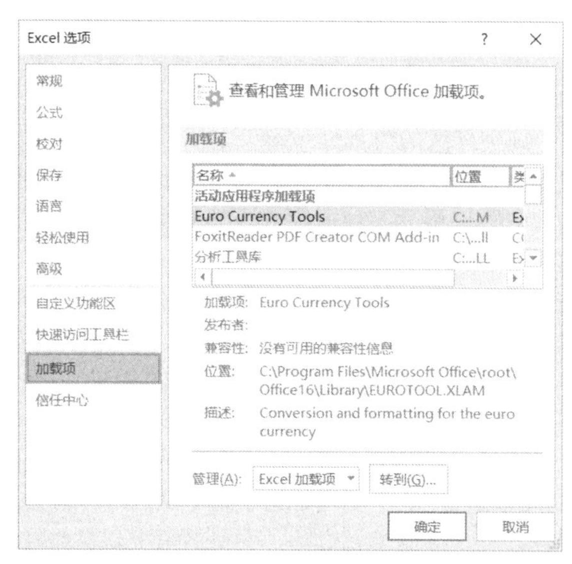

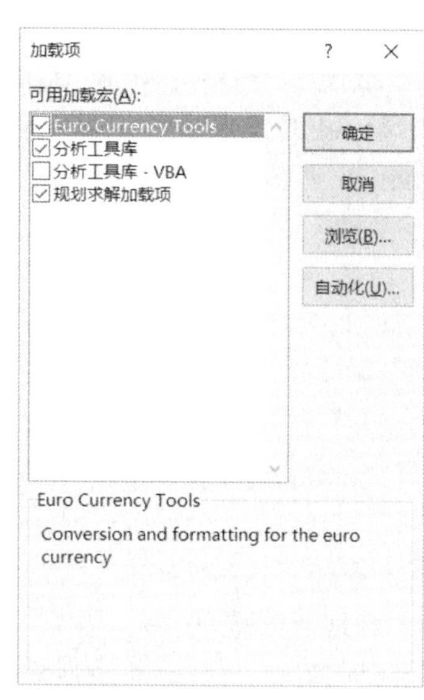

图 8-5 “Excel 加载项”对话框

8.2.3.3 Excel 规划求解工具的使用步骤

使用 Excel 规划求解工具的一般步骤如下所述。

（1）启动规划求解工具。

（2）设置目标单元格，指定目标单元格及其求解模式。Excel 支持的求解模式有：最大值、最小值或目标单元格等于某一给定值。

（3）设置可变单元格，即指定代表决策变量的单元格。Excel 将通过改变可变单元格中的数值使目标单元格达到最大、最小或给定值。

（4）添加规划模型的约束条件，完成模型的输入。

（5）指定优化求解算法。

（6）设置规划求解选项，设定优化参数。

（7）运行规划求解，获得结果。

8.2.4 使用Excel规划求解工具求解线性规划问题

码8-2 用Excel解决生产计划问题

以下通过一个实例介绍Excel规划求解工具在求解线性规划问题中的应用。相关操作参看码8-2。

【例8-2】 某公司生产两种型号的汽油，其性能指标和销售价格如表8-1所列。该公司可供生产汽油的原料性能指标和库存量如表8-2所列。生产的汽油可在一周内成功售出，没有用完的原料可以作为燃料油以每桶8美元的价格出售。若汽油产品的蒸气压力和辛烷值可根据其调和组分的相应性质加权平均计算，试找到使得该公司的销售收入最高的最佳生产方案。

表8-1 汽油产品的性能指标和销售价格

汽油型号	蒸气压力	辛烷值	售价/(美元/桶)
80#	≤7	≥80	$10.00
100#	≤6	≥100	$12.00

表8-2 原料的性能指标和库存量

原料	蒸气压力	辛烷值	本周可用量/桶
催化裂化汽油	8	83	2500
异戊烷	10	209	1200
直馏汽油	4	74	4000

问题分析： 上述问题为化工生产中常见的产品调和问题，首先需建立该问题的数学模型，然后再使用Excel进行求解。由于该问题的目标是销售收入最高，可写出目标函数：

$$max \quad Income = q_1 p_1 + q_2 p_2 + q_3 p_3$$

式中 *Income*——销售收入；

q_1, q_2, q_3——分别为80#汽油、100#汽油、燃料油的生产数量，桶；

p_1, p_2, p_3——分别为80#汽油、100#汽油、燃料油的销售单价，$/桶。

使用变量x_{ij}代表第i种原料用于生产第j种产品的数量（桶），其中i=1, 2, 3分别代表催化裂化汽油、异戊烷和直馏汽油，j=1, 2, 3分别代表80#、100#汽油和燃料油，可写出模型的各项约束条件。

（1）物料平衡约束：

$$q_1 = x_{11} + x_{21} + x_{31}$$

$$q_2 = x_{12} + x_{22} + x_{32}$$

$$q_3 = x_{13} + x_{23} + x_{33}$$

$$x_{11} + x_{12} + x_{13} = 2500$$

$$x_{21} + x_{22} + x_{23} = 1200$$

$$x_{31} + x_{32} + x_{33} = 4000$$

（2）产品质量约束：

① 蒸气压限制：

$$8\times x_{11}+10\times x_{21}+4\times x_{31}\leqslant 7\times(x_{11}+x_{21}+x_{31})$$

$$8\times x_{12}+10\times x_{22}+4\times x_{32}\leqslant 6\times(x_{12}+x_{22}+x_{32})$$

根据直接调和公式计算得到的蒸气压约束方程应为 $\frac{8\times x_{11}+10\times x_{21}+4\times x_{31}}{x_{11}+x_{21}+x_{31}}\leqslant 7$，但这样会引入非线性约束，形成非线性规划问题，造成求解困难。为此，将上式转换为 $8\times x_{11}+10\times x_{21}+4\times x_{31}\leqslant 7\times(x_{11}+x_{21}+x_{31})$ 的线性形式。辛烷值模型也做了同样处理。

② 辛烷值限制：

$$83\times x_{11}+209\times x_{21}+74\times x_{31}\geqslant 80\times(x_{11}+x_{21}+x_{31})$$

$$83\times x_{12}+209\times x_{22}+74\times x_{32}\geqslant 100\times(x_{12}+x_{22}+x_{32})$$

（3）变量非负约束：

$$x_{ij}\geqslant 0 \quad i,j=1,2,3$$

以上为调和问题的完整数学模型，该模型的变量与约束均为线性函数，为线性规划问题。以下介绍使用 Excel 对该模型进行求解的方法。

打开 Excel，建立新工作表。输入已知参数和相关说明，如图 8-6（a）所示。注意 x_{ij} 的初值（深色背景单元格）均为 1，这是为了避免在输入公式时出现被零除错误而赋予的初值。规划求解工具将自动调整这些单元格的值以优化目标函数。

给定条件

原料	蒸汽压力（kPa）	辛烷值	本周可用量(桶)	汽油型号	蒸汽压力 ≤（kPa）	辛烷值 ≥	售价(美元/桶)
催化裂化汽油	8	83	2,500	80# 汽油	7	80	$10.00
异戊烷	10	209	1,200	100#汽油	6	100	$12.00
直馏汽油	4	74	4,000	燃料油			$8.00

决策变量 x_{ij}

	80# 汽油	100#汽油	燃料油	合计
催化裂化汽油	1	1	1	
异戊烷	1	1	1	
直馏汽油	1	1	1	

(a)

给定条件

原料	蒸汽压力（kPa）	辛烷值	本周可用量(桶)	汽油型号	蒸汽压力 ≤（kPa）	辛烷值 ≥	售价(美元/桶)
催化裂化汽油	8	83	2500	80# 汽油	7	80	10
异戊烷	10	209	1200	100#汽油	6	100	12
直馏汽油	4	74	4000	燃料油			8

决策变量 x_{ij}

	80# 汽油	100#汽油	燃料油	合计
催化裂化汽油	1	1	1	=SUM(C9:E9)
异戊烷	1	1	1	=SUM(C10:E10)
直馏汽油	1	1	1	=SUM(C11:E11)

目标函数

产品	产量	销售收入
80# 汽油	=SUM(C9:C11)	=C15*I3
100#汽油	=SUM(D9:D11)	=C16*I4
燃料油	=SUM(E9:E11)	=C17*I5
合计		=SUM(D15:D17)

约束

产品质量约束	计算值	指标
80# 汽油蒸气压	=SUMPRODUCT(C9:C11,C3:C5)	=C15*G3
100#汽油蒸气压	=SUMPRODUCT(D9:D11,C3:C5)	=C16*G4
80# 汽油辛烷值	=SUMPRODUCT(C9:C11,D3:D5)	=C15*H3
100#汽油辛烷值	=SUMPRODUCT(D9:D11,D3:D5)	=C16*H4

(b)

给定条件

原料	蒸汽压力（kPa）	辛烷值	本周可用量（桶）	汽油型号	蒸汽压力≤（kPa）	辛烷值≥	售价（美元/桶）
催化裂化汽油	8	83	2,500	80#汽油	7	80	$10.00
异戊烷	10	209	1,200	100#汽油	6	100	$12.00
直馏汽油	4	74	4,000	燃料油			$8.00

决策变量 x_{ij}

	80#汽油	100#汽油	燃料油	合计
催化裂化汽油	1	1	1	3
异戊烷	1	1	1	3
直馏汽油	1	1	1	3

目标函数

产品	产量	销售收入
80#汽油	3	$30.00
100#汽油	3	$36.00
燃料油	3	$24.00
合计		$90.00

约束

产品质量约束	计算值	指标
80#汽油蒸气压	22	21
100#汽油蒸气压	22	18
80#汽油辛烷值	266	240
100#汽油辛烷值	266	300

(c)

图 8-6 使用规划求解工具求解调和问题

按图 8-6（b）所示在相应单元格输入计算公式，计算销售收入、产品产量等。本例中用到了两个 Excel 内部函数：函数 SUMPRODUCT（array1,array2）用于计算给定的两个数组 array1、array2 中对应元素乘积之和；函数 SUM（array）用于计算数组 array 中全部元素的和。完成输入后 Excel 的显示如图 8-6（c）所示，图中决策变量 x_{ij} 的初值均为 1，对应的销售收入为$90。以下将使用规划求解工具对 x_{ij} 的取值进行优化。

（1）打开规划求解窗口。如果是第一次使用规划求解工具，首先需要按照 8.2.3.2 节介绍的方法把规划求解工具加载到内存中。Excel 中，通过单击工具栏的“数据”标签打开“数据”选项卡上的“分析”工具组（图 8-7），单击规划求解参数工具按钮打开如图 8-8 所示的规划求解窗口。

图 8-7 Excel 中规划求解工具的调用

（2）设置目标单元格。在弹出的规划求解参数窗口（图 8-8）中，单击“设置目标:(T)：”右侧的按钮，弹出设置目标单元格对话框。本例的目标单元格为存储销售收入的单元格 D18，可直接在文字框中输入 D18；也可用鼠标在 Excel 表格中单击目标单元格，Excel 会自动把选中单元格的坐标显示在文字框中，如图 8-9 所示。注意图 8-9 中显示的单元格地址为“$D$18”，列坐标 D 和行坐标 18 前的“$”是 Excel 自动添加的，表示对坐标的绝对引用。单击按钮返回规划求解窗口。

（3）在“到：”项选择优化求解的方式。可供选择的选项有最大值、最小值和目标值。本例中选中“最大值(M)”前的单选按钮，指定优化求解的目标为求取单元格 D18 即销售收入的最大值。

图 8-8　规划求解参数窗口

图 8-9　目标单元格的设置

（4）设置可变单元格。可变单元格用于保存决策变量的数值，Excel 通过调整可变单元格的数值使目标单元格得到优化。本例的决策变量为不同原料用于生产各种产品的量 x_{ij}，可变单元格为保存 x_{ij} 数值的 9 个单元格 C9:E11。单击“可变单元格”输入框右侧的按钮，在弹出的设置对话框中设定可变单元格为$C$9:$E$11，如图 8-10 所示，单击按钮完成可变单元格的设置。

图 8-10　可变单元格的设置

（5）约束的输入

首先输入原料总量约束：

$$x_{11} + x_{12} + x_{13} = 2500$$
$$x_{21} + x_{22} + x_{23} = 1200$$
$$x_{31} + x_{32} + x_{33} = 4000$$

在 Excel 中可一次性输入上述 3 个约束。单击“遵守约束(U)”输入框右侧的“添加（A）”按钮，打开添加约束对话框。单击“单元格引用：(E)”一侧的按钮，设置单元格引用位置为$F$9:$F$11，即某一原料用量之和。在中间的下拉框选择“=”，设定“约束值(N)”一侧单元格为$E$3:$E$5，即各种原料的库存量，如图 8-11 所示，单击“添加（A）”按钮添加约束。

用同样的方法输入辛烷值约束$G$17:$G$18≥$H$17:$H$18，蒸气压约束$G$15:$G$16≤$H$15:$H$16，非负约束$C$9:$E$11≥0，完成全部约束的输入后单击“取消”按钮返回规划求解主窗口，完成后的规划求解窗口如图 8-12 所示。

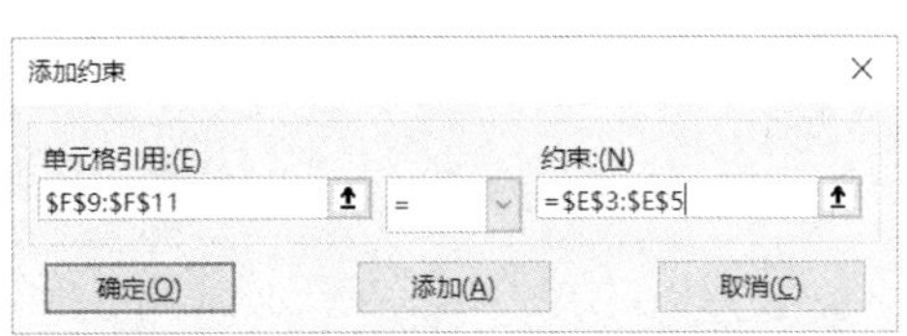

图 8-11 添加约束

图 8-12 规划求解参数的设置

并非所有的约束都需要在约束窗口中输入，例如产品产量约束关系：

$$q_1 = x_{11} + x_{21} + x_{31}$$

$$q_2 = x_{12} + x_{22} + x_{32}$$

$$q_3 = x_{13} + x_{23} + x_{33}$$

已经隐含在 Excel 表格中了，无需再次输入。

（6）设置规划求解选项。Excel 规划求解工具提供了 3 种求解方法：LP Simplex 法，用于线性规划问题；广义简约梯度（GRG）法，用于平滑非线性问题；演化算法，用于非平滑问题。本例为一线性规划模型，在“选择求解方法:(E)”选项选定“单纯线性规划”。

单击右侧“选项(P)”按钮可打开图 8-13 所示的选项设置窗口，可单击其顶部标签在不同的设置面板间切换。“所有方法”面板用于设置通用参数；“非线性 GRG”和“演化”面板分别用于设定广义简约梯度 (GRG)法和演化算法的求解参数。本例不需改变参数，单击“确定”按钮返回规划求解主窗口（图 8-12）。

（7）运行规划求解。单击“求解(S)”按钮求解模型，求解完成后弹出规划求解结果窗口提示已找到最优解，如图 8-14 所示，选择“保存规划求解的解”，单击“确定”按钮，保存求解结果。优化后的生产方案如图 8-15（a）所示，图中深色背景单元格中保存的是优化后各原料用于生产各种产品的数量，优化后得到的最大销售收入为 89207.53 美元。

上述生产方案在实际操作中存在一个问题，那就是有些决策变量不是整数。例如用于生产 80#汽油的催化裂化汽油原料用量为 1044.355 桶，但实际生产中通常是以整数的“桶”为计量单位。小数产生的原因是规划求解软件将决策变量作为连续变量来处理，造成计划与实际生产不相符。解决这一问题的常用方法有以下两个。

选项
所有方法 非线性 GRG 演化
约束精确度： 0.000001
使用自动缩放
显示迭代结果
具有整数约束的求解
忽略整数约束
整数最优性(%)： 1
求解极限值
最大时间(秒)：
迭代次数：
演化和整数约束：
最大子问题数目：
最大可行解数目：
确定 取消

图 8-13 规划求解选项的设置

图 8-14 规划求解结果窗口

一是将 x_{ij} 四舍五入为整数；例如可将 1044.355 近似为 1044，将 1455.645 近似为 1456 等，图 8-15（b）为将方案（a）四舍五入后得到的生产方案，可以看出销售收入由 89207.53 美元增加为 89208 美元。看似该方案价值更好，但该方案 $100^{\#}$汽油的辛烷值已低于产品质量指标（相应辛烷值为 99.996）。当决策变量数值较大时，这种取整方法一般不会造成太大的偏差，由此获得的生产方案往往是可以接受的。但应注意当决策变量数值较小时，四舍五入可能会使目标函数发生很大的变化。

二是采用整数规划，即直接在优化模型中加上整数约束，规定部分或全部决策变量的取值必须为整数，此时该问题成为一个混合整数线性规划问题。具体到本例题，需要在上述数学模型的基础上加上整数约束 x_{ij}=整数（i, j=1,2,3）。

给定条件

原料	蒸汽压力（kPa）	辛烷值	本周可用量(桶)	汽油型号	蒸汽压力≤（kPa）	辛烷值≥	售价(美元/桶)
催化裂化汽油	8	83	2,500	80#汽油	7	80	$10.00
异戊烷	10	209	1,200	100#汽油	6	100	$12.00
直馏汽油	4	74	4,000	燃料油			$8.00

决策变量 x_{ij}

	80#汽油	100#汽油	燃料油	合计
催化裂化汽油	1044.3548	1455.6452	0	2500
异戊烷	0	1098.1183	101.8817204	1200
直馏汽油	348.11828	3651.8817	0	4000

目标函数

产品	产量	销售收入
80#汽油	1392.4731	$13,924.73
100#汽油	6205.6452	$74,467.74
燃料油	101.88172	$815.05
合计		$89,207.53

约束

产品质量约束	计算值	指标
80#汽油蒸气压	9747.31183	9747.312
100#汽油蒸气压	37233.871	37233.87
80#汽油辛烷值	112442.204	111397.8
100#汽油辛烷值	620564.516	620564.5

(a)

给定条件

原料	蒸汽压力（kPa）	辛烷值	本周可用量(桶)	汽油型号	蒸汽压力≤（kPa）	辛烷值≥	售价(美元/桶)
催化裂化汽油	8	83	2,500	80#汽油	7	80	$10.00
异戊烷	10	209	1,200	100#汽油	6	100	$12.00
直馏汽油	4	74	4,000	燃料油			$8.00

决策变量 x_{ij}

	80#汽油	100#汽油	燃料油	合计
催化裂化汽油	1044	1456	0	2500
异戊烷	0	1098	102	1200
直馏汽油	348	3652	0	4000

目标函数

产品	产量	销售收入
80#汽油	1392	$13,920.00
100#汽油	6206	$74,472.00
燃料油	102	$816.00
合计		$89,208.00

约束

产品质量约束	计算值	指标
80#汽油蒸气压	9744	9744
100#汽油蒸气压	37236	37236
80#汽油辛烷值	112404	111360
100#汽油辛烷值	620578	620600

(b)

给定条件

原料	蒸汽压力（kPa）	辛烷值	本周可用量(桶)	汽油型号	蒸汽压力≤（kPa）	辛烷值≥	售价(美元/桶)
催化裂化汽油	8	83	2,500	80#汽油	7	80	$10.00
异戊烷	10	209	1,200	100#汽油	6	100	$12.00
直馏汽油	4	74	4,000	燃料油			$8.00

决策变量 x_{ij}

	80#汽油	100#汽油	燃料油	合计
催化裂化汽油	1038	1456	6	2500
异戊烷	0	1099	101	1200
直馏汽油	346	3654	0	4000

目标函数

产品	产量	销售收入
80#汽油	1384	$13,840.00
100#汽油	6209	$74,508.00
燃料油	107	$856.00
合计		$89,204.00

约束

产品质量约束	计算值	指标
80#汽油蒸气压	9688	9688
100#汽油蒸气压	37254	37254
80#汽油辛烷值	111758	110720
100#汽油辛烷值	620935	620900

(c)

图8-15 规划求解运行结果

采用 Excel 求解上述整数规划问题的步骤如下所述。

① 按照与前面相同的步骤输入规划求解模型。

② 增加整数约束　在“规划求解参数”窗口中，单击“遵守约束：（U）”输入框右侧的“添加（A）”按钮，打开“添加约束”对话框。单击“单元格引用：（E）”右侧的按钮，设置单元格引用位置为$C$9:$E$11，即各原料用于生产各种产品的用量。在窗口中间的下拉框选择“int”，设定变量取值为整数，如图 8-16 所示，单击“添加（A）”按钮添加约束。单击“取消（C）”按钮返回规划求解窗口，完成后如图 8-17 所示。

图 8-16　添加整数约束

图 8-17　添加整数约束后的规划求解窗口

③ 在“规划求解参数”窗口中单击“求解”按钮求解模型，选择保存规划求解结果，即可获得如图 8-15（c）所示的优化结果。可见在采用整数规划时，所获得的生产方案取值均为整数，因而更具操作性，符合企业生产实际。此方案销售收入为 89204 美元，略低于图 8-15（a）所示方案（89207.53 美元）。

8.3 非线性规划

8.3.1 非线性规划问题的常用求解方法

在化学化工应用中非线性关系非常普遍。例如，在雷诺数低于 4000 时，描述雷诺数和摩擦系数关系的方程为：$\left(\frac{1}{\lambda}\right)^{0.5}=1.74-21g\left[\frac{2\varepsilon_i}{d_i}+\frac{18.7}{Re\lambda^{0.5}}\right]$；再如，年总和法设备折旧计算公式为：$D_t=\frac{n+1-t}{0.5(n+1)n}(P-S)$等。非线性规划是指目标函数或约束中存在非线性关系的规划问题。

非线性规划问题的常用求解方法有解析法和数值法两种。解析法又称为间接最优化方法，适用于目标函数及约束条件有显函数表达的情况，常采用导数法或变分法求解（如微分法、变分法、拉格朗日乘子法、庞特里亚金最大值原理等），很多工程问题难以用解析法求解；数值法又称为直接最优化方法或优选法。这种方法不需要目标函数为显函数表达式，而是利用函数在某一局部区域的性质或在一些已知点的数值，通过多次的迭代、搜索，逼近最优解。

考虑到非线性优化问题的复杂性和多样性，目前尚没有一种适于所有非线性规划问题的数值求解方法。常用的求解方法有逐次线性规划法（Successive Linear Programming, SLP）、逐次二次规划法（Sequential Quadratic Programming Method, SQP）、简约梯度法（Reduced Gradient Algorithm, RGA），以及近年来发展起来的模拟退火（Simulated Annealing Algrithm，SAA）、遗传算法（Genetic Algrithm，GA）等。非线性规划求解技术尚在不断发展进步中，随着优化技术的不断进步，必将会出现适应性更强、运算效率更高的新算法。对于化学化工应用中常遇到的一般规模的非线性规划问题，可以使用 Excel 的规划求解工具进行求解。而对于规模较大、求解复杂的非线性规划问题，则需依赖专业的数学软件如 Matlab、Lingo 等进行求解。

8.3.2 使用 Excel 规划求解工具求解非线性规划问题

【例 8-3】 工艺流程如图 8-18 所示，烃类首先进行压缩并和蒸汽充分混合后进入一烃类催化反应器。反应后的产物和未反应的原料通过蒸馏进行分离，使未反应的原料再循环使用。设原料加压所需的费用为每年 1000p 元（p 为操作压力），将原料和蒸汽混合并送入反应器的输送费用为每年 $4\times10^9/pR$ 元（R 为循环比）。又设分离器将产物分离所需费用为每年 $10^5\times R$ 元，未反应的原料进行再循环和压缩的费用每年为 $1.5\times10^5\times R$ 元，每年的产量为 10^7kg。

a. 试求最优的操作压力 p 和循环比 R，使每年的总费用为最小。

b. 若需满足 pR=9000，试求最优的 p 和 R。相关操作参看码 8-3。

码 8-3 用 Excel 解决过程优化问题

解 a. 该问题的目标函数易于写出，为各项操作费用之和。

$$min\ J=1000p+2.5\times10^5R+\frac{4\times10^9}{pR}$$

约束为：p，R 应满足 p>0，R>0

使用 Excel 规划求解工具的步骤同例 8-3 的线性规划问题，初值和公式输入如图 8-19（a）所示。操作压力和循环比的初值设为 1 是为了避免 Excel 计算时出现被零除的错误。规划求解目标函数、可变单元格和约束的设置如图 8-19（b）所示。输入约束 p>0，R>0 时，因规划求解工具不提供“>”选项，可把约束改写为 $p\geqslant e$ 的形式，e 是一个非常接近 0 的小数，本例中取 e=10^{-6}。由于本模型是一个非线性模型，应把求解方法设定为“非线性 GRG”。优化后结果如图 8-19（c）所示，可知优化的工艺参数为：p^*=1000，R^*=4，相应操作费用 J 的最小值为 3000000 元。

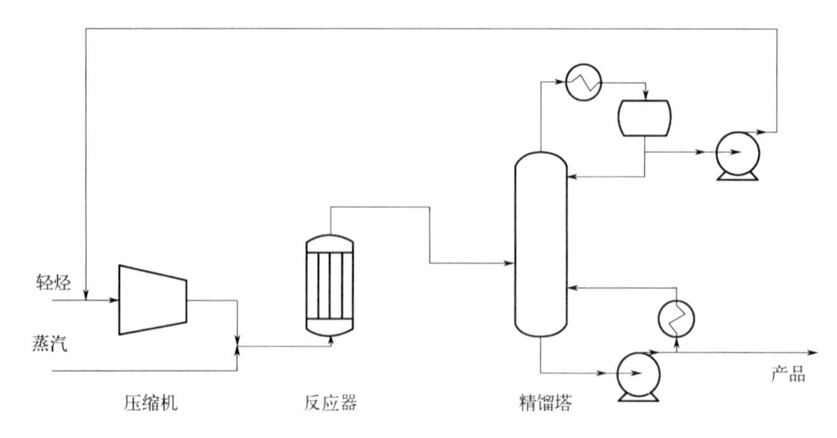

图 8-18　例 8-3 工艺流程图

操作压力	1
循环比	1
加压费用	=1000*C2
混合物料输送费用	=4000000000/(C2*C3)
分离费用	=100000*C3
再循环、压缩费用	=150000*C3
总费用	=SUM(C4:C7)

(a)

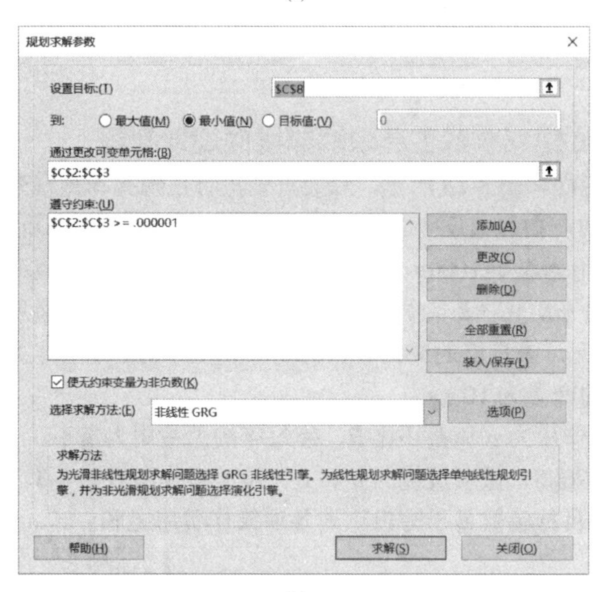

(b)

操作压力	1000.026172
循环比	4.000149927
加压费用	1000026.172
混合物料输送费用	999936.3494
分离费用	400014.9927
再循环、压缩费用	600022.489
总费用	3000000.003

(c)

图 8-19　例 8-3a 的求解

b. 问题 b 与 a 相比，增加了一个约束 pR=9000，因此模型的自由度为 1，即只能有一个决策变量，读者可根据需要选择 p 或 R 作为决策变量。本例选择 p 作为决策变量，其公式输入和规划求解设置分别如图 8-20（a）、图 8-20（b）所示。图 8-20（c）为运行规划求解工具后的结果。p^*=1500，R^*=6，操作费用 J 的最小值为 3444444 元。由于增加的约束减小了最优化问题的可行域，导致操作费用有所增加。

操作压力	1
循环比	=9000/C2
加压费用	=1000*C2
混合物料输送费用	=4000000000/(C2*C3)
分离费用	=100000*C3
再循环、压缩费用	=150000*C3
总费用	=SUM(C4:C7)

(a)

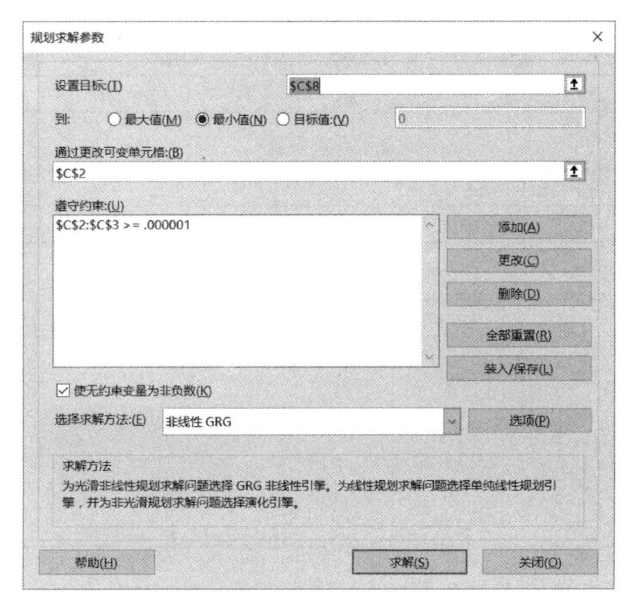

(b)

操作压力	1500.0007
循环比	5.9999973
加压费用	1500000.7
混合物料输送费用	444444.44
分离费用	599999.73
再循环、压缩费用	899999.59
总费用	3444444.4

(c)

图 8-20　例 8-3b 的求解

习题

1. CompuQuick 公司生产两种型号的计算机：Standard 和 Turbo。每出售一台 Standard 计算机可获利 100 元，每出售一台 Turbo 计算机可获利 150 元。CompuQuick 公司的 Standard

生产线每天最多可生产100台计算机，Turbo生产线每天最多可生产120台计算机。每生产一台Standard计算机需要1个工时，每生产1台Turbo计算机需要2个工时。公司的劳动力每天最多可提供160个工时。

（a）如何安排生产可实现利润最大？

（b）如劳动力不够，可外购工时。价格为20元/工时，外购工时最多不超过60，此时应如何安排生产最优？

（c）Turbo生产线可用于生产Standard计算机。只是效率略低，每生产一台Standard计算机需1.2个工时，此时应如何安排生产？

2. Wireless Widget公司有6个货栈向8个销售商供应小装饰品。每一个货栈的供应量都是有限的，每一个销售商的需求量都需得到满足。公司的运输成本与货栈到销售商之间的距离呈线性关系，为0.01元/件公里。详细数据见下，如何安排运输可使总运输费用最低？

装饰品供应数据　　单位：件

货栈	WH1	WH2	WH3	WH4	WH5	WH6
可供量	60	55	51	43	41	52

装饰品需求数据　　单位：件

销售商	V1	V2	V3	V4	V5	V6	V7	V8
需求量	35	37	22	32	41	32	43	38

装饰品运输距离　　单位：km

项目	V1	V2	V3	V4	V5	V6	V7	V8
WH1	6	2	6	7	4	2	5	9
WH2	4	9	5	3	8	5	8	2
WH3	5	2	1	9	7	4	3	3
WH4	7	6	7	3	9	2	7	1
WH5	2	3	9	5	7	2	6	5
WH6	5	5	2	2	8	1	4	3

3. 已知某炼油厂各中间产品数量、辛烷值见下表，若93#汽油价格为1979.91元/吨，90#汽油价格为1839.74元/吨，MTBE价格为2000元/吨，应如何安排生产，可使利润最大？设辛烷值服从线性调和规律。

组分名	数量/万吨	辛烷值
重整料	1.25	66
抽余油	3.85	66.4
甲苯	1.8	110
二甲苯	1.25	130
重芳烃	0.2	97
汽油	42.64	90.2
MTBE(外购)	1.5	117

9 化工过程模拟

9.1 化工过程模拟技术

9.1.1 化工过程模拟技术简介

化学工程师的一项重要工作是对化工单元与过程的物料、能量平衡等进行计算。在 20 世纪 50 年代以前这些计算主要依赖手工和简单的计算工具,获得复杂化工过程的严格计算结果常常需要几天甚至几个月的时间。为了减少计算量，只能大量使用近似的简化计算方法，由此带来较大的误差和风险。20 世纪 50 年代开始使用计算机辅助进行某些单元过程的计算，但由于软、硬件的限制，仍限于对单个单元进行计算。20 世纪 60 年代以来，随着高速数字计算机与过程模拟理论方法的发展，化工过程的设计计算方法发生了革命性的变化，过程模拟技术日益成熟，大型过程模拟软件不断出现，开创了化工全过程严格模拟的新时代。

目前，过程模拟技术与过程模拟软件已成为化学、化工专业人员的基本工具，广泛应用于化工过程的研究开发、生产过程的优化及技术改造等领域。过程模拟的主要用途包括：

① 快速进行工艺过程的严格能量、质量平衡计算。

② 准确预测物流的流量、组成和性质。

③ 准确预测操作条件、设备尺寸对过程的影响。

④ 缩短装置设计时间，允许设计者快速地测试各种装置的设计方案。

⑤ 当前工艺的瓶颈分析与改进。

⑥ 工艺条件的优化等。

9.1.2 稳态模拟与动态模拟

过程模拟技术可分为稳态模拟和动态模拟。稳态模拟的特点是：描述过程对象的模型中不包括时间参数，即把过程中的各种因素都看成是不随时间变化的。事实上，在实际工艺过程中，物料总是以连续流动的状态在系统中传递和转化的，工艺参数也总是在控制的许可范围内不断波动。因此，绝对的稳态在现实中是不存在的。稳态模拟只是对复杂的动态过程的一种简化处理。但考虑到大多数连续化工过程生产运行中各参数相对稳定，这一简化完全可满足大多数过程的设计、计算、优化的需要。

动态模拟的特点是：描述过程对象的模型中包含有时间参数，可以模拟各项过程参数随时间变化的规律。动态模拟广泛应用于各种动态过程，如装置开、停车，过程控制、事故处理等过程特性的研究。理论和实验研究都证明，过程的动态特性并非完全可以从静态特性或者根据经验推断获得。对于重要的化工过程，其动态特性的模拟分析是十分必要的。稳态模拟和动态模拟的比较见表 9-1。

表 9-1 稳态模拟和动态模拟的比较

项目	稳态模拟	动态模拟
模型方程	仅有代数方程	同时有微分方程和代数方程
物料平衡方程	代数方程	微分方程
能量平衡方程	代数方程	微分方程
热力学模型	严格模型	严格模型
水力学	无水力学限制	有水力学限制

过程模拟软件可分为专用软件和通用软件。前者只能用于某一种特定过程、单元的模拟，如催化裂化、合成氨、成品油调和等，后者可用于多种过程的模拟。稳态模拟软件开发较早，经过 40 年的发展，已相当成熟。例如，目前对于石油馏分和烃类物质的计算已经相当准确、可靠，达到了无需小试、中试，模拟结果可直接用于工业装置设计的水平。更重要的是，一批商业过程模拟软件的出现，使得过程工程师不必深入通晓计算方法、编程语言和模拟程序的结构，而把精力集中在解决实际工程问题上来，真正实现了过程模拟技术的实用化。目前国际上主流稳态过程模拟软件见表 9-2。相比之下，动态模拟软件虽然开发较晚，但近年来受到广泛重视，发展迅速，已有多个商品化动态模拟软件进入市场。其中有些是单独的动态模拟软件，也有些是在稳态模拟的基础上加上动态模拟的功能。主流的动态模拟软件见表 9-3。

表 9-2 主流稳态模拟软件

软件名称	开发公司	网址
Aspen Plus	Aspen Tech	www.aspentech.com
Pro II	AVEVA Group plc	www.aveva.com
gPROMS	Process Systems Enterprise Limited	www.psenterprise.com
HYSYS	Aspen Tech	www.aspentech.com
ChemCad	ChemStations	www.chemstations.com
Design II	WinSim	www.winsim.com

表 9-3 主流动态模拟软件

软件名称	开发公司	网址
Dynamics	Aspen Tech	www.aspentech.com
Dynsim	AVEVA Group plc	https://www.aveva.com
gPROMS	Process Systems Enterprise Limited	www.psenterprise.com
HYSYS	Aspen Tech	www.aspentech.com

9.2 Aspen Plus 的基本操作

9.2.1 Aspen Plus 软件介绍

9.2.1.1 Aspen Plus 软件的历史

Aspen Plus 软件起源于 1976～1981 年期间在美国能源部资助下，由麻省理工学院化工系主持，55 个高校和公司参与开发的新型化工流程模拟系统“过程工程的先进系统”（Advanced

System for Process Engineering，简称 ASPEN）。1981 年成立了 AspenTech 公司，专门负责该软件的商品化，并将其更名为 Aspen Plus。

在实际应用中，Aspen Plus 可以帮助研究人员和工程师快速解决过程开发、过程设计、工艺改造中常见的计算问题，如实验数据回归、初步流程设计、工艺过程与设备的严格物料与能量平衡计算、确定主要设备的大小、关键参数的灵敏度分析和过程优化等，已被广泛应用于化工、石油化工、气体加工、煤炭、医药、冶金、环境保护、动力、节能、食品等许多工业领域，在装置设计、过程开发、过程设计及工艺改造中发挥了重要的作用。全球各大化工、石化、炼油企业及著名工程公司都已成为 Aspen Plus 的用户，应用案例数以百万计。

9.2.1.2 Aspen Plus 软件的特点

经过近 40 年的不断补充和发展，Aspen Plus 已成为目前世界上功能最强大的商业过程模拟软件之一。其主要特点如下。

（1）计算结果准确可靠。Aspen Plus 软件的核心模块源于 MIT 开发的 Fortran 程序，开发之初即通过来自大学、工业公司、政府团体多方的严格测试。多年来，Aspen Plus 工业计算案例已超过百万例，验证了软件计算结果的准确性。Aspen Plus 已成为当前应用最广泛的通用过程模拟系统。

（2）单元模型库丰富。Aspen Plus 目前提供由 50 余种严格模型组成的单元模型库。包括常规的混合器、分割器、泵、压缩机、换热器、精馏、吸收、萃取（RadFrac）、多塔精馏（MultiFrac）、全混釜反应器（RCSTR）、平推流反应器（RPLUG）以及固体处理单元如粉碎、筛分、旋风分离器、结晶等的严格计算模型。此外，Aspen Plus 还提供了丰富的用户自定义模型开发工具，用户可使用 Aspen Plus 内置 Fortran 语言或 Excel 开发自定义模型，也可以使用 Aspen 公司提供的专用模型开发工具 Aspen Custom Modeler 开发具有复杂功能的专用模型并将其集成到 Aspen Plus 系统中。

（3）物性数据库完备。Aspen Plus 附带了完善的物性数据库，存储了包括 1800 个纯组分、4000 种固体、2500 种无机物、4000 种物质水溶液的大量基础物性数据。Aspen Plus 还整合了美国国家标准与技术研究院(NIST-National Institute of Standards and Technology) 热力学研究中心(TRC-Thermodynamics Research Center)提供的包含 29000 余种化合物的数据库，并可以通过内置的热力学数据引擎(TDE-ThermoData Engine)在线访问 NIST 的热力学数据库。此外，Aspen Plus 还可通过 Internet 自动查询世界上最大的气液和液液相平衡实验数据库 DETHERM，后者拥有超过 250000 套实验数据。用户也可以建立自己的物性数据库，并将其与 Aspen Plus 系统连接使用。

（4）热力学及传递性质计算方法完备。Aspen Plus 包含计算传递性质和热力学性质的模型和各种方法的组合共有 43 种。主要有：计算理想混合物气液平衡的 IDEAL、烃类混合物的 Chao-Seader、非极性和弱极性混合物的 Soave-Redlich-Kwong、BWR-Lee-Starling、Peng-Robinson 等；计算非理想液态混合物系的活度系数模型 UNIFAC、Wilson、NRTL、UNIQUAC 等；计算纯水和水蒸气的模型 STEAM-TA、IAPWS-95 等；以及用于脱硫过程中含有水、二氧化碳、硫化氢、乙醇胺等组分的 Kent-Eisenberg 模型等。

（5）用户自定义能力强大。Aspen Plus 拥有强大的用户自定义功能和可扩展能力。用户几乎可定制 Aspen Plus 的全部模型，如单元模型、热力学模型、基础数据等，还可通过 Aspen Plus 提供的程序调用接口自行开发模拟程序界面。

9.2.2 Aspen Plus 的用户界面

图9-1为Aspen Plus启动后的默认界面。在左下角的功能选择区共有四个选项：Properties、Simulation、Safety Analysis 和 Energy Analysis。Properties 用于模拟组分和热力学模型的输入及物性计算，为默认选中项；Simulation 用于流程图的输入与模拟，如图 9-2 所示；Safety Analysis 和 Energy Analysis 分别用于安全分析和能量分析。其中 Properties 和 Simulation 是流程模拟最常用的功能。Aspen Plus 使用数据浏览器（Data Browser）输入模拟流程与参数、浏览模拟结果。读者应熟悉常用菜单和按钮图标的功能与位置。

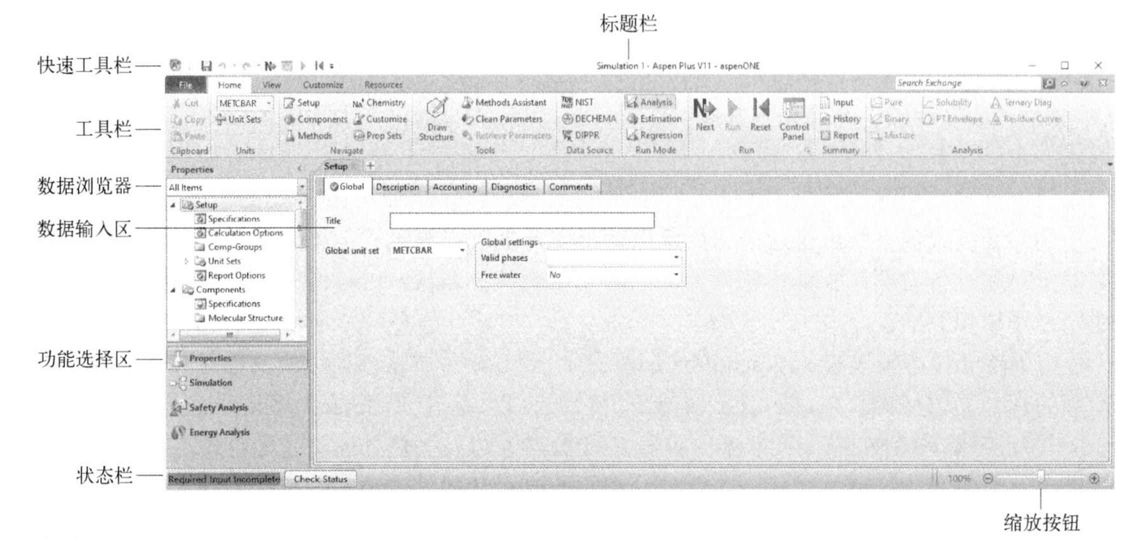

图 9-1 Aspen Plus 的 Properties 界面

图 9-2 Aspen Plus 的 Simulation 界面

9.2.3 使用 Aspen Plus 进行过程模拟的一般步骤

使用 Aspen Plus 进行过程模拟的一般步骤包括：

（1）选择适当的模板，建立新的模拟文件。

（2）设定通用设置，包括说明信息、计算设置、单位制和报告设置。

（3）输入模拟对象涉及的化学组分。大多数常用组分可直接从 Aspen Plus 数据库中找到，此外 Aspen Plus 还支持石油组分和用户自定义组分的输入。

（4）选择适当的热力学方法，检查并输入所需的热力学参数。

（5）利用图形化输入界面输入单元设备和流股的连接关系。主要包括从单元模型库中选取所需的单元设备模型并放置到流程图输入区的适当位置，设定单元设备模型间及其与外部的物流、能流、功流连接。

（6）设定流股和单元设备的参数。如输入流股的压力、温度、组成，单元设备的温度、压力、热负荷等。

（7）为模拟指定计算次序和收敛方法。可分别在流程和单元模型层次指定收敛方法，还可在流程层次指定单元模块的计算次序，在大多数情况下可由 Aspen Plus 的软件算法自行确定求解次序和收敛方法。

（8）设定报告选项，设置 Aspen Plus 在模拟报告中包含的信息。

（9）运行模拟。Aspen Plus 默认采用序贯模块法进行过程的模拟计算。同时提供了面向方程（Equation oriented - EO）求解算法，可大大提高热集成、过程优化等复杂问题的求解效率，缩短模拟所需计算时间。

（10）查看模拟结果、输出报告。模拟完成后，可使用 Aspen Plus 的数据浏览器查看模拟结果，如单元设备参数，流股温度、压力、组成及焓的计算结果等。还可根据需要生成过程流程图和文本格式的报告文件，以便其他软件调用。

上述步骤（3）～（4）在 Properties 界面输入，步骤（5）～（9）则在 Simulation 界面输入。

9.3 使用 Aspen Plus 进行过程模拟的应用实例

9.3.1 闪蒸单元模拟

【例 9-1】 一股含苯、甲苯、邻二甲苯的物料，在 1atm（101.325kPa）下绝热闪蒸，要求计算闪蒸后气、液相物料的流量、温度、压力和组成。原料的温度、压力、组成和过程流程图如图 9-3 所示。相关操作参看码 9-1。

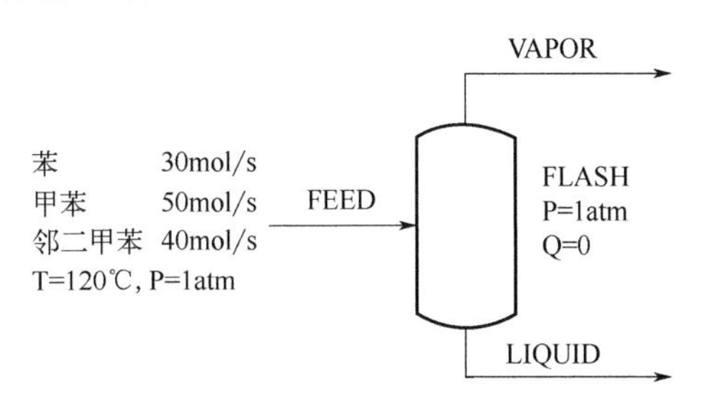

码 9-1 Aspen Plus 的闪蒸单元模拟计算

图 9-3 闪蒸过程的流程图

问题分析：该问题是一个模拟型问题，已知模拟所需的物流参数和设备参数，根据 9.2.3 节描述的步骤，使用 Aspen Plus 对该问题进行模拟计算，步骤如下。

（1）建立新模拟文件。启动 Aspen Plus，在启动对话框（图 9-4）中选择 New 打开如

图 9-5 所示新建文件对话框，单击窗口左侧列表中的 Chemical Processes，在窗口中间面板选择 Chemicals with Metric Units 模板，单击“Create”按钮建立新文件。在随后出现的 Aspen Plus 主界面中单击 File\Save 菜单，将文件保存为 Flash.apwz。

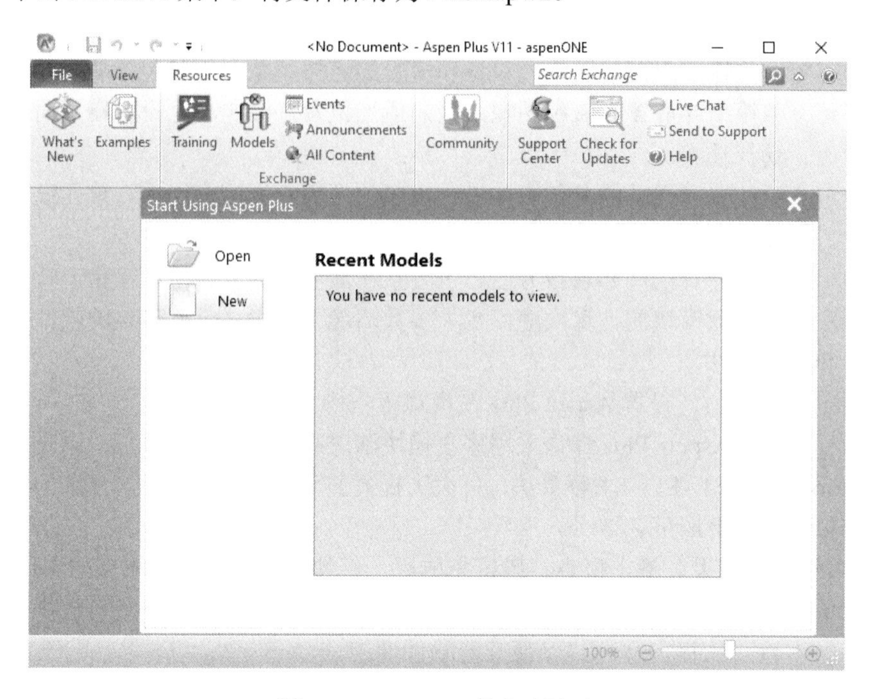

图 9-4　Aspen Plus 的启动界面

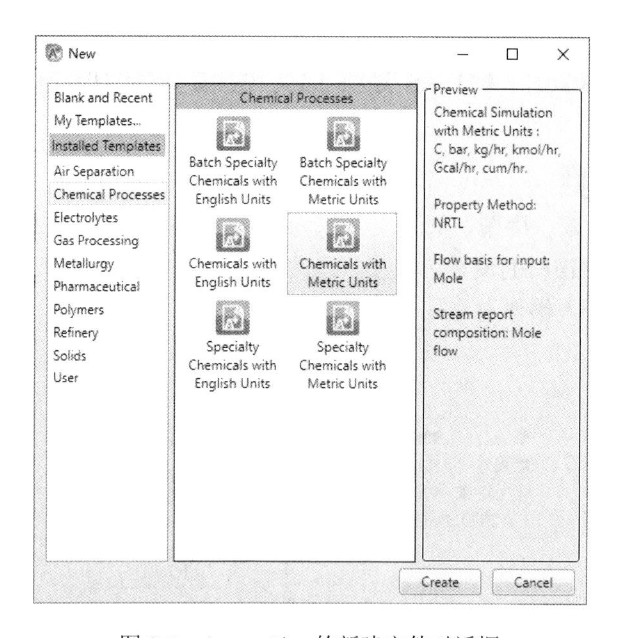

图 9-5　Aspen Plus 的新建文件对话框

（2）设置通用设置。Aspen Plus 默认打开组分输入窗体（Components\Specifications）。本例中我们首先在窗口左侧的数据浏览器中单击 Setup 输入通用设置（图 9-6），可看到左侧数据浏览器中的“Setup”选项下共有 Specifications、Calculation Options、Comp-Groups、

Unit Sets、Report Options 五个子选项，分别用于输入项目基本信息、计算设置、组分组、单位制和报告设置。单击“Specification”，在 Title 项输入 Flash；确认当前单位制“Global unit set”为 METCHEM；在“Global Settings”选项组中，设定“Valid phases”为 Vapor-Liquid，如图 9-6 所示。

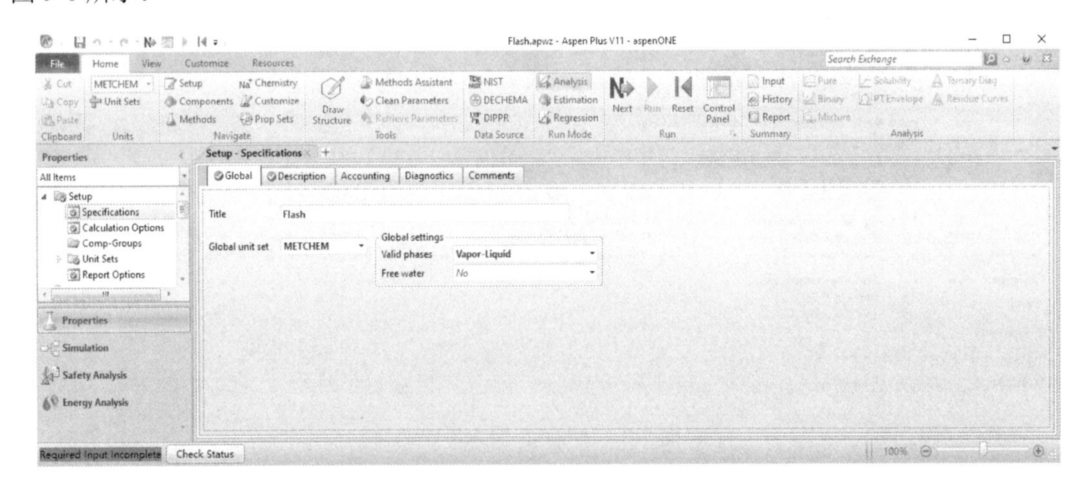

图 9-6　Setup-Specifications 输入界面

（3）输入组分。单击左侧数据浏览器中“Components”返回组分输入窗体（Components\Specifications），输入模拟中将用到的化合物。Components 图标上的红色标记表示组分输入尚未完成。在第一行的 Component ID 项中输入 BENZENE，系统会在数据库中查找化合物苯，并自动填充表格中其他项的信息。如果系统无法识别用户输入的 Component ID，可单击“Find”按钮在 Aspen Plus 自带的数据库中进行手动查找。在第二行、第三行的 Component ID 项分别输入 TOLUENE 和 O-XYLENE，完成甲苯、邻二甲苯组分的输入，如图 9-7 所示。数据浏览器中 Components 前的红色标记变为蓝色的对号 Components，表示组分输入已完成。

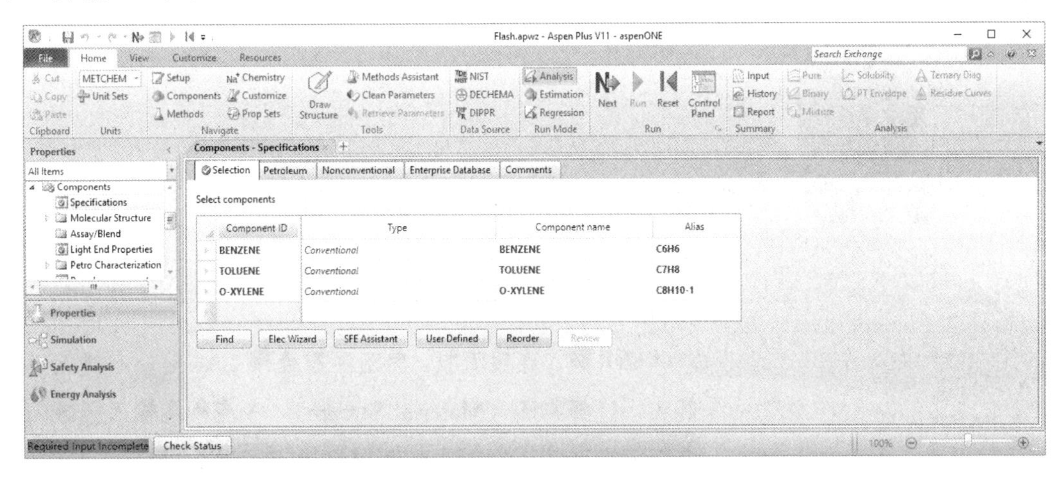

图 9-7　Components 输入界面

（4）指定热力学模型。单击左侧数据浏览器中“Methods”打开热力学方法输入界面（Methods），设定 Base method 为 IDEAL，如图 9-8 所示。由于该体系中各组分的结构相似且温度、压力不高，可近似作为理想体系计算。双击同在“Methods”项下的“Parameters”打开其子项，单击“Binary Interaction”确认二元交互作用参数。此时状态栏显示“Required Properties Input Complete”，提示物性输入已完成，可进入流程输入界面。

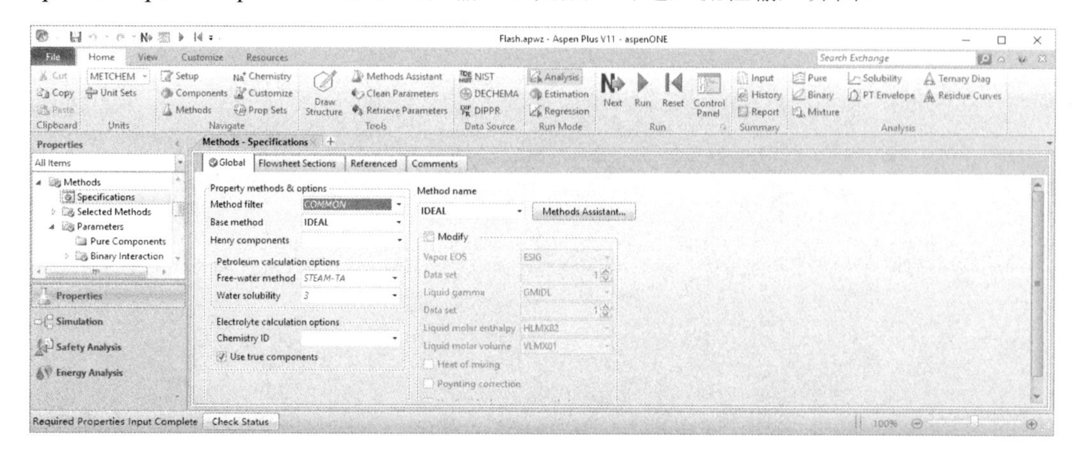

图 9-8　Methods 输入界面

（5）输入模拟流程图。单击左下方的“Simulation”按钮进入流程输入界面，窗口右侧自动打开名为“Main Flowsheet”的流程图输入窗口。本例我们需要插入闪蒸单元模型。选择界面下方单元模型库中的“Seperators”面板，单击“FLASH2”模型右侧的下拉箭头打开图标面板，选择“V-DRUM1”图标，如图 9-9 所示。在流程图输入区的适当位置单击鼠标放置 FLASH2 模型，系统自动将模型命名为 B1。单击选择按钮，右击流程图输入区的 B1 模型图标，在弹出菜单中选择“Rename Block”命令（或按快捷键 Ctrl+M），在弹出的“Rename”对话框（图 9-10）中将闪蒸单元的名字由 B1 改为 FLASH。

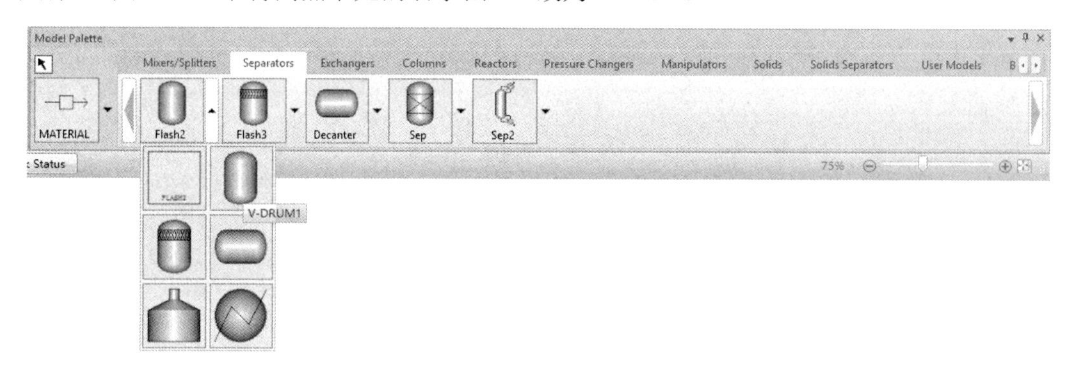

图 9-9　FLASH2 模型的选择

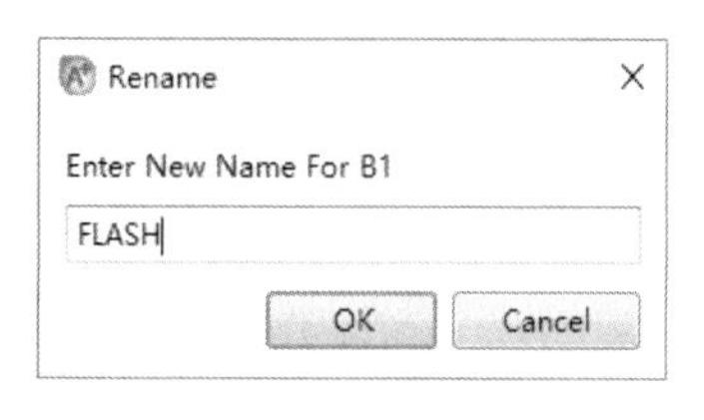

图 9-10　重命名单元设备模型

（6）输入连接流股。单击流股连接工具右侧的下拉箭头，选择物流（Material Stream）。在流程图输入区域闪蒸器模型左侧空白处流股起始位置单击鼠标，再单击闪蒸器模型左侧的红色 Input 箭头［图 9-11（a）］，完成第一个流股的输入。系统自动将流股命名为 S1，完成后的屏幕显示如图 9-11（b）所示；单击闪蒸器模型上部的红色 Output 箭头［图 9-11

(b)]，在闪蒸器模型右侧空白处单击确定流股的终点，系统自动将流股命名为 S2，完成后如图 9-11（c）所示；采用同样的方法连接闪蒸器底部出口物流，系统自动将流股命名为 S3。单击选择按钮，依次选中流股 S1、S2、S3，使用快捷键 Ctrl+M 或右键菜单命令“Rename Stream”将流股名称分别改为 FEED、VAPOR 和 LIQUID，如图 9-11（d）所示。

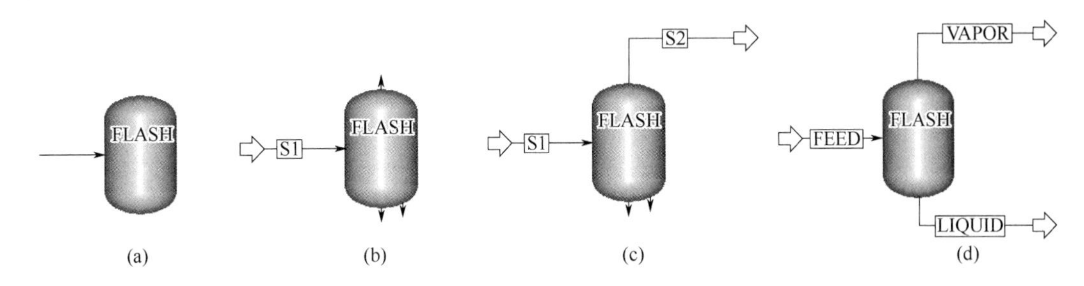

图 9-11 FLASH 模型的流股连接

（7）输入流股数据。单击左侧数据浏览器中“Streams”输入流股数据，如流股的温度、压力、气相分数、流量、组成等。本例中的原料流股名为 FEED，可单击“Streams”下“FEED”子项打开流股 FEED 的输入窗体输入流股参数。也可单击窗口顶部快捷工具栏中的按钮跳转到下一个需要输入数据的窗口（本例为 Streams\FEED）。

在“Temperature”右侧的输入框输入流股进料温度 120℃，确认右侧单位选择框的取值为 C（摄氏度℃）；单击“Pressure”右侧的下拉选择框设定压力输入单位为 atm，在其左侧的数值框中输入 1；在“Composition”输入框下方左侧的下拉选择框中设置组成输入模式为摩尔流量（Mole-Flow），在右侧的单位下拉选择框中选择 mol/sec；在数据输入表中依次输入苯、甲苯、邻二甲苯的摩尔流量，即 30mol/s、50mol/s、40mol/s，输入完成后如图 9-12 所示。

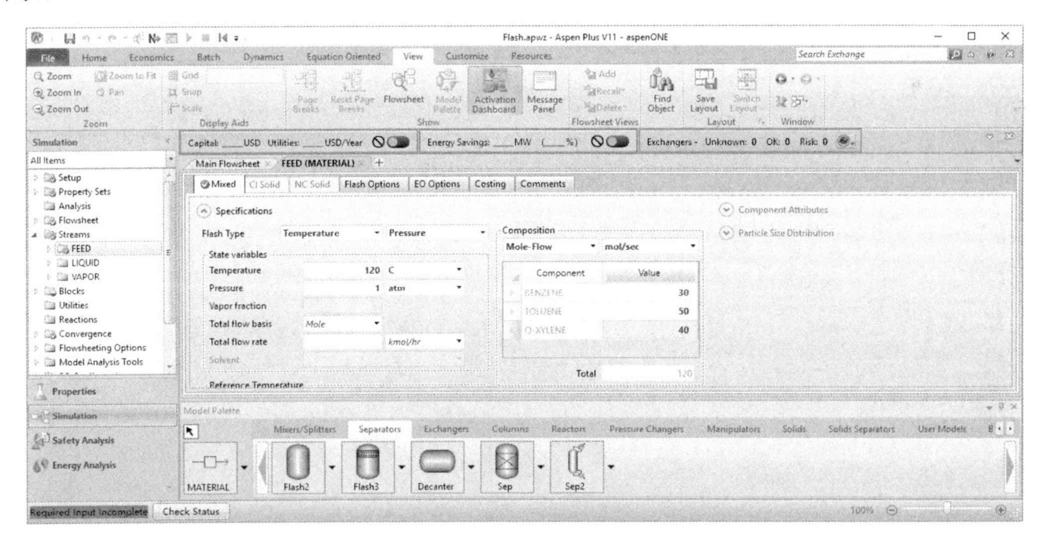

图 9-12 流股 FEED 的数据输入界面

（8）输入单元设备参数。在数据浏览器中单击“Blocks”下的“FLASH”子项打开闪蒸器参数输入界面。在 Flash Type 选项指定闪蒸计算的类型，本例我们需要指定“Pressure”和“Duty”两个条件，指定在给定压力和热负荷条件下进行闪蒸计算。在下方的数据输入区域

“Duty”后输入 0，表示热负荷为 0，即绝热闪蒸；在“Pressure”后的输入框中输入闪蒸压力 1atm；设定“Valid phases”为 Vapor-Liquid，完成后的输入界面如图 9-13 所示。至此我们已经完成流程模拟所需的全部输入，窗口底部状态栏左侧红色底色的“Required Input Incomplete”变为“Required Input Complete”。

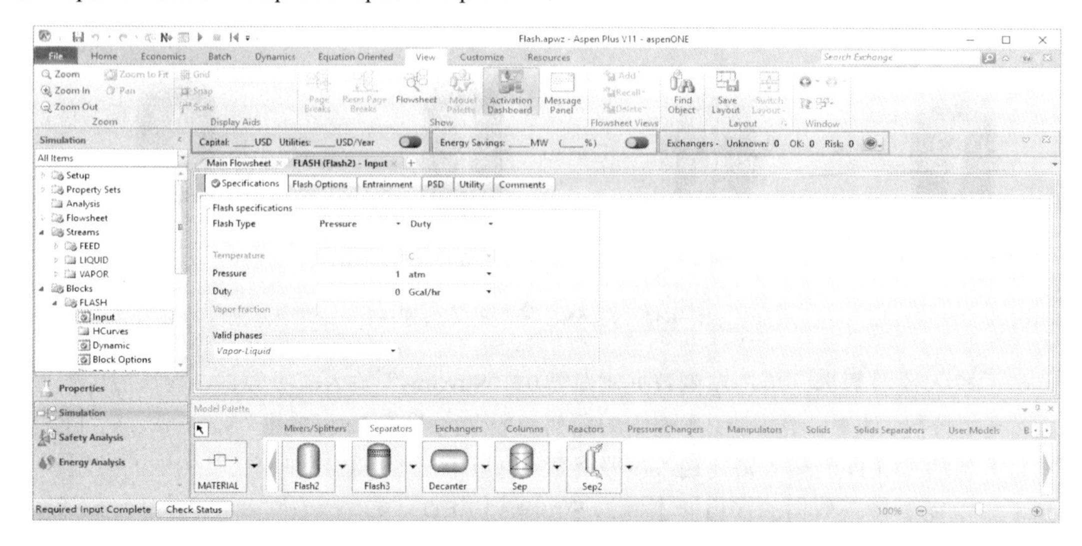

图 9-13　单元模型 FLASH 的数据输入界面

（9）设置报告输出选项。在数据浏览器中单击“Setup”，可以发现与 Properties 界面相比，Simulation 界面“Setup”选项下有更多的子选项。单击左侧窗格中的“Report Options”，选择右侧的 Stream 选项卡，选中“Fraction basis”选择框中的 Mole 选项，在模拟结果中报告各流股的摩尔组成，如图 9-14 所示。

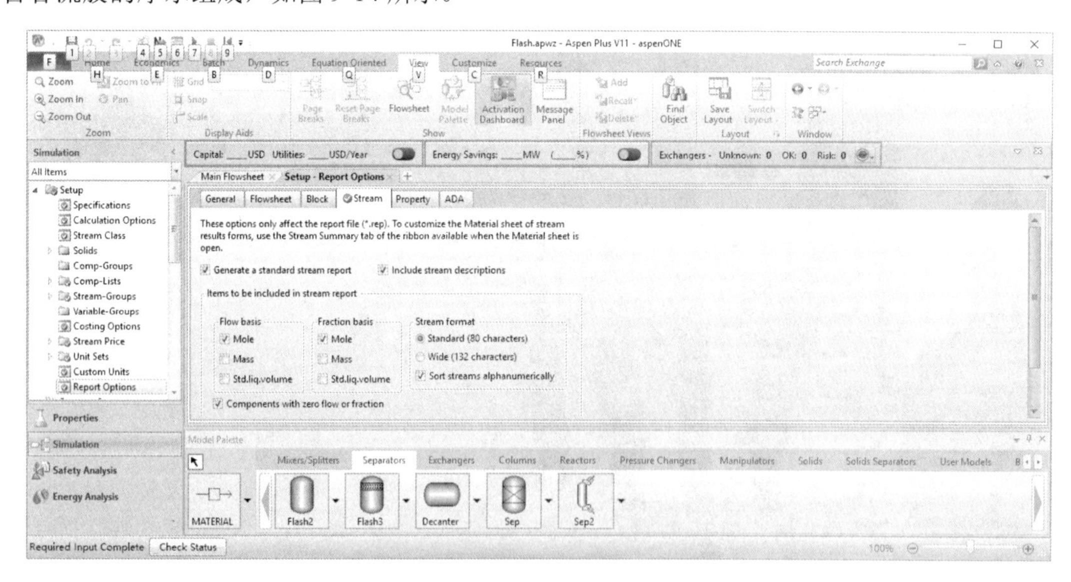

图 9-14　设置 Report Options

（10）运行模拟。单击 Home 工具面板上的 Run 按钮 运行模拟，模拟完成后状态栏左侧显示“Results Available”，表示模拟成功，可以查看模拟结果。若状态栏左侧显示黄色的

Results Available with warning，则表示模拟过程中出现警告。此时应慎重检查系统提示的警告信息，确认模拟结果的可用性。可在数据浏览器中“Results Summary”的子选项“Run Status”下查看模拟运行的状态，如图 9-15 所示。

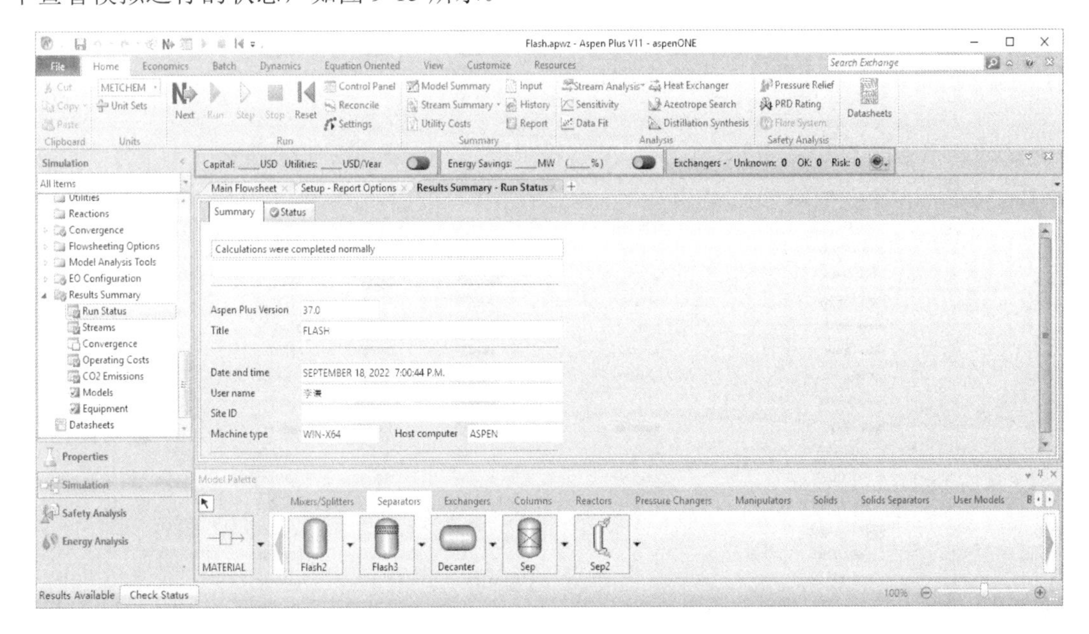

图 9-15　模拟完成后的“Run Status”窗口

（11）查看模拟结果。单击数据浏览器中“Blocks\FLASH\Results”子选项可查看闪蒸器的模拟结果。FLASH 单元的模拟结果分别在 Summary、Phase Equilibrium、Balance 三个面板中显示。其中 Summary 面板显示闪蒸器计算的基本信息，如温度、压力、热负荷等，如图 9-16（a）所示；Phase Equilibrium 面板显示与相平衡有关的信息，例如进料摩尔分数、汽相、液相组成、平衡常数等，如图 9-16（b）所示；Balance 面板显示物料平衡、能量平衡结果。单击“Blocks\FLASH\Stream Results”子项可查看与单元 FLASH 相连接的全部流股的模拟结果，可查看各流股的温度、压力、组成、流量等相关信息，如图 9-17 所示。读者还可自行使用数据浏览器查看模拟计算的其他结果。也可对进料参数和闪蒸器的参数进行修改，并对修改前后的运算结果进行比较，以加深对闪蒸过程的认识。

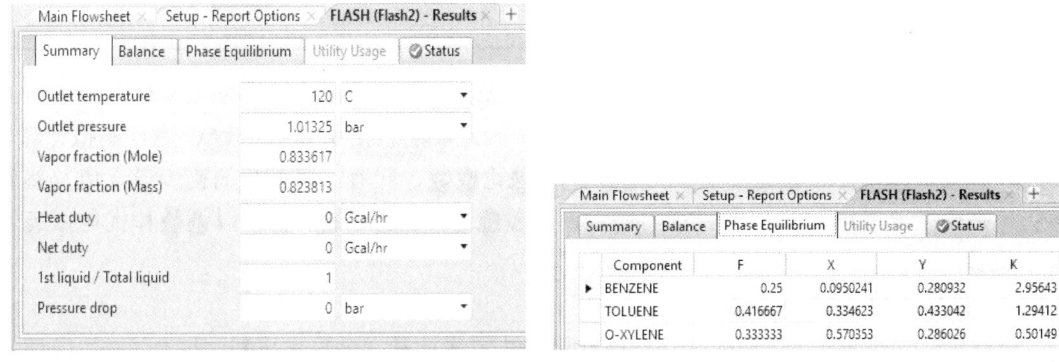

（a）Summary 面板　　（b）Phase Equilibrium 面板

图 9-16　闪蒸单元 FLASH 的计算结果

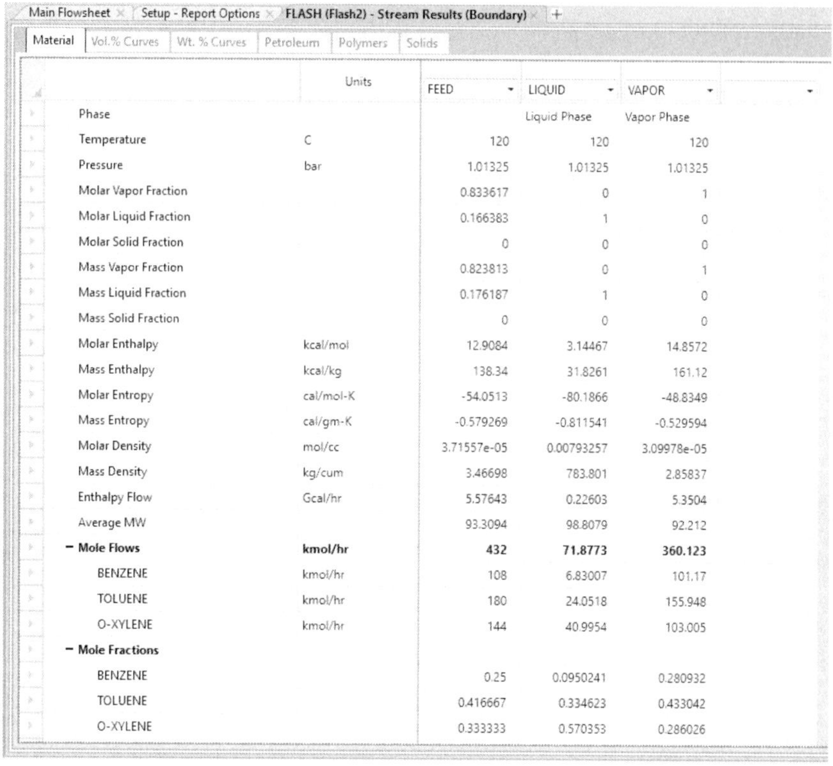

Main Flowsheet × | Setup - Report Options × | FLASH (Flash2) - Stream Results (Boundary) × | +

Material | Vol.% Curves | Wt. % Curves | Petroleum | Polymers | Solids

	Units	FEED	LIQUID	VAPOR
Phase			Liquid Phase	Vapor Phase
Temperature	C	120	120	120
Pressure	bar	1.01325	1.01325	1.01325
Molar Vapor Fraction		0.833617	0	1
Molar Liquid Fraction		0.166383	1	0
Molar Solid Fraction		0	0	0
Mass Vapor Fraction		0.823813	0	1
Mass Liquid Fraction		0.176187	1	0
Mass Solid Fraction		0	0	0
Molar Enthalpy	kcal/mol	12.9084	3.14467	14.8572
Mass Enthalpy	kcal/kg	138.34	31.8261	161.12
Molar Entropy	cal/mol-K	-54.0513	-80.1866	-48.8349
Mass Entropy	cal/gm-K	-0.579269	-0.811541	-0.529594
Molar Density	mol/cc	3.71557e-05	0.00793257	3.09978e-05
Mass Density	kg/cum	3.46698	783.801	2.85837
Enthalpy Flow	Gcal/hr	5.57643	0.22603	5.3504
Average MW		93.3094	98.8079	92.212
− Mole Flows	**kmol/hr**	**432**	**71.8773**	**360.123**
BENZENE	kmol/hr	108	6.83007	101.17
TOLUENE	kmol/hr	180	24.0518	155.948
O-XYLENE	kmol/hr	144	40.9954	103.005
− Mole Fractions				
BENZENE		0.25	0.0950241	0.280932
TOLUENE		0.416667	0.334623	0.433042
O-XYLENE		0.333333	0.570353	0.286026

图 9-17　例 9-1 流股计算结果

9.3.2　C_2组分精馏分离过程设计

【例 9-2】某石化厂要求设计一 C_2 组分精馏分离装置，用以回收物料中 95%以上的乙烯，并要求乙烯产品的摩尔纯度>99%。进料流量为 100kmol/h，泡点进料，原料组成见表 9-4。

表 9-4　C_2 分离问题的原料组成

组分名称	摩尔分数
H_2	0.00014
CH_4	0.00162
C_2H_4	0.75746
C_2H_6	0.24003
C_3H_6	0.00075

问题分析：该问题是一个设计型问题，由于 Aspen Plus 的严格精馏模拟模块 RADFRAC 必须给定理论板数、进料板位置和塔操作参数，因此不能直接用 RADFRAC 进行模拟计算。为此，首先采用设计型简化模型 DSTWU 获得理论板数、回流比等参数的初步设计值，然后应用严格模型 RADFRAC 对所获得的初步设计参数进行验证计算，并予以调整和优化以满足设计要求。

9.3.2.1　初步设计参数的获得

DSTWU 模型采用 Winn-Underwood-Gilliland 简捷计算法进行单进料、两个产品、塔顶为全凝器或分凝器的精馏塔的设计计算，可计算最小回流比、最小理论板数、实际理论板数、进料板位置等重要参数。首先根据经验和同类装置运行实践初步设定精馏塔的操作条件为：

p=1.8MPa，回流比 R=3.3，采用 Aspen Plus 进行模拟计算。相关操作参看码 9-2。

码 9-2 用 DSTWU 获取精馏分离装置初步设计参数

（1）建立新模拟文件。选择“Blank and Recent”模板类下的 Blank Simulation 模板，建立一个名为 C2DSTWU.apwz 的模拟文件。

（2）设置通用设置。在数据浏览器中单击“Setup\Specifications”子选项，在“Title”项输入 C2 Seperation DSTWU；确认当前单位制“Global unit set”为 METCBAR；在“Global Settings”选项组中，设定“Valid phases”为 Vapor-Liquid；“Free water”为 No。

（3）在数据浏览器中单击“Components\Specifications”打开组分输入界面，输入模拟中用到的化合物组分。在 Component ID 项依次输入“H2、CH4、C2H4、C2H6”，即氢气、甲烷、乙烯、乙烷 4 个组分。丙烯并不能通过直接在 Component ID 中输入“C3H6”来获取，这是由于 C_3H_6 对应的数据库中的化合物并不唯一。单击下方的“Find”按钮打开“Find Compounds”对话框，“在 Name or Alias: Contains”后的输入框中输入“C3H6”，单击“Find Now”按钮，Aspen Plus 将在数据库中查找全部名字和别名中包含 C3H6 的化合物并显示在下方列表，如图 9-18 所示。双击 PROPYLENE 行即可将丙烯加入化合物列表，单击“Close”按钮关闭对话框，完成后的组分输入界面如图 9-19 所示。

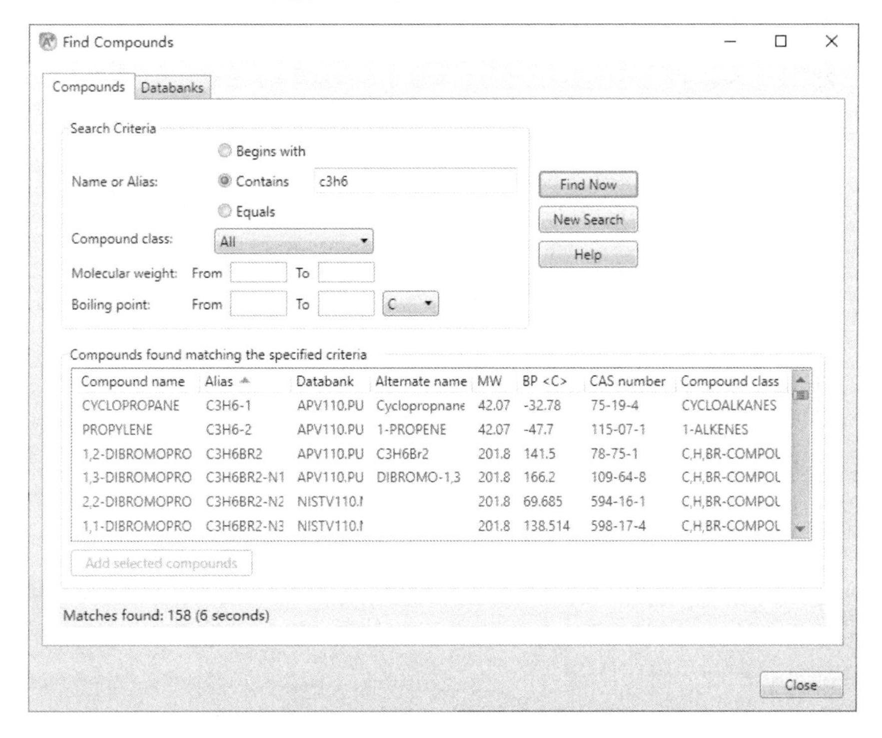

图 9-18 Find Compounds 对话框

（4）在数据浏览器中单击“Methods\Specification”子选项打开热力学方法输入界面，设定 Base method 为 PENG-ROB，如图 9-20 所示。

（5）单击窗口左下方的“Simulation”切换到流程输入界面。选择单元模型库中的“Columns”面板，单击 DSTWU 模型右侧的下拉箭头打开图标选择面板，选择 ICON1，如图 9-21 所示。在工作区中的适当位置单击鼠标放置 DSTWU 模型。将模型更名为 DSTWU。

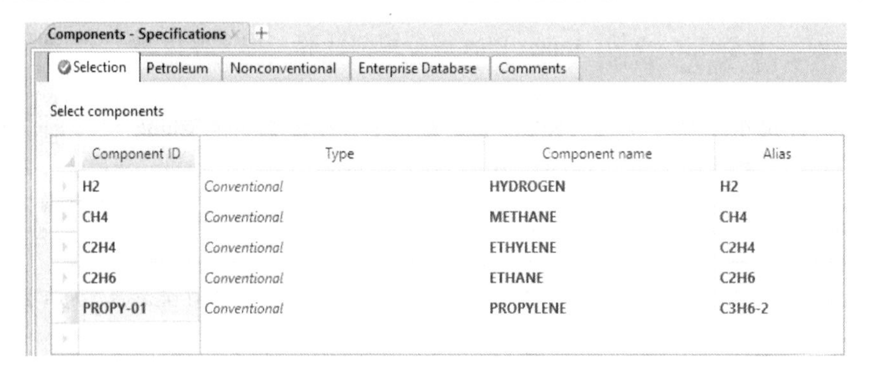

图 9-19　完成后的组分输入界面

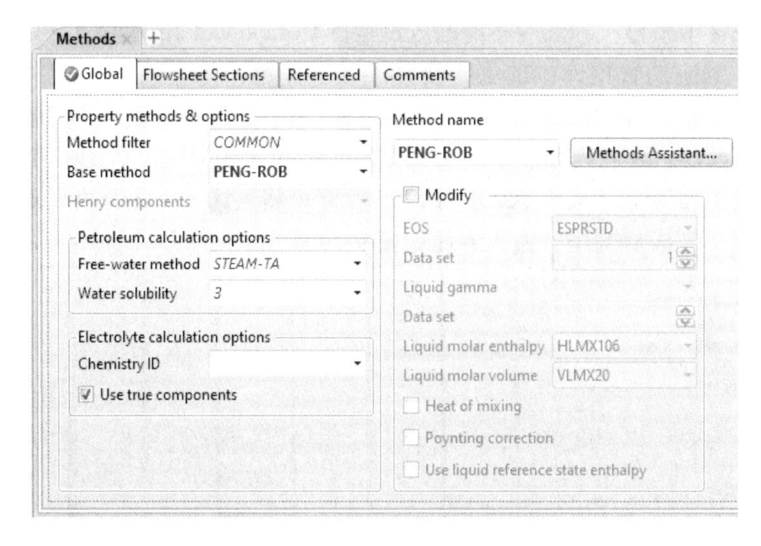

图 9-20　热力学模型的输入界面

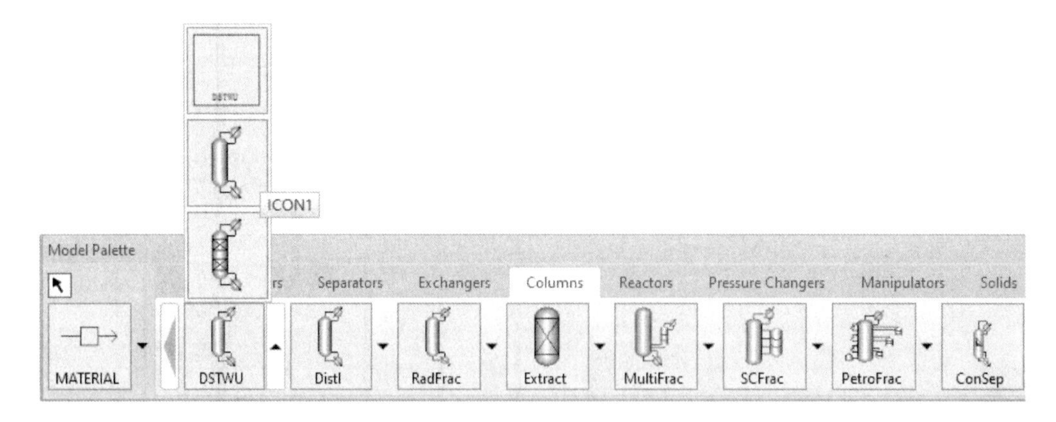

图 9-21　DSTWU 模型的选择

（6）使用流股连接工具完成物流连接，单击流股连接工具右侧的下拉箭头，选择物流（Material Stream），连接单元并更改流股名称，完成如图 9-22 所示的模拟流程图。

（7）在数据浏览器中单击“Streams\FEED”子选项打开流股数据输入界面，输入流股基本信息，如温度、压力、气相分数、流量、组成等。将“Flash Type”左侧的两个选择框分别设定为 Vapor fraction 和 Pressure；在“State variables”框中输入相应参数，Vapor fraction 输入 0，表示泡点进料（进料汽相分数为 0）；Pressure 输入 1.8MPa；输入进料流量“Total flow rate”为 100kmol/h；选择“Composition”的输入方式为 Mole-Frac（摩尔分数），在其下的表中输入各组分的摩尔分数。表格底部的 Total 项为 Composition 表中各项之和，若输入选项为摩尔分数或质量分数时，Total 应等于 1。若 Total 不等于 1，Aspen Plus 将自动对数据进行圆整。完成后的流股输入窗口如图 9-23 所示。

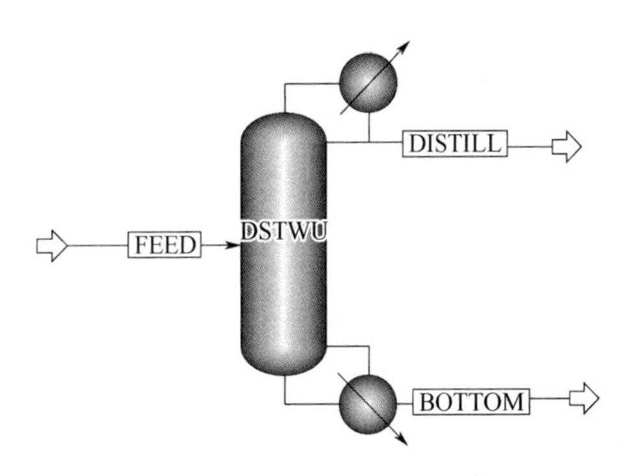

图 9-22 完成后的模拟流程图

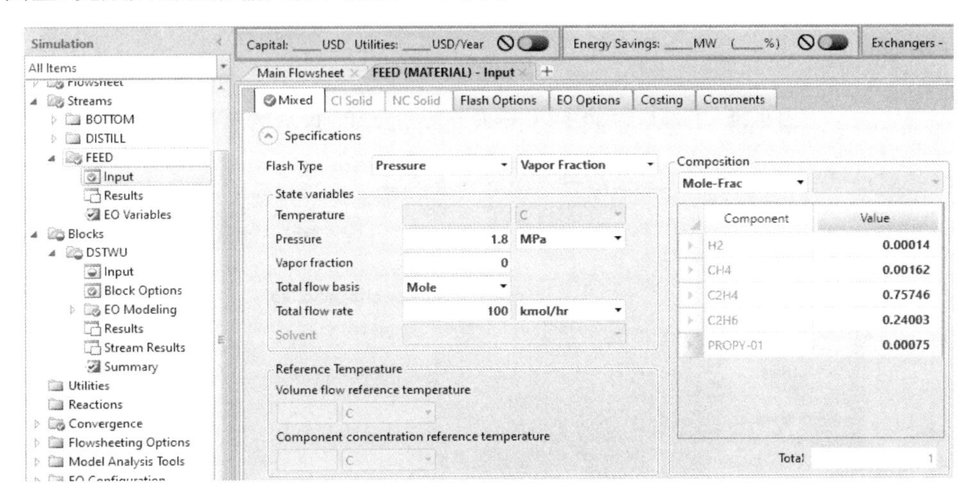

图 9-23 完成后的流股数据输入窗口

（8）在数据浏览器中单击“Blocks\DSTWU”子选项打开单元模型参数输入界面，输入表 9-5 中的参数。完成后的输入窗口如图 9-24 所示。单击右侧窗口顶部的“Calculation Options”标签，选中 Generate table of reflux ratio vs number of theoretical stages 选项，可计算不同回流比与理论板数的关系，如图 9-25 所示。

表 9-5 DSTWU 单元的输入数据

项目	分项	取值
Reflux Ratio		3.3
Light Key①	Component	Ethylene
	Recovery	0.95
Heavy Key	Component	Ethane
	Recovery	0.0229
Condenser Pressure		1.78 MPa
Reboiler Pressure		1.82 MPa
Condenser Specifications		Total condenser

① 对分离起控制作用的两个组分为关键组分(Key Component)，其中挥发度大的为轻关键组分（Light Key Component），挥发度小的为重关键组分（Heavy Key Component）；

轻关键组分回收率（Light Key Component Recovery）=塔顶馏出物中的轻关键组分流量/进料中的轻关键组分流量；

重关键组分回收率（Heavy Key Component Recovery）=塔顶馏出物中的重关键组分流量/进料中的重关键组分流量；

本例中的轻、重关键组分回收率可根据分离要求通过全塔物料衡算获得。

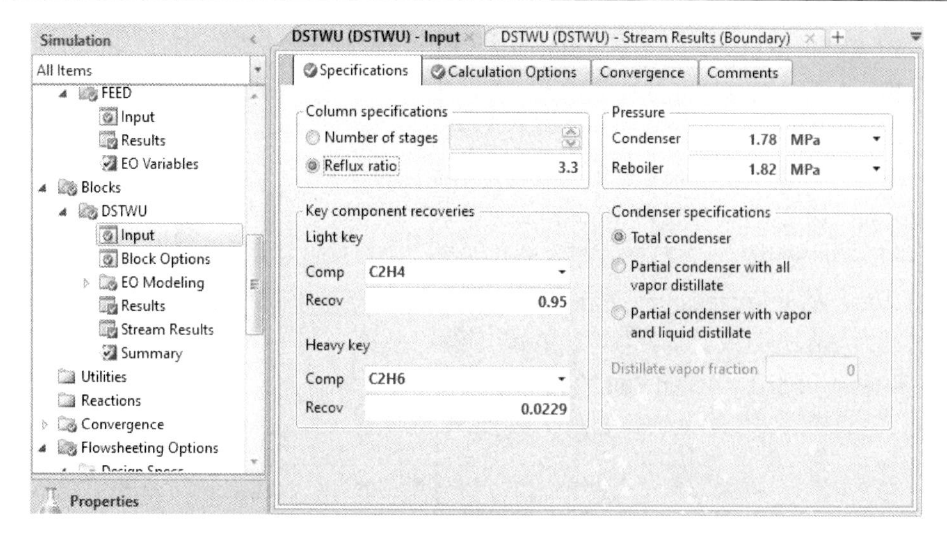

图 9-24　完成后的 DSTWU 单元 Input\Specifications 输入界面

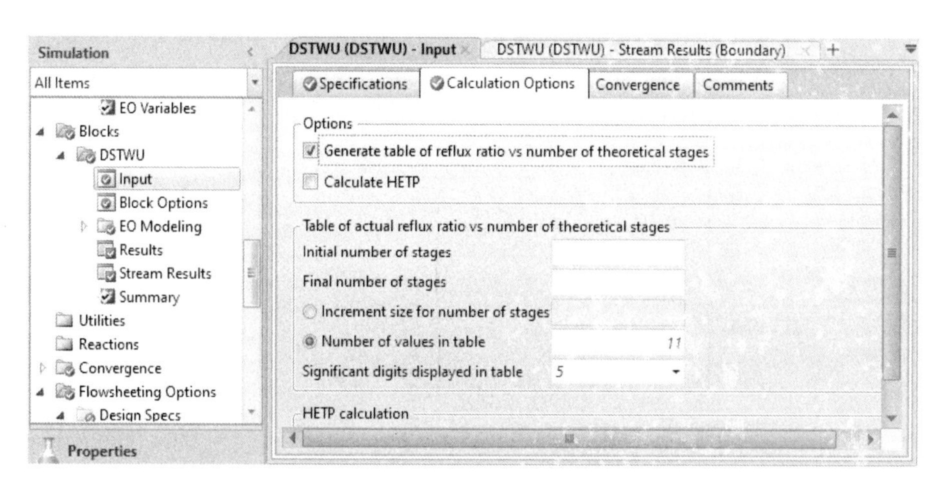

图 9-25　完成后的 DSTWU 单元 Calculatoin Options 输入界面

（9）在数据浏览器中单击“Setup\Report options”子选项打开报告设置界面，选择右侧的 Stream 面板，选中 Fraction basis 选择框中的 Mole 选项以报告流股各组分的摩尔分数。

（10）单击 Home 工具面板上的 Run 按钮 运行模拟，模拟完成后状态栏左侧显示“Results Available”，表示模拟成功。单击数据浏览器中“Blocks\DSTWU\Results”子项可查看精馏塔模拟结果，如图 9-26 所示。其中与设计有关的几个重要参数及其解释见表 9-6。单击右侧窗口顶部的“Reflux Ratio Profile”标签可获得不同回流比与理论板数的关系，还可使用 Home 选项卡中的 Plot 工具组做出理论板数-回流比图形（图 9-27）。单击 Stream Results 子项查看流股模拟结果，如图 9-28 所示。可看到在塔顶馏出液 DISTILL 中乙烯的摩尔流量为 71.9587kmol/h，进料 FEED 中乙烯的摩尔流量为 75.746kmol/h，乙烯回收率=71.9587/71.746×100%=95%。同时，流股 DISTILL 中乙烯的摩尔分数为 99%，满足设计要求。

综上所述，初选设计参数为：回流比为 3.3，塔板数为 32，进料板数为 18，塔顶采出量为 72.68kmol/h。由于 DSTWU 采用近似模型，计算精度有限，尚需应用 RadFrac 模型进行更严格、更精确的模拟验证以上设计方案。

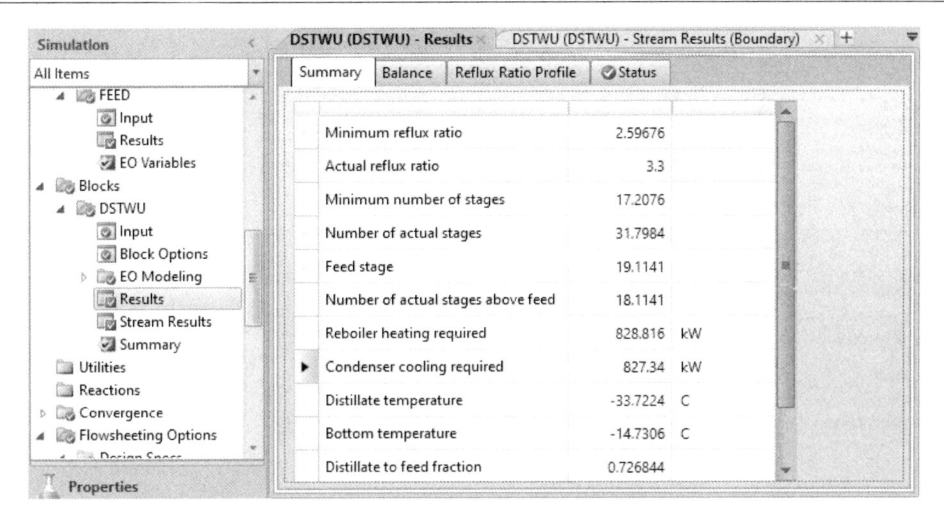

图 9-26 DSTWU 单元计算结果

表 9-6 DSTWU 单元的模拟结果

参数	Aspen Plus 项	模拟结果
最小回流比	Minimum reflux ratio	2.60
最小理论板数	Minimum number of stages	17.21
实际回流比	Actual relux ratio	3.3
实际理论板数	Number of actual stages	31.80
进料板位置	Feed stage	18.11
再沸器热负荷	Reboiler heating required	828.82 kW
冷凝器热负荷	Condenser cooling required	827.34 kW
塔釜温度	Bottom temperature	–14.73℃
塔顶馏出液温度	Distillate temperature	–33.72℃
塔顶馏出比	Distillate to feed fraction	0.726844

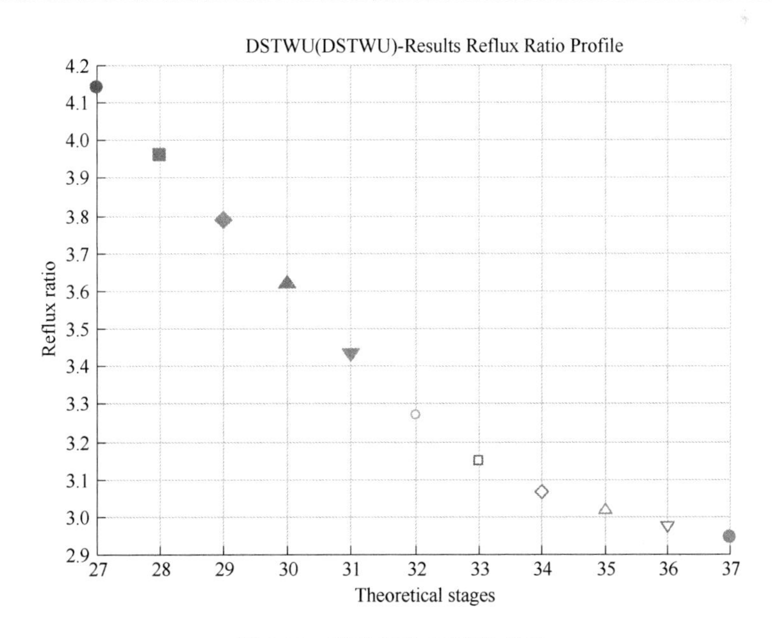

图 9-27 理论板数-回流比关系

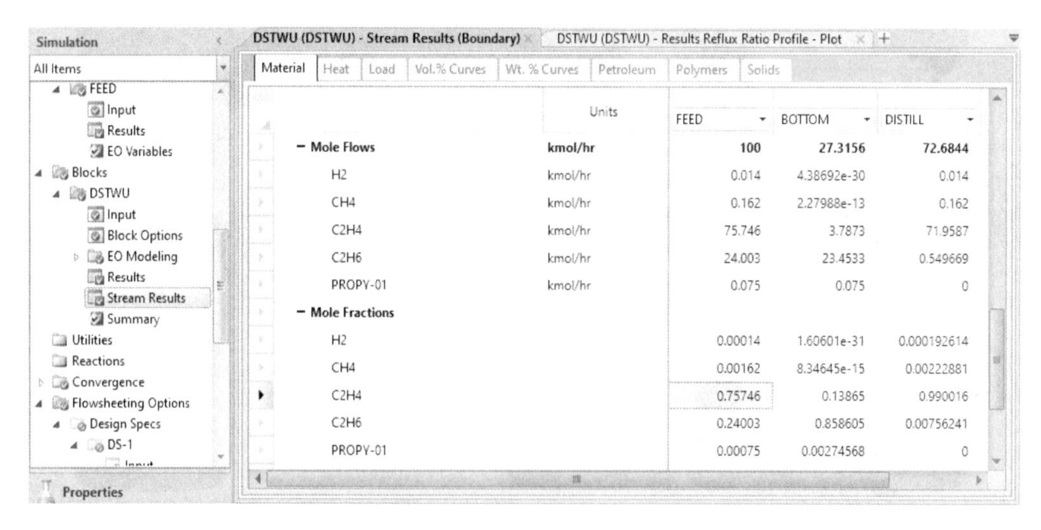

图 9-28 DSTWU 模型的流股计算结果

9.3.2.2 使用 RadFrac 模型进行严格模拟

RadFrac 是一个严格的逐板计算模型，可用于模拟各种类型的多级汽-液精馏操作，包括一般精馏、吸收、汽提、萃取和共沸精馏等，适用于两相、三相、宽沸程、非理想体系的模拟。使用 RadFrac 模型进行模拟的步骤与 DSTWU 模型基本相同，以下仅对不同部分加以详细介绍。相关操作参看码 9-3。

码 9-3 用 RadFrac 模型进行严格模拟

（1）建立一个名为 C2 Radfrac 的新模拟文件，设定通用参数，在“Title”项输入 C2 Seperation RadFrac；输入组分和设定热力学模型，与 9.3.2.1 节步骤（1）～（4）相同。

（2）插入 RadFrac 模块。选择单元操作面板中 Column，单击 RadFrac 模型右侧的下拉箭头打开图标面板，选择 FRAC1 图标，如图 9-29 所示。在工作区中的适当位置单击鼠标放置 RadFrac 模型。将模型命名为 RADFRAC。

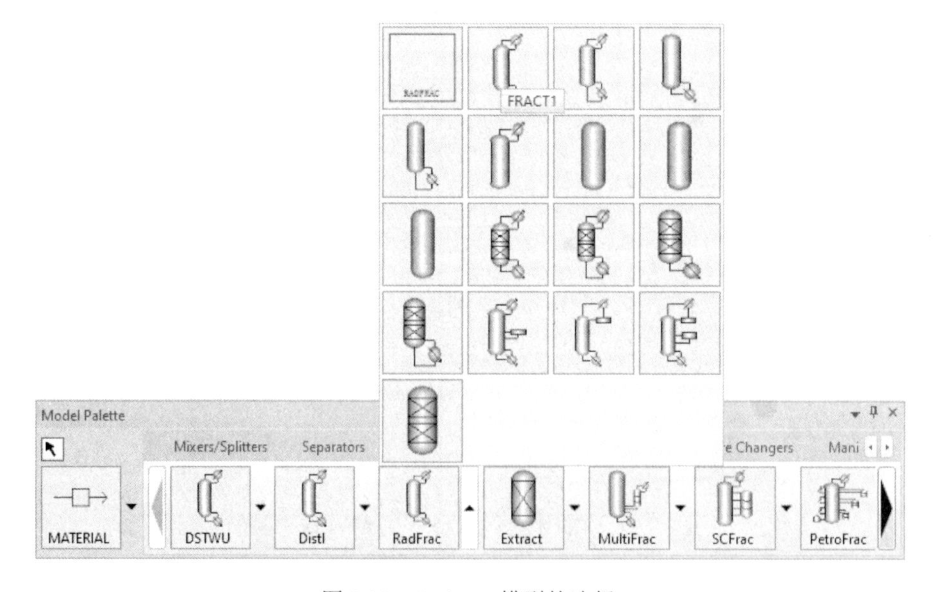

图 9-29 RadFrac 模型的选择

（3）流股连接与 9.3.2.1 节步骤（6）相同，连接后的流程图同图 9-22，将精馏塔命名为 RADFRAC。

（4）流股参数输入与 9.3.2.1 节步骤（7）相同。

（5）在数据浏览器中单击“Blocks\RADFRAC”子选项打开单元模型参数输入界面，输入表 9-7 中的参数。完成后的输入窗口如图 9-30 所示。RadFrac 模型的 Setup 界面共有 7 个面板。其中 Configuration 用于基本参数设置；Streams 用于设置进料板、侧线采出位置；Pressure 用于设定精馏塔压力分布；Condenser、Reboiler、3-Phase 分别用于冷凝器、再沸器、三相计算的设置；Information 用于与模型相关信息的输入。本例只需对前 3 个面板进行设置。

（6）在 Configuration 面板中输入表 9-7 中的参数，完成后如图 9-30 所示。

表 9-7　RadFrac 模型的输入参数

Aspen Plus 项	参数值	解释
Calculation type	Equilibrium	采用平衡级模型
Number of stages	32	理论板数为 32 块
Condenser	Total	塔顶冷凝器为全凝器
Reboiler	Kettle	再沸器为 Kettle 形式（釜式）
Valid phases	Vapor-Liquid	有效相为汽-液两相
Convergence	Standard	采用标准收敛方法（standard）
Distillate rate	72.68 kmol/h	塔顶馏出速率，根据全塔物料衡算得到
Reflux ratio	3.3	回流比

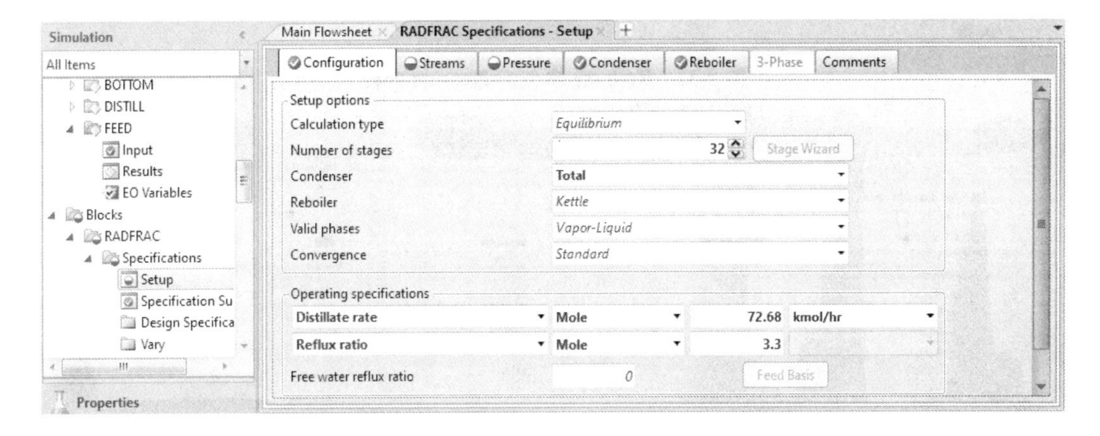

图 9-30　RadFrac 模型的 Configuration 面板

（7）单击 Streams 面板，在“Feed streams”输入框设定流股 1 的进料位置为第 18 块理论板，进料方式为 Above-Stage；确认流股 2、3 的采出位置分别为 1（冷凝器）和 32（再沸器），并设置采出状态为液相（Liquid）采出，如图 9-31 所示。

（8）单击 Pressure 面板，设定精馏塔的压力分布。在“View”下拉框选择 Top/Bottom。在“Stage 1/Condenser Pressure”项输入冷凝器压力 1.78MPa，在 Pressure drop for rest of column 中选择输入全塔压降（Column pressure drop）为 0.04MPa，如图 9-32 所示。

（9）单击 Home 工具面板上的 Run 按钮 运行模拟，模拟完成后状态栏左侧显示“Results Available”。单击数据浏览器中“Blocks\B1\Stream Results”查看流股运行结果，如图 9-33 所示。塔顶采出流股 DISTILL 中乙烯纯度为 98.2%，乙烯回收率为 71.3745/75.746=94.2%，

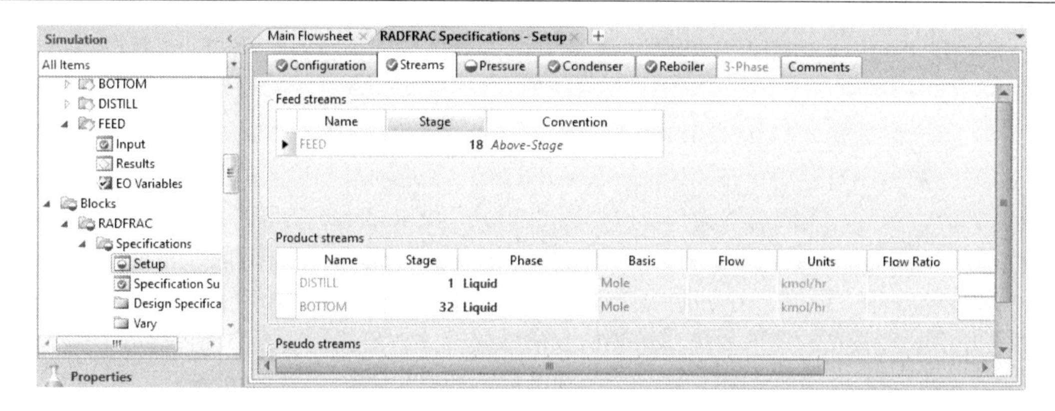

图 9-31　RadFrac 模型的 Streams 面板

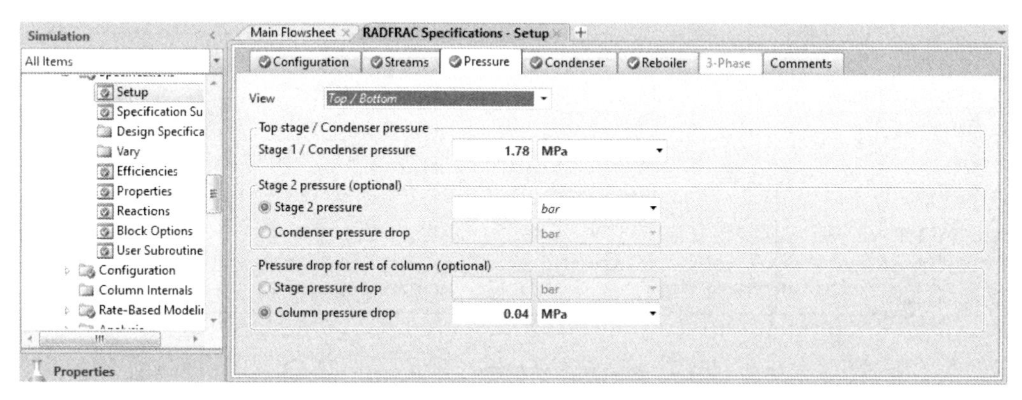

图 9-32　RadFrac 模型的 Pressure 面板

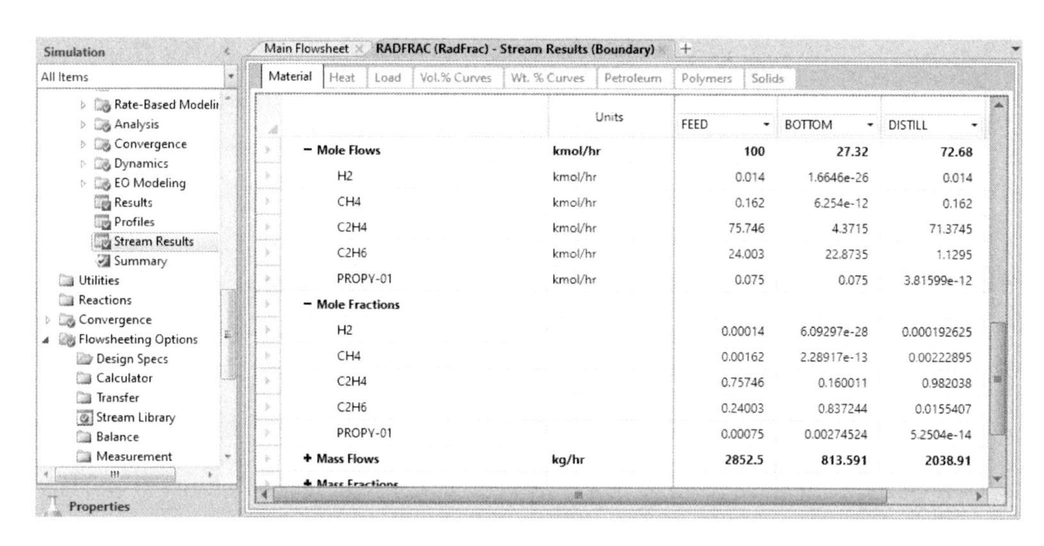

图 9-33　精馏塔流股模拟结果

不能满足设计要求。因此，需对精馏塔的操作参数进行调整，如增大回流比，调整塔顶采出量，以满足设计要求。

（10）关闭数据浏览器窗口，双击精馏塔图标打开精馏塔参数输入窗口，将回流比改为 4.2，单击 Run 按钮重新运行模拟，乙烯纯度为 99%，回收率为 95%，满足设计要求。

9.3.2.3 使用 RadFrac 的设计规定

人工调整精馏塔的操作参数以满足设计要求往往需要经过多次试验，十分繁琐。Aspen Plus 提供了自动调整操作参数以满足设计规定（Design Specification）的功能，用户可输入设计规定和待调整的操作变量，由软件根据特定的收敛算法自动调整操作变量的值以满足设计规定。

（1）设计规定的输入。首先根据 9.3.2.2 节的步骤建立相同的模拟文件。

在数据浏览器中单击“Blocks\RADFRAC\Specifications\Design Specificationss”子项，单击右侧窗口中的“New”按钮，建立一个系统自动命名为 1 的设计规定并进入设计规定输入界面。

在 Specification 面板输入表 9-8 中“设计规定 1”的设置，完成后如图 9-34（a）所示：

表 9-8 设计规定的输入参数

Aspen Plus 项	设计规定 1	设计规定 2
Description	C2H4 purity	C2H4 recovery
Design Specification Type	Mole purity	Mole recovery
Specification Target	0.99	0.95
Stream Type	Product	—

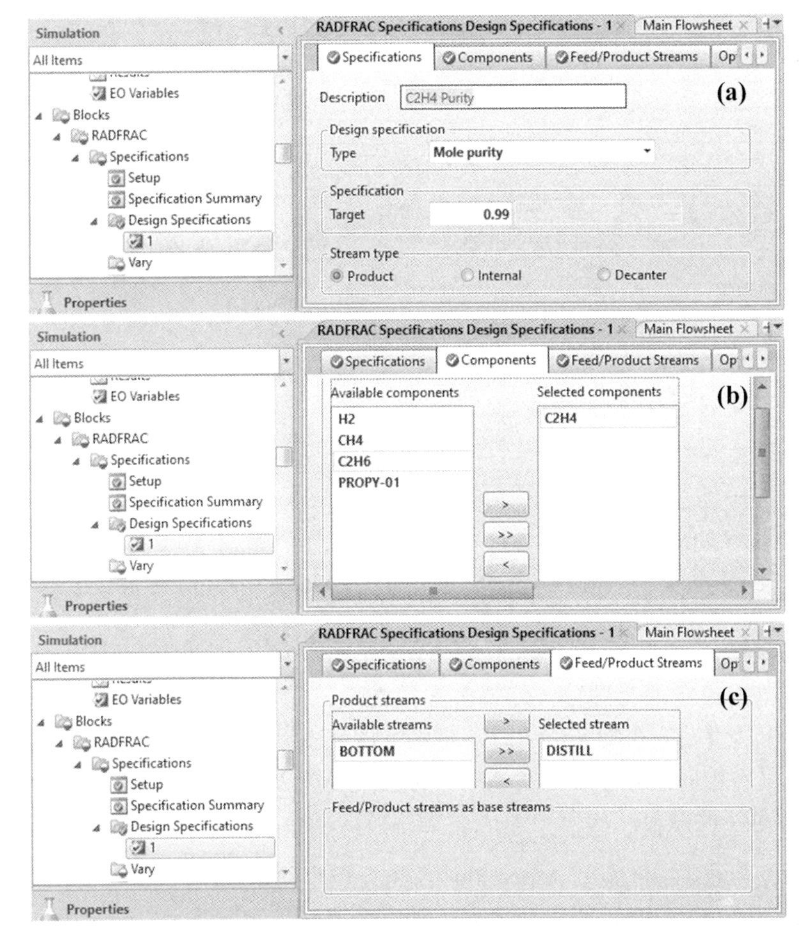

图 9-34 设计规定的输入

单击 Components 面板，单击“Available components”输入框中的“C2H4”项，单击 > 按钮将其移动到右侧的“Selected components”框，如图 9-34（b）；单击 Feed/Product Streams 面板，选择“Product streams”输入框中“Available streams”下的 DISTILL，单击 > 按钮将其移动到“Selected stream”框中，如图 9-34（c）。以上设计规定解释为，设定产品流股 DISTILL 中组分“C2H4”的摩尔纯度为 0.99。

采用同样的方法新建名为 2 的设计规定，在 Specification 面板中输入表 9-8 中“设计规定 2”的设置，Components 与 Feed/Product Streams 设定与设计规定 1 相同。含义为：设定产品流股 DISTILL 中组分“C2H4”的回收率为 0.95。

（2）操作变量的输入。对应每一个设计规定，应指定一个可改变的操作变量，Aspen Plus 通过调整操作变量的值来满足设计规定的要求。本例中，我们通过调整回流比和塔顶采出量来控制塔顶产品中乙烯的纯度和回收率。在数据浏览器中单击“Blocks\RADFRAC\Specifications\Vary”子项，单击右侧窗口中的“New”按钮，建立一个系统自动命名为 1 的操作变量并进入输入界面，在 Specification 面板中应用表 9-9 中变量 1 的设置，如图 9-35 所示。

表 9-9　决策变量的设置参数

Aspen Plus 设置项	变量 1	变量 2
Adjusted variable Type	Reflux ratio	Distillate rate
Lower bound	2	50
Upper bound	20	100
Maximum step size	1	5

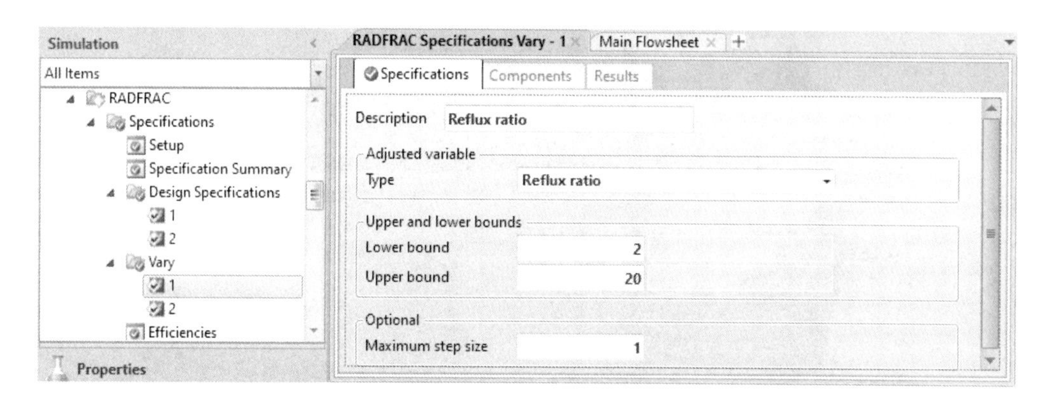

图 9-35　操作变量 1 的输入

其中“Lower bound”和“Upper bound”用于指定回流比的调整范围在 2～20 之间。设计者应确保该范围设定的合理性，即调节参数在此范围内变化应该能满足设计规定，否则 Aspen Plus 将无法收敛。在实际应用时，可先将该范围设得大一些，再根据收敛后的结果适当缩小范围。采用相同的方法设定表 9-9 中的操作变量 2。

单击 Run 按钮运行模拟，待模拟完成后单击数据浏览器中的“Blocks\RADFRAC\Specifications Summary”子项，可验证 Aspen Plus 已通过调整回流比使塔顶产品纯度达到 99%，塔顶乙烯回收率达到 95%，满足塔设计要求；对应的调整变量取值为：回流比为 4.17，塔顶采出量为 72.6856kmol/h，如图 9-36 所示。

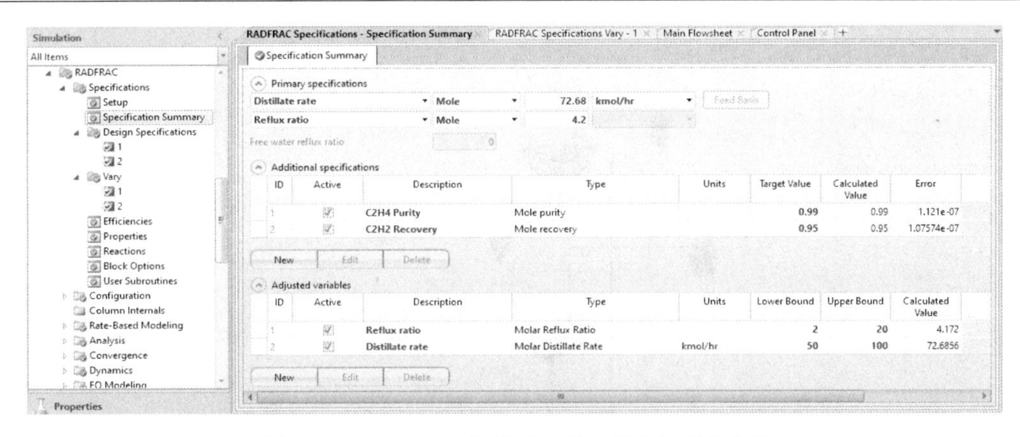

图 9-36 Aspen Plus 调整后的设计规定与操作变量

9.3.3 复杂过程的模拟

在实际应用中，无论是新流程的设计还是对现有工艺的优化改进，过程模拟的对象往往是由多个单元组成的复杂过程，其一般步骤如图 9-37 所示。需要说明的是：实际过程的模拟是一项复杂的工作，模型的建立一般要经历一个从简化模型到严格模型、从单元到过程、从局部到整体的逐步改进、细化的过程。同时，在模型建立过程中还常常需要根据实验结果、工厂数据以及文献资料对模型与参数进行调整。这种反复的调整和迭代往往要进行数十次，才能获得满意的模拟结果。

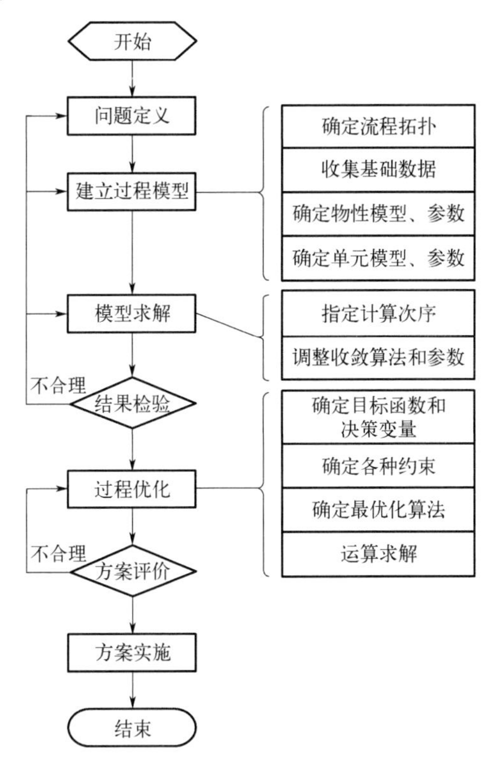

图 9-37 复杂过程分析与模拟的步骤

图 9-38 给出了某石化厂乙二醇生产装置的模拟流程图，表 9-10 给出了部分模拟结果，供读者对复杂过程的模拟有一个初步的了解。

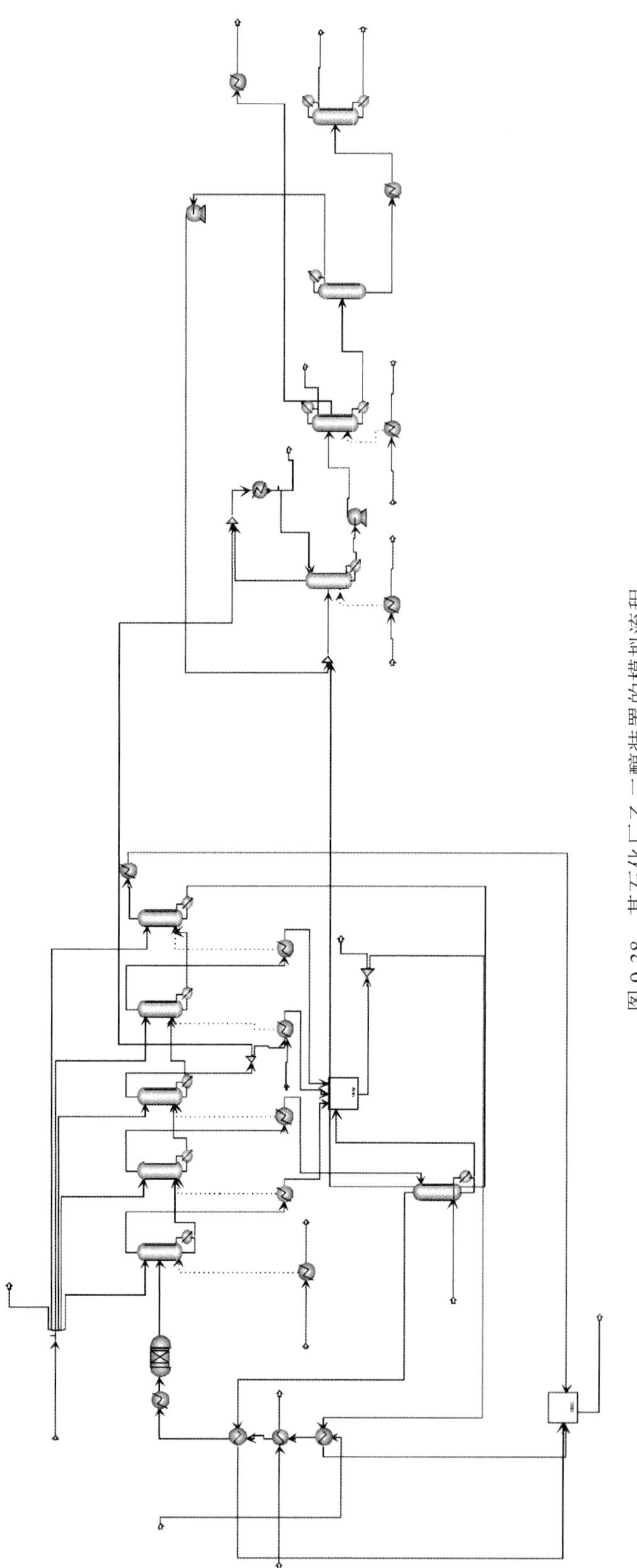

图 9-38　某石化厂乙二醇装置的模拟流程

表 9-10 乙二醇过程模拟的部分结果-流股数据

项目	INPUT	PDEG	PMEG	PTEG	S500	S501	S502	S503	S504
温度/℃	60	129.7	50	190.3	162	162	176.1	173.5	173.5
压力/MPa	1.6	0.001	0.012	0.005	1.6	1.6	0.872	0.86	0.86
气相分数	0	0	0	0	0	0	0	1	0
质量流量	80837.37	1080	10003.89	27.923	80837.37	80837.37	71676.69	12060.69	12060.69
焓流量/（$\times10^9$cal/h）	−276.279	−1.454	−17.52	−0.034	−267.337	−272.671	−237.458	−37.856	−43.737
质量分数									
乙二醇	0	0	1	0	0	0.125	0.141	0	0
环氧乙烷	0.1	0	0	0	0.1	0	0	0	0
碳酸乙烯酯	0	0	0	0	0	0	0	0	0
乙醛	0	0	0	0	0	0	0	0	0
二乙二醇	0	0.932	0	0	0	0.012	0.014	0	0
三乙二醇	0	0.068	0	1	0	0.001	0.001	0	0
CO_2	0	0	0	0	0	0	0	0	0
H_2O	0.9	0	0	0	0.9	0.862	0.844	1	1

注：1cal=4.184J。

9.4 计算流体力学

9.4.1 CFD 简介

化工模拟技术的另一个重要领域是计算流体力学（Computational Fluid Dynamics，简称CFD）的发展。计算流体力学是流体力学的一个分支，是建立在经典流动动力学与数值计算方法基础之上的一门新兴独立学科。CFD 用数值模拟的形式，通过求解流动基本方程（质量守恒方程、动量守恒方程、能量守恒方程），获得极其复杂的流场内各个位置上的基本物理量（如速度、压力、温度、浓度等）的分布，以及这些物理量随时间的变化规律。由于流体力学计算具有成本低、速度快、适用范围广等优点，近年来已广泛地应用于化工、冶金、矿选、制药等领域，为反应器结构优化、换热器结构优化、空调通风系统优化等工程问题的解决提供了有效手段。同时，流体力学计算与离散元计算方法（DEM）的耦合进一步拓宽了其在过程强化中的应用，如冶金、矿选、催化裂化等多相流体系内部颗粒的运动规律的预测。与实验研究相比，CFD 可获得实验难以实现或无法测量的信息（如高温、高剪切搅拌釜反应器内的温度分布、气体浓度分布、速度分布等）。图 9-39 为聚氨酯合成搅拌釜反应器内不同位置的浓度分布，这种对单元内部细节的预测是过程模拟所无能为力的。CFD 模拟与过程模拟的比较见表 9-11。

表 9-11 CFD 模拟与过程模拟的比较

项目	过程模拟	CFD 模拟
基础理论	单元操作模型	传递、反应模型
模拟对象	全工艺流程	单元过程内部状态
模型类型	半经验半理论模型	机理模型
模型方程	仅有代数方程	同时有微分方程和代数方程
模拟维度	一维模拟	三维模拟

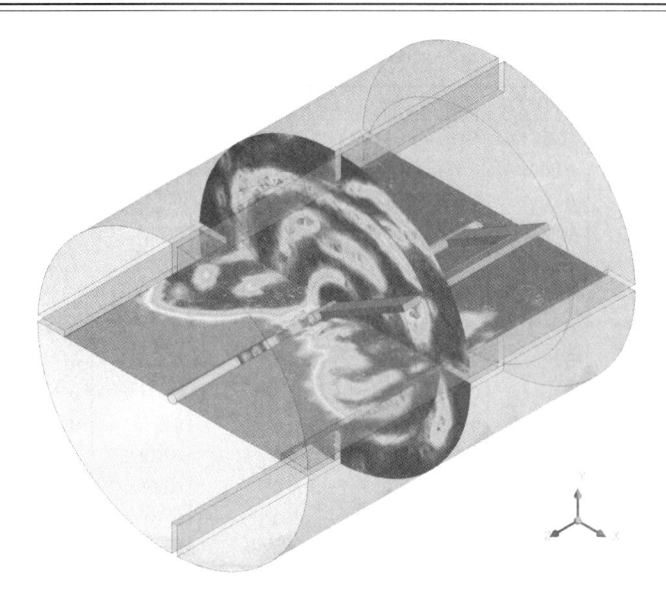

图 9-39　煤气发生炉的 CFD 模拟

9.4.2　CFD 模拟的基本步骤

瞬态问题的求解步骤如图 9-40 所示。如果求解的是一个时间段的动态问题，可把该时间段分解为多个时间步长的瞬态依次求解。

① 建立控制方程，由流体力学、传热学、反应动力学等基本原理出发，建立基本守恒方程组，即连续方程、动量方程、能量方程、组分方程、反应动力学方程等。

② 确定边界条件与初始条件，根据给定的几何尺寸、设备运行参数等确定边界条件。对于动态问题，还须给定初始条件。

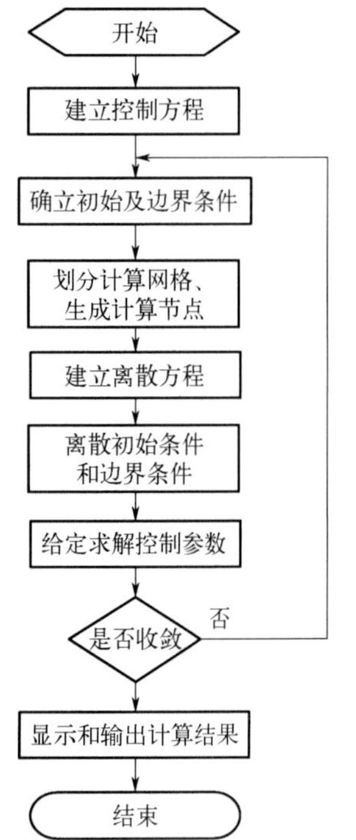

图 9-40　CFD 模拟的一般步骤

③ 划分计算网格，对待求解的空间域进行离散以生成网格。对于二维问题，常用的网格单元有三角形和四边形等形式；对于三维问题，常用的网格单元有四面体、六面体、三棱体等形式。

④ 建立离散方程，通过数值方法把计算域内有限数量位置（网格节点或网格中心点）的因变量值当作基本未知量来处理，从而建立一组关于这些未知量的代数方程组。常用方法有差分法、有限体积法、有限元法等。

⑤ 离散初始条件和边界条件，将连续型的初始条件和边界条件转化为特定节点上的值。

⑥ 给定求解控制参数，如给定流体的物理参数、湍流模型的经验系数、反应动力学参数等。此外，还要给定迭代计算的控制精度、瞬态问题的时间步长和输出频率。

⑦ 求解离散方程，选定适当的求解算法对模型进行求解。如线性方程组可采用 Gauss 消去法或 Gauss-seidel 迭代法求解，而对非线性方程组，可采用 Newton-Raphson 方法等。

⑧ 解的验证。将模拟结果与实际过程的测量结果进行比较，以便评价模拟理论及方法的优缺点及可靠性，并根据实际数据对模型、求解方法和参数加以适当调整，以使模拟结果更好地接近实验值。

⑨ 显示和输出计算结果，采用适当的手段将整个计算域上的结果表示出来，如切片图、线值图、矢量图、等值线图、流线图、云图等。

9.4.3 商用 CFD 软件

20 世纪 80 年代以来，随着计算科学和计算机技术的快速发展，陆续出现了很多计算流体力学软件。所有的商用 CFD 软件均包括 3 个基本环节：前处理、求解和后处理，与之对应的程序模块常称为前处理器、求解器、后处理器。

前处理器（preprocessor）用于完成前处理工作。这一阶段需要用户进行以下工作：定义所求问题的几何计算域；将计算域划分成多个互不重叠的子区域，形成由单元组成的网格；对所要研究的物理和化学现象进行抽象，选择相应的控制方程；定义流体的属性参数；为计算域边界处的单元指定边界条件；对于瞬态问题，指定初始条件等。此外，指定流体参数的任务也是在前处理阶段进行的。

求解器（solver）的核心是数值求解方案。求解过程包括以下步骤：借助简单函数来近似待求的流动变量；将该近似关系代入连续型的控制方程中，形成离散方程组；求解代数方程组。各种数值求解方案的主要差别在于变量被近似的方式及相应的离散化过程。

后处理器（postprocessor）的目的是有效地观察和分析流动计算结果，包括：计算域的几何模型机网格显示、矢量图（如速度矢量图）、等值线图、填充型的等值线图（云图）、XY 散点图、粒子轨迹图、图像处理功能（平移、缩放、旋转等）等。借助后处理功能，还可以动画的形式显示流动效果，直观地了解 CFD 的计算结果。

表 9-12 列出了部分主流 CFD 模拟软件。这些软件功能比较全面，适用性强，几乎可以求解工程领域涉及的各类问题。随着 CFD 技术的快速推广应用，这些商用软件正在工程领域发挥着越来越大的作用。

表 9-12 部分主流 CFD 模拟软件

软件名称	开发公司	网址
Fluent	ANSYS Inc.	http://www.ansys.com
Ansys CFX	ANSYS Inc.	http://www.ansys.com
COMSOL Multiphysics	COMSOL	https://cn.comsol.com/
STAR-CCM	Siemens	https://www.plm.automation.siemens.com/global/en/products/simcenter/STAR-CCM.html

习题

1. 过程模拟和 CFD 模拟有何不同，各自可解决化学化工的哪些问题？

2. 设计精馏塔，满足以下分离要求：分离苯-甲苯物系，处理量为 5100kg/h，进料组成为 0.41（苯的质量分数）。塔顶苯质量分数 $x_D \geqslant 0.97$，釜液中苯质量分数 $y_D \leqslant 0.01$，操作压力为 4kPa。

其他参数：

单板压降$\Delta p \leqslant 0.7$kPa

全塔效率 η=52%

推荐热力学方法：Peng-Rob

3. 常压下用水吸收空气中的氨，氨的摩尔分数为0.1，要求吸收率为99%，混合气初温10℃，处理量6000m^3/h，设计吸收塔并确定操作参数。

4. 含乙苯（Ethyl benzene）30%（质量分数）、苯乙烯（Styrene）70%（质量分数）的混合物（进料量 F=1000kg/h、p=0.12MPa、T=20℃）用精馏塔（塔顶压力0.02MPa）分离，塔顶采用全凝器，塔底采用釜式再沸器，全塔压降为0.01MPa。要求苯乙烯产品的质量纯度和回收率都达到99.9%。

求：

（1）最小回流比 R_{min}、最小理论板数；

（2）R=1.5 R_{min} 时的回流比、理论板数、进料板位置；

（3）冷凝器和再沸器的温度和热负荷。

10 计算机在科技论文撰写及演讲中的应用

10.1 科技论文

10.1.1 科技论文简介

科技论文（Scientific paper）是作者对所从事的科学研究进行的集假说、数据和结论为一体的概括性论述，是科学研究工作的重要内容。撰写论文的主要目的是与同行交流，介绍作者的研究工作，促进科学技术进步，获得同行专家的意见并改进作者的工作。撰写科技论文还是对研究工作的整理、总结和精练的过程，有助于作者系统地思考、调整和完善研究思路。因此，科技论文的写作是科技工作者必备的基本技能。

科技论文由作者对自己的科研成果经过理论分析、实验验证以及科学总结撰写而成。一篇科技论文必须完整回答为什么研究（Why）、怎么样研究（How）和结果是什么（What）等问题。其主要内容包括以下几部分。

① 背景描述（所研究问题的背景）。

② 假设或问题描述。

③ 文献综述（该问题研究的现状）。

④ 目前研究的细节（对象、设计、工具、范围等）。

⑤ 研究所获数据及理论分析。

⑥ 结论（应与假设相呼应，得出肯定、否定或部分肯定/否定的结论，并提出建议，指出不足及进一步研究的方向）。

科技论文和一般的文章不同，更强调科学性、创造性、逻辑性、有效性和学术性等特点。科学性是指科技论文论述的内容应该以真实可靠的实验数据或观察现象作为立论的基础，不主观臆断，实验过程应是可以重复、核实和验证的。创造性是科技论文的灵魂，科技论文不应简单重复前人做过的工作，而应有所创新，文中所报道的主要成果应是前人没有做过的。科技论文的逻辑性主要体现在作者根据自己的立论或假说、筛选论证材料并推断结论，要求思路清晰、结构严谨、推导合理，不能出现无中生有的结论。有效性是指科技论文应公开发表或在具有一定规格的学术评审会上通过答辩或评议。学术性体现在科技论文对事物进行抽象概括和论证，描述事物本质，具有专业性和系统性，它不同于科技报道、科普论文或实验总结等，应使用书面语言并论述精练。科技论文的写作步骤一般包括：

选题→文献检索→研究设计→数据处理→论文写作→论文修改→论文定稿→撰写摘要→拟定关键词→汇总参考文献。

10.1.2 科技论文的基本结构

科技论文的体裁非常丰富，有发现发明型、分析计算型（仿真分析）、科技报告型、论证型、综述型等。体裁和研究内容不同，论文的结构也不尽相同。学术论文以及学位论文的常见结构简述如下。

10.1.2.1 期刊发表的学术论文

期刊发表的学术论文主要用于向同行专家介绍作者所取得的科研成果与结论。期刊学术论文的基本结构主要包括以下几个部分。

① 标题（Title）。

② 作者［Author(s)］及其单位、联系地址［Affiliation(s) and address(es)］。

③ 摘要（Abstract）与关键词（Keywords）。

④ 前言（Introduction）。

⑤ 材料与方法（Materials and methods）。

⑥ 结果与讨论（Results and discussion）。

⑦ 结论（Conclusion）。

⑧ 致谢（Acknowledgement）。

⑨ 附件（Appendix）。

⑩ 参考文献（References）。

10.1.2.2 学位论文

学位论文是本科生、研究生系统介绍从事科研工作取得的创造性成果或新的见解，作为申请授予相应学位时评审用的学术论文。其基本结构主要包括以下几个部分。

① 封面，权责声明等（包括论文中英文题目、作者、导师、答辩委员会、答辩日期等）。

② 中英文摘要（Abstract）与关键词（Keywords）。

③ 目录。

④ 前言（Introduction）。

⑤ 论文正文（Main body）。

⑥ 附件（Appendix）。

⑦ 参考文献（References）。

⑧ 作者做学位论文期间取得的成果。

⑨ 致谢（Acknowledgement）。

学位论文包含对科技论文的一般要求，但更加系统全面。应能充分反映作者的理论基础、学术水平、独立工作能力、创新和贡献以及写作水平等。例如，在前言部分，应详细介绍本领域的国内外进展和相关基础理论；在正文中应详细论述研究工作的创新点；此外，还应在结论中对论文工作作出全面精要的总结。

对于博士或硕士学位论文，其研究内容可能包括多项相对独立的研究工作，可分章节分别予以介绍。在论文正文中，第一章一般用于介绍研究背景与相关研究领域的概况；其他章节用于系统介绍作者所从事的相对独立的一部分研究工作，通常包括引言、材料与方法、结果与讨论、结论、参考文献等内容。

10.1.3 科技论文的内容与格式要求

（1）题名/篇名。题名/篇名是科技论文的必要组成部分，要求简洁恰当地反映论文的内容，明确无误地把论文的主题告诉读者。题名直接关系到读者对论文的取舍态度，务必字字斟酌。切忌用冗长的主语、谓语、宾语结构的完整语句逐点描述论文的内容，同时也要避免过分笼统、缺乏可检索性、无法反映出论文的特色。此外，题名应尽量简短，例如我国大多数期刊要求篇名一般不超过20个字，并且少用“研究”“应用”之类的词语并避免使用不常用的简称、缩写、商品名称和公式等。

（2）作者署名。作者署名是科技论文的必要组成部分。作者是指在论文主体内容的构思、具体研究工作的执行及撰稿执笔等方面做出主要贡献，能够对论文的主要内容负责答辩的人员，是论文的法定主权人和责任者。合著论文的作者应按对论文工作贡献的多少进行排列。对某些不宜按作者身份署名，但对论文有贡献的参与者可以通过文末致谢的方式对其贡献和劳动表示谢意。科技论文一般均用作者的真实姓名，不用笔名。同时还应给出作者完成研究工作的单位或作者所在的工作单位及通信地址，以便读者在需要时可与作者联系。

（3）摘要。科技论文的摘要应简明扼要地描述论文主要内容，用第三人称撰写，说明论文的目的、方法、结果和结论，一般不应出现“本文”“我们”“作者”字眼，也不要有“首先”“最后”“简单”“主要”和“次要”等修饰词。摘要应可单独发表，有独立性和自明性，不得使用论文中的章节号、图号和表号等。摘要不应包含常识性内容、过去情况和未来的计划，第一句不要重复论文篇名或已表述过的信息。

（4）关键词。关键词是作者所选择的4～6个反映论文特征内容、通用性比较强的词组。一般来说第一个为论文主要工作或内容，或二级学科；第二个为论文主要成果名称或成果类别名称；第三个为论文采用的科学研究方法名称，综述或评论性论文一般为“综述”或“评论”；第四个为论文的研究对象或物质的名称等。

（5）引言。引言也称为前言、序言或概述，常作为论文主体的开端，主要回答为什么开展研究（Why），用于介绍论文背景、相关领域研究历史与现状，以及作者的研究思路等。引言应言简意赅，不应等同于文摘，或成为文摘的注释。论文引言中不应详述同行熟知的，包括教科书上已陈述的基本理论、实验方法和基本方程的推导。在学位论文中，为了反映作者的理论水平和工作基础，允许有相对详尽的文献综述。此外，在正文中使用的专业化术语或缩写用词，可在引言中定义说明。

（6）正文。正文是论文的核心部分，主要回答怎么研究（How）和研究结果，通常占论文篇幅的大部分，以充分阐明论文的观点、原理、方法、所获得的数据及结论。根据需要，正文可设分层标题，逐层剖析。具体陈述方式因学科、论文类型不同有较大差别。一般包含下述几部分内容：本文观点、理论或原理分析，实验方法或方案（根据内容而定），数值计算、仿真分析或实验结果（根据内容而定），讨论（主要根据理论分析、仿真或实验结果讨论不同参数的变化机理与规律，理论分析与实验相符的程度以及可能出现的问题等）。实验与观察、数据处理与分析、实验研究结果的得出是正文最重要的组成部分，应给予高度重视。

在撰写正文时应尊重事实，在数据的取舍上不得随意掺入主观成分或妄加猜测，不应忽视偶发性现象和数据。撰写思路清晰，合乎逻辑，用语简洁准确、明快流畅。正文内容务求客观、科学、完备，要尽量用事实和数据说话。用文字不容易讲解清楚或比较烦琐的，可用表或图来陈述。表或图要有自明性，即其本身给出的信息应能够说明想要表达的问题。数据的引用要严谨确切，防止错引或重引，避免用图形和表格重复地反映同一组数据。资料的引用要标明出处。物理量与单位符号应采用《中华人民共和国法定计量单位》的规定，选用规范的单位和书写符号。必须使用非规范的单位或符号时应遵照行业习惯，或使用法定计量单位和符号加以注解和换算。

（7）结论。结论（或讨论）是对整篇论文的总结。多数科技论文的作者都采用结论的方式作为结束，并通过它传达自己欲向读者表述的重点意向。结论不应是正文中各段小结的简单重复，而应重点回答研究出什么（what），简洁地指出由研究结果所揭示的原理及其普遍性、本文与以前已发表论文的异同、在理论与实践上的意义，本论文尚难以解决的问题以及对进一步研究的建议等。

（8）致谢。致谢是对论文研究的选题、构思、实验或撰写等方面给予指导、帮助或建议的人员或机构致以谢意的部分。由于论文作者不能太多，所以部分次要参加者可不列入作者，而在文末表示感谢。致谢一般应单独成段，放在论文的最后部分，但它不是论文的必要组成部分。

（9）参考文献。论文中引用他人论文内容或成果应在参考文献中注明。它是现代科技论文的重要组成部分，是为了反映文稿的科学依据及对他人研究成果的尊重而向读者提供的引用资料出处。或是为了节约篇幅和叙述方便，提供在论文中提及而没有展开的有关内容的详尽文本。如果撰写论文时未参考他人成果也可不列参考文献。被列入的参考文献应只限于那些作者亲自阅读过和论文中引用过的正式发表的出版物或其他有关档案资料。私人通信、内部讲义及未发表的著作一般不宜作为参考文献著录，但可用脚注或文内注的方式说明引用依据。参考文献的著录格式较为复杂，各出版社、编辑部都有严格的格式要求。在国家标准 GB/T 7714—2015《信息与文献 参考文献著录规则》中对参考文献的著录格式有详细的规定。

（10）附录。附录不是论文的必要组成部分，但可为欲深入了解本文的读者提供参考。附录主要提供论文有关公式推导、演算以及不宜列入正文的数据和图表等。它在不增加文献正文部分的篇幅和不影响正文主体内容叙述连贯性的前提下，向读者提供论文中部分内容的详尽推导、演算、证明、仪器装备或解释说明，及有关数据、曲线、照片或其他辅助资料（如计算机程序的框图等）。附录与正文一样，需要编入连续页码。

随着计算机应用的普及，很多出版机构都要求作者按照一定的版面或文字格式编辑排版后再打印或提交论文，以简化后续编辑工作。例如不同的期刊、杂志或会议论文集对所接受的投稿都会提出明确的格式要求。各高等学校、科研机构也对本科生、研究生学位论文的格式作出了严格的规定。本书在附录Ⅱ中举例给出部分期刊的征稿简则和部分单位的学位论文格式要求，供读者参考。

10.2 Microsoft Word 在论文撰写中的应用

10.2.1 学位论文写作的一般次序

如何使用 Word 撰写学位论文并没有严格的规定，读者可采用自己熟悉和习惯的方式进行论文撰写。由于学位论文的内容较多，篇幅较长且格式要求严格，合理安排论文写作步骤并熟练掌握 Word 的使用可以有效地减轻学位论文编辑的工作量，提高工作效率。根据编者的经验，学位论文写作的一般次序为：

（1）论文框架设计。首先应设计好学位论文的基本结构，常见的学位论文组成部分包括封面、题名页、权利责任声明书、中英文摘要、论文目录、正文、参考文献、发表文章目录、致谢等部分。各学位授予单位都会对学位论文的内容、结构和格式提出明确要求，应提前学习并熟悉。

（2）模板设计。根据学位论文撰写要求定义各级标题、正文、图注、表注的样式，根据论文框架设计划分章节，插入各章节的页眉、页脚和页码。

（3）正文写作。在完成后的模板中输入论文的正文，包括文字、图片、图表、公式、参考文献等，并撰写中、英文摘要。在输入和编辑参考文献时，使用参考文献管理软件如 EndNote 可大大减轻编辑工作量，详见本书第 2 章介绍。

（4）生成目录。在论文正文完成后，根据需要生成章节目录和图表目录。

（5）打印输出。

10.2.2 Microsoft Word 的用户界面

Microsoft Word 是微软公司的 Office 系列办公组件之一，是目前世界上最流行的文字编辑软件。使用它我们可以编排出精美的文档，方便地编辑和发送电子邮件，编辑和处理网页等。本书以目前应用较广的 Word 2019 为例进行介绍，其他版本的 Word 操作大体相同。Word 2019 的用户界面如图 10-1 所示，主要包括：标题栏、快速访问工具栏、功能区、文档编辑区、状态栏等。

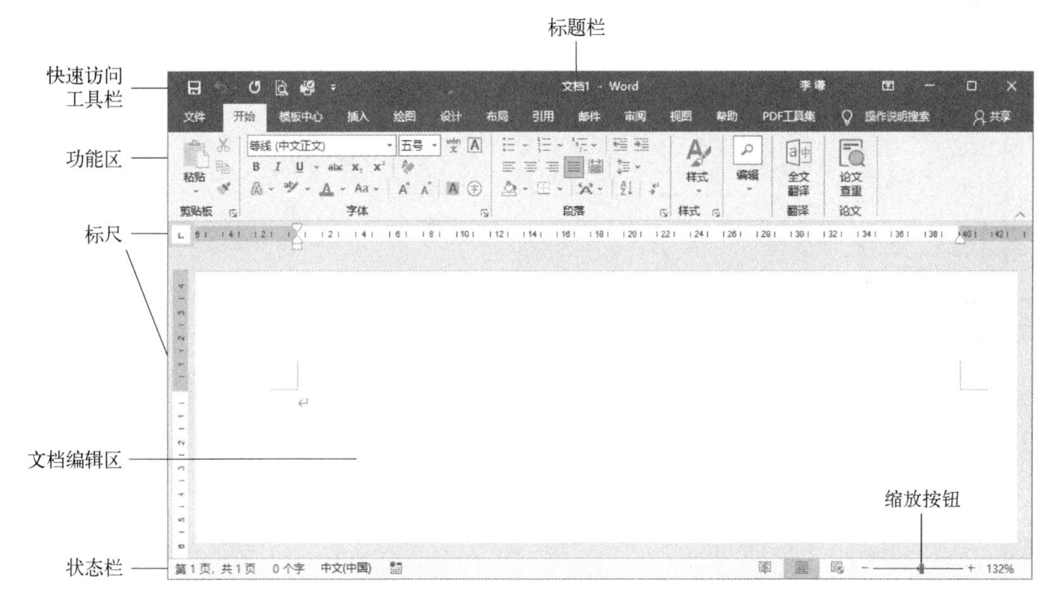

图 10-1 Word 2019 的用户界面

Word 窗口左上角是快速访问工具栏，用于存放用户最经常使用的命令，如保存、打印、撤销、恢复等，可通过右键菜单定制；快速访问工具栏的右侧是标题栏，用于显示当前打开的文件名及应用程序名称（Word），在标题栏的右端有最小化、还原、关闭等窗口控制按钮；标题栏下方是功能区，提供了多个选项卡，如开始、插入、布局等，每个选项卡包含功能相近或相关的多组按钮，可通过单击选项卡顶部的标签进行切换；水平和垂直标尺用于页面内容的定位；Word 窗口中央的空白区域是文档编辑区，可在此区域输入文字、插入对象、制作表格等；窗口底部为状态栏，用于显示信息（页数、字数、插入/改写状态等），右侧的缩放按钮可用来调整显示模式和显示比例。

10.2.3 页面设置

Word 页面布局各要素之间的关系如图 10-2 所示。版心是用于正文输入的区域，其大小由纸张大小和上下左右 4 个边距所确定。打开“布局”选项卡，单击“页边距”按钮，在弹出菜单中选择“自定义页边距(A)...”命令，打开如图 10-3 所示的“页面设置”对话框，根据附录二学位论文撰写的要求，依次设定左、右、上、下边距为 2.7cm、2.5cm、3.0cm、2.7cm，在对话框底部选择应用于“整篇文档”，单击“确定”按钮完成设置。

页眉输入区域起始于“页眉距边界”所设定位置，结束于上边距（版心顶部）；页脚输入区域起始于下边距（版心底部），结束于“页脚距边界”所设定位置，如图 10-2 所示。单击功能区顶部的“布局”标签，单击“页面设置”工具组右下方的箭头打开“页面设置”对话框，在弹出的“页面设置”对话框中单击顶部的“布局”标签切换到如图 10-4 所示的“布局”设置面板，在“页眉和页脚”设置组可设置页眉、页脚距边界的距离。

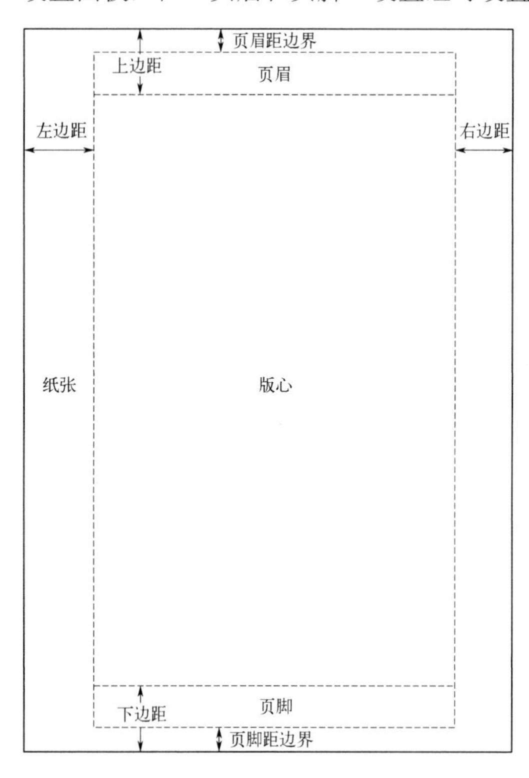

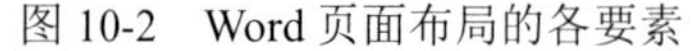

图 10-2 Word 页面布局的各要素

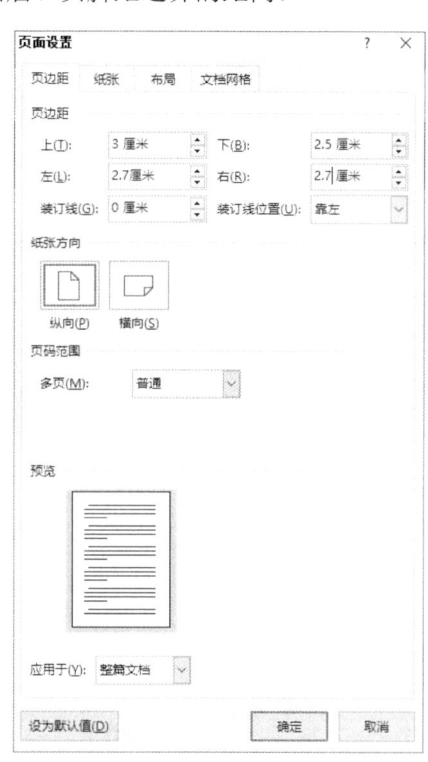

图 10-3 “页边距”设置面板

10.2.4 章节划分

学位论文一般篇幅较长，通常由封面、摘要、目录、正文、附件、参考文献等部分组成，对不同部分的格式要求如页面方向、页眉、页脚、页码等也各不相同。为了在论文的不同部分使用不同的页面设置，我们需要使用 Word 的“节”（Section）这一概念。需要注意这里的“节”仅仅是 Word 文档编辑中的一个概念，与论文逻辑上的章节划分无关。Word 允许为每一节单独设置页面方向、章节编号、页眉和页脚等。我们可以把论文的不同部分分隔为不同的节，以便根据需要为不同的节应用不同的格式设置。在撰写由多章组成的学位论文时，可将每一章设置为一节，以便对不同章节应用不同的页眉、页脚。再如，若论文某章包含不同的版式设计（例如横排表格或图形），也应将需要横排的内容单独作为一节来设置。

Word 采用分节符把文档分隔为不同的节，单击“布局”选项卡中的分隔符按钮，弹出如图 10-5 所示的插入分隔符菜单。其中分节符部分的命令用于在文档中插入新的节。Word 共提供了 4 种分节符，“下一页”是指插入一个分节符，新节从下一页开始；“连续”是指插入一个分节符，新节从同一页开始；“奇数页”或“偶数页”意为插入一个分节符，新节从下一个奇数页或偶数页开始。在撰写学位论文时最常用的是“下一页”分节符，我们可以用它把封面、摘要、目录、附件等划分为不同的节。对于双面打印的论文，有时需要正文部分每章的首页都在打开论文的右侧，这种情况可以用“奇数页”分节符进行分割。

图 10-4 “布局”设置面板

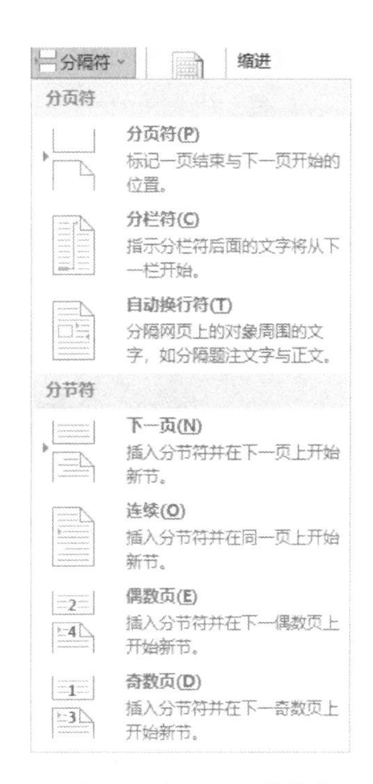

图 10-5 插入分隔符菜单

10.2.5 页眉与页脚的设置

页眉和页脚分别指在文本编辑区顶部和底部的可打印区域，如图 10-2 所示。在学位论文中页眉通常用于显示论文名称、章节编号与名称等；页脚则常用于显示页码。页眉/页脚的设置以节为基本单元，不同的节可以有不同的页眉和页脚。此外，同一节奇数页和偶数页的页眉/页脚设置可以不同。

（1）插入和编辑页眉/页脚。在“插入”选项卡中的“页眉和页脚”工具组可看到三个按钮 页眉 页脚 页码 页眉和页脚，分别用于页眉、页脚和页码的插入。

以插入页眉为例，单击按钮，在弹出菜单中选择“空白”命令，即可在当前节插入页眉。对于已存在的页眉，可直接双击对其进行编辑，如图 10-6 所示。此时，文本编辑区顶部的页眉和底部的页脚编辑区均为可编辑状态，并可在页眉和页脚编辑模式间切换，而中部的正文编辑区域变为灰色的不可编辑状态。可将插入点移动到页眉编辑区的相应位置，输入所需的文字或图片。例如，可在页眉中输入“10 计算机在科技论文撰写及演讲中的应用”并插入页码，完成后如图 10-6 所示。编辑完成后在文本编辑区双击可退出页眉/页脚编辑状态。此外，在窗口顶部的“页眉和页脚”选项卡中可以进行更多的设置。

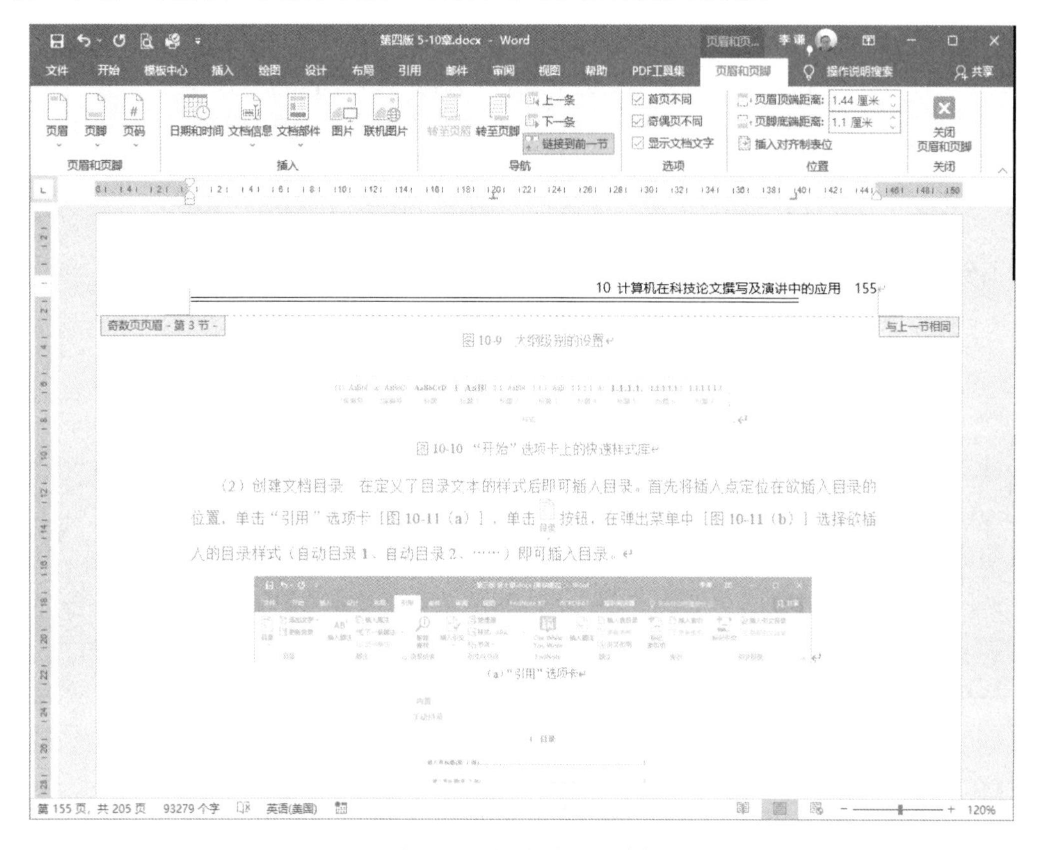

图 10-6 页眉的输入与编辑

（2）插入页码。单击“插入”选项卡上的按钮下部箭头可弹出如图 10-7 所示的“插入页码”菜单，可选择在页面的顶部、底部、两侧和当前位置插入页码。选择“设置页码格式”命令可打开“页码格式”对话框（图 10-8）设置编号格式、页码编号等。在页码编号区域选择“续前节”可使页码与前一节连续编号；如需重新编号，也可自行指定起始页码。

（3）设置多个页眉/页脚。在撰写学位论文时，有时需要对文档的不同部分（章节）应用不同的页眉页脚设置。例如，要求学位论文的奇数页页眉为各章的章节名称，如：“摘要”“1 文献综述”等，偶数页为论文题目，而页码则为连续编号。操作步骤为：

① 完成论文的分节。设置多个页眉/页脚需要首先进行“节”的分隔，可根据 10.2.4 节介绍的方法在文档的不同部分插入分节符将其分隔为几个不同的章节。

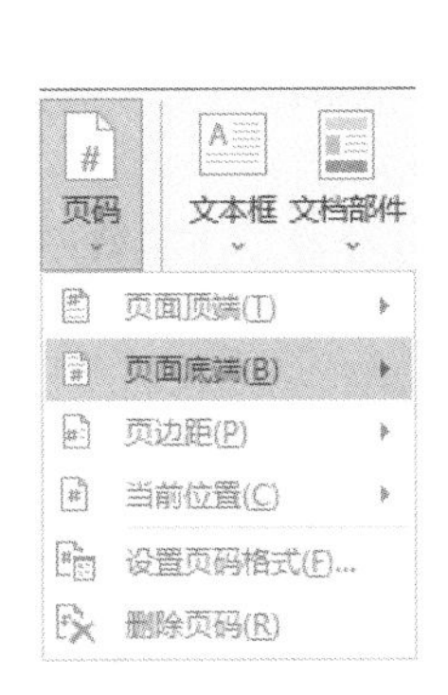

图 10-7 “插入页码”弹出菜单

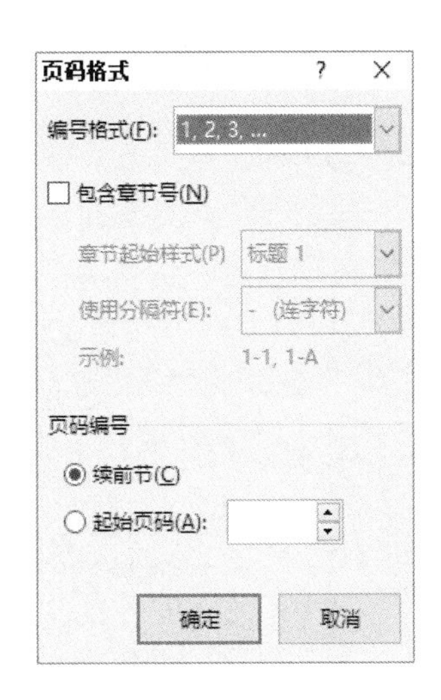

图 10-8 “页码格式”对话框

② 插入奇数页页眉。将插入点移动到奇数页，单击功能区上的“插入”选项卡中的 页眉 按钮，在弹出菜单中选择“空白”命令插入空白页眉；选中“选项”区域的 ☑奇偶页不同 分别为奇数页和偶数页应用不同的页眉设置；取消选择“导航”区域的 链接到前一节 选项，为本节的奇数页应用单独的页眉；在页眉处输入本章标题文字。

③ 插入偶数页页眉。将插入点移动到偶数页，使用“页眉”按钮插入偶数页页眉。如果每一节的偶数页页眉均为论文题目，可选中“导航”区域的 链接到前一节，使本节页眉与前一节相同。这样，只需在第一节的偶数页页眉输入论文题目即可。

④ 插入页码。在论文的起始节插入页码，在“页码格式”对话框中设定起始页码为 1；编辑后续各节“页码编号”设置为“续前节”。通常，论文的目录采用罗马数字页码，如 i、ii、iii 等，而正文采用数字页码。为此，需要把目录和正文用分节符分隔开，并取消正文第一节页脚的 链接到前一节 选项，以便分别编号。

10.2.6　目录的操作

目录是书籍正文前所载的目次，是揭示和报道图书内容的工具。目录通常是学位论文中不可缺少的部分，有了目录，用户就能很容易地了解论文的结构，以便快速查找所需的内容。Word 提供了自动生成目录的功能，使目录的制作变得非常简单。在文档正文内容发生了改变以后，还可以利用更新目录的功能来更新目录的内容和页码。在 Word 中制作目录的步骤包括：

（1）设定文本样式。Word 可根据文档中文本的样式自动创建目录，但需要首先将论文中准备作为目录的文本设定为 Word 可识别的格式。方法为，在正文中选定欲作为目录的文字，在右键菜单中选择“段落”命令打开“段落”对话框（图 10-9），在“大纲级别”选择框中选择相应的目录级别。“一级”对应一级目录，“二级”对应二级目录，依次类推。用户也可使用“开始”选项卡上的快速样式库（图 10-10）将文本设定为“标题 1”“标题 2”等格式。Word 默认模板已经将样式“标题 1”的大纲级别设定为一级，把样式“标题 2”的大纲级别设定为二级，依此类推。

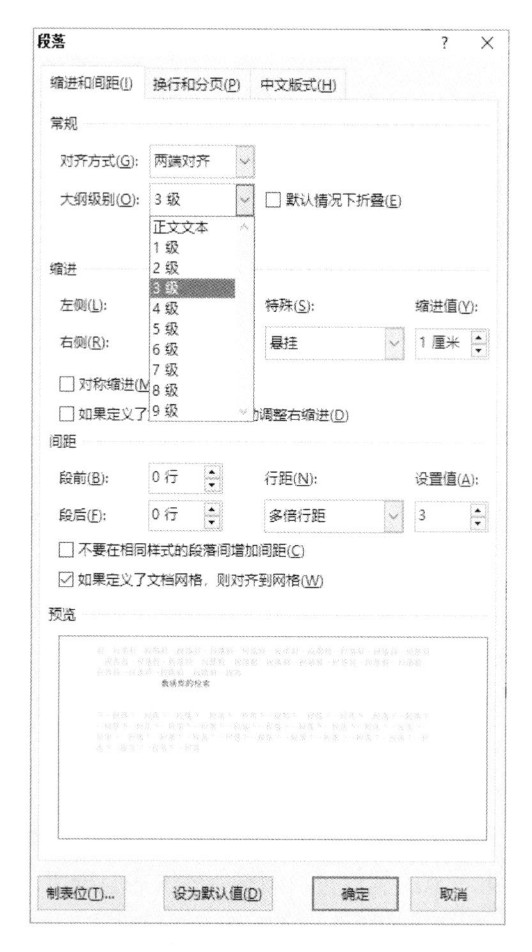

图 10-9　大纲级别的设置

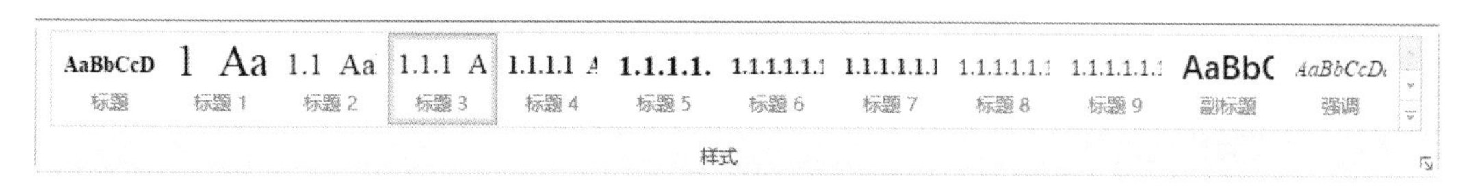

图 10-10 “开始”选项卡上的快速样式库

（2）创建文档目录。设定好目录文本的样式后即可插入目录。首先将插入点定位在欲插入目录的位置，单击“引用”选项卡上的目录按钮，在弹出菜单中（图 10-11）选择欲插入的目录样式（如自动目录 1、自动目录 2……）即可插入目录。

选择“自定义目录（C）...”命令可打开“目录”对话框（图 10-12），可在“格式”列表框中选择所插入目录的格式，并在右侧“Web 预览”区域查看目录预览。也可选择是否显示页码、设定页码的对齐方式及制表符前导符的形式等。

当文档内容发生变化时，需要更新目录以确保其与文档正文一致。单击“引用”选项卡上的更新目录按钮可打开如图 10-13 所示的“更新目录”对话框。如果仅需更新页码，可选中“只更新页码”；如果需要同时更新目录的文字和页码，可选中“更新整个目录”，单击“确定”按钮即可更新目录。在选定目录后，按下快捷键 F9 也可以更新目录。

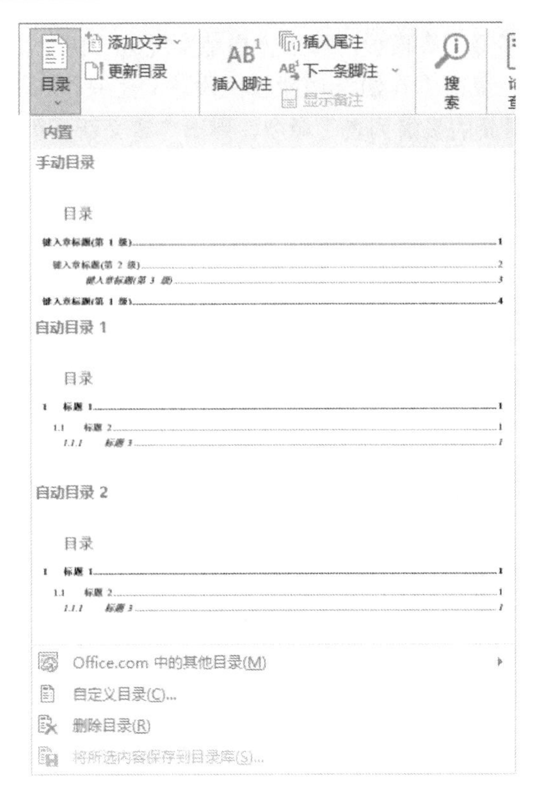

图 10-11 “引用”选项卡与“目录”弹出菜单

图 10-12 “目录”对话框

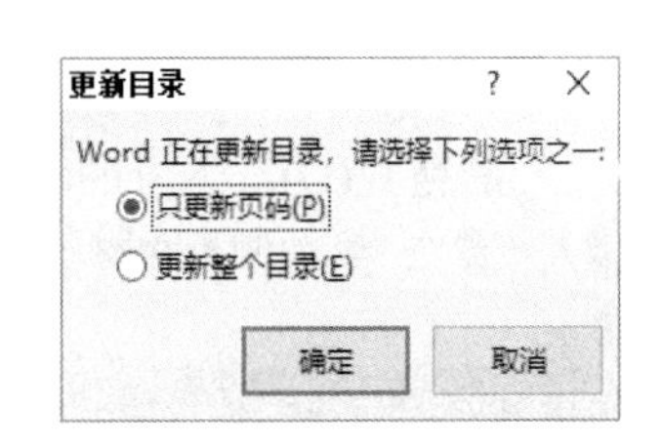

图 10-13 “更新目录”对话框

10.2.7 多级列表

毕业论文中常常要求章节的序号一致，用阿拉伯数字及小数点分别标明章、节、条、款。如 1，1.1，1.2.1 等，可以使用多级列表实现章节的自动编号。通过结合使用 Word 内置样式

（标题1、标题2等）与多级列表模板，可以方便地实现这一功能。

（1）定义多级列表。单击“开始”功能区“段落”工具组中的 按钮，在弹出菜单（图10-14）中选择“定义新的多级列表”命令，弹出“定义新多级列表”对话框，单击对话框左下方的 更多(M) >> 按钮显示更多选项，如图10-15所示。

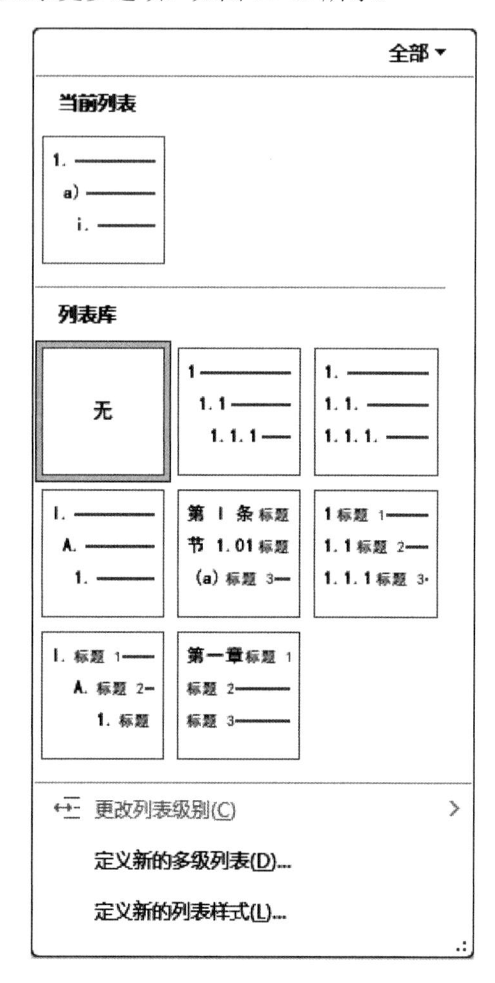

图10-14 “多级列表”弹出菜单

例如，我们想将每一章编号命名为“第1章”的形式，首先在“单击要修改的级别(V):”选项下单击级别“1”，在“此级别的编号样式(N)”下方列表框中选择“1,2,3…”，此时上方“输入编号的格式(O)”下方的输入框显示为灰色底色的数字1；在数字1的前面输入“第”，后面输入“章”，在右侧“将级别链接到样式(K):”下方下拉框中选中标题1，完成后如图10-15（a）所示。

如果我们需要将每一节的编号设定为1.1的格式，前一个数字为当前章的编号，后一个数字为当前节的编号，其设置过程如下：在“单击要修改的级别(V):”选项下单击级别“2”，在“包含的级别编号来自(D):”下拉框中选中“级别一”，在“此级别的编号样式(N)”下方列表框中选择“1,2,3…”，此时上方“输入编号的格式(O)”下方的输入框显示为灰色底色的数字1.1，可在数字前后和两个数字之间添加所需文字，本例不需改变。在右侧“将级别链接到样式(K):”下方下拉框中选中标题2，完成后如图10-15（b）所示。

定义新多级列表

单击要修改的级别(V):

1 2 3 4 5 6 7 8 9

第1章

1.1

1.1.1

1.1.1.1

1.1.1.1.1

1.1.1.1.1.1

1.1.1.1.1.1.1

1.1.1.1.1.1.1.1

1.1.1.1.1.1.1.1.1

将更改应用于(C):

整个列表

将级别链接到样式(K):

标题 1

要在库中显示的级别(H):

级别 1

ListNum 域列表名(T):

编号格式

输入编号的格式(O):

第1章

字体(F)...

起始编号(S): 一

重新开始列表的间隔(R):

此级别的编号样式(N):

1, 2, 3, ...

包含的级别编号来自(D):

正规形式编号(G)

位置

编号对齐方式(U): 左对齐

对齐位置(A): 0 厘米

编号之后(W):

制表符

文本缩进位置(I): 0.75 厘米

设置所有级别(E)...

制表位添加位置(B):

0.75 厘米

<< 更少(L)

确定

取消

(a)

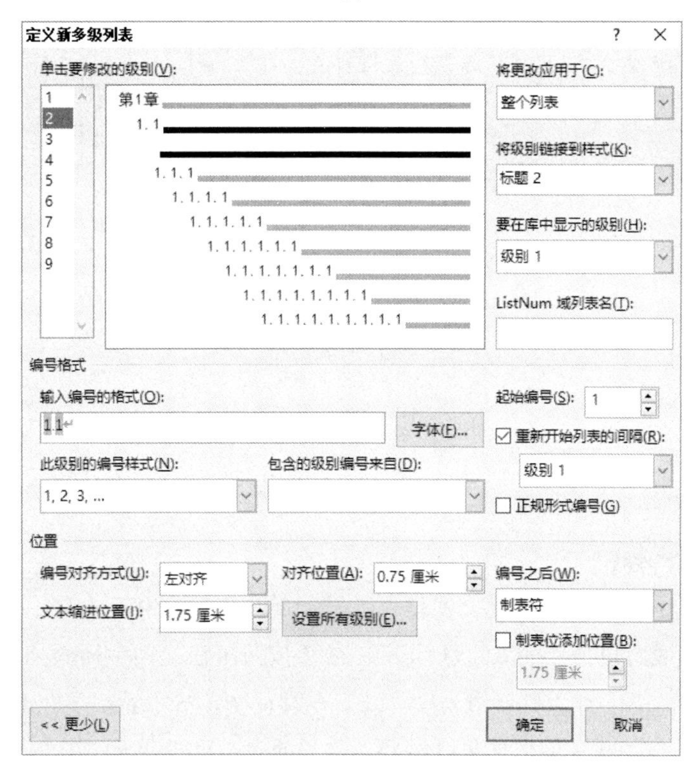

(b)

图 10-15 “定义新多级列表”对话框

采用同样的方法设定级别“3”的编号格式为 1.1.1，并链接到标题 3。

（2）应用多级列表。选中所需编号的文字，将其样式设定为标题 1、标题 2、标题 3，单击 在弹出菜单中选择当前列表 ，即可对文字进行自动编号，单击弹出菜单中的“更改列表级别（C）”可以设置当前文字的列表级别。

10.2.8 插入脚注和尾注

脚注一般位于页面的底部，可以作为文档某处内容的注释；尾注则一般位于文档的末尾，用于列出引文的出处等。可使用“引用”选项卡的命令 插入脚注 和 插入尾注 进行脚注和尾注的插入。还可使用右键菜单中的“转换至脚注”和“转换至尾注”命令实现脚注和尾注的转换。

10.2.9 插入符号

对于写作中遇到的中西文标点、各种常用及特殊符号，可使用“插入”选项卡上的 符号 按钮打开弹出菜单，选择相应的符号即可插入，如图 10-16 所示。如果所需符号在弹出菜单中无法找到，可使用“其他符号”命令打开“符号”对话框（图 10-17）进行插入。

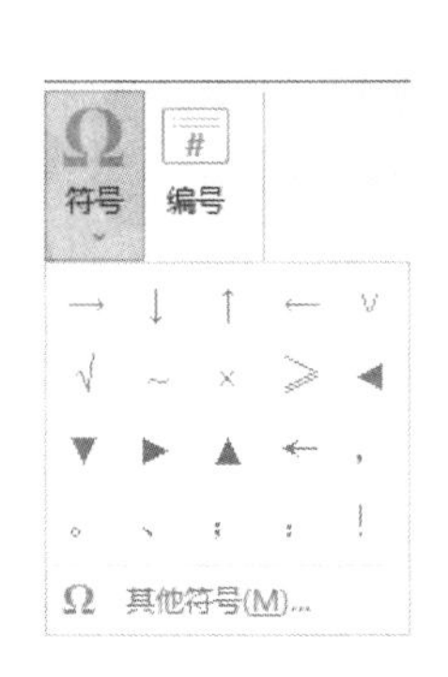

图 10-16 “符号”菜单

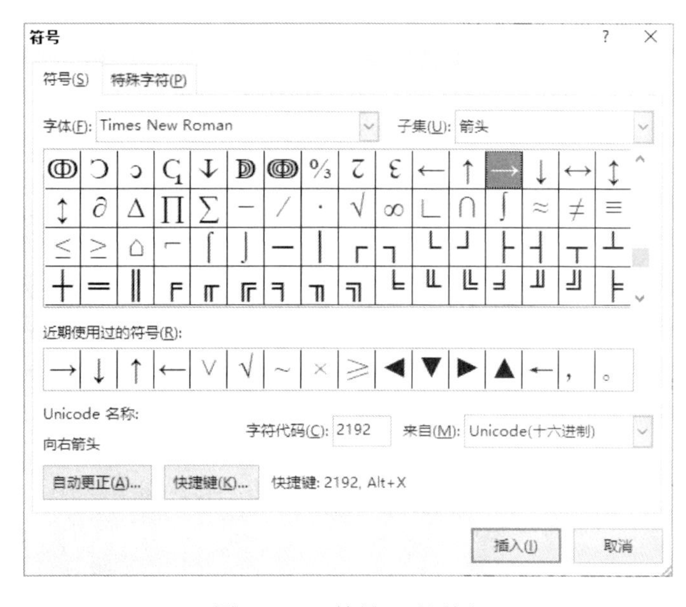

图 10-17 “符号”对话框

10.2.10 公式的编辑

公式的编辑输入是化学化工论文写作常见的问题。Word 2019 内置了公式编辑器，可与 Office 系统无缝集成。单击“插入”选项卡上的 公式 按钮可在文档中插入公式；单击按钮下方的箭头可打开如图 10-18 所示的内置公式菜单，选择所需公式即可输入。Word 提供的内置公式包括二次公式、二项式定理、傅里叶级数、勾股定理、和的展开式、三角恒等式、泰勒展开式以及圆的面积公式等。如果欲输入的公式不在菜单中，可单击菜单命令“插入新公式”或直接单击 公式 按钮插入新公式，Word 功能区切换到如图 10-19 所示的公式选项卡。

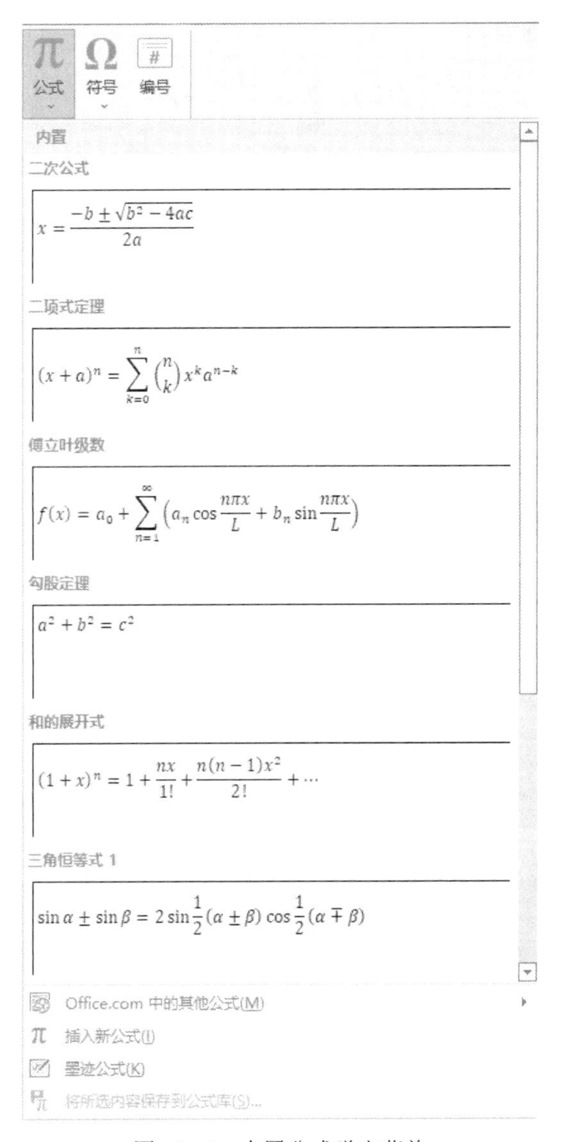

图 10-18 内置公式弹出菜单

公式一般由符号和公式结构组成。符号包括基础数学、希腊字母、字母类符号、运算符、箭头、求反关系运算符、手写体和几何图形等；公式结构包括分式、上下标、根式、积分、大型运算符、括号、函数、标注符号、极限和对数、运算符和矩阵等。在图 10-19 所示的公式选项卡中，最左侧为“工具”工具组，用于插入公式；接着是“转换”工具组，用于设定公式的格式；中间为“符号”工具组，用于各种特殊符号的输入；右侧为“结构”工具组，用于输入分数、上下标、积分等特殊结构。以下通过一个例子来简要说明公式编辑器的基本操作。

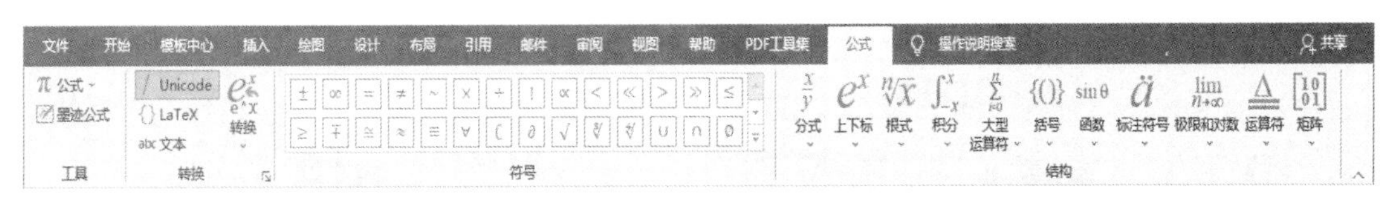

图 10-19 公式选项卡

【例 10-1】 输入下列公式

$$f(U)=\sum_{i=1}^{7}(e^{A-\frac{B}{T_i+C}}-P_i)$$

① 单击功能区上的“插入”标签，单击 π 公式 按钮插入新公式，Word 将显示如图 10-20 所示的新公式输入区和公式“设计”选项卡；

② 单击公式输入区，输入“$f(U)=$”；

③ 单击结构工具组中的 $\sum_{i=0}^{n}$ 大型运算符 按钮，在弹出菜单中选择求和结构 $\sum_{\square}^{\square}\square$ ，Word 显示为 $f(U)=\sum_{\square}^{\square}\square$ ；

④ 单击求和符号上方的输入区，输入数字“7”；单击求和符号下方的输入区，输入“i=1”；单击求和符号右侧的输入区，单击 {()} 括号 按钮，在弹出菜单中选择 $(\square)$ ，得到 $f(U)=\sum_{i=1}^{7}(\square)$；

⑤ 单击括号内的空白区域，在 e^x 上下标 按钮的弹出菜单中输入上标结构 $\square^{\square}$ 、“–”号和下标结构 $\square_{\square}$ ，得到 $f(U)=\sum_{i=1}^{7}(\square^{\square}-\square_{\square})$，在上、下标结构的空白区域分别输入相应字母与符号，得到 $f(U)=\sum_{i=1}^{7}(e^{A-}-P_i)$；

⑥ 将插入点定位在“e^{A-}”之后，在 $\frac{x}{y}$ 分式 按钮的弹出菜单中选择分数结构 $\frac{\square}{\square}$，在分母位置输入下标结构 $\square_{\square}$ ，并依次输入相应符号，得到 $f(U)=\sum_{i=1}^{7}\left(e^{A-\frac{B}{T_i+C}}-P_i\right)$；

⑦ 可单击公式输入区域 $f(U)=\sum_{i=1}^{7}\left(e^{A-\frac{B}{T_i+C}}-P_i\right)$ 右侧的下拉箭头▼，在专用和线性两种显示方式间切换；还可将公式转换为“显示”和“内嵌”两种格式。如图 10-21 所示。

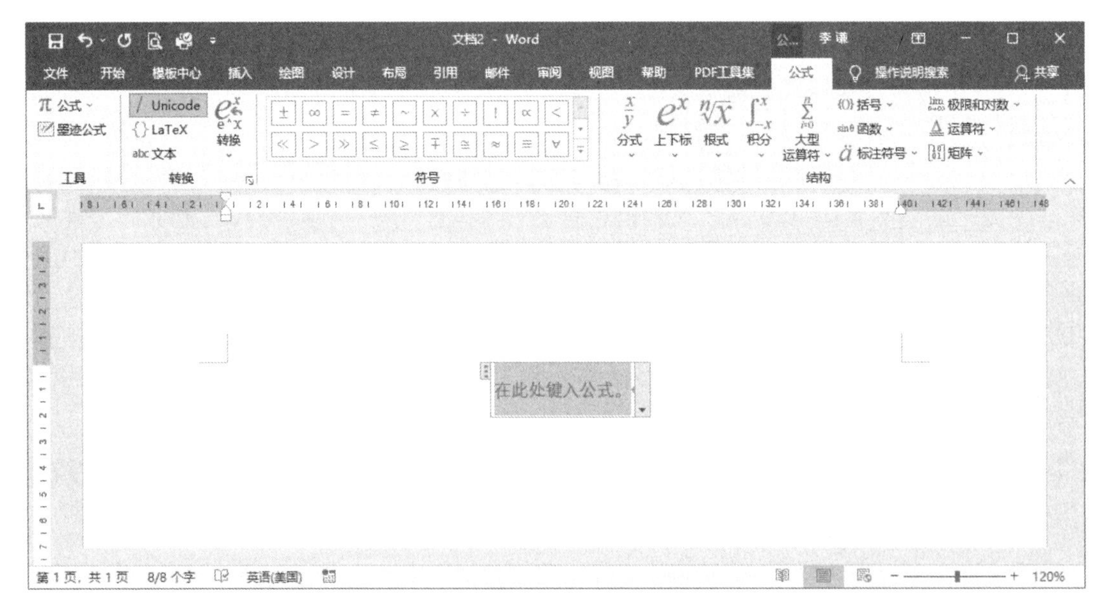

图 10-20 公式输入界面

$$f(U) = \sum_{i=1}^{7}\left(e^{A-\frac{B}{T_i+C}} - P_i\right)$$

专业+显示

$$f(U) = \textstyle\sum_{i=1}^{7}\left(e^{A-\frac{B}{T_i+C}} - P_i\right)$$

专业+内嵌

$f(U) = \sum\_(i = 1)\hat{}7▒(e\hat{}(A - B/(T\_i + C)) - P\_i)$

线性+显示

$f(U) = \sum\_(i = 1)\hat{}7▒(e\hat{}(A - B/(T\_i + C)) - P\_i)$

线性+内嵌

图 10-21 公式的不同显示形式

对于习惯使用其他公式编辑器的用户，可在“插入”选项卡中单击 对象 按钮，在弹出的“对象”对话框中选择所需的公式编辑器，如 WPS 公式 3.0，并单击“确定”按钮，即可使用指定的公式编辑器进行输入。

10.2.11 图表、公式编号

学位论文中图、表、公式一般用阿拉伯数字分别依序连续排号，含有多个章节的长篇论文常分章依序编码。例如：图 2.1，表 2.1，式（3.5）等。我们可以使用 Word 的题注功能实现对图、表或公式自动编号，以下以图的编号为例进行说明。

（1）新建题注。将插入点定位在需要插入题注的位置，单击“引用”选项卡上的 插入题注 按钮打开如图 10-22 所示的“题注”对话框。可在“标签(L):”后的下拉菜单中选择标签库中的题注形式（图表、公式或表格等），Word 将在“题注(C):”标签下方显示所选定题注的预览。如果需要为论文中的插图建立编号，可单击“新建标签”按钮，在弹出的“新建标签”对话框（图 10-23）中输入标签名“图”，单击“确定”按钮返回“题注”对话框（图 10-22）即可将标签“图”加入标签库。在图 10-22 的“标签”下拉框中选中标签“图”，单击“编号(U)...”按钮，即可在如图 10-24 所示的“题注编号”对话框中编辑编号的格式。例如，我们需要的图号为 1.1,1.2…的格式，其中句点前的 1 是所在章的编号。可选中“包含章节号”选择框，设定“章节起始样式(P)”为“标题 1”，“使用分隔符(E)”为“. 句点”，单击“确定”按钮返回“题注”对话框。

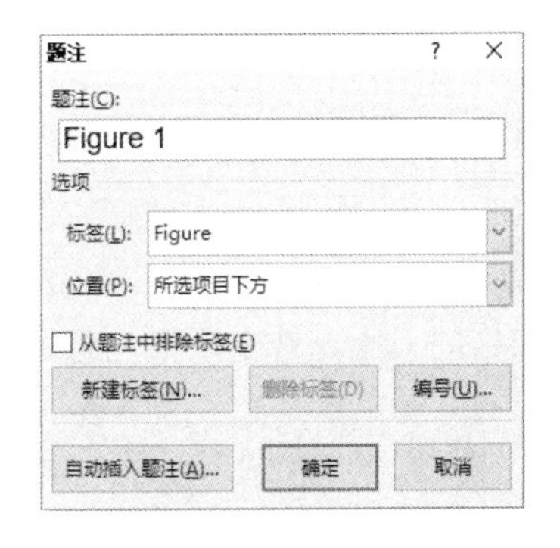

图 10-22 “题注”对话框

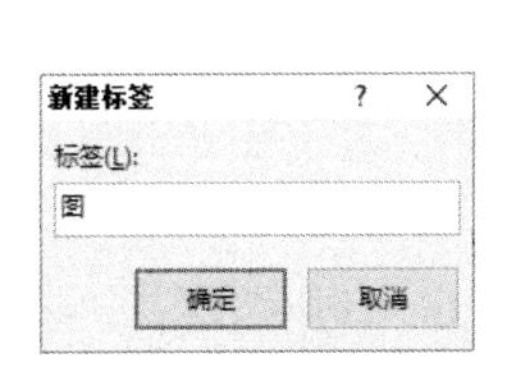

图 10-23 “新建标签”对话框

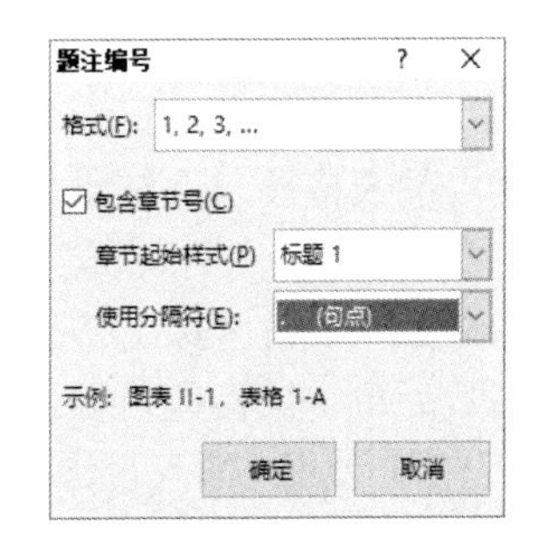

图 10-24 “题注编号”对话框

（2）插入题注。建立题注后，只需在每个需要插入图号的位置单击 插入题注 按钮，选择标签“图”，单击“确定”按钮即可依次插入“图1.1”“图1.2”……。也可在“题注”对话框中单击“自动插入题注”按钮并选择自动插入题注的对象格式，然后在每次插入该格式的对象时，Word即在对象的下方自动插入所选的题注。

（3）题注编号的更新。当题注的位置发生改变时，选中题注，使用快捷键F9即可更新编号。如需对全文编号进行更新，可使用快捷键Ctrl+A选中全部文档，再使用快捷键F9更新。

（4）创建图表目录。在插入图编号后，我们可以利用Word的自动目录功能生成插图目录。将输入点定位到欲插入插图目录的位置，单击“引用”选项卡上的 插入表目录 按钮打开如图10-25所示的“图表目录”对话框，在“题注标签(L):”右侧下拉框中选择要生成目录的题注类型，本例选中“图”，在“格式(T):”右侧下拉框中选择目录的格式，单击“确定”按钮可插入插图目录。

图10-25 “图表目录”对话框

10.2.12 表格的制作

（1）插入表格。使用Word建立表格之前，应首先设计好所需表格的大致内容和规格，以免不必要的重复工作。使用“插入”选项卡上的 表格 按钮打开如图10-26所示的弹出菜单，常用的表格插入方法包括以下几种。

① 使用“插入表格”区域。可使用弹出菜单上部的“插入表格”区域插入表格。当鼠标在插入表格区域上移动时，Word会自动在菜单首行显示插入表格的大小，选定所需的行、列数后单击鼠标即可插入表格（图10-26）。

② 使用“插入表格”对话框。使用菜单命令“插入表格(I)...”打开如图10-27所示的“插入表格”对话框。在“表格尺寸”区域设置需要的“列数”和“行数”；在［“自动调整”操作］区域中选定表格的格式；单击“确定”按钮即可插入表格。

图 10-26 “插入表格”弹出菜单

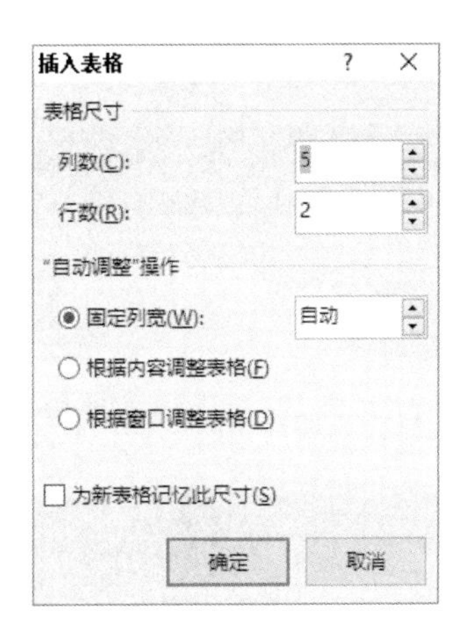

图 10-27 “插入表格”对话框

③ 使用“快速表格”弹出菜单。使用菜单命令“快速表格(T)”可弹出如图 10-28 所示的“快速表格”弹出菜单，选择所欲插入的表格模板即可插入所需的表格。

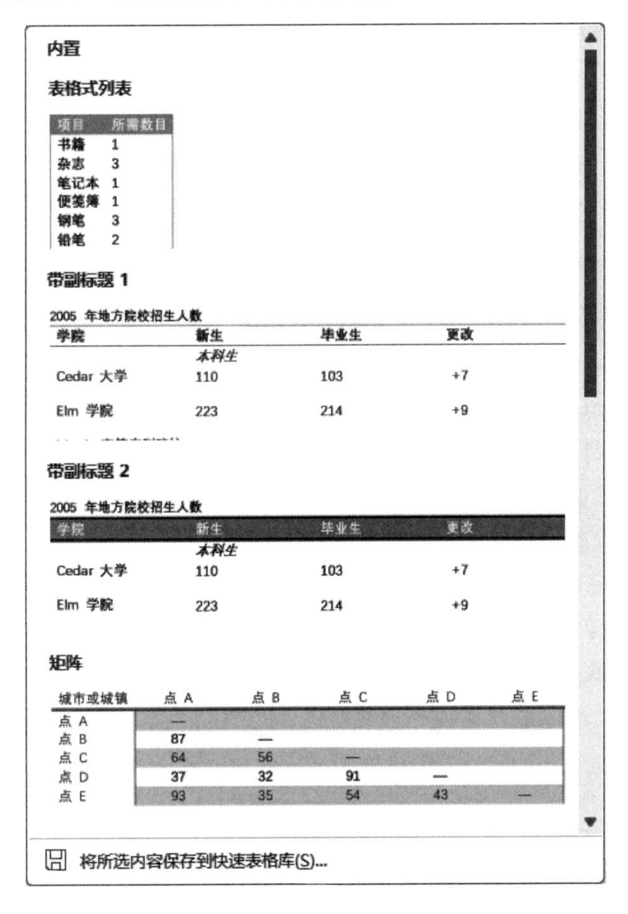

图 10-28 “快速表格”弹出菜单

（2）表格的编辑。当插入点在表格中或选中表格的部分或全部单元格时，在功能区顶部会显示“表格工具”标签，其下有“表设计”（图 10-29）和“布局”（图 10-30）两个选项卡，用于表格的编辑。可通过单击“表设计”和“布局”标签进行切换。当插入点不在表格中时，Word 将自动隐藏“表格工具”功能区标签。

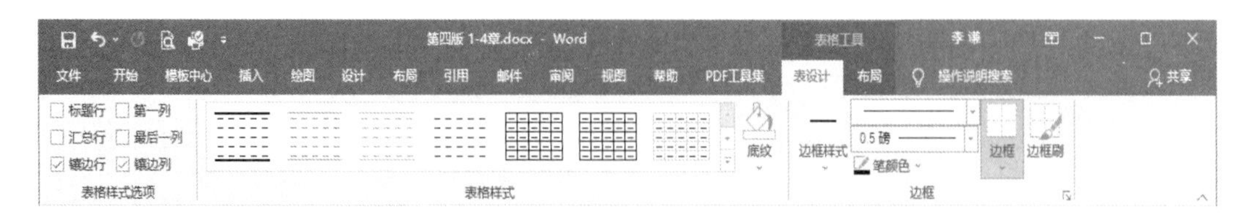

图 10-29 “表设计”选项卡

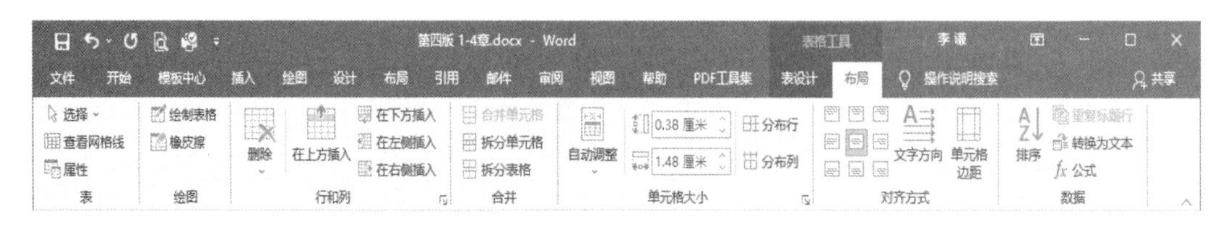

图 10-30 “布局”选项卡

① 设置表格的样式。可使用“表设计”选项卡设置表格的边框、底纹等格式。选项卡左侧为“表格样式选项”工具组，可在此选择对表格的哪些部分应用自动样式；选项卡中部为 Word 提供的自动表格样式库，可通过单击样式库右侧的、和按钮显示样式库中的样式，单击所需应用的样式即可把当前表格更改为所选样式。也可使用“表格样式”工具组右侧的“底纹”和“边框样式”按钮手动更改表格的样式。“设计”选项卡的右部为“边框”工具组，主要用于更改全部或部分表格的线形、线粗和颜色。

② 设置表格的属性。应用“布局”选项卡上的“属性”按钮可打开如图 10-31 所示的“表格属性”对话框。“表格(T)”选项卡［图 10-31（a）］用于设置表格在文档中的对齐方式及文字环绕方式，单击对话框右下方的“定位(P)…”“边框和底纹(B)…”“选项(O)…”按钮可分别打开相应的对话框进行设置；“行(R)”选项卡［图 10-31（b）］用于设置表格的行高及相关选项；“列(U)”选项卡［图 10-31（c）］用于设置列宽及单位；“单元格(E)”［图 10-31（d）］选项卡用于设置单元格宽度及文字的垂直对齐方式等。

有时为了使表格更加悦目，可以给表格加上色彩和底纹。可首先选定欲修改的单元格或全部表格，通过右键菜单“表格属性(R)…”命令打开如图 10-31（a）所示的“表格(T)”选项卡，单击“边框和底纹”按钮，在弹出的“边框和底纹”对话框中进行设置（图 10-32）。

③ 表格的编辑。可使用“布局”选项卡上的按钮删除部分或全部表格；使用“行和列”工具组的各个工具按钮插入行或列；也可使用“合并”工具组的工具按钮实现单元格的拆分、合并等操作。

④ 斜线表头的制作。制作中文表格时常常需要在左上角的单元格中绘制斜线表头并添加表格项目名称。方法为：先将光标置于准备画斜线表头的单元格中，单击“表设计”选项卡上按钮下部箭头，在弹出菜单（图 10-33）中选择 斜下框线(W)，即可插入斜线表头，如图 10-34 所示。

图 10-31 “表格属性”对话框

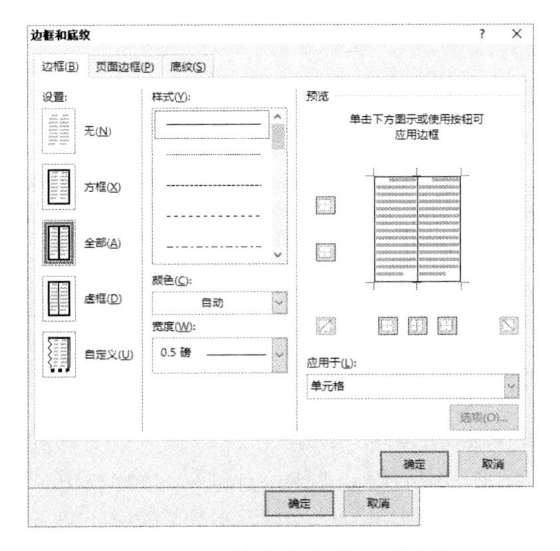

图 10-32 “边框和底纹”对话框

图 10-33 “边框”弹出菜单

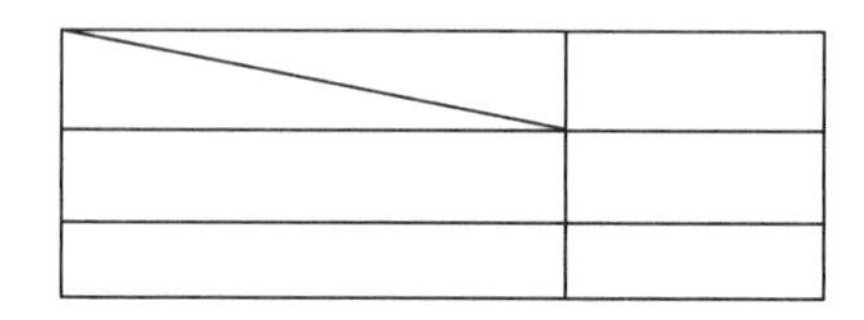

图 10-34 插入斜线表头的表格

（3）在表格中插入公式。Word 的表格支持插入公式的功能，可以使用公式完成简单的统计计算。方法为：首先根据实际情况将需要计算的数据输入到表格的相应单元格中，然后将光标置于存放计算结果的单元格中，单击“布局”选项卡右侧的 fx 公式 按钮打开“公式”对话框（图 10-35）插入公式。例如，对图 10-36 所示的表格，可将插入点定位到“合计”右侧的单元格中，插入公式“=SUM（ABOVE）”并单击“确定”按钮，Word 将计算该单元格上方单元格数据的和并显示加和结果为“238”。当上几个单元格中的数字改变时，可选中求和单元格的数字，使用右键菜单中“更新域”命令更新计算结果。用户可根据需要在“粘贴函数”选项中选择所需的数学公式，或使用“编号格式”下拉列表设定计算结果的显示格式。

图 10-35 “公式”对话框

年级	人数
2007	85
2008	72
2009	81
合计	238

图 10-36 在表格中插入公式

（4）表格的排序。可使用 排序 按钮对表格中的数据进行排序，此时将打开如图 10-37 所示的“排序”对话框。Word 可根据数字、笔画、拼音等以升序或降序方式对单元格中的数据进行排序。排序方法为：首先选中表格，使用“排序”按钮打开“排序”对话框，使用“主要关键字”下拉列表设定排序所依据的列，在右侧选择排序类型和次序，单击“确定”按钮实现排序。还可使用次要关键字和第三关键字进行辅助排序。

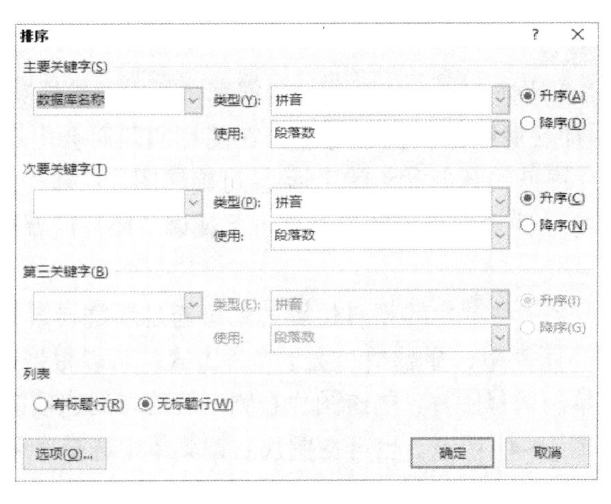

图 10-37 “排序”对话框

10.2.13 图形的编辑

（1）插入绘图。可使用“插入”选项卡“插图”工具组上的各种工具按钮在文档中插入各种绘图，例如图片、剪贴画、形状、SmartArt 图形和图表等。点击“图片”按钮可选择插入保存在本计算机中的图形文件或“联机图片”（来自必应图像搜索和微软 OneDrive 服务的图片）；“图标”按钮用于插入各种图标；“形状”按钮可打开如图 10-38 所示的弹出菜单，用户可绘制常见的线条、几何图形、常用箭头、流程图、星与旗帜、标注等形状，并将其组合为复杂的图形；“SmartArt”按钮将打开如图 10-39 所示的“选择 SmartArt 图形”对话框，SmartArt 是 Word 提供的智能图形工具，可用于流程图、层次图等的绘制；使用“图表”按钮可插入各种图表。

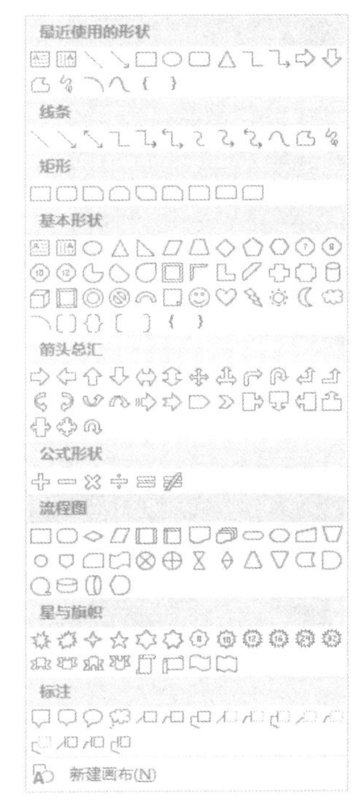

图 10-38 插入形状菜单

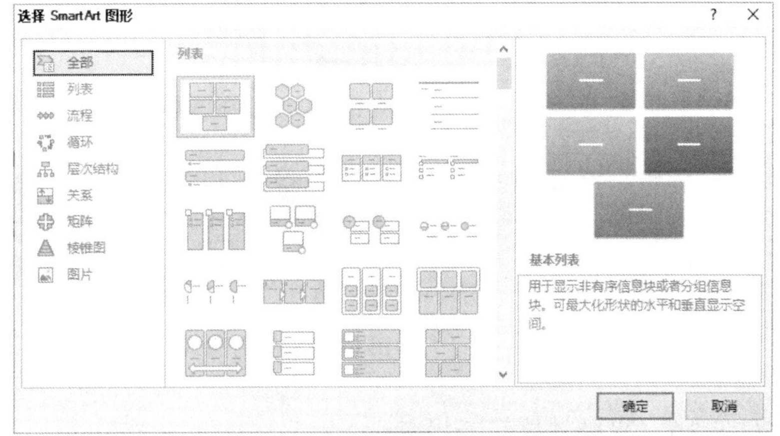

图 10-39 “选择 SmartArt 图形”对话框

（2）图片的格式设置。

① 图片的编辑。将图片插入到文档中后，可根据排版需要编辑其位置、大小。方法为：首先单击所要操作的图片（剪贴画、图形等），在图片的四周会出现相应的调整手柄，如图 10-40 所示。拖动图片顶部的圆形箭头状手柄可旋转图片；拖动四个角的圆形手柄可同时调整图片的宽和高，拖动四边中点的圆形手柄可单独调节图片的宽或高；可直接用鼠标拖动图片来改变其位置。

② 文字环绕设置。文字与图片的相对位置关系可通过环绕设置来改变，文字对图片的环绕有嵌入型、四周型、紧密型、穿越型、上下型等方式，可以根据排版需要加以选用。设置文字环绕的方法为：单击选择图片，单击图片右侧出现的布局选项图标，在弹出菜单中选定文字环绕方式，如图 10-41 所示。也可在图片右键菜单中选择“环绕文字(W)”命令，在弹出式菜单中进行设置。

③ 图片格式的设置。图片格式包括颜色、线条、阴影等，可在选中图片后，应用右键菜单的“设置图片格式”命令打开“设置图片格式”面板进行设置，如图 10-42 所示。也可在选中图片后，单击功能区顶部的“图片格式”标签打开“图片格式”选项卡（图 10-43）进行设置。“图片格式”选项卡中的常用工具包括：“调整”工具组，可设置图片的对比度和亮度，对图片进行重新着色、压缩图片等；“图片样式”工具组，在样式库中选择所需图片样式，或者手工设置图片形状、边框和效果；“排列”工具组，用于设置图片位置、文字环绕、组合、旋转等；“大小”工具组，包括裁剪工具及图片大小设置功能。

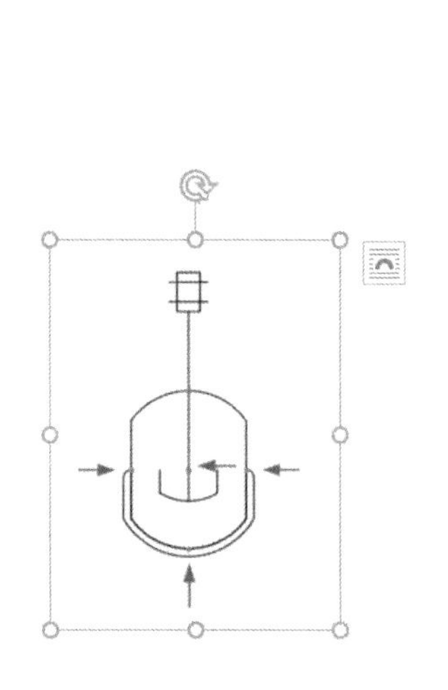

图 10-40 图片的编辑

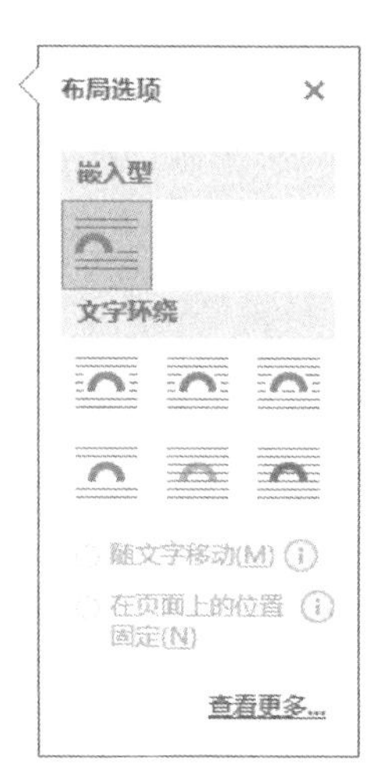

图 10-41 文字环绕选项

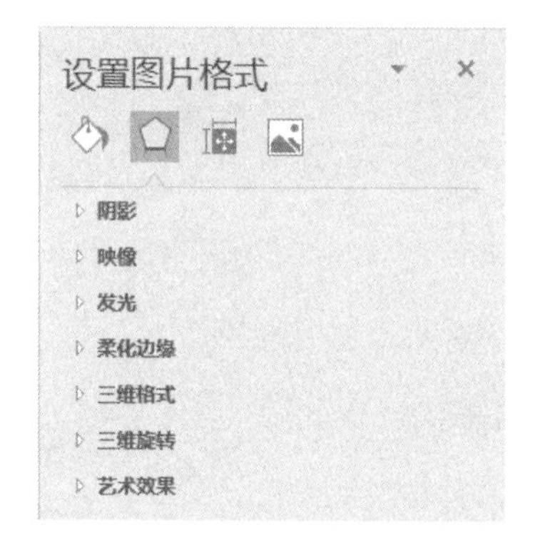

图 10-42 “设置图片格式”面板

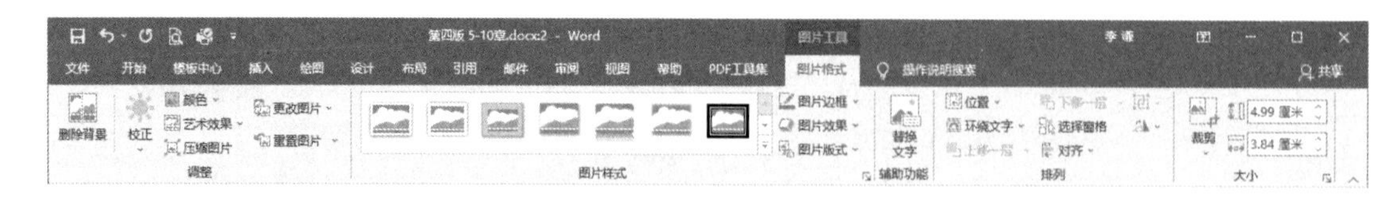

图 10-43 “图片格式”选项卡

10.2.14 文档的修订与批注

对多人合作的文档，修订和批注是非常方便实用的功能。其使用方法如下。

（1）打开修订。单击“审阅”选项卡上的 修订 按钮可打开/关闭修订功能。修订功能打开后，Word 将标记所有对文档做出的修改，包括文字编辑、格式、插入图片等。可单击修订工具组中的 所有标记 下拉菜单选择文档修订的显示方式（简单标记/所有标记/无标记/原始版本）；单击 显示标记 按钮选择显示哪些修订行为（批注、插入与删除等）；单击 审阅窗格 按钮选择审阅窗格的布局（垂直/水平）。打开修订后的 Word 显示如图 10-44 所示。

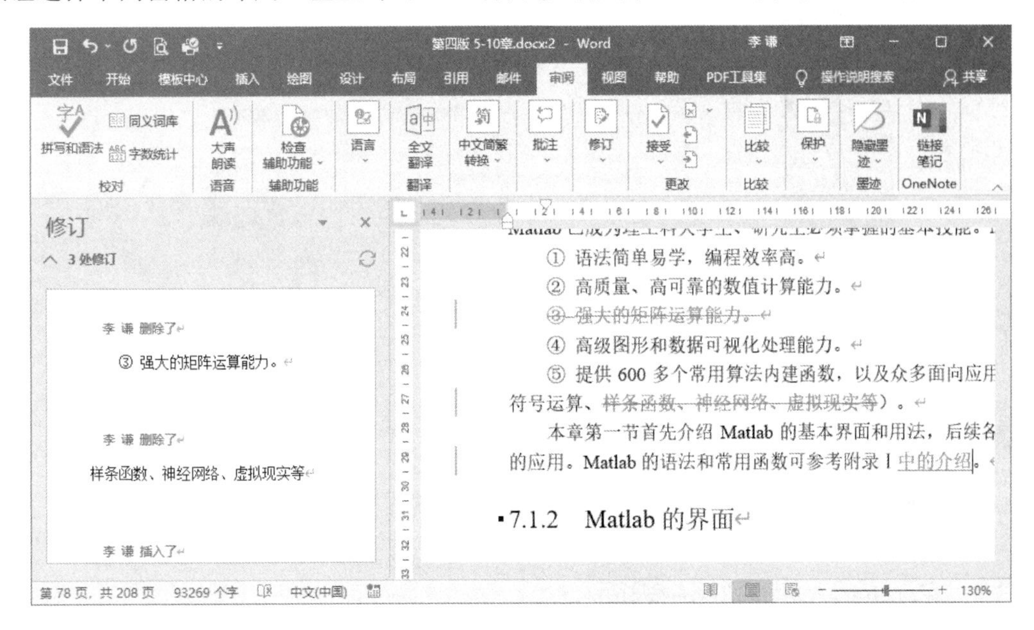

图 10-44 文档的修订界面

（2）修订的接受和拒绝。单击“审阅”选项卡上“更改”工具组中的 上一处、下一处 按钮可在不同的修订位置之间切换；单击 接受 按钮可接受修订；单击 拒绝 按钮可拒绝修订。单击下方箭头有更多的命令选择。

（3）批注的使用。“审阅”选项卡上“批注”工具组中工具可用于批注的编辑。将插入点置于需插入批注的位置，单击 新建批注 按钮即可添加批注；选中批注后，单击 删除 按钮可删除该条批注。

10.2.15 文档的打印

单击 Word 窗口左上角的“文件”标签，在左侧单击“打印”命令，将打开如图 10-45 所示的“打印”对话框。可使用“打印机”选项选择打印机，设定打印机属性。在“设置”下方的下拉框可设置打印范围，选择“打印所有页”将打印当前文档的全部页面；选择“打印当前页面”仅打印光标当前所在的页面；选中“自定义打印范围”可在其下的“页数:”输入框中输入要打印的页码范围。如需打印第 4 页和第 9 页，可输入“4,9”；如需打印第 4 页至第 9 页，可输入“4-9”，单击“确定”按钮即开始打印。如果仅需打印 Word 文档中的某些部分，可先选中所需打印的内容，然后在“设置”选项中选择“打印所选内容”。此外，还可在该面板设置纸张方向、双面打印、缩放等。

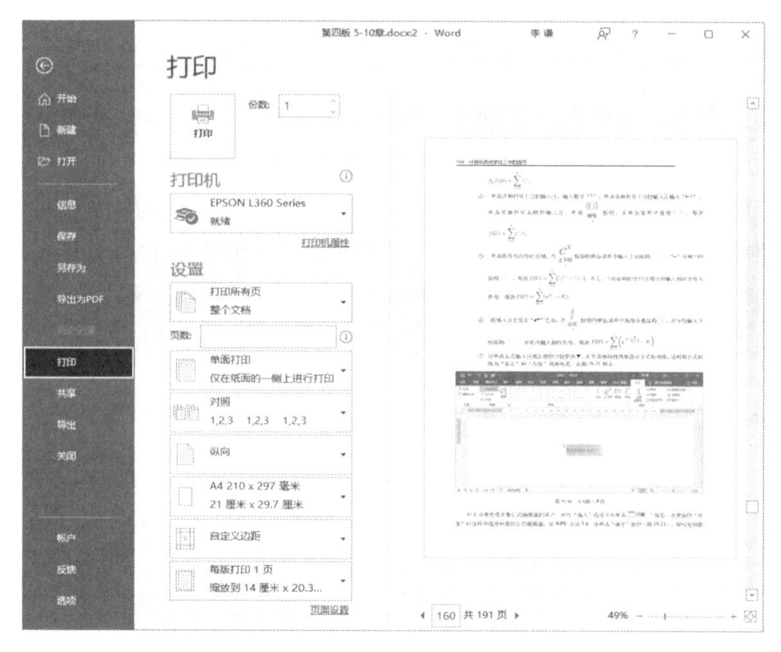

图 10-45 “打印”对话框

10.3 PowerPoint 在制作幻灯片中的应用

10.3.1 PowerPoint 的用户界面

PowerPoint 是制作和演示幻灯片的软件，能够制作出集文字、图形、图像、声音以及视频剪辑等多媒体元素于一体的演示文稿，用于展示、介绍作者的学术思想和科研成果。本书介绍的 PowerPoint 版本为 PowerPoint 2019，其用户界面与 Word 2019 相似，如图 10-46 所示，主要包括：标题栏、快速工具栏、功能区、文档编辑区、状态栏等。

图 10-46 PowerPoint 用户界面

10.3.2 使用 PowerPoint 母版设计演示文稿

一个正式的演示文稿，有很多地方要求统一进行设置：例如标题与正文的位置、字体与字号、幻灯片背景、配色等等。学会设计和使用母版，不仅可以大大提高演示文稿的制作效率，还可以方便地对多页演示文稿中的相同元素进行快速修改。

10.3.2.1 PowerPoint 的母版

在制作幻灯片时，常常需要在每一页相同的位置显示一些固定的元素，如所在机构的徽标、名称、页码、日期等。我们可以把这些共性的元素放在母版中。PowerPoint 的母版由母版及其下所包含的版式组成，在一个母版下可以包含多个版式，一个 PPT 文件中可以包含多个母版。

可使用“视图”选项卡上的“幻灯片母版”按钮 幻灯片母版 切换到如图 10-47 所示的幻灯片母版视图。窗口左侧为母版及其所包含版式的列表。顶部较大的矩形标记为母版，其下较小的矩形标记为该母版所包含的版式。母版是所有版式的基础，对母版所做的修改将会自动显示到其所包含的所有版式。如果我们在母版页面右上角插入一个图形徽标，则其所包含的所有版式的相同位置均会出现该徽标。为了保证所有幻灯片的显示一致，我们可以把一些共性的元素如演讲标题、演讲者单位的徽标和名称放在母版上。

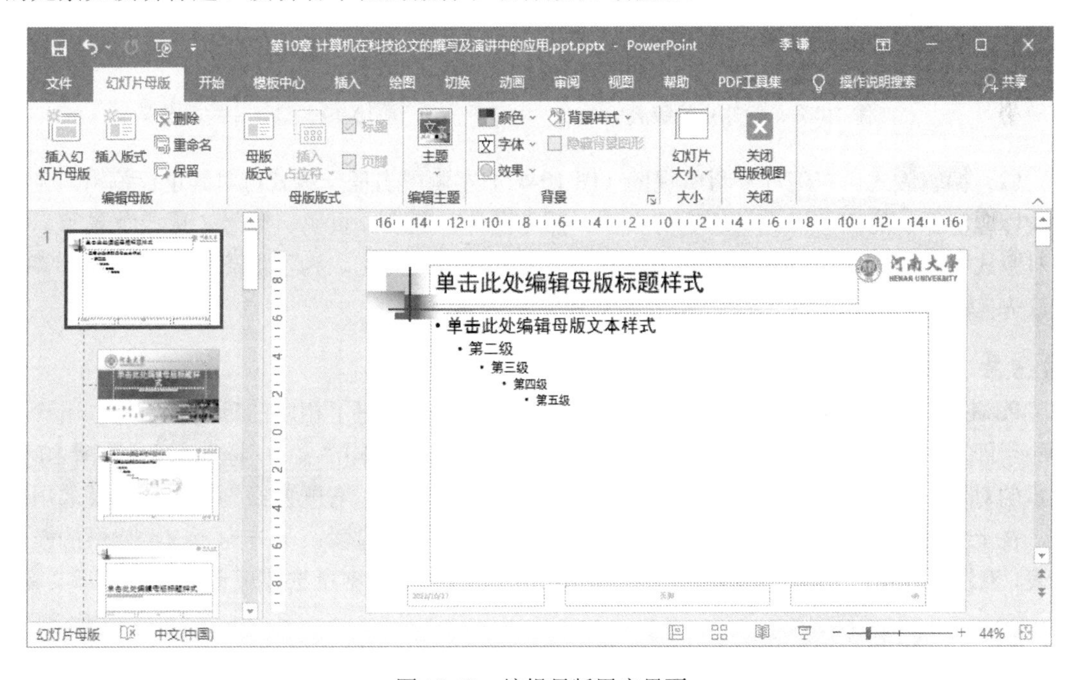

图 10-47 编辑母版用户界面

10.3.2.2 PowerPoint 的版式

版式指的是幻灯片各内容（如标题、文字、表格、图片等）的格式及其在幻灯片上的位置布局。版式通常由占位符（带有虚线或阴影线边缘的框，用于放置标题、正文、图表、表格和图片等对象）组成。熟练掌握版式的使用可以更加合理简洁地完成标题、文字、图片等元素的布局与格式设定，还可以方便地对多张幻灯片的格式同时进行修改，版式还有利于保持整个 PPT 中不同幻灯片的风格统一。Power Point 默认提供的 11 种版式如图 10-48 所示。

（1）为幻灯片指定版式。切换到页面视图，在幻灯片的右键菜单（图 10-49）中单击 版式(L) 命令，在图 10-48 所示的版式选择界面中单击所需的版式类型即可完成版式的设定。PowerPoint 会根据所选择的版式设定重新调整标题、文字等元素的布局和格式。

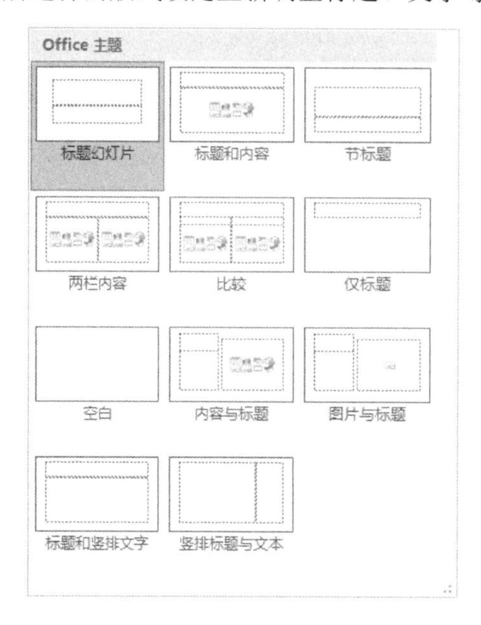

图 10-48　幻灯片的版式

图 10-49　幻灯片的右键菜单

（2）编辑版式。在幻灯片母版视图（图 10-47）左侧单击任一版式可对其进行编辑。包括修改标题与正文的文字格式、位置与大小，插入图片、图表、页码、编号，更改背景等。用户对版式所做的修改会自动更新到所有应用该版式的幻灯片上。为了提高 PPT 制作的效率，建议先完成主要的版式设计后再开始填充 PPT 的内容。

10.3.3　PowerPoint 模板

Powerpoint 提供了大量预设的模板，在模板中已经预设好了相应的母版和版式，用户直接应用即可快速生成自己的演示文稿。在 PowerPoint 主窗口单击“文件”标签，打开如图 10-50 所示的对话框，单击左侧“新建”命令可打开新建文件面板。右侧窗格为模板搜索及选用区域，在上方搜索框中输入关键词即可对本地和联机模板进行检索；下方为当前可提供的模板列表，双击任一模板，或选中模板后单击 “创建”按钮即可根据所选模板创建新的演示文稿。

10.3.4　幻灯片的设计

单击功能区顶部的“插入”标签可打开“插入”选项卡。使用其中的按钮可在当前幻灯片中插入各种格式的多媒体文件，如表格、图片、图表、文本、对象、视频、音频、特殊符号等，如图 10-51 所示，简述如下。

（1）插入文字。将插入点定位在幻灯片上已有的占位符中可直接输入文字，并利用“开始”选项卡上“字体”工具组中的功能按钮调整字体、字号、字体颜色、特殊格式（加粗、斜体、下画线等），其操作方法与 Word 相同。如需在其他位置添加文本，可单击“插入”选项卡上的 文本框 按钮在所需位置插入文本框并输入文本。也可单击该按钮下方的箭头，在弹出菜单中选择拟插入文本框的格式（横排文本框、竖排文本框）。

图 10-50 “新建”对话框

图 10-51 “插入”选项卡

（2）插入表格。可使用“插入”选项卡上的表格按钮在幻灯片中插入表格，并使用“表设计”和“布局”选项卡编辑表格的格式，操作方法与 Word 相似，可参见本书 10.2.12 节。此外，也可在幻灯片中嵌入 Microsoft Excel 工作表，方法为：单击“插入”选项卡上的表格按钮，在弹出菜单中选择 Excel 电子表格(X) 命令。此时将在当前幻灯片中插入一个 Excel 对象，可双击对其进行编辑，完成编辑后单击表格以外的区域即可返回 PowerPoint。

（3）插入图表。单击“插入”选项卡上的图表按钮可打开如图 10-52 所示的“插入图表”对话框，可用于插入柱形图、折线图、饼图等各种图表，以插入条形图为例。

① 在“插入图表”对话框中单击左侧列表中的“柱形图”标签，在右侧的模板中选择“簇状柱形图”，单击“确定”按钮，即可在当前幻灯片插入图形，并自动在 Excel 窗口中打开图表的原始数据，如图 10-53 所示。

② 在 Excel 窗口中输入图表所需的原始数据。本例中我们使用 3 个年级学生的 4 门课程的平均成绩做柱状图，所使用的数据如图 10-53 右图所示。在输入数据的同时，PowerPoint 中的图形也会随之自动更新。

③ 关闭 Excel 窗口，返回 PowerPoint 窗口。单击新插入的图形，在功能区的顶部出现“图表工具”标签，其下包括设计和格式两个子选项卡，如图 10-54 所示。其中“图表设计”选项卡用于快速更改图表的样式、颜色、布局，还可用于编辑绘图源数据；“格式”选项卡用于指定图形的填充形式、轮廓格式等。可灵活使用上述工具编辑图表的格式，使其更为美观，编辑完成后在当前幻灯片图表以外的区域单击即可退出编辑。

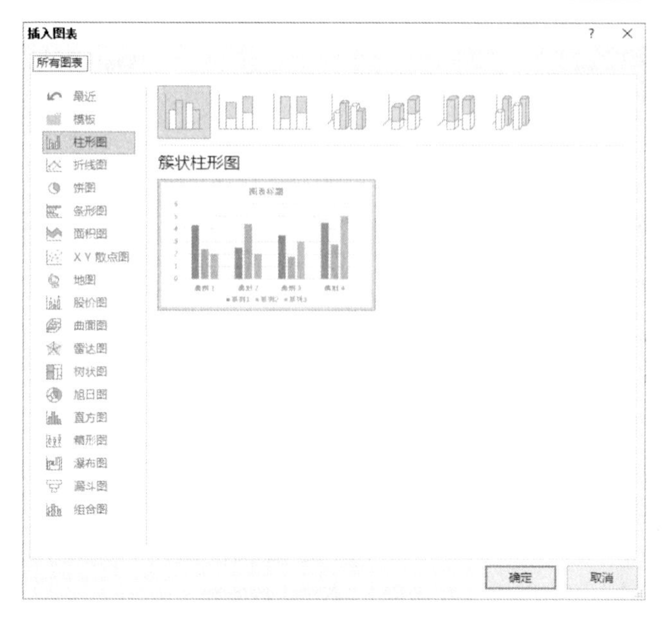

图 10-52 “插入图表”对话框

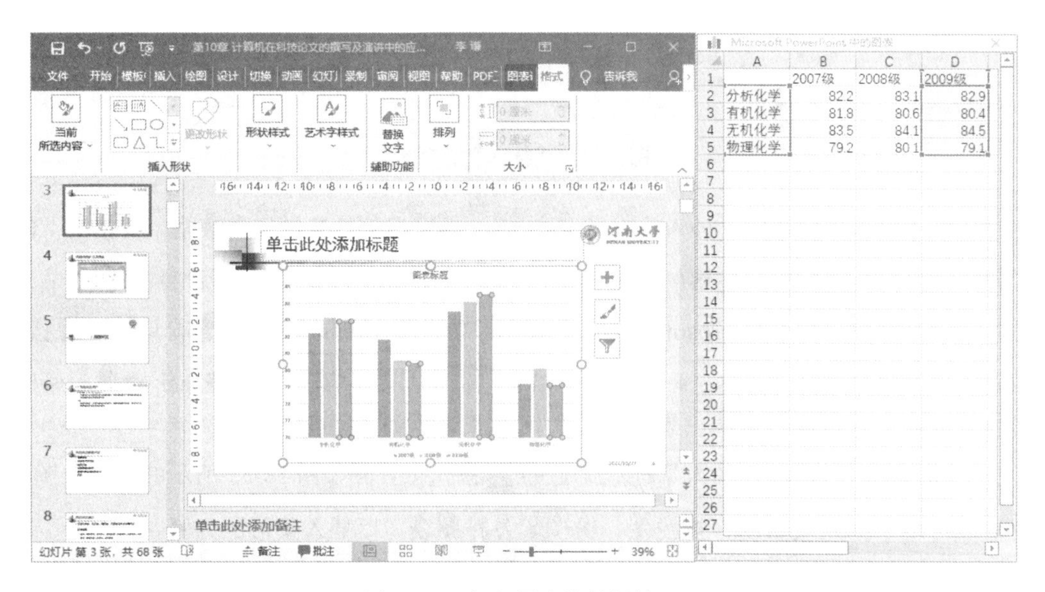

图 10-53 插入图表的数据输入

“图表设计”选项卡

“格式”选项卡

图 10-54 “图表工具”选项卡

（4）插入 SmartArt 图形。SmartArt 可翻译为“智能艺术”，用于在文档中演示具有流程、层次结构、循环等各种关系的文本。SmartArt 提供了 8 大类图形模板，包括列表、流程、循环、层次结构、关系、矩阵、棱锥和图片，可用于绘制水平列表和垂直列表、组织结构图以及射线图与维恩图等各种图形。配合图形样式的使用，用户可以快速制作各种精美的演示图形。下面以制作一个组织结构图为例简单说明 SmartArt 图形的绘制。

① 单击“插入”选项卡上的 SmartArt 按钮打开如图 10-55 所示的“选择 SmartArt 图形”对话框。单击对话框左侧分类模板列表中的“层次结构”，在右侧的模板中选择“组织结构图”，单击“确定”按钮，即可在当前幻灯片中插入一个空白的组织结构图，如图 10-56 所示。

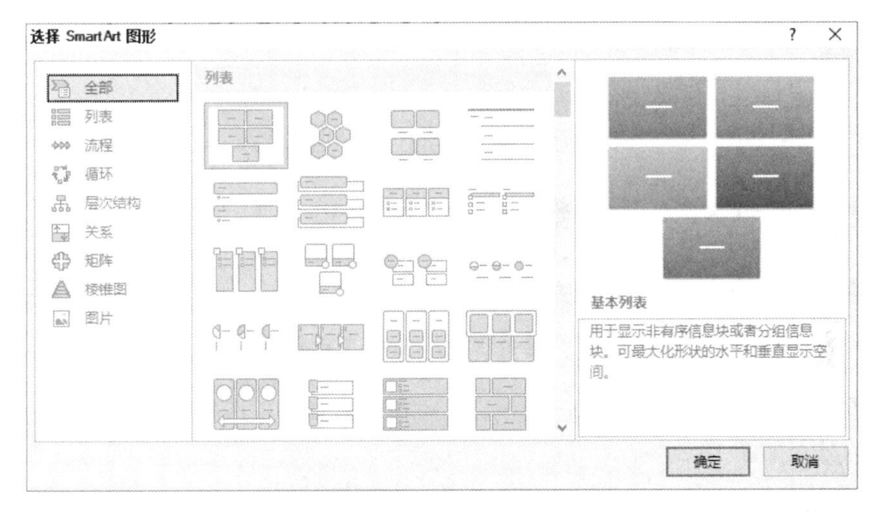

图 10-55　“选择 SmartArt 图形”对话框

② 图 10-56 中图形左侧的文本输入窗口用于快速输入组织结构图中的文字。可单击其右上角的“×”按钮将其关闭。如欲重新显示文本输入，可单击 文本窗格 按钮。本例中，不改动默认组织结构图的结构，直接在文本输入窗口的各行输入文本，完成后如图 10-57 所示。

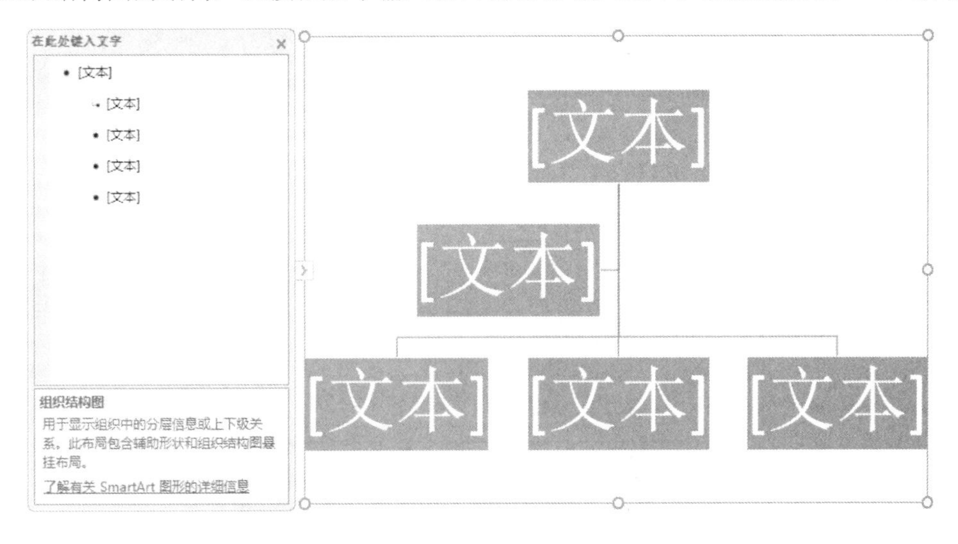

图 10-56　插入的空白组织结构图

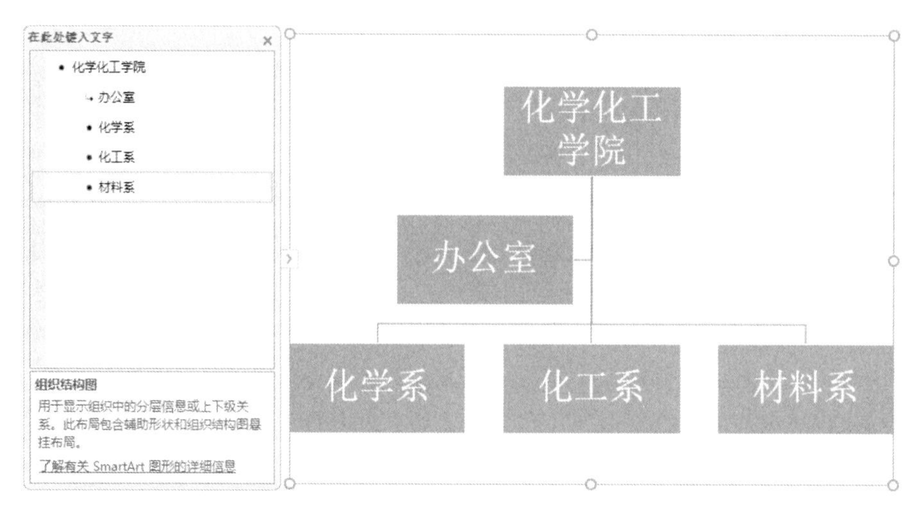

图 10-57　输入文字后的组织结构图

在编辑 SmartArt 图形时，系统将自动显示“SmartArt 工具”标签，其下有两个子选项卡：“SmartArt 设计”和“格式”，如图 10-58 所示。“SmartArt 设计”功能区中的“创建图形”工具组用于编辑组织结构图的层次或添加形状；“版式”工具组用于更改图形的布局；“SmartArt 样式”工具组用于更改图形的格式。单击“更改颜色”按钮 更改颜色，可在弹出菜单中选择图形的颜色设置；单击样式列表右侧的、、可在弹出菜单中选择图形应用的样式，编辑完成后图形的外观如图 10-59 所示。

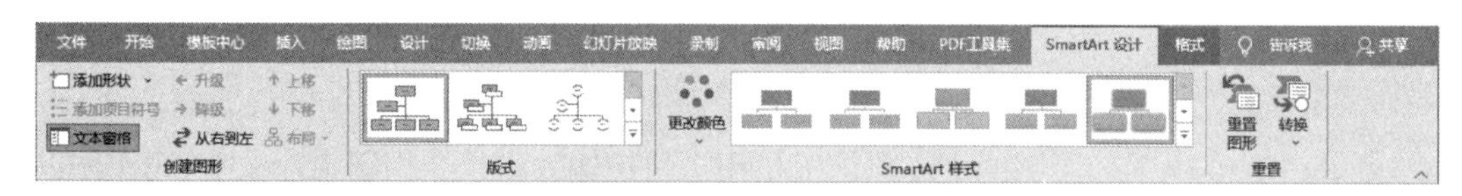

“SmartArt设计”选项卡

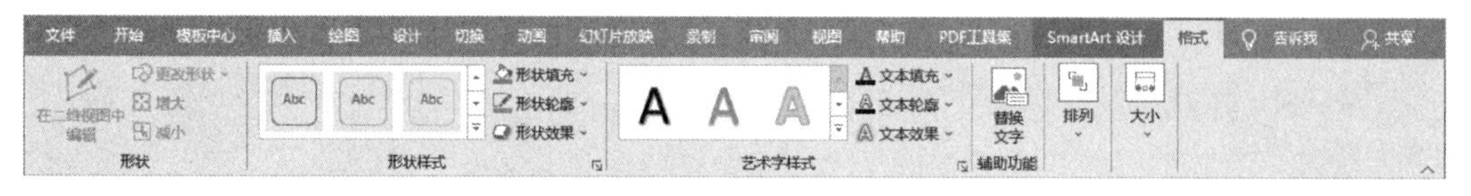

“格式”选项卡

图 10-58　“SmartArt 工具”设计选项卡

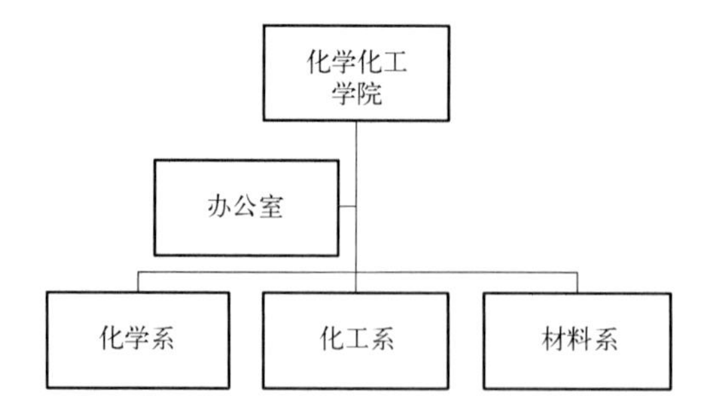

图 10-59　编辑完成后的组织结构图

10.3.5 动画设置

为幻灯片上的文本、图形、图示、图表和其他对象添加动画效果，可以突出重点、控制信息流，并增加演示文稿的趣味性，制作出效果出色的多媒体作品。Powerpoint 支持两种层次的动画，一类是幻灯片切换时的动画效果，另一类是幻灯片上各种对象（如文字、图形、图表等）的动画效果。

（1）设定幻灯片切换动画。首先在左侧预览窗格中选定欲设定切换动画的幻灯片，单击“切换”标签打开如图 10-60 所示的“切换”选项卡。使用“切换到此幻灯片”工具组中的动画切换方式列表设定当前幻灯片的切换动画。单击工具组右侧的▲、▼、▼，可在弹出菜单（图 10-61）中选择更多幻灯片切换的方式。在“计时”工具组可设定切换时长等效果。例如，单击 声音: [无声音] 右侧的下箭头，可设置幻灯片切换时的声音效果；单击 持续时间(D): 02.00 右侧的调整箭头，可设置幻灯片的切换速度；单击 应用到全部 按钮，可将当前切换设置应用到所有幻灯片。此外，还可设置幻灯片的换片方式（单击鼠标时、定时）。

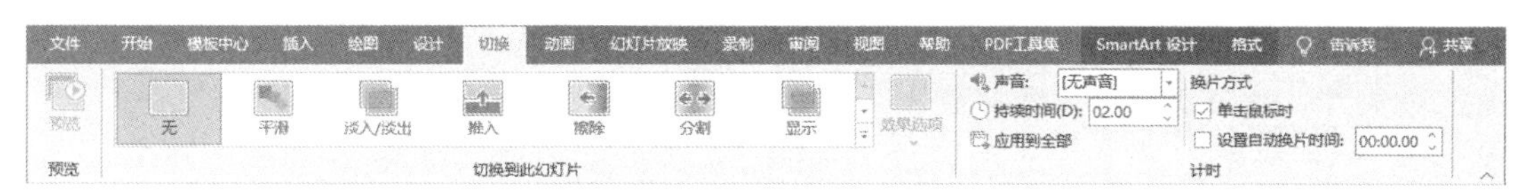

图 10-60 “切换”选项卡

图 10-61 PowerPoint 提供的幻灯片切换方式

（2）设定文字、图片动画 PowerPoint 幻灯片中的各种图形元素（如文本、图形、图表、SmartArt 图形等）均可加上动画效果。一般方法为：首先选中欲添加动画效果的元素，单击“动画”选项卡（图 10-62）的标签，在“动画”工具组选择动画效果，在“计时”工具组设定动画时间和触发方式。Powerpoint 提供的常用动画效果如图 10-63 所示。PowerPoint 还支持对同一元素添加多个动画效果。例如，可首先定义一段文字飞入屏幕，强调显示后，再飞出屏幕的动画效果。在设置完第一段动画后，单击 添加动画 按钮即可设置第二段动画。灵活应用 PowerPoint 的动画功能，可制作出生动活泼，引人入胜的幻灯片。

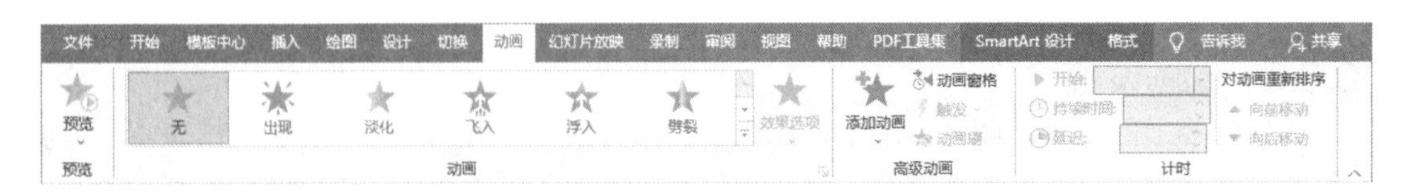

图 10-62 “动画”选项卡

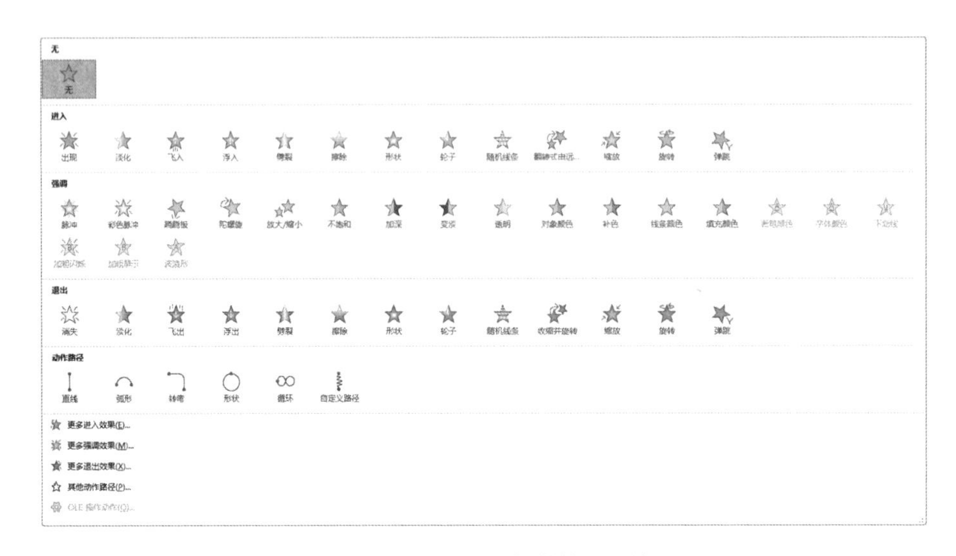

图 10-63 PowerPoint 提供的动画效果

附录 I Matlab 应用基础

I.1 Matlab 的数据类型与计算功能

Matlab 的数据类型包括数字、字符串、矩阵（数组）、单元型及结构型数据，以下仅介绍科学计算中最常用到的数字、字符串和矩阵类型。

I.1.1 变量和常量

（1）变量。Matlab 变量的命名规则为：

① 变量名由字母、数字和下画线组成，第一个字符由字母开头。

② 变量名区分大小写，如 A 和 a 是两个不同的变量。

③ 变量名长度不超过 63 位，之后的字符将被自动忽略。

④ 变量名可以与关键字(如 if,switch)、内部函数(如 sin,exp)和操作符(如 or,not)重名，但这样会造成这些内部函数无法使用，因此不推荐。

例如：

有效的变量：speed，DatabaseName，Stage1…

无效的变量：3a，_bed，number@

（2）常量。常量是程序运行中数值不发生改变的量。Matlab 中常用常量如表 I-1 所列。

表 I-1 Matlab 语言中的常量及其说明

常量名	常量值
i, j	虚数单位，定义为 $\sqrt{-1}$
Pi	圆周率
eps	浮点运算的相对精度 2.2204×10^{-16}
NaN	Not a number，表示不定值，例如 0/0=NaN
Realmin	最小的正浮点数，2.2251×10^{-308}
Realmax	最大的浮点数，1.7977×10^{308}
Inf	无穷大，例如 1/0=Inf

I.1.2 数字、变量的运算与格式

（1）数字运算。常用的数字运算符包括+、–、*、/、^，依次为加法、减法、乘法、除法和乘方运算符，sqrt 为开平方运算符。Matlab 的数字运算十分简单，只需在命令窗口中直接输入计算表达式即可。例如，在 Matlab 命令窗口中输入以下例子（>>为系统命令输入的提示

符，其后为用户输入的命令；无提示符开头的均为软件输出）：

【例Ⅰ-1】

```
>> 20+273.15
ans =
  293.1500
```

如不特别指定，Matlab 会自动把最后一次运算的结果储存在一个名为 ans 的变量中，并在命令窗口中显示 ans 的值。

Matlab 规定数学运算符的优先级顺序为：() > sqrt、^ > *、/ > +、–。例如：

【例Ⅰ-2】

```
>>1+2*3^2
ans =
   19
```

当表达式比较复杂或涉及的变量较多时，直接输入表达式较为烦琐，也容易出错。可先定义变量，再由变量表达式计算得到结果。例如，编写一个输入半径、计算圆面积的程序。在 Matlab 命令窗口输入：

【例Ⅰ-3】

```
>> r=2;          %定义圆的半径
>> s=pi*r^2;     %圆面积计算公式，pi 为常量 π
>> s             %显示圆面积的计算结果
s =
   12.5664
```

说明：每一行中“%”为注释符号，“%”右侧的内容会被系统自动忽略，对计算结果不产生影响；缺省情况下，每输入一行合法语句，Matlab 会自动进行计算并输出结果，第 1、2 行末加上的“；”表示计算结果不在命令窗口中显示；第 3 行语句用于显示变量 s 的值，故该行末没有“；”。上例的最后两行为 Matlab 在执行此行语句后的输出结果。

（2）数字的输出格式。Matlab 的数字可以有多种输出格式。缺省情况下，Matlab 会自动选择适当的输出格式，若数据为整数，则以整型表示；若数据为实数，则以保留小数点后 4 位的浮点数表示。用户也可以使用 format 函数自行设定数据的输出格式，其应用形式为：format + 格式符。

【例Ⅰ-4】

```
>> format long          %设置数字输出格式为长型
>> pi                   %显示常量 π 的值
ans =
   3.14159265358979
```

注意：format 命令只影响数值在屏幕上的显示结果，而不影响数值在 Matlab 内部的存储和运算精度。常用格式符的取值和说明如表Ⅰ-2 所列。

表Ⅰ-2 Matlab 提供的数字输出格式

常量名	说明	示例（以常量 pi 为例）
short	短型，5 位显示	3.1416
long	长型，双精度数以 15 位显示	3.14159265358979
hex	以十六进制显示	400921fb54442d18

续表

常量名	说明	示例（以常量 pi 为例）
bank	金融格式，小数点后显示为 2 位	3.14
+	若数值>0，显示+号，若数值<0，显示–号，若数值=0，显示空格	+
rational	近似以两个整数的商来表示	355/113

Ⅰ.1.3 字符串及其运算

Matlab 中的字符串不仅可以参与运算，而且是符号运算表达式的基本构成单元。Matlab 提供了符号运算工具箱、符号函数计算器以及与符号运算软件 Maple 软件的接口，用户可运用这些功能进行复杂的符号运算。限于篇幅，本章不再介绍符号运算功能。

（1）字符串的输入与设定。Matlab 中规定字符串以单引号设定或输入，例如：

【例Ⅰ-5】

```
>> s='Temperature'
s =
Temperature
```

Matlab 字符串相当于一个字符数组，每个字符都是字符数组的一个元素：

```
>> size(s)        %显示字符数组的维数
ans =
    1    11
```

表明该字符数组由 1 行、11 列组成。

```
>> s(3)           %显示字符数组中第三个元素
ans =
m
```

（2）常用字符串操作。Matlab 提供了丰富的函数用于字符串的操作，常用的字符串运算函数及功能如表Ⅰ-3 所列。

表Ⅰ-3 Matlab 常用字符串运算函数及功能

函数名	功能	函数名	功能
num2str	把数字转换为字符串	str2num	把字符串转换为数字
int2str	把整数转换为字符串	mat2str	把矩阵转换为字符串
hex2dec	十六进制转换为十进制	dec2hex	十进制转换为十六进制
bin2dec	二进制转换为十进制	dec2bin	十进制转换为二进制
strcat	连接两个字符串	strcmp	比较两个字符串
findstr	在字符串中查找某字符串	strrep	替代字符串
upper	把字符串转换为大写	lower	把字符串转换为小写
blanks	生成由空格组成的字符串	deblank	除去字符串中的空格
ischar	检验是否字符	isletter	检验是否字母

注：可在 Matlab 命令窗口中输入 help 函数名获得该函数的详细说明。

【例Ⅰ-6】

```
>> a='Chemical';
>> b='Engineering';
>> c=strcat(a,b)      %连接 a，b 两个字符串
```

```
c =
ChemicalEngineering
>> strcmp(a,b)          %比较两个字符串，若相同返回 1，不同返回 0
ans =
     0
>> c=dec2bin(512)       %把十进制的 512 转换为二进制表示
c =
1000000000
>> isletter(c)          %检验字符串 c 中每个字符是否是字母
                        %若是则返回 1，不是返回 0
ans =
     0     0     0     0     0     0     0     0     0     0
```

I.1.4 矩阵及其运算

Matlab 软件的名字来源于 Matrix Laboratory，即矩阵实验室，可见开发者对矩阵运算的重视。矩阵也是 Matlab 的基本运算单元。

I.1.4.1 矩阵的输入

矩阵的输入共有 3 种方式：直接输入、由其他矩阵生成、应用函数生成矩阵。

（1）直接输入。直接输入是最简单的矩阵输入方法，输入规则为：同一行中的元素用逗号（,）或者空格来分隔，且空格个数不限；不同的行用分号（;）分隔。所有元素处于一方括号（[ ]）内；当矩阵是多维（三维以上），且方括号内的元素是维数较低的矩阵时，会有多重的方括号。矩阵元素的引用方式为“变量名（引用坐标）”，可通过这种方法给矩阵的某一元素赋值。

【例 I-7】

```
>> Time = [11   12   1   2   3   4   5   6   7   8   9   10]
Time =
11   12   1   2   3   4   5   6   7   8   9   10
>> a=[1 2;3 4]
a =
     1     2
     3     4
>> a(2,1)
ans =
     3
>> a(2,2)=5
a =
     1     2
     3     5
```

（2）利用冒号表达式生成向量。直接输入的另一种形式是使用冒号表达式，其基本形式为：变量名=x_0:step:x_1，x_0 为向量的首个元素限值，x_1 为向量最后一个元素的限值，step 为生成向量的步长。若不输入 step，则默认步长为 1。Matlab 所生成向量的第一个元素为 x_0，第二个元素值为 x_0+step，…第 i 个元素值为 $x_0+(i-1)\times$step，直到满足 $x_n>x_1$ 为止。

【例Ⅰ-8】

```
>> a=1:5
a =
      1      2      3      4      5
>> b= –5:2:4
b =
     –5     –3     –1      1      3
>> c= –5:2:3
c =
     –5     –3     –1      1      3
>> d= –pi:0.5*pi:pi
d =
   –3.1416    –1.5708     0     1.5708     3.1416
```

（3）由其他矩阵构造。Matlab 可以使用已有矩阵构造更大的矩阵，例如：

【例Ⅰ-9】

```
>> a=[1 2;3 4];
>> b=[5 6;7 8];
>> c=[a b]
c =
      1      2      5      6
      3      4      7      8
>> d=[a a;b b]
d =
      1      2      1      2
      3      4      3      4
      5      6      5      6
      7      8      7      8
```

（4）由函数构造。可使用 Matlab 提供的函数生成很多特殊矩阵，常用的函数及功能如表Ⅰ-4 所列。

表Ⅰ-4 Matlab 常用的矩阵构造函数及功能

函数名	功能	函数名	功能
zeros	生成全零矩阵	eye	生成单位矩阵
ones	生成全 1 矩阵	rand	生成均匀分布随机矩阵
randn	生成正态分布随机矩阵	randperm	产生随机排列
linspace	生成线性等分向量	logspace	产生对数等分向量
hilb	产生 Hilbert 矩阵	invhilb	产生逆 Hilbert 矩阵
magic	产生魔方（Magic）矩阵	pascal	产生 Pascal 矩阵

使用函数可快速生成一些特殊矩阵，例如：

【例Ⅰ-10】

```
>> a=zeros(3);            %生成 3×3 全零矩阵
>> b=zeros(3,5);          %生成 3×5 全零矩阵
>> c=zeros(size(b));      %生成与矩阵 b 相同大小的全零矩阵
>> d=eye(4);              %生成 4×4 单位矩阵
>> e=ones(1,5);           %生成 1×5 全 1 数组
>> f=rand(3);             %生成 3×3 随机矩阵
```

%Rand 函数缺省产生[0，1]范围内的随机数，若需要生成区间[a，b]内的 4×4 随机矩阵，可采用：

```
>> a=3;b=5;
>> g=a+rand(4)*(b−a)      %生成 4×4，[3,5]范围内的随机数矩阵
g =
   4.9003   4.7826   4.6428   4.8436
   3.4623   4.5242   3.8894   4.4764
   4.2137   3.9129   4.2309   3.3525
   3.9720   3.0370   4.5839   3.8114
>> h=randperm(8)          %产生 1～8 之间整数的随机排列
h =
    8    5    6    3    7    4    2    1
>> i=linspace(0,10);      %产生 0～10 之间 100 个线性等分点
>> j=linspace(0,10,5)     %产生 0～10 之间 5 个线性等分点
j =
        0   2.5000   5.0000   7.5000   10.0000
>> k=logspace(1,5,5)      %产生 10^1～10^5 之间 5 个对数等分点
k =
          10        100       1000       10000       100000
```

Ⅰ.1.4.2 矩阵的基本运算

（1）矩阵的加、减法运算。运算符：“+”和“−”分别为矩阵的加、减运算符，运算规则与线性代数中规定的矩阵加、减法相同，相同行、列的对应元素相加、减。此外，矩阵与数值的加、减法相当于把矩阵的每一个元素都加、减该数值，例如：

【例Ⅰ-11】

```
>> a=[1 2 3;4 5 6;7 8 9]
a =
    1    2    3
    4    5    6
    7    8    9
>>b=ones(3)
b =
    1    1    1
```

```
    1    1    1
    1    1    1
>> a+b
ans =
    2    3    4
    5    6    7
    8    9   10
>> c=a–1
c =
    0    1    2
    3    4    5
    6    7    8
```

（2）矩阵的乘法。矩阵乘法使用运算符“*”，运算规则按线性代数中矩阵乘法运算规则，要求相乘双方有相邻公共维，即若矩阵 A 为 $i \times j$ 阶，与之相乘的矩阵 B 应为 $j \times k$ 阶。矩阵与数值的乘积相当于把矩阵的每个元素与该数值相乘。例如：

【例 I-12】

```
>> a=[1 2 3;4 5 6;7 8 9];
>> b=[1 1 1;2 2 2;3 3 3];
>> c=a*b
c =
    14    14    14
    32    32    32
    50    50    50
>> d=10*a
d =
    10    20    30
    40    50    60
    70    80    90
```

（3）矩阵的除法。Matlab 提供了两种除法运算：左除“\”和右除“/”。可以理解为，x=a\b 是方程 a*x =b 的解，而 x=b/a 是方程 x*a=b 的解。通常左除速度快，精度高，且可避免由于被除矩阵的奇异性带来的麻烦。但对于一般规模的矩阵，两种方法区别不大。矩阵除法提供了一种快速求解线性方程组的方法。对于线性方程组 A×x=b，其解 x=A\b。

（4）矩阵的转置与求逆。矩阵转置即将矩阵的行转换为列，运算符为“ ' ”；函数 inv 可用于求方阵的逆矩阵，引用语法为 inv(X)，若 X 为奇异阵或近似奇异阵，将给出警告信息。例如：

【例 I-13】

```
>> a=[1 2 3;4 5 6;7 8 9]
a =
    1    2    3
    4    5    6
    7    8    9
```

```
>> b=a'
b =
    1    4    7
    2    5    8
    3    6    9
```

【例Ⅰ-14】 求 $A=\begin{pmatrix}1 & 2 & 3\\ 2 & 2 & 1\\ 3 & 4 & 3\end{pmatrix}$ 的逆矩阵

```
>> a=[1 2 3;2 2 1;3 4 3];
>> b=inv(a)   %求 a 的逆矩阵
b =
    1.0000     3.0000     –2.0000
    –1.5000    –3.0000    2.5000
    1.0000     1.0000     –1.0000
>> a*b      %验证 a*b
ans =
    1.0000    0         0
    –0.0000   1.0000    0.0000
    –0.0000   0         1.0000
```

（5）获得矩阵的尺寸。可通过 size 函数获得矩阵的尺寸，最简单的调用格式为：size(v)，v 为矩阵名。

【例Ⅰ-15】

```
>> a=ones(3)
a =
    1    1    1
    1    1    1
    1    1    1
>> size(a)
ans =
    3    3
```

（6）数学函数。Matlab 提供了丰富的函数用于矩阵运算，常用的部分数学函数及功能如表Ⅰ-5 所列。对表中的大多数函数来说，当 x 为数值时，直接对该数值进行计算；当 x 为数组或矩阵时，对数组或矩阵中的每一个元素单独进行计算。

表Ⅰ-5　Matlab 的常用数学函数及功能

函数名	功能	函数名	功能
abs(x)	实数的绝对值或复数的长度	angle(x)	复数 x 的相角
real(x)	复数 x 的实部	imag(x)	复数 x 的虚部
conj(x)	复数 x 的共轭复数	round(x)	四舍五入取整
fix(x)	舍去小数至最近整数	rats(x)	将实数 x 化为分数表示
floor(x)	x 向下取整	ceil(x)	x 向上取整

续表

函数名	功能	函数名	功能
sign(x)	x<0 时，返回–1 x=0 时，返回 0 x>0 时，返回 1	rat(x)	将实数 x 化为多项分数展开
sin(x)	正弦函数	asin(x)	反正弦函数
cos(x)	余弦函数	acos(x)	反余弦函数
tan(x)	正切函数	atan(x)	反正切函数
sinh(x)	双曲正弦函数	asinh(x)	反双曲正弦函数
cosh(x)	双曲余弦函数	acosh(x)	反双曲余弦函数
tanh(x)	双曲正切函数	atanh(x)	反双曲正切函数
exp(x)	计算 e^x	log(x)	自然对数
log2(x)	以 2 为底的 x 的对数值	log10(x)	以 10 为底的对数值

【例Ⅰ-16】

```
>> sin(0)                  %对数值进行计算
ans =
     0
>> a=linspace(0,2*pi,9)    %产生 0～2π 之间的 9 个线性等分点
a =
  0   0.7854   1.5708   2.3562   3.1416   3.9270   4.7124   5.4978   6.2832
>> sin(a)                  %计算数组中每一个元素的正弦值
ans =
     0   0.7071   1.0000   0.7071   0.0000   –0.7071   –1.0000   –0.7071   –0.0000
```

Matlab 提供的通用函数格式为 funm(x,'funname')，其中 x 为待计算的矩阵变量，funname 为调用的函数名。例如 funm(x,'sin')等同于 sin(x)。

（7）矩阵运算函数。表Ⅰ-6 列出了矩阵运算函数及其用法。

表Ⅰ-6 Matlab 的矩阵运算函数及其用法

函数名	用法	功能
expm①	exmp(x)	计算 e^x
logm①	logm(x)	计算矩阵 x 的对数，是 expm 的反函数
sqrtm①	sqrtm(x)	计算矩阵 x 的平方根 $x^{1/2}$。
det	det(x)	返回方阵 x 的多项式的值
trace	trace(x)	矩阵 x 的迹，即对角线元素之和
rank	rank(x)	矩阵的秩
cond	cond(x)	矩阵 x 的 2 范数的条件数
	cond(x,p)	求矩阵 x 的 p 范数的条件数，p 的值可以是 1、2、inf 或者‘fro’
condest	condest(x)	求矩阵的 1 范数条件数的估计值
rcond	rcond(x)	计算矩阵的条件数的倒数值
norm	norm(x)	计算矩阵 x 的 2 范数
	norm(x,p)	求矩阵 x 的 p 范数，p 的值可以是 1、2、inf 或者‘fro’
normest	normest(x,tol)	计算矩阵 x 的 2 范数的估计值，tol 为允许的最大相对误差
rem	rem(x,a)	计算 x 矩阵除以模数 a 后的余数

① 注意函数 expm、logm、sqrtm 是对整个矩阵进行计算，而函数 exp、log、sqrt 则是对矩阵的每个元素进行计算。

（8）矩阵的特殊运算函数。

① 矩阵对角线元素的抽取（diag）。diag 函数用于矩阵对角线元素的抽取，调用格式为：diag(v,k)。v 为待抽取矩阵，k 为待抽取的对角线位置。当省略参数 k 或 k=0 时，抽取 v 的主对角线；当 k>0 时，抽取主对角线上方第 k 条对角线；当 k<0 时，抽取主对角线下方第 k 条对角线。

【例 I-17】

```
>> a=[1 2 3;4 5 6;7 8 9];
>> b=diag(a)'            %语句末的'把列向量转置为行向量并显示
b =
      1      5      9
>> b=diag(a,1)'
b =
      2      6
```

② 上三角阵和下三角阵的抽取。函数 triu 和 tril 用于矩阵上三角阵和下三角阵的抽取，调用格式为：

triu(v)：抽取矩阵 v 的主对角线的上三角部分；

triu(v,k)：抽取矩阵 v 的第 k 条对角线的上三角部分；k=0 为主对角线；k>0 为主对角线以上；k<0 为主对角线以下；

tril(v)：抽取矩阵 v 的主对角线的下三角部分；

tril(v,k)：抽取矩阵 v 的第 k 条对角线的下三角部分；k=0 为主对角线；k>0 为主对角线以上；k<0 为主对角线以下。

【例 I-18】

```
>> a=[1 2 3 4;5 6 7 8;9 10 11 12;13 14 15 16];
>> tril(a)                        %抽取下三角阵
ans =
     1     0     0     0
     5     6     0     0
     9    10    11     0
    13    14    15    16
>> triu(a,1)                      %抽取主对角线上方第一条对角线以上部分
ans =
     0     2     3     4
     0     0     7     8
     0     0     0    12
     0     0     0     0
```

③ 矩阵的变维。矩阵的变维函数为 reshape，调用格式为：

reshape(a,m,n,…)：使用矩阵 a 的元素构成 m×n…矩阵；注意 a 的元素个数应与 m×n 相等，否则会导致变维错误。

【例Ⅰ-19】

```
>> a=[1 2 3 4 5 6];
>> reshape(a,2,3)   %将行向量 a 转换为 2×3 矩阵
ans =
    1    3    5
    2    4    6
```

④ 矩阵的变向　常用的矩阵变向函数及其用法包括：

```
rot90(v)            %将矩阵 v 逆时针方向旋转 90°；
rot90 (v,k)         %将矩阵 v 逆时针方向旋转 k×90°，k 可取正负整数；
fliplr(v)           %将矩阵 v 左右翻转；
flipud(v)           %将矩阵 v 上下翻转；
```

⑤ 复制和平铺矩阵。函数 repmat 用于矩阵的复制和平铺。调用格式为：repmat(v,m,n)，将矩阵 v 复制 m×n 块，平铺构成新的矩阵。

【例Ⅰ-20】

```
>> a=[1 2;3 4]
a =
    1    2
    3    4
>> b=repmat(a,3,3)
b =
    1    2    1    2    1    2
    3    4    3    4    3    4
    1    2    1    2    1    2
    3    4    3    4    3    4
    1    2    1    2    1    2
    3    4    3    4    3    4
```

⑥ 矩阵的比较和逻辑运算。矩阵的比较是针对两个矩阵对应位置的元素，所以在使用关系运算时，首先应该保证两个矩阵的维数一致或其中一个矩阵为标量。比较结果是一个与待比较矩阵同维的矩阵，若满足关系，则将结果矩阵中该位置元素置为 1，否则置 0。

Matlab 的比较运算符如表Ⅰ-7 所列。

表Ⅰ-7　Matlab 的比较运算符

运算符	含义	运算符	含义
>	大于	<	小于
==	等于	>=	大于等于
<=	小于等于	~=	不等于

【例Ⅰ-21】

```
>> a=[1 2 3 4;5 6 7 8];
>> b=[4 3 2 1;8 7 6 5];
>> a==b     %注意此处两个等号表示逻辑判断
```

```
ans =
    0    0    0    0
    0    0    0    0
>> a>b
ans =
    0    0    1    1
    0    0    1    1
>> a<b
ans =
    1    1    0    0
    1    1    0    0
```

与比较运算相似，矩阵的逻辑运算也是针对两个矩阵对应位置元素的，Matlab 的逻辑运算符与运算规则如表Ⅰ-8所列。

表Ⅰ-8　Matlab 的逻辑运算符与运算规则

<table>
<tr><th>含义</th><th>运算符</th><th>等价函数</th><th>运算规则</th></tr>
<tr><td>与运算</td><td>&</td><td>and(a,b)</td><td>若两个数均非 0，结果为 1，否则结果为 0</td></tr>
<tr><td>或运算</td><td>|</td><td>or(a,b)</td><td>若两个数均为 0，结果为 0，否则结果为 1</td></tr>
<tr><td>非运算</td><td>~</td><td>not(a,b)</td><td>若元素值非 0，结果为 0，否则结果为 1</td></tr>
<tr><td>异或运算</td><td></td><td>xor(a,b)</td><td>若相应的两个数中一个为 0，一个非 0，则结果为 1，否则为 0</td></tr>
</table>

【例Ⅰ-22】

```
>> a=[1 2 3 4;5 6 7 8];
>> b=[0 0 1 0;0 0 0 1];
>> a&b
ans =
    0    0    1    0
    0    0    0    1
>> a|b
ans =
    1    1    1    1
    1    1    1    1
>> ~b
ans =
    1    1    0    1
    1    1    1    0
>> xor(a,b)
ans =
    1    1    0    1
    1    1    1    0
```

Ⅰ.2 变量和工作区的管理

Matlab 把所有变量保存在工作区（Workspace）中，用户可通过工作区窗口查看和编辑当前工作区中的变量。此外，Matlab 还提供了丰富的命令用于工作区和变量的查看、删除、保存、调入等操作。以下简要介绍主要的工作区和变量管理函数。

Ⅰ.2.1 变量的查找

who 和 whos 命令可以列出当前工作区中各个变量的信息。who 函数仅给出变量名，whos 则返回变量的详细信息。

【例Ⅰ-23】

```
>> a=1;
>> b=2;
>> c=3;
>> who                          %列出工作区中变量的简要信息
Your variables are:
a   b   c
>> whos                         %列出工作区中变量的详细信息
  Name      Size           Bytes   Class
  a         1x1            8   double array
  b         1x1            8   double array
  c         1x1            8   double array
Grand total is 3 elements using 24 bytes
```

who 和 whos 函数还可用于确认某变量是否存在，例如接上例：

```
>> whos d                       %若变量不存在，无返回
>> whos a                       %若变量存在，则返回相关信息
  Name      Size           Bytes   Class
  a         1×1            8   double array
```

Ⅰ.2.2 变量的保存和读取

通常程序运行时会把计算结果保存在变量中，Matlab 提供了文件操作命令，用户可方便地把变量的值保存到磁盘文件中，并在需要时从文件中读取。实现这一功能的函数是 save 和 load。

save 函数用于把整个工作区或某些变量保存到磁盘文件中，常见语法为：

save [保存选项]filename [待保存变量名]

filename 用于指定文件名，可包含文件路径。

保存选项用于指定保存文件的格式等，常用取值和解释如表Ⅰ-9 所列。

表 I-9 save 函数的保存选项参数

参数值	说明
-MAT 或省略	使用二进制格式保存
-ASCII	使用 8 位 ASCII 字符保存
-ASCII –DOUBLE	使用 16 位 ASCII 字符保存
-APPEND	把变量添加到现有文件之后（该选项仅用于二进制格式）

待保存变量名用于指定需要保存的变量名，如不指定，则缺省保存整个工作区中的全部变量。

Load 函数用于把 save 函数保存的变量值从文件中读取到工作区，调用格式为：

load [读取选项] filename [待读取变量名]

filename 用于指定待读取的文件名，可包含文件路径。若 filename 未指定扩展名，Matlab 将自动查找 filename.mat 文件并将其作为二进制 MAT 格式文件处理；若未找到 filename.mat 文件或用户指定了.mat 以外的扩展名，Matlab 以 ASCII 格式打开文件。读取选项用于指定待读取文件的格式等，常见取值和解释如表 I-10 所列；待读取变量名用于指定需要读取的变量名，如不指定，则把文件中的所有变量读取到工作区。

表 I-10 load 函数的读取选项参数

参数值	说明
-MAT 或无扩展名	以二进制格式读取文件
-ASCII	以 ASCII 格式读取文件

【例 I-24】

```
>> a=[1 2 3];
>> b=[4 5 6];
>> who                    %显示当前工作区中的变量
Your variables are:
a    b
>> save d:\1.mat          %把当前工作区中的全部变量保存到 d:\1.mat 文件
>> clear all              %清除当前工作区的全部变量
>> who                    %显示当前工作区中的变量，当前无变量，Matlab 无返回值
>> load d:\1.mat
>> who
Your variables are:
a    b
```

I.2.3 变量的清除

如果 Matlab 的工作区中存有许多已经不再使用的变量或函数，会占用很多的内存资源。可使用 clear 函数将用不到的变量和函数从内存中清除，调用格式如下：

clear：清除当前工作区中的全部变量

clear+变量名：清除变量名指定的变量

Ⅰ.3 Matlab 的常用图形处理功能

Matlab 提供了功能强大的图形可视化和图像处理功能，几乎可以满足工程、科学计算中全部的图形图像处理需要。用户可以选择直角坐标、极坐标等不同的坐标系绘制平面曲线、空间曲线、直方图、向量图、空间网面图、空间表面图等图形，还可对图形作进一步加工，如添加标注、修改颜色、变换视角、取局部视图、生成切片图、生成动画等。本节简要介绍 Matlab 的图形处理函数及其应用，以便读者能尽快掌握并将其运用到实践中去。

Ⅰ.3.1 图形窗口与子图的操作命令

Matlab 使用图形窗口显示图形，常用的命令有以下几种。

（1）figure。当用户第一次使用该命令时，Matlab 会自动打开一个图形窗口用于输出图形。如果在执行命令前已经存在若干个图形窗口，则输出到当前图形窗口。此外，用户也可以用 figure 命令自行创建图形窗口，其常用调用形式有两种。

figure 建立一个新的空白图形窗口，并自动编号。Matlab 自动将第一个图形窗口编号为 1，每增加一个图形窗口，则编号自动加 1。

figure (n) 建立一个编号为 n（n 为正整数）的图形窗口，若编号为 n 的图形窗口已经存在，则将其设定为当前窗口。此后的图形命令均输出到当前窗口。

（2）clf 清除图形窗口。从当前图形窗口中删除所有句柄未隐藏的图形对象，用法：clf。

（3）close 关闭图形窗口。close 关闭当前图形窗口；close(n) 关闭整数 n 指定的图形窗口；close all 关闭所有没有指定隐藏的图形窗口。

（4）hold 图形的保存。缺省条件下，每次使用绘图命令绘制图形时都会将前面已经绘制的图形覆盖掉，使用 hold 命令可以使 Matlab 不删除原图形，在原图上增加新的图形，语法为：

hold on 在上一次的图形上增加图形；

hold off 不保存上一次的图形。

（5）subplot 子图命令。有时为了便于不同数据的比较，需要在一个图形窗口上绘制多个图形。这时可以用 subplot 命令将当前图形窗口分割为几个子图，从而可在不同子图中绘制不同的数据图像。命令格式为：subplot (m, n, i)，把当前图形窗口分割为 m×n 个子图，并指定第 i 个子图为当前视图。每个子图等同于一个完整的图形窗口，可在其中完成各种图形操作。

【例 Ⅰ-25】

```
>> x=linspace(-pi,pi,100);          %设定 x 的值
>> y1=sin(x);
>> y2=cos(x);
>> y3=sqrt(abs(x));                 %abs 为取绝对值的函数
>> y4=x.^2;
>> figure(1)                        %建立图形窗口
>> subplot(2,2,1);                  %绘制第一个子图
>> plot(x,y1)
>> subplot(2,2,2)                   %绘制第二个子图
>> plot(x,y2)
>> subplot(2,2,3)                   %绘制第三个子图
```

```
>> plot(x,y3)
>> subplot(2,2,4)                    %绘制第四个子图
>> plot(x,y4)
```

完成后的图形如图Ⅰ-1所示。

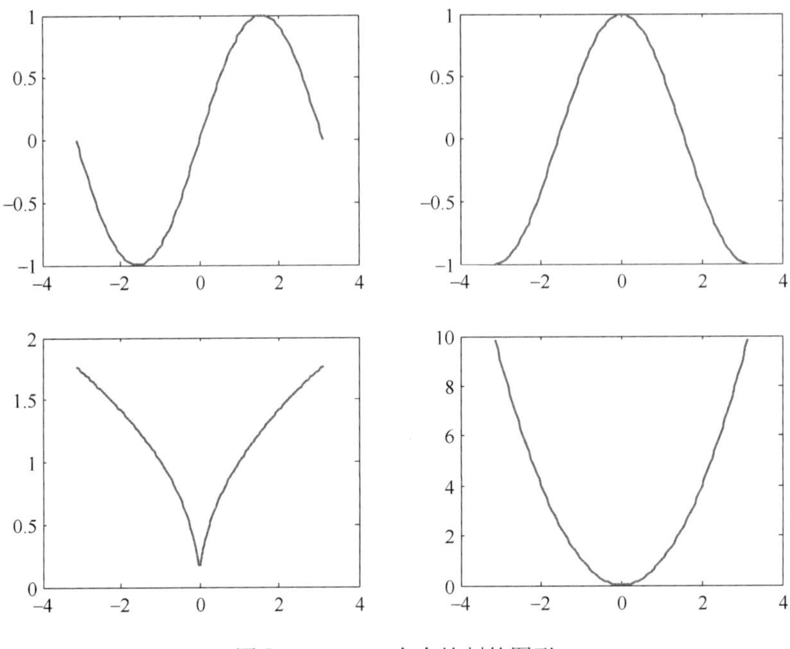

图Ⅰ-1 subplot 命令绘制的图形

Ⅰ.3.2 二维图形绘制命令

plot 命令：plot 是 Matlab 最常用的图形绘制命令，用于绘制线性二维图形。在绘制线条多于一条时，Matlab 会自动指定图线的颜色和形式，以区别不同的线条。常见调用形式有以下几种。

（1）plot(y)：若 y 为实数向量，以 y 中各元素在向量中的序号为横坐标，各元素数值为纵坐标值绘制图形。

【例Ⅰ-26】

```
>> y=[1 2 3 4 5];
>> plot(y)                           %如图Ⅰ-2(a)所示
```

（2）plot(x,y)：一般用于绘制向量 y 对向量 x 的图形；若 y 为矩阵，则绘制 x 的各列向量或行向量对 x 的图线。

【例Ⅰ-27】

```
>> x=linspace(-pi,pi,100);           %设定x的值，生成-π,π之间的离散数据点
y1=sin(x);
y2=cos(x);
>> plot(x,y1);
>> hold on                           %保留图形窗口已有的图形
>> plot(x,y2)                        %如图Ⅰ-2(b)所示
```

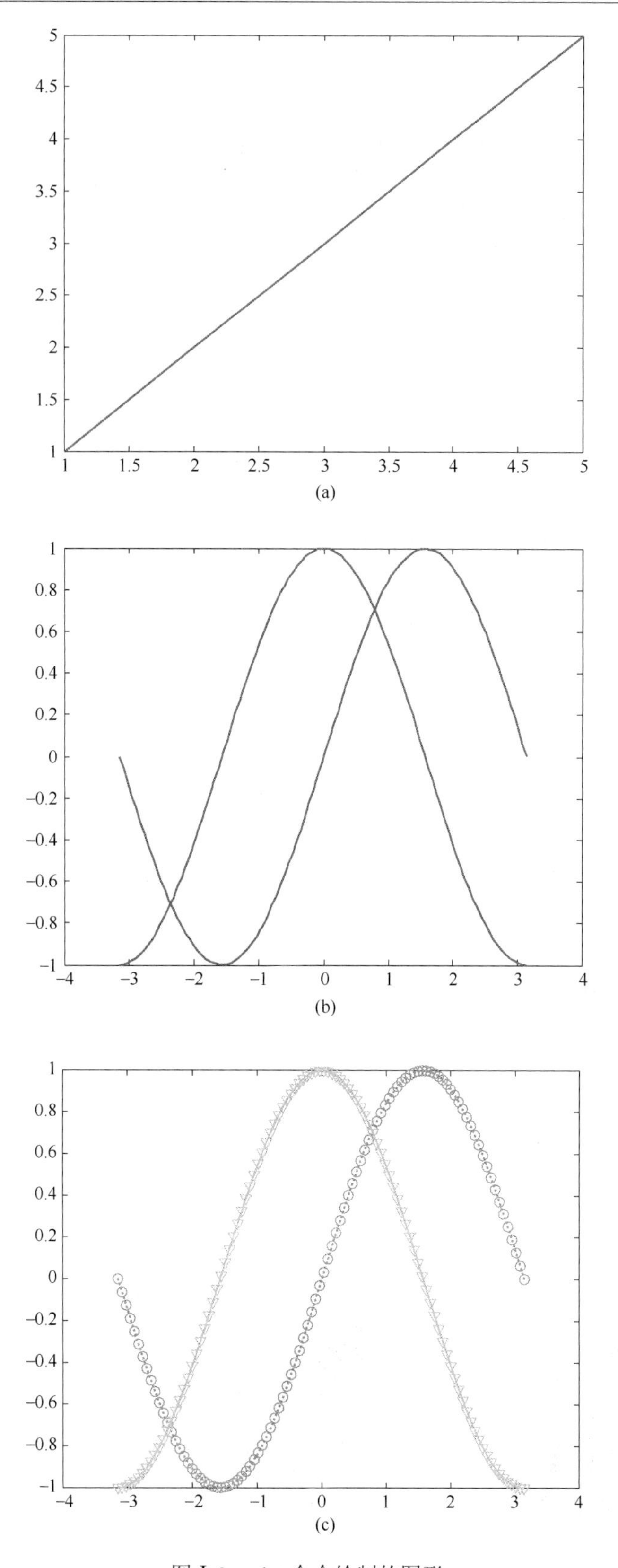

图Ⅰ-2 plot 命令绘制的图形

（3）plot(x,y,LineSpecs)：x,y 的含义与上例相同，LineSpecs 为格式字符串，用于指定所绘制图线的线形、颜色、坐标等。Matlab 允许的线条定义属性如表Ⅰ-11 所列。

表Ⅰ-11　Matlab 允许的线条定义属性

颜色选项		线形选项		数据点标记选项			
字符	含义	字符	含义	字符	含义	字符	含义
b	蓝色	-	实线	+	加号	o	小圆圈
g	绿色	--	虚线	*	星号	·	实点
r	红色	:	点线	x	x 符号	D	菱形
c	青色	-.	点划线	^	上三角	V	下三角
m	品红	不指定	不画线	>	右三角	<	左三角
y	黄色			s	正方形	h	六角形
k	黑色			p	五边形		
w	白色						

【例Ⅰ-28】

```
>> x=linspace(-pi,pi,100);   %设定 x 的值
y1=sin(x);
y2=cos(x);
>> plot(x,y1,':mo');      %点线、品红色、圆圈标记
>> hold on;               %保留图形窗口已有的图形
>> plot(x,y2,'-gv');      %实线、绿色、下三角标记；完成后如图Ⅰ-2(c)所示
```

其他常用二维绘图命令：Matlab 提供了丰富的二维绘图命令，常用绘图命令列于表Ⅰ-12，图Ⅰ-3 给出了部分二维绘图命令的应用例子。

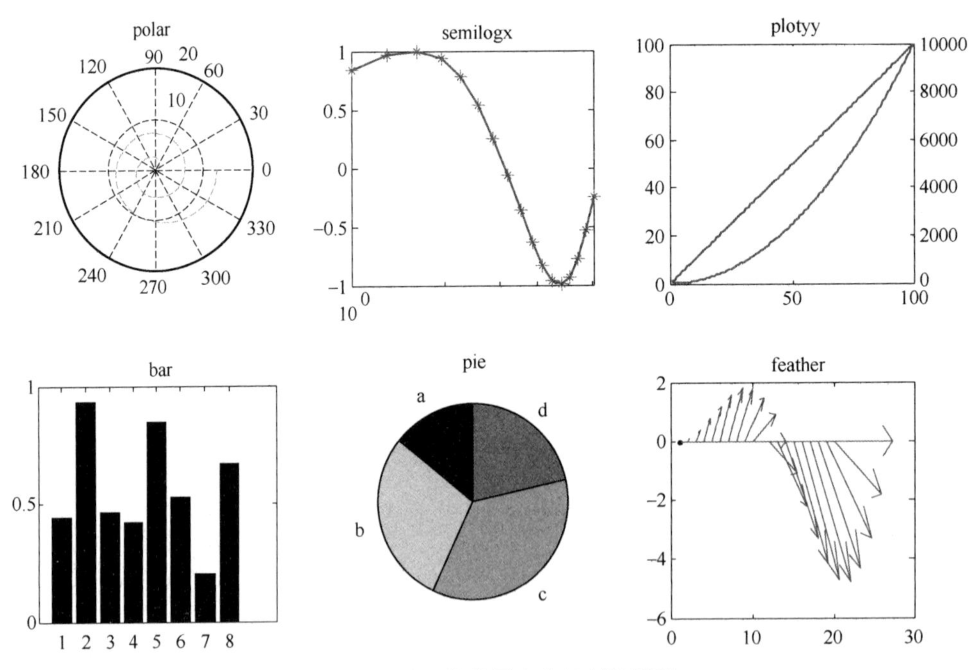

图Ⅰ-3　部分二维绘图命令绘制的图形

表Ⅰ-12 Matlab 的常用图形函数

函数名	功能	函数名	功能
area	填充绘图	pareto	Pareto 图
bar	条形图	pie	饼图
barh	水平条形图	plotmatrix	分散矩阵绘制
comet	彗星图	plotyy	双纵坐标绘图
errorbar	误差带图	polar	极坐标绘图
ezplot	简单绘制函数图	ribbon	三维图的二维条状显示
feather	矢量图	scatter	散射图
fill	多边形填充	semilogx	x 为对数坐标绘图
fplot	函数绘图	semilogy	y 为对数坐标绘图
hist	直方图	stem	离散序列柄状图
loglog	x,y 均为对数坐标绘图	stairs	阶梯图

Ⅰ.3.3 三维图形绘制命令

工程计算中常常需要把数据表示为三维图形，如反应器内的反应物浓度分布、换热器内的温度分布等。Matlab 的三维绘图功能十分强大，常用绘图命令列于表Ⅰ-14。常用的三维绘图函数有以下几种。

（1）plot3 函数。plot3 命令将绘制二维图形的函数 plot 的用途扩展到三维空间。其调用方式和二维绘图函数 plot 基本相同，主要区别在于 plot3 函数包括第三维的信息（z 轴数据）。一般调用格式为：plot3(x,y,z,LineSpecs)，这里 x, y 和 z 是向量或矩阵，分别表示数据的 x,y,z 三维坐标，LineSpecs 为格式字符串，用于指定所绘制图线的线形、颜色、标记等，其定义与 plot 函数相同，可参见表Ⅰ-11。

【例Ⅰ-29】

```
>> t=0:pi/50:10*pi;                %设定 t 的初值
>> plot3(sin(t),cos(t),t)          %分别以 sin(t),cos(t),t 为 x,y,z 轴坐标绘制三维图
>> title('plot 3');                %设定图形的标题
>> xlabel('sin(t)')                %设定 x 轴标题
>> ylabel('cos(t)')                %设定 y 轴标题
>> zlabel('t')                     %设定 z 轴标题
>> grid on                         %打开坐标网格
```

完成后的图形如图Ⅰ-4（a）所示。

【例Ⅰ-30】 通过实验测定了 CO_2 在醇氨类离子液体 HEF 中的溶解度，如表Ⅰ-13 所列，试绘制其三维图像。

表Ⅰ-13 CO_2 在醇氨类离子液体 HEF 中的溶解度数据

压力/MPa	温度/K	x_{CO_2}	压力/MPa	温度/K	x_{CO_2}	压力/MPa	温度/K	x_{CO_2}
0.44	303.2	0.034	0.51	313.2	0.0304	0.59	323.2	0.0271
1.57	303.2	0.105	1.6	313.2	0.0831	1.63	323.2	0.0697
1.85	303.2	0.116	1.98	313.2	0.1001	2.18	323.2	0.0895
2.06	303.2	0.1279	2.22	313.2	0.1099	2.42	323.2	0.0964
4.05	303.2	0.2113	4.33	313.2	0.1796	4.55	323.2	0.1535
5.54	303.2	0.2575	5.86	313.2	0.2101	6.13	323.2	0.1914
6.94	303.2	0.2885	7.46	313.2	0.2428	7.99	323.2	0.2136
7.89	303.2	0.3083	8.69	313.2	0.2468	9.53	323.2	0.2179
8.13	303.2	0.3082	9.09	313.2	0.2437	10.01	323.2	0.2189

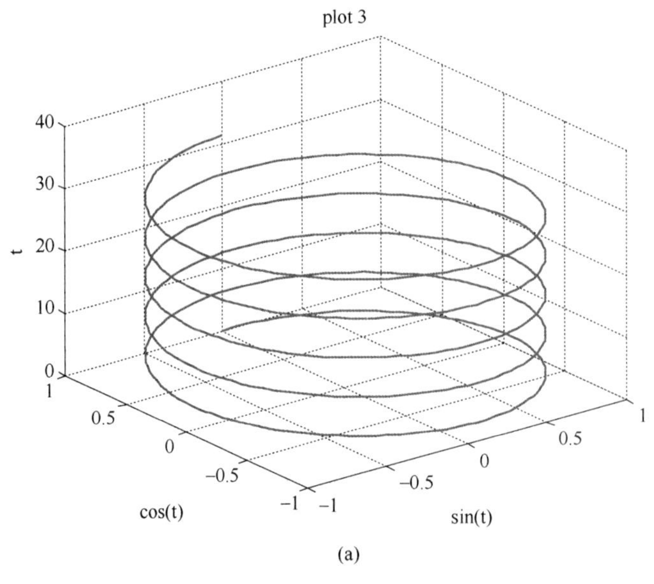

(a)

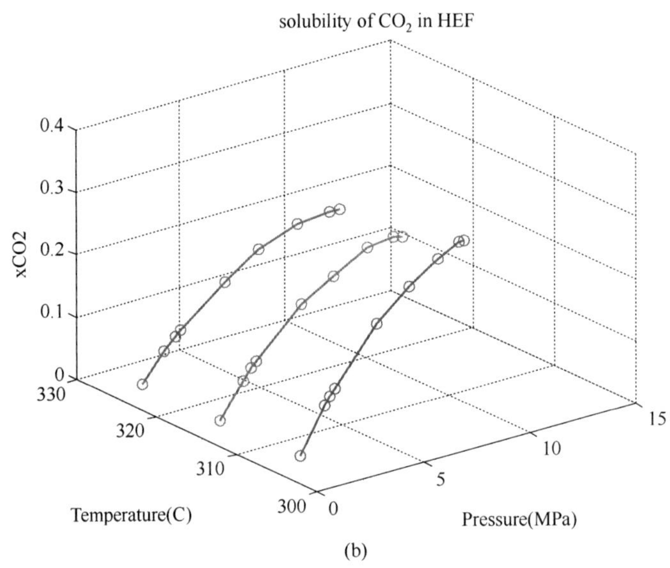

(b)

图 I-4　plot3 命令绘制的图形

```
>> x=[0.44    1.57    1.85    2.06      4.05   5.54     6.94     7.89     8.13;
      0.51    1.6     1.98    2.22      4.33   5.86     7.46     8.69     9.09;
      0.59    1.63    2.18    2.42      4.55   6.13     7.99     9.53     10.01] ';
>> y=[303.2   303.2   303.2   303.2     303.2  303.2    303.2    303.2    303.2;
      313.2   313.2   313.2   313.2     313.2  313.2    313.2    313.2    313.2;
      323.2   323.2   323.2   323.2     323.2  323.2    323.2    323.2    323.2] ';
>> z=[0.034   0.105   0.116   0.1279    0.2113  0.2575    0.2885  0.3083  0.3082;
      0.0304  0.0831  0.1001  0.1099    0.1796  0.2101    0.2428  0.2468  0.2437;
      0.0271  0.0697  0.0895  0.0964    0.1535  0.1914    0.2136  0.2179  0.2189] ';
>> plot3(x,y,z,'-o')                    %分别以 x,y,z 为坐标绘制三维图
```

```
>> title('solubility of CO2 in HEF')      %设定图形的标题
>> xlabel('Pressure (MPa)')               %设定 x 轴标题
>> ylabel('Temperature (C)')              %设定 y 轴标题
>> zlabel('xCO2')                         %设定 z 轴标题
>> grid on                                %打开坐标网格
```

完成后的图像如图Ⅰ-4(b)所示。

（2）view 函数。Matlab 中可通过函数 view 改变所有类型的二维和三维图形的图形视角，调用格式为：

view(az,el)，其中 az 和 el 分别为水平角度（方位角）和垂直角度（仰角），单位为角度。例如 view(0,90)将显示图形的顶视图。

（3）meshgrid 函数。在工程应用中，对于已知的函数关系 $z=f(x,y)$，常常需要研究 x、y 在一定范围内变化时 z 的变化规律，三维网格图形是一种直观、方便的研究手段。绘制这样的三维图首先要生成 x、y 在一定范围内根据一定间隔生成的网格，然后计算 z(i,j)=f(x(i,j),y(i,j))。Matlab 提供了 meshgrid 函数快速生成 x,y 的网格。

【例Ⅰ-31】 绘制函数 $z=(x+y)^2$ 在 $x\in[-2,2], y\in[1,4]$ 范围内的三维图像。

```
>> x= -2:2                                %指定 x 的取值范围
x =
    2    1    0    1    2
>> y=1:4                                  %指定 y 的取值范围
y =
    1    2    3    4
>> [X,Y]=meshgrid(x,y)                    %根据 x、y 生成网格，并赋值给变量 X、Y
X =                                       %注意 X、Y 和 x、y 是不同的变量
    2    1    0    1    2
    2    1    0    1    2
    2    1    0    1    2
    2    1    0    1    2
Y =
    1    1    1    1    1
    2    2    2    2    2
    3    3    3    3    3
    4    4    4    4    4
>>Z=(X+Y).^2                              %计算函数 Z=(x+y)^2 在网格 X、Y 处的值，注意大写
Z =
    1    0    1    4    9
    0    1    4    9   16
    1    4    9   16   25
    4    9   16   25   36
```

当X、Y、Z的值已确定后，即可采用三维绘图命令如mesh、surf等绘制图形。

（4）Matlab的三维绘图函数。Matlab的常用三维绘图函数及其说明如表Ⅰ-14所列。其中很多函数如mesh, meshc, meshz, waterfall, surf等使用方法大体相同，以下以mesh函数为例进行介绍。生成X，Y网格并计算获得Z值后，mesh的调用格式为：

mesh(X,Y,Z)

表Ⅰ-14　Matlab提供的三维绘图函数及其说明

函数名	说明
contour	二维等值线图，即从上向下看contour3等值线图
contour3	等值线图
fill3	填充的多边形
mesh	网格图
meshc	具有基本等值线图的网格图
meshz	有零平面的网格图
pcolor	二维伪彩色绘图，即从上向下看surf图
plot3	直线图
quiver	二维带方向箭头的速度图
surf	曲面图
surfc	具有基本等值线图的曲面图
surfl	带亮度的曲面图
waterfall	无交叉线的网格图

【例Ⅰ-32】 绘制函数$z=(x+y)^{1.5}+5$在$x\in[2,2],y\in[2,5]$范围内的三维图像。

说明：本例网格的生成部分与例Ⅰ-32相同，区别在于本例中x,y的矩阵步长较小，生成的网格更精细。

```
>> x= –2:0.2:2;                %指定x的取值范围
>> y=1:0.2:4;                  %指定y的取值范围
>> [X,Y]=meshgrid(x,y)         %根据x、y生成网格，并赋值给变量X、Y
                               %注意X、Y和x、y是不同的变量
>> Z=(X+Y).^1.5+5;             %计算函数Z=(x+y)^2在网格X、Y处的值，注意大写
>> mesh(X,Y,Z);
>> title('mesh');xlabel('x');ylabel('y');zlabel('z')      %设定标题
```

mesh函数将邻接的点用直线连接起来形成网状曲面，其结果好像以数据点为结点的渔网，如图Ⅰ-5左上所示。可观察到线的颜色与网格的高度有关，由matlab自动设置。用户也可通过colormap函数自定义颜色。图Ⅰ-5还给出了其他几个常用绘图函数的绘图结果。

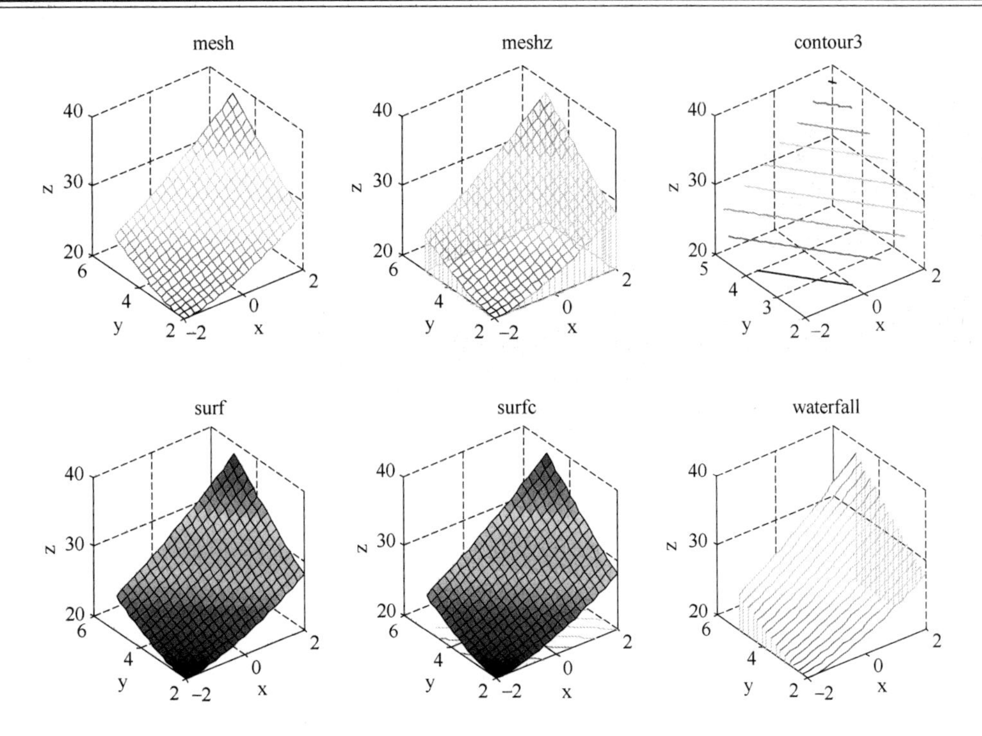

图 I-5 常用三维绘图函数绘制的图形

附录 II 学术论文撰写规范示例

II.1 某期刊投稿简则

本期刊设下列栏目。

综合评述——结合我国实际和本人工作，评述当前化学学科的研究热点和前沿课题，全文限 5～6 印刷页。

研究论文——报道创新性的研究成果，全文限 3～5 印刷页，中英文摘要必须写出主要数据结果和结论。

研究简报——报道阶段性研究成果，全文限 2～3 印刷页，中英文摘要必须写出主要数据结果和结论。

研究快报——扼要报道研究工作最新成果，全文限 1～2 印刷页，附中、英文摘要，并注明本工作的创新性。

来稿需论点明确，数据翔实，使用的单位符号及物理量应符合新版国标 GB 3100～3102—93《量和单位》的各项规定。来稿不许一稿两投，如有侵权事宜作者自负。

① 题目：应突出主题，概括性强，题目字数一般不超过 20 个字。每篇稿件应附 3～8 个（中、英文）关键词。注明文章的中国图书馆分类号。作者：写明工作单位全称、城市和邮政编码。以*号注明通信联系人。第 1 页底脚注明基金资助项目类别及批准号，写明通信联系人简介、电话、E-mail 及研究方向。

② 实验部分：试剂和主要仪器须注明来源、规格和型号；实验方法有实质性改进时应写明改进处，如系作者创新，可详述，以便他人重演。如按前人方法所做只注明所依据的文献。

③ 表和图：使用三线表；制图需坐标标记完整，实验点清楚。照片清晰，物理量的数值以量和单位符号比形式表达。电镜照片的放大标尺直接画（贴）在图内右下角。图、表的题目、表栏目和注释均用中英文对照形式表述。图和照片总数一般不超过 6 幅。

④ 中、英文摘要：主题突出，能反映全文主要创新内容，研究目的，给出主要结果和数据，具有相对独立性。

⑤ 参考文献：综合评述、研究论文、研究简报和研究快报的文献分别限于 25、15、10 和 5 条之内，文献须核对无误，请勿引用非公开出版刊物。文献著录格式，按 GB/T 3179—2009《期刊编排格式》规定书写。如：

[1] Snyder L R, Kirkland J J, Auths(著). GAO Chao(高超)，CHEN Xin-Min(陈新民) Trans(译). YANG Ming-Biao(杨明彪)Proof(校).Introduction to Modern Liquid Chromatography(现代液相色谱法导论)[M]，2nd Edn(第 2 版). Beijing(北京)：Chemical Industry Press(化学工业出版社)，1988：16

[2] MO Zhi-Shen(莫志深).//WU Ren-Jie(吴人洁)Chief-Edr(主编). Application of Modern Analytical Techniques in High Polymers(现代分析技术在高聚物中的应用)[M], Chapt.5(第 5 章). Shanghai(上海)：Science and Technology Press(科学技术出版社)，1987

[3] Barnard A,Saponjic Z, Tiede D, Rajh T, Curtiss L.2nd International Conference on Nanomaterials and Nanotechnologeies[C], Reviews on Advanced Materials Science, 2005(10):21

[4] ZHANG Qi-Sheng(张其胜)，ZHOU Quan-Guo(周全国)，CHENG Yan-Xiang(程延祥)，MA Dong-Ge(马东阁)，WANG Li-Xiang(王利祥). Chinese J Appl Chem (应用化学)[J]，2006, 23(5):570

[5] ZHOU Guang-Yuan(周光远)，JIN Guo-Xin(金国新)，HUANG Bao-Tong(黄葆同). Symposium on Metallocene Catalyzed Polymerization and Reaction Engineering(茂金属催化聚合及聚合反应工程研讨会)[C]，Hangzhou(杭州)，1998:5

[6] WANG Bing-Quan(王炳全). Doctoral Dissertation[博士学位论文].Changchun(长春)：Changchun Institute of Applied Chemistry, Chinese Academy of Sciences(中国科学院长春应用化学研究所)，2000

[7] ZHANG Hong-Jie(张洪杰)，SUN Run-Guang(孙润光)，YANG Kui-Yue(杨魁跃)，NI Jian-Zan(倪嘉缵).CN 96 118 926.6[P]，2001

Ⅱ.2 某研究所研究生学位论文撰写规则（选编）

1 学位论文的基本要求

学位论文必须是一篇系统、完整的学术论文，是学位申请者在导师指导下独立完成的研究成果，其学术观点必须明确，且逻辑严谨，文字通畅，不得抄袭和剽窃他人成果。

1.1 硕士学位论文应在基础研究或应用研究领域选择有创新意义的课题，对所研究的课题要有新的见解，且必须有一定的工作量，能表明作者在本门学科内掌握了坚实的基础理论和系统的专门知识，具有从事科学研究或独立负担专门技术工作的能力。硕士研究生用于论文工作的时间一般不得少于一年半。

1.2 博士学位论文应选择在国际上属于学科前沿或对国家经济建设和社会发展有重要意义的课题，要突出论文在科学和专门技术上的创新性和先进性，能表明作者在本门学科掌握了坚实宽广的基础理论和系统深入的专门知识，具有独立从事科学研究工作的能力，作出有创造性的成果。博士学位论文工作是培养博士学位研究生最重要的环节，其工作时间一般不应少于两年。

2 学位论文的版面和文字格式

2.1 研究生学位论文必须用中文书写。

论文“题目”：黑体小三号；

论文“章”：黑体四号；

论文“节”：黑体小四号；

正文：宋体小四号。

2.2 页眉：奇数页为各章名称，如：“摘要”“1 文献综述”等，偶数页为论文题目(字体：宋体，字号：10 号)。

2.3 论文用 A4 纸打印，要求纸的四周留足空白边缘，以便装订、复制和读者批注。版心尺寸为：243mm×155mm，页边距设置为：左，30mm；右，25mm；上，27mm；下，27mm。

2.4 为便于国际合作与交流，学位论文可有英文或其他文字的副本。

3 学位论文的结构和排列顺序

学位论文一般由以下几个部分组成：封面、题名页、论文摘要、论文目录、正文、符号表、参考文献、发表文章目录、附录、致谢。

3.1 封面

根据国家标准 GB/T 7713.1—2006《学位论文编写规则》的封面要求，特规定学位论文封面采用统一格式。封面用纸为 150 克花纹纸，博士学位论文封面为红色，硕士学位论文封面为蓝色。

3.1.1 分类号

封面左上角注明分类号。一般应注明《中国图书资料分类法》的类号，可到图书馆查询。同时注明《国际十进分类法 UDC》的类号。

3.1.2 编号

博士、硕士学位论文分别按年度编号。例：D200201、M200205。

3.1.3 密级

论文必须按国家规定的保密条例在右上角注明密级（如系公开型论文则可不注明密级）。

3.1.4 论文题目

学位论文题目应当简明、具体、确切地概括和反映出论文的核心内容，一般不宜超过 20 个字，必要时可加副标题。

3.1.5 指导教师

指导教师必须是被批准上岗的研究生导师。

3.1.6 学科、专业名称

例如一级学科为：化学工程与技术。专业为：化学工程、化学工艺、生物化工和应用化学。

3.1.7 申请学位级别

填硕士学位或博士学位。

3.1.8 论文提交日期和论文答辩日期

按实际提交和答辩日期填写。

3.1.9 填写培养单位和学位授予单位

3.1.10 书脊

书脊上应打印学位论文题目、作者姓名和培养单位名称。

3.2 题名页

题名页一般应分别写出中文题名页与英文题名页，中文题名一般不宜超过 20 个字，英文题名一般不宜超过 10 个实词，若题名语意未尽，可用副题名补充说明论文中的特定内容。应写明申请何种学位，申请人姓名、年级，导师姓名、职称，研究方向，培养单位名称，论文完成年月。

3.3 论文摘要（中、英文）

论文摘要应概括地反映出本论文的主要内容，主要说明本论文的研究目的、内容、方法、成果和结论，要突出论文的创造性成果或新见解，不要与引言相混淆。做到读者不阅读论文全文，就能获得必要的信息。

中文摘要力求语言精练准确，字数在500字左右。英文摘要应与中文摘要内容一致，并在英文题目下面第一行写研究生姓名。专业名称用括号括起后，置于姓名之后。研究生姓名下面的一行写导师姓名，格式为：Directed by…，例：Directed by Professor LI Jing-hai。无论中、英文摘要都必须在摘要页的最下方另起一行，注明本文的关键词3～5个。

3.4 目录

目录是论文的章、节、条、款、附录等的序号和大小标题依论文论述的次序而排列的一览表。目录中大小标题必须与正文的标题一致，序号应层次分明，用阿拉伯数字及小数点制分别标明章、节、条、款，标题后均需标明页码。

3.5 正文

正文是学位论文的主体和核心部分，不同学科、专业和不同的选题可以有不同的写作方式。正文部分必须由另页右页开始。每章必须另页起，全部论文的每一章、节、条、款的格式和版面安排要求统一，层次清楚。正文一般包括：引言、具体章节和结论。

3.5.1 引言

引言是学位论文主体部分的开端，要求言简意赅，不要与摘要雷同或成为摘要的注解。除了说明研究目的、方法、结果等外，还应评述国内外研究现状和相关领域中已有的研究成果，介绍本项研究工作的前提和任务、理论依据和实验基础、设计范围和预期结果，以及该论文在已有基础上所解决的问题。

3.5.2 各具体章节

内容可以包括理论分析与方程推导，实验设备、物料、仪器的描述，实验与测试方法，实验与观察结果，实验数据的加工处理，图表、公式的汇总与归纳，形成的论点和推导出的结论等。要求理论部分概念清晰、分析严谨，实验部分数据真实可靠，数据处理部分计算结果正确无误，对本人取得的新进展要实事求是予以重点说明。形式上要求层次分明、语句通顺、简练可读、图表整洁、标点正确。

3.5.3 结论

结论是学位论文最终和总体的结论，不是各段小结的简单重复，而是整篇论文的归宿，应精练、完整、准确，不能含糊其词、模棱两可。要着重阐述作者研究的创造性成果及其在本研究领域中的意义，还可进一步提出需要讨论的问题和建议。结论代表该项研究工作的结晶，应精心构思、精益求精，起到画龙点睛的作用。注意不要与摘要雷同。

3.5.4 序号与页码

3.5.4.1 章节的序号与目录中的序号必须一致，用阿拉伯数字及小数点制分别标明章、节、条、款。如1，1.1，1.2等。

3.5.4.2 图表、公式序号一律用阿拉伯数字分别依序连续排号。序号可以全篇统一按出现先后顺序编码，长篇论文也可以分章依序编码。其标注形式应便于相互区别，可以分别为：图1，图2.1，表1，表2.1，式（5），式（2.5）等。

3.5.4.3 论文页码一律用阿拉伯数字连续编码。页码应由引言首页开始作为第1页，并为右页另页。封面、封底不编入页码。将中英文摘要页、目录页等前置部分单独编排页码，用罗马数字表示。页码位置应标在左页左上角，右页右上角，以便于识别。

3.5.5 图

图包括流程示意图、设备结构图、曲线图、记录图、照片等，宜插入正文适当位置。引用的图必须注明来源。

3.5.5.1 图应具有“自明性”，即只看图、图题和图例，不阅读正文，就可以理解图意。

3.5.5.2 每图应有简短确切的题名，连同图号置于图下。图中的符号标记、代码以及实验条件等，可用最简练的文字横排于图框内或图框外的某一部位（全文统一）作为图例说明。博士论文中图的题名需用中文及英文两种文字表述，图例说明可用中英文两种文字表述，或只用英文表述。

3.5.5.3 曲线图的纵横坐标必须标注“量、标准规定符号、单位”，此三者只有在不必要标明（如无量纲等）的情况下方可省略，所用的符号与单位必须与正文中一致。

3.5.5.4 照片图要求主要显示部分的轮廓鲜明，便于制板，如用放大、缩小的复制品，必须清晰，反差适中，照片上应有表示目的物尺寸的标度。

3.5.6 表

表的编排一般是内容和测试项目由左至右横读，数据依序竖排，应有自明性，引用的表必须注明来源。

3.5.6.1 每一表应有简短确切的题名，连同表序号置于表上居中。必要时，应将表中的符号、标记、代码及需说明的事项，以最简练的文字横排于表下作为表注。博士论文表的题名需用中文及英文两种文字表述，表注可用中英文两种文字表述或只用英文表述。

3.5.6.2 表的各栏均应标明“量或测试项目、标准规定符号、单位”，只有在无必要标注的情况下方可省略，表中符号必须与正文中一致。

3.5.6.3 表内同一栏数字必须上下对齐。表内不应用“同上”“同左”等类似词及类似词符号，一律填入具体数字或文字，表内空白代表未测或无此项，不可用“—”、或“0”来表示，以免与阴性反应、数据零相混。

3.5.7 数学、物理、化学式

3.5.7.1 正文中的公式、算式或方程式应编排序号，序号标注于该式所在行（如有续行时，应标注于最后一行）的最右边，用括弧括起来，其间不加虚线。

3.5.7.2 较长的式另行居中横排。如必须转行时，只能在+、–、×、÷、<、>处转行。上下式尽可能在符号“=”处对齐，小数点用“.”表示，小数点前后每三位数之间不用“,”号，小于1的数应将0列于小数点之前，如下所列。

正确：94652.023567；0.314325

错误：94,652.023,567；.314,325

3.5.8 计量单位、符号

文中所用单位一律采用国务院发布的《中华人民共和国法定计量单位》，单位名称和符号的书写方式，应采用国际通用符号。

3.5.9 缩略词

缩略词应执行国家标准，如无标准可循，可采纳本学科权威性机构所公布的规定。如不得不引用某些不是公知共用的或作者自定的符号、记号、缩略词、首字母缩写词等，均应在正文中第一次出现时加以说明，给以明确的定义。

3.6 符号表

论文末尾应将文中所出现的各种符号的意义及其计量单位（SI 制）列表加以说明，文中已经给予说明的非主要符号也可以不列入符号表中。排列的顺序，首先依英文字母顺序排列，字母相同时，大写字母在先，然后再依希腊文字母顺序排列。符号的第一个字母在表中要上下对齐，解释符号意义及计量单位的第一个字及返回行的第一个字，在表中也要上下对齐。符号说明之后应列出上标、下标，必要时需将上标及下标的意义加以说明。

3.7 参考文献

学位论文的撰写应本着严谨求实的科学态度，凡有引用他人成果之处，应按论文中所引用的顺序列于文末。参考文献的著录均应参照国家标准 GB/T 7714—2015《信息与文献 参考文献著录规则》和《中国学术期刊（光盘版）检索与评价数据规范》执行。

文献的种类可分为专著、会议论文集、期刊、专利及电子文献。正文中引用后，应将参考文献在正文后一一列出。参考文献中的信息必须使读者看后，可以很容易找到该文献，并知其主题。

3.7.1 正文中参考文献的标注方法

论文中引用的文献，按引用出现的先后顺序连续编码，并将序号置于方括号中。引用多篇文献时，只需将各篇文献的序号在方括号内全部列出，各序号间用“,”，如遇连续多个序号，可标注起讫序号。

例 1：常见的颗粒速度测量方法有取样法[1,2]，动量法[3]，相关法[4]，激光多普勒法[5]等。

例 2：以往的研究集中于料仓中的架拱现象[1-9]……

3.7.2 正文后的参考文献

参考文献表中的各篇文献需按正文中标注的序号依次列出。文献的种类不同，其著录格式也不同，规定如下：

① 专著、会议论文集、学位论文。

格式为：[序号] 作者．书名．版次．出版地：出版单位，出版年．页码。

例：

[1] 李绍芬. 化学与催化反应工程. 北京：化学工业出版社，1986. 134

[2] Terzaghi K. Theoretical Soil Mechanics. Seventh edition. New York: Wiley, 1954. 70

[3] 辛希孟．信息技术与信息服务国际研讨会论文集：A 集．北京：中国社会科学出版社，1994．36

[4] 王维．两相流数值模拟及在循环流化床锅炉上的软件实现[博士学位论文]．北京：中国科学院过程工程研究所，2001．116

② 专著(会议论文集)中析出的文献。

格式为：[序号]作者．题名．见：专著作者．专著名．版次．出版地：出版社，出版年．页码。

例：

[78] 黄蕴慧．国际矿物学研究的动向．见：程裕淇等编．世界地质科技发展动向．北京：地质出版社，1982. 38-39

[121]Zheng C，Tung Y， Li H，Kwauk M. Characteristics of Fast Fluidized Beds with Internals. In: Potter O E and Nicklin D J eds. Fluidization Ⅶ. New York: Engineering Foundation, 1992. 257-283

③ 期刊。

格式为：[序号] 作者．文章题目．期刊名，年，卷(期)：页码。

例：

[23] 赵君，刘辉，许贺卿. C类粉体的流化及其膨胀特性研究. 化工冶金，1991，12（3）：249

[30] Abbott N L，Hatton T A. Liquid-liquid Extraction for Protein Separation. Chem. Eng. Prog，1998, 84(8)：31-41

④ 专利。

格式为：[序号] 专利所有者．专利题名．专利国别：专利号，出版日期。

例：

[6] 郝震龙，欧阳藩，陈正华，古瑞升．植物的营养雾化培养反应器．中国专利：ZL 96211808.7，1996-05-26

[56] Feuling R J. Recovery of Sc, Y and Lanthanides from Ti Ore. USA Pat：5039336，1991-02-28

⑤ 电子文献。

格式为：[序号] 作者．电子文献题名．电子文献的出处或可获得地址，发表或更新日期/引用日期（任选）。

例：

[1] 王明亮.关于中国学术期刊标准化数据库系统工程的进展.http://www.cajcd.edu.cn/pub/wml.txt/980810-2.html,1998-08-16/1998-10-04

3.8 发表文章目录

指学位申请者在学期间在各类正式刊物或学术会议文集上正式发表或已被接收的学术论文，其著录格式同参考文献。

博士研究生发表文章目录应写在附录中的个人简历部分。

3.9 附录

附录是作为论文主体的补充项目，并不是必需的。下列内容可以作为附录编于论文之后。

某些重要的原始数据、数学推导、计算程序、框图、结构图、统计表等；对一般读者并非必要阅读，但对本专业同行有参考价值的资料；对研究方法和技术更深入地叙述；对下一步研究的设想；博士学位论文要求申请者写个人简历，博士生期间的重要科研成果及发表文章目录（格式同参考文献）。

附录与正文连续编页码。每一附录依序用大写英文字母A、B、C…编序号（如附录A），附录中的图、表、式、参考文献等另行编序号，应与正文分开，一律用阿拉伯数字编码，但在数码前冠以附录序号码，如：图A1，表B2，式（B3），文献[A5]等。每一附录均另页起。

3.10 致谢

可以在正文后对下列方面致谢：国家科学基金，资助研究工作的奖励基金，资助或支持的企业、组织或个人，协助完成研究工作和提供便利条件的组织或个人，在研究工作中提出建议和提供帮助的人，给予转载和引用权的资料、图片、文献的提供者，研究思想和设想的所有者，以及其他应感谢的组织或个人。注意致谢内容要适度、客观，忌用不适当的词句。致谢应与正文连续编页码。

参 考 文 献

[1] 孙兰义. 化工过程模拟实训：Aspen Plus 教程. 2 版. 北京：化学工业出版社，2017.
[2] 赖奇，杨海燕. 化工模拟：Aspen 教程. 北京：北京理工大学出版社，2017.
[3] 吕咏，葛春雷. Visio2016 图形设计从新手到高手. 北京：清华大学出版社，2015.
[4] Bruce A. Finlayson. 化工计算导论. 2 版. 上海：华东理工大学出版社，2014.
[5] 徐建良. 现代化工计算. 北京：化学工业出版社，2016.
[6] 隋志军，杨榛，魏永明. 化工数值计算与 MATLAB. 上海：华东理工大学出版社，2015.
[7] 童国伦，程丽华，王朕. EndNote&Word 文献管理与论文写作. 3 版. 北京：化学工业出版社，2022.
[8] 周大军，揭嘉，张亚涛. 化工工艺制图. 2 版. 北京：化学工业出版社，2012.
[9] 谭天恩. 化工原理. 4 版. 北京：化学工业出版社，2013.
[10] 辛勤，罗孟飞. 现代催化研究方法. 北京：科学出版社，2010.